普通高等教育系列教材

Protel 99 SE 原理图与 PCB 设计教程

第 2 版

清源科技工作室　编著

机械工业出版社

Protel 99 SE 是应用最广泛的电路辅助设计软件之一，其使用简单、易于学习、功能强大，是广大电路设计人员应用最多的软件。

本书从实用角度出发，全面介绍了 Protel 99 SE 的基本功能以及使用环境等，并详细讲解了电路原理图和印制电路板的设计方法及操作步骤。全书以讲解实例为主，将 Protel 99 SE 的各项功能结合起来，以便读者能快速掌握电路设计的方法。

本书内容详实、条理清晰、实例丰富，可以作为大、中专院校师生以及广大电路设计工作者的学习教程。

本书配有电子教案，需要的教师可登录 www.cmpedu.com 免费注册，审核通过后下载，或联系编辑索取（微信：15910938545，电话：010-88379739）。

图书在版编目（CIP）数据

Protel 99 SE 原理图与 PCB 设计教程/清源科技工作室编著．—2 版．—北京：机械工业出版社，2015.2（2021.8 重印）
普通高等教育系列教材
ISBN 978-7-111-49506-2

Ⅰ．①P…　Ⅱ．①清…　Ⅲ．①印刷电路-计算机辅助设计-应用软件-高等学校-教材　Ⅳ．①TN410.2

中国版本图书馆 CIP 数据核字（2015）第 043014 号

机械工业出版社（北京市百万庄大街 22 号　邮政编码 100037）
责任编辑：和庆娣
责任印制：李　昂　　责任校对：张艳霞
北京捷迅佳彩印刷有限公司印刷

2021 年 8 月第 2 版·第 7 次印刷
184mm×260mm · 17.25 印张 · 426 千字
标准书号：ISBN 978-7-111-49506-2
定价：49.00 元

电话服务	网络服务
客服电话：010-88361066	机　工　官　网：www.cmpbook.com
010-88379833	机　工　官　博：weibo.com/cmp1952
010-68326294	金　　书　　网：www.golden-book.com
封底无防伪标均为盗版	机工教育服务网：www.cmpedu.com

前　　言

电路设计自动化（Electronic Design Automation，EDA）如今已成为电子工程在电路设计中最重要的方法。随着计算机工业的蓬勃发展，EDA 的工作环境从早期昂贵的工作站转变为个人计算机，EDA 的设计思想也因此普及到中小型企业及各相关大、中专院校。Protel 设计系统就是一套建立在 IBM 兼容 PC 环境下的 EDA 电路集成设计系统。事实上，Protel 设计系统是世界上第一套将 EDA 环境引入 Windows 环境的 EDA 开发工具，以其高度的集成性和扩展性著称于世。Protel 公司于 2001 年推出 Protel 99 SE 版本，虽然到现在已有 10 年多时间，但是依然是广大电子工程师常用的电路与 PCB 设计工具。该工具具有原理图设计、PCB 设计、电路仿真以及逻辑器件设计等功能，是电子工程师进行电子设计最有用的软件之一。Protel 99 SE 凭借其强大的功能大大提高了电路的设计效率，成为广大电路设计工作者首选的计算机辅助电路设计软件。

本书在第 1 版的基础上进行了修订，特别是增加了一些在 Windows 7 环境下使用时的技巧，并使用了一些新的电路实例来讲解。

本书从实用角度出发，详细介绍了 Protel 99 SE 最主要的两个部分，即原理图设计和印制电路板设计。在讲解过程中，以实例贯穿全书，在每个知识点的讲解中，均结合相应的实例，而且在每讲完一章后，还将典型的实例进行深化。全书以多个典型的工程设计实例讲述如何在 Protel 99 SE 环境下绘制与设计电路原理图和 PCB，体现了作者丰富的电路设计与布线经验。

全书共 11 章，第 1 章和第 2 章为 Protel 99 SE 的基础部分；第 3 ~ 7 章是原理图设计部分，其中第 3 章讲述电路原理图设计的基本知识、设计过程和实例，第 4 章讲述了绘制原理图的高级绘图工具和布线工具等知识，第 5 章讲述了如何制作元器件和生成元器件库，第 6 章讲述了层次原理图的设计方法，第 7 章讲述了报表的生成与打印输出；第 8 ~ 11 章是 PCB 设计与实例讲解部分。每章均结合了典型实例进行讲解，让读者可以轻松掌握 Protel 99 SE 各功能模块的使用。在每章的结尾还提供了一些复习题，供读者课后复习使用。

本书所使用的软件环境中部分图片固有元器件符号可能与国家标准不一致，读者可自行查阅相关国家标准及资料。

本书由清源科技工作室负责策划，胡烨和江思敏编写。由于作者水平有限，加之时间仓促，书中疏漏之处在所难免，敬请广大读者批评指正。

编　者

目　录

第1章　Protel 99 SE基础

Protel 99 SE是基于Windows环境的电路原理图辅助设计与绘制软件，其功能模块包括电原理图设计、印制电路板设计、电路信号仿真、可编程逻辑器件设计等，是一体化的电路设计与开发环境。本章主要讲述Protel 99 SE绘图环境、文件管理以及环境变量设置，为后面关于原理图设计、PCB制作以及信号仿真的学习打好基础。

1.1　进入Protel 99 SE绘图环境

本节首先讲述Protel 99 SE的绘图环境，熟悉了绘图环境后，就可以在基于面向对象的设计界面上进行原理图和PCB的设计操作。

1.1.1　Protel 99 SE设计环境

当用户启动Protel 99 SE后，系统将进入设计环境。此时可以执行“File”→“New”命令，系统将弹出图1-1所示的“New Design Database”（建立新设计数据库）对话框。

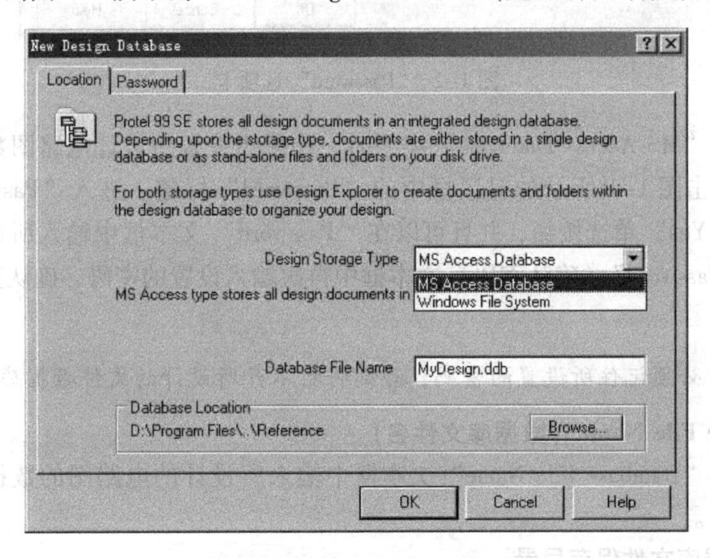

图1-1　“New Design Database”（建立新设计数据库）对话框

1. Design Storage Type（设计保存类型）

(1) MS Access Database

设计过程中的全部文件都存储在单一的数据库中，即所有的原理图、PCB文件、网络表、材料清单等都存储在一个“.ddb”文件中，在资源管理器中只能看到唯一的“.ddb”文件。

(2) Windows File System

在对话框底部指定的硬盘位置建立一个设计数据库的文件夹，所有文件被自动保存在该文件夹中。可以直接在资源管理器中对数据库中的设计文件，如原理图、PCB 等进行复制、粘贴等操作。这种设计数据库的存储类型，方便在硬盘中对数据库内部的文件进行操作，但不支持 Design Team 特性。

当用户选择“MS Access Datebase”类型后，对话框将增加一个“Password”选项卡，如图 1-2 所示；如果选择“Windows File System”类型，则没有该选项卡。

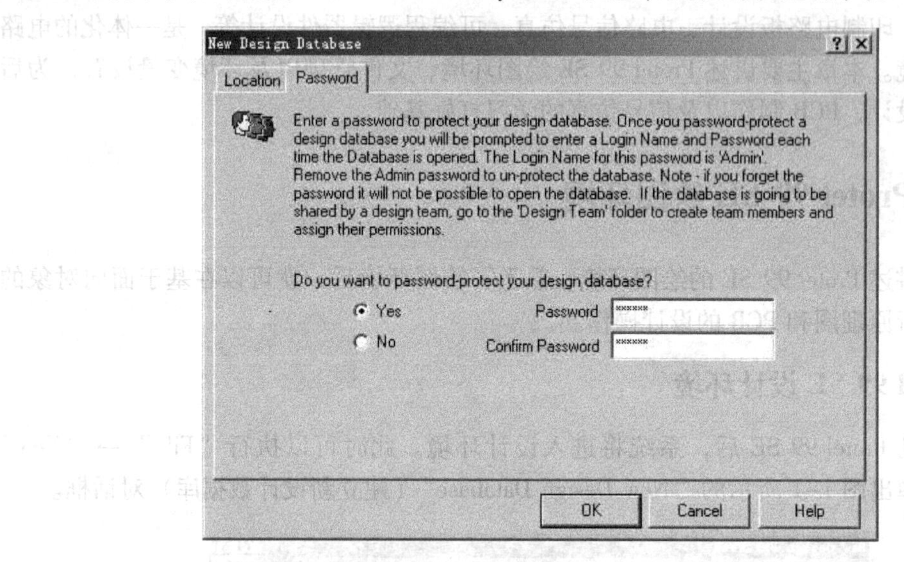

图 1-2 “Password”选项卡

当用户选择“MS Access Datebase”类型时，如果想设置所设计电路图数据库文件为保密级，则可以单击图 1-1 所示的对话框中的“Password”标签，进入“Password”选项卡，用户可以选择“Yes”单选按钮，并且可以在“Password”文本框中输入所设置的密码，然后在“Confirm Password”（确认密码）文本框中再次输入设置的密码，确认正确后，即设置成功。

注意：用户必须记住所设置的密码，否则将打不开所设计的文件数据库。

2. Database File Name（数据库文件名）

用户可以在“Database File Name”文本框中输入所设计的电路图的数据库名，文件的扩展名为“ddb”。

3. 改变数据库文件保存目录

如果想改变数据库文件所在当前目录，可以单击“Browse”按钮，系统将弹出图 1-3 所示的“Save As”对话框，此时用户可以设定数据库文件所在的路径。

完成文件名的输入后，单击“OK”按钮，进入设计环境，如图 1-4 所示，此时就可以进行电路设计或其他工作。

图 1-3 “Save As”对话框

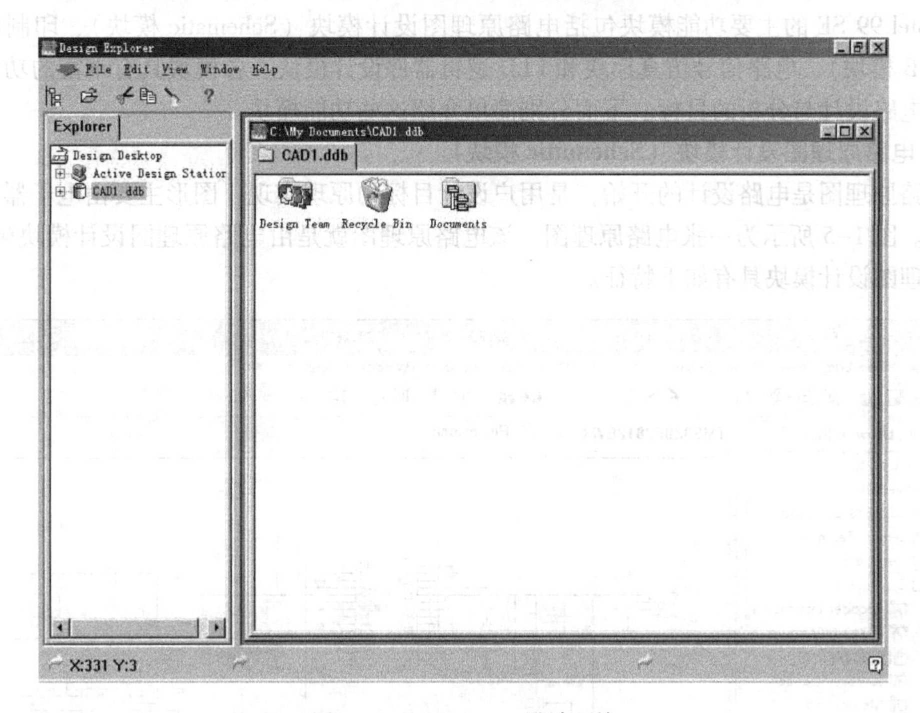

图 1-4 Protel 99 SE 设计环境

1.1.2 Protel 99 SE 的组成

在 Protel 99 SE 中，所有的设计文档都集成在一个单一的设计库中。管理这个设计库的工具就是 Design Explorer，即设计管理器，如图 1-4 所示。设计管理器主要包含以下两部分。

1. Design Team（设计组）管理器

Protel 99 SE 的设计是面向一个设计组的，设计组的成员和特点都在 Design Team 中进行管理。可以在 Design Explorer 中定义设计组的成员和权限，这样就使通过网络来进行设计变得更加方便。设计组中的成员数量没有限制，并且它们可以同时访问同一个设计库。每个成员都可以看到当前哪个文档被打开，并且可以锁住文档防止被修改。

2. Documents（文档）管理器

所有的文档都包含在 Design Documents（设计文档）主目录中，其中主要有电路设计文档电路原理图 Schematics 文件和印制电路板 PCB 文件，以及各个子目录，包括 PCB Fabrication（PCB 制作）文件、Reports（报表）和 Simulation Analyses（仿真分析）等。Design Documents 中不仅仅包含 Protel 中的设计文件，还可以输入任何类型的应用文档，如 Microsoft Word、Microsoft Excel、AutoCAD 等，用户可以直接在设计管理器中打开和编辑这些文档。

1.2 Protel 99 SE 的功能模块

Protel 99 SE 的主要功能模块包括电路原理图设计模块（Schematic 模块）、印制电路模块（PCB 模块）、电路信号仿真模块和 PLD 逻辑器件设计模块。各模块具有丰富的功能，可以实现电路设计与分析的目标。下面分别简单介绍这些功能模块。

1. 电路原理图设计模块（Schematic 模块）

电路原理图是电路设计的开始，是用户设计目标的原理实现，图形主要由电子器件和线路组成。图 1-5 所示为一张电路原理图。该电路原理图就是由电路原理图设计模块生成的，电路原理图设计模块具有如下特征。

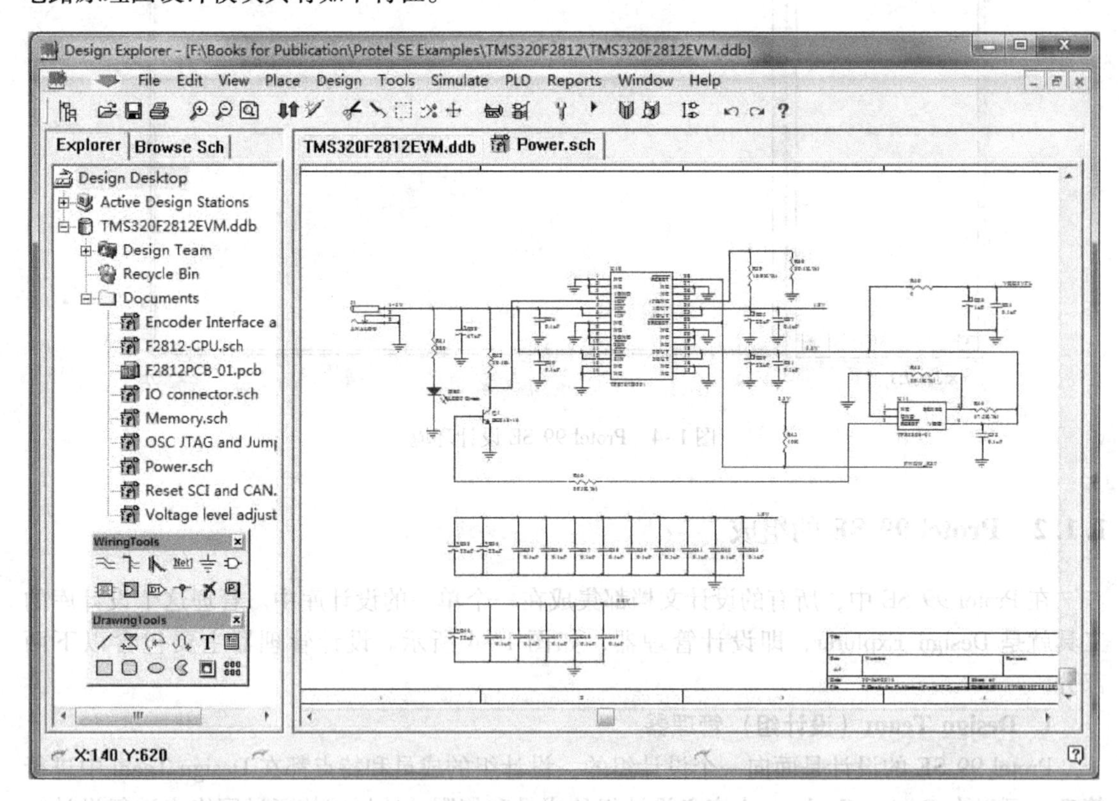

图 1-5　一张完整的电路原理图

（1）支持层次化设计

随着电路的日益复杂，电路设计的方法也日趋层次化。也就是说，可先将整个电路按照其特性及复杂程度切割成适当的子电路，必要时可以使用层次化的树状结构来完成。设计师先一一单独绘制及处理好每一个子电路，然后将它们组合起来继续处理，最后完成整个电路。Schematic 模块完全提供了层次化设计所需要的功能。

（2）丰富而又灵活的编辑功能

- 自动连接功能。在原理图设计时，用一些专门的自动化特性来加速电气件的连接。电气栅格特性提供了所有电气件（包括端口、原理图、总线、总线端、网络标号、连线和元器件等）的真正“自动连接”。当它被激活时，一旦光标走到电气栅格的范围内，它就自动跳到最近的电气“热点”上，接着光标形状发生改变，指示出连接点。当这一特性和自动连接特性配合使用时，连线工作就变得非常轻松。
- 交互式全局编辑。在任何设计对象（如元器件、连线、图形符号、字符等）上，只要双击，就可打开它的对话框。对话框显示该对象的属性，可以立即进行修改，并可将这一修改扩展到同一类型的所有其他对象，即进行全局修改。如果需要，还可以进一步指定全局修改的范围。
- 便捷的选择功能。设计者可以选择全体，也可以选择某个单项或者一个区域。在选择项中可以不选某项，也可以增加选项。已选中的对象可以移动、旋转，也可以使用标准的 Windows 命令，如 Cut（剪切）、Copy（复制）、Paste（粘贴）、Clear（清除）等。

（3）强大的设计自动化功能

- 设计检验 ERC（电气法则检查）。可以对大型复杂设计进行快速检查。电气法则检查 ERC 可以按照用户指定的物理/逻辑特性进行，而且可以输出各种物理/逻辑冲突的报告。例如没连接的网络标号、没连接的电源、空的输入管脚等，同时还可将电气法则检查 ERC 的结果直接标记在原理图中。
- 数据库连接。它提供了强大灵活的数据库连接，原理图中任何对象的任意属性值都可以输入和输出，可以选择某些属性（可以是两个属性，也可以是全部属性）进行传送，也可以指定输入、输出的范围是当前图样，还是当前项目或元器件库，或者是全部打开的图样或元器件库。一旦所选择的属性值已输出到数据库，由数据库管理系统来处理支持的数据库，包括 dBASE Ⅲ和 dBASE Ⅳ。
- 自动标注。在设计过程的任何时候都可以使用“自动标注”功能（一般是在设计完成的时候使用），以保证无标号跳过或重复。

（4）在线库编辑及完善的库管理

- 不仅可以打开任意数目的库，而且不需要离开原来的编辑环境就可以访问元器件库，通过计算机网络还可以访问多用户库。
- 元器件可以在线浏览，也可以直接从库编辑器中放置到设计图样上，不仅库元器件可以增加或修改，而且原理图和元器件库之间可以进行相互修改。
- 原理图提供丰富的元器件库（EE 三种模式），包括 AMD、Intel、Motorola、Texas Instruments、National Instruments、Maxim 以及 Xilinx、PSPICE、SPICE 仿真库等。

2. 印制电路板模块（PCB 模块）

印制电路板是由电路原理图到制板的桥梁，设计了电路原理图后，需要根据原理图生成印制电路板，这样就可以制作电路板。图 1-6 所示为一张由原理图生成的印制电路板图。印制电路板模块具有如下主要特点。

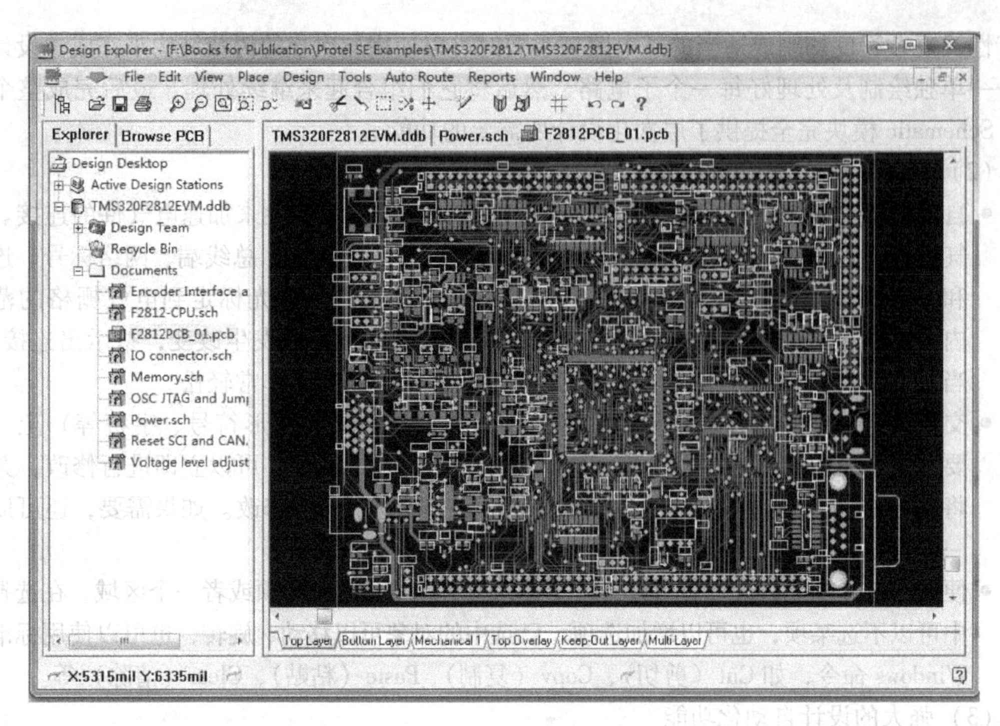

图 1-6　一块标准的印制电路板图

(1) 32 位的 EDA 设计系统

- PCB 可支持设计层数为 32 层、板图大小为（2540 mm × 2540 mm）或（100 in⊖ × 100 in）的多层线路板。
- 可作任意角度的旋转，分辨率为 0.001°。
- 支持泪滴焊盘和异型焊盘。

(2) 丰富而又灵活的编辑功能

- 交互式全局编辑、便捷的选择功能、多层撤销或重做功能。
- 支持飞线编辑功能和网络编辑。用户无须生成新的网络表即可完成对设计的修改。
- 手工重布线可自动去除回路。
- PCB 图能同时显示元器件管脚号和连接在管脚上的网络号。
- 集成的 ECO（工程修改单）系统将会记录每一步修改，并将其写入 ECO 文件，可依此修改原理图。

(3) 强大的设计自动化功能

- 具有超强的自动布局能力。采用了基于人工智能的全局布局方法，可以实现 PCB 板面的优化设计。
- 高级自动布线器采用拆线重试的多层迷宫布线算法，可同时处理所有信号层的自动布线，并可以对布线进行优化。可选的优化目标包括使过孔数目最少、使网络按指定的优先顺序布线等。
- 支持 Shape - based（无网络）的布线算法，可完成高难度、高精度印制电路板（如

⊖ 1 in = 25.4 mm。

486 以上微机主板、笔记本式计算机的主板等）的自动布线。

● 在线式 DRC（设计规则检查），在编辑时系统可自动地指出违反设计规则的错误。

(4) 在线式库编辑及完善的库管理

设计者不仅可以打开任意数目的库，而且不需要离开原来的编辑环境就可访问、浏览元器件封装库。通过计算机网络，还可以访问多用户库。

(5) 完备的输出系统

● 支持 Windows 平台上所有输出外设，并能预览设计文件。

● 可输出高分辨率的光绘（Gerber）文件，对其进行显示、编辑等。

● 可输出 NC Drill 和 Pick&Place 文件等。

3. 电路信号仿真模块

Protel Advanced SIM 99 是一个能力强大的数/模混合信号电路仿真器，能提供连续的模拟信号和离散的数字信号；运行在 Protel 的 EDA / Client 集成环境下，与 Protel Advanced Schematic 原理图输入程序协同工作，作为 Advanced Schematic 的扩展，为用户提供了一个完整的从设计到验证的仿真设计环境；具有 Windows 风格的菜单、对话框和工具栏，使得用户可以很方便地对仿真器进行设置、运行，仿真工作更加轻松自如。

Protel 99 SE 的混合信号电路仿真引擎采用了 MicroCode Engineering 公司的微码仿真技术，与 3F5 完全兼容，支持所有标准的 SPICE 模型。电路仿真支持包含模拟和数字元器件的混合电路设计。SimCode（类 C 语言）用于数字元器件的描述。

在 Protel 99 SE 中执行仿真，只需简单地从仿真用元器件库中放置所需的元器件，连接好原理图，加上激励源，然后单击“仿真”按钮即可自动开始。

SIM 99 是一个强有力的数模混合仿真器，它与 Protel 原理图设计模块协同工作，以提供一个完整的前端设计方案。

4. PLD 逻辑器件设计模块

PLD99 支持所有主要的逻辑器件生产商。与其他的 EDA 软件相比，PLD99 有两个独特的优点。第一个优点是仅仅需要学习一种开发环境和语言就能够使用不同厂商的器件——用 PLD99 既可为 PAL16L8 设计一个简单的地址解码器，又可为 Xilinx5000 系列元器件做一个专用的设计。另一个优点是可将相同的逻辑功能做成物理上不同的元器件，以便根据成本、供货渠道自由选择元器件制造商。PLD99 全面支持 PLD 器件，它包括 Altera、AMD、Atmel、Cypress、lattice、National、Motorola、Philips、Xilinx 等。

1.3 设置 Protel 99 SE 界面环境

对于最新接触 Protel 99 SE 的用户来说，了解 Protel 99 SE 界面环境设置是学习该软件的重要一步，因为如果没有设置好界面，则容易产生混淆。

1.3.1 屏幕分辨率

EDA 程序对屏幕分辨率的要求一向比其他类型的应用程序要高一些。例如，在 Advanced Schematic 中，如果屏幕分辨率没有达到 1024 ×768 像素，则有些界面就会被切掉一部分，此时用户将无法看到并使用被遮掉的那部分。在这种情形下就会造成不便，建议用户尽量将屏幕分辨率调高到1024×768 像素及以上。

1.3.2 系统参数设置

系统参数设置可以使用户清楚地了解操作界面和对话框的内容，因为如果界面字体设置不合适，界面上的字符可能没法完全显示出来，如图 1-7 所示。针对这种情况，需要设置合适的界面参数。

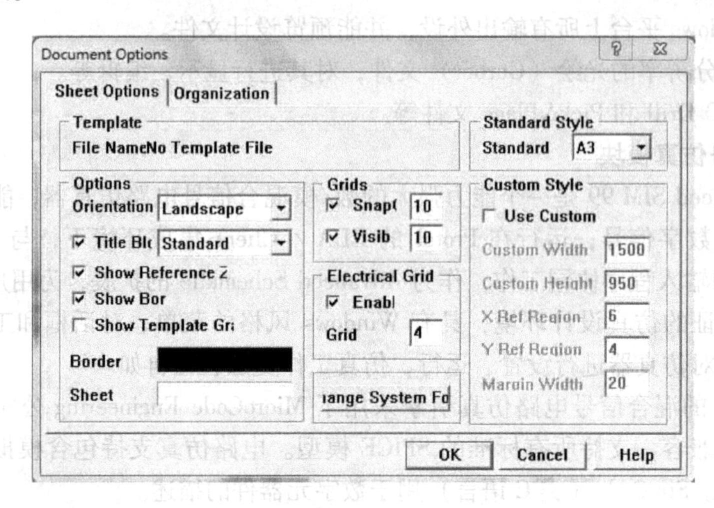

图 1-7 字符没有完全显示的对话框

1. 界面字体设置

用户可以执行系统的“Preferences”命令进行设置，该命令从 Protel 99 SE 的主界面左上角的下拉菜单中选择，即单击下拉按钮，系统将弹出图 1-8 所示的菜单。此时选择“Preferences”命令，系统将弹出图 1-9 所示的“Preferences”对话框。

图 1-8 “Design Explorer”菜单

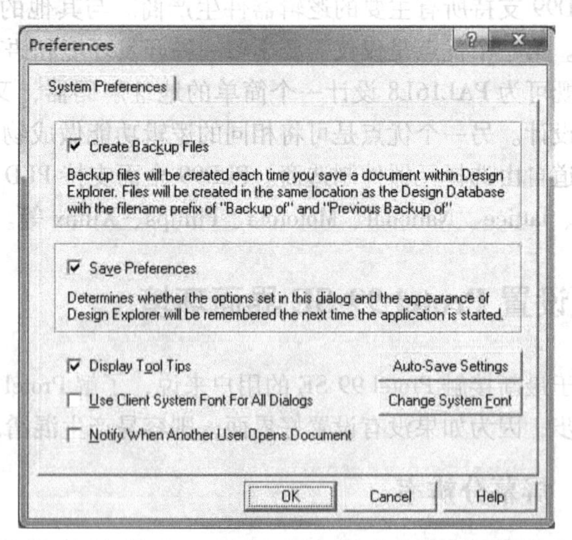

图 1-9 “Preferences”对话框

在该对话框中，取消选中“Use Client System Font For All Dialogs”复选框，然后单击

“OK”按钮，退出此对话框，则系统界面字体就变小，并且在屏幕上全部显示出来。图 1-10 所示为设置了字体后的对话框。

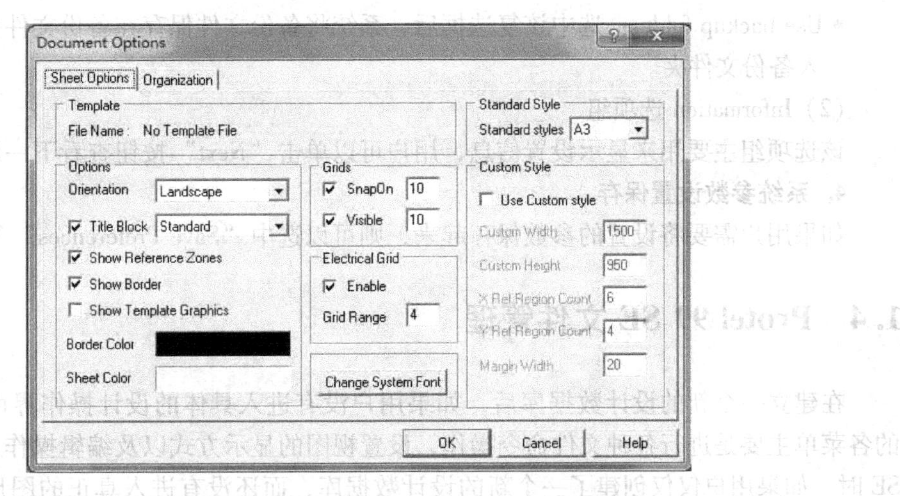

图 1-10　设置了系统界面字体后的对话框

用户单击图 1-10 所示对话框中的“Change System Font”按钮，还可以设置系统的字体大小。

2. 设置自动创建备份文件

如果用户在设计绘图时需要系统自动创建备份文件，则可以选中“Create Backup Files”复选框，系统将会备份保存修改前的图形文件。

3. 自动保存文件

如果用户在设计工作过程中需要系统定时自动保存文件，则可以单击“Auto - Save Settings”按钮，且系统将会弹出图 1-11 所示的“Auto Save”（自动保存）对话框。

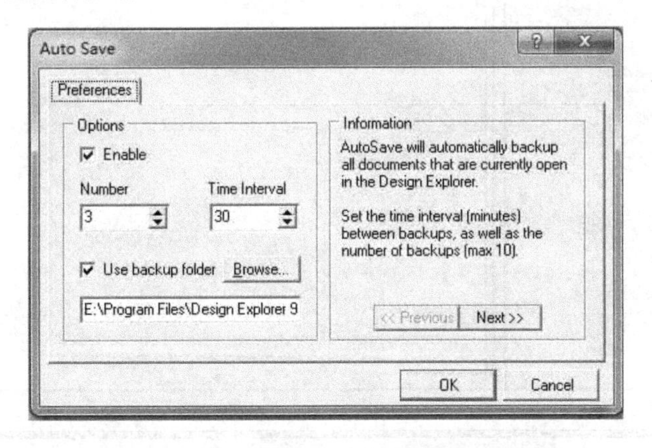

图 1-11　“Auto Save”（自动保存）对话框

通过该对话框，用户可以设置自动保存的参数，对话框中各操作项的具体意义如下。

（1）Options 选项组

该选项组的各操作选项的含义如下。

- Enable：若选中该复选框，则可以对 Options 选项组的其他选项进行设置。

- Number：该数值框可以设置一个文件的备份数，一个文件的最大备份数量为10。
- Time Interval：该数值框用来设置备份文件的时间间隔，单位为分钟。
- Use backup folder：选中该复选框后，系统将备份文件保存在备份文件夹，用户可以输入备份文件夹。

(2) Information 选项组

该选项组主要用来显示设置信息，用户可以单击“Next”按钮查看下一屏信息。

4. 系统参数设置保存

如果用户需要将设置的参数保存起来，则可以选中“Save Preferences”复选框。

1.4 Protel 99 SE 文件管理

在建立一个新的设计数据库后，如果用户没有进入具体的设计操作界面，Protel 99 SE的各菜单主要是进行各种文件命令操作，设置视图的显示方式以及编辑操作。使用Protel 99 SE时，如果用户仅仅创建了一个新的设计数据库，而还没有进入真正的图形设计及绘制界面时，系统仅仅包含“File”“Edit”“View”“Window”和“Help”5个菜单，如图1-12所示。

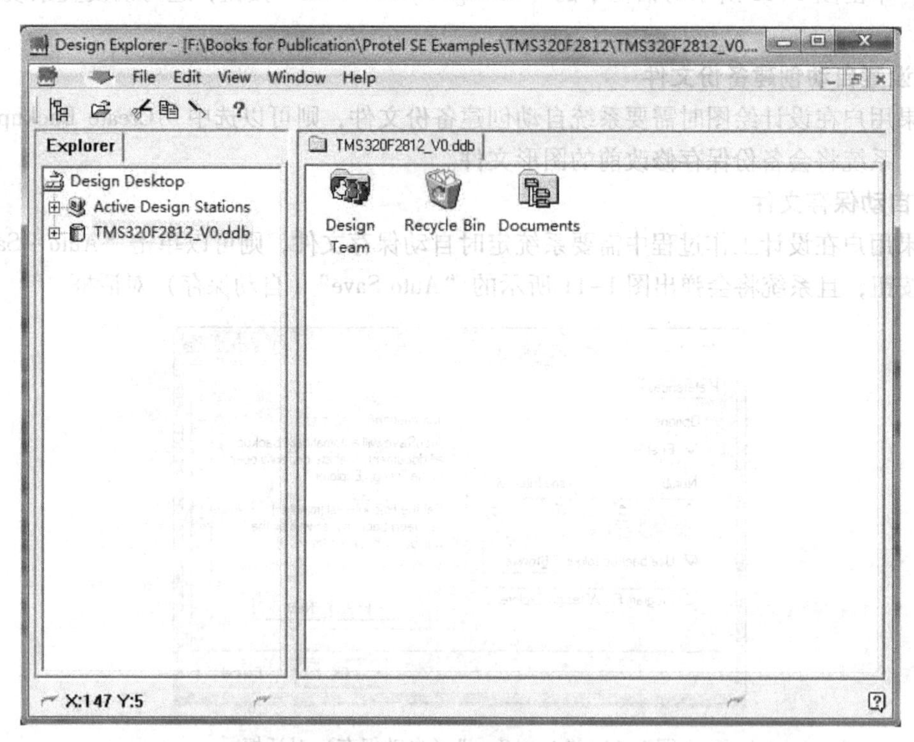

图1-12　设计管理器界面

1.4.1 文件管理

文件管理主要通过“File”菜单中的各命令来实现。该菜单命令主要用于文件的管理操作，如打开文件、建立新项目等，如图1-13所示。

"File"菜单各选项的功能如下。

1）New：新建一个空白文件，文件的类型可以是原理图文件（Sch）、印制电路板文件（PCB）、原理图元器件库编辑文件（Schlib）、印制电路元器件库编辑文件（PCBlib）、文本文件等。选取此菜单命令，将会显示"New Document"（新文件）对话框，如图1-14所示，用户可以选择所需建立的文件类型，然后单击"OK"按钮即可。

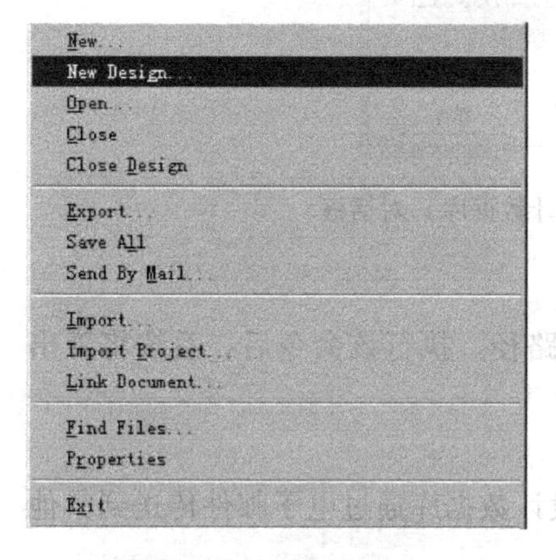

图1-13　"File"菜单

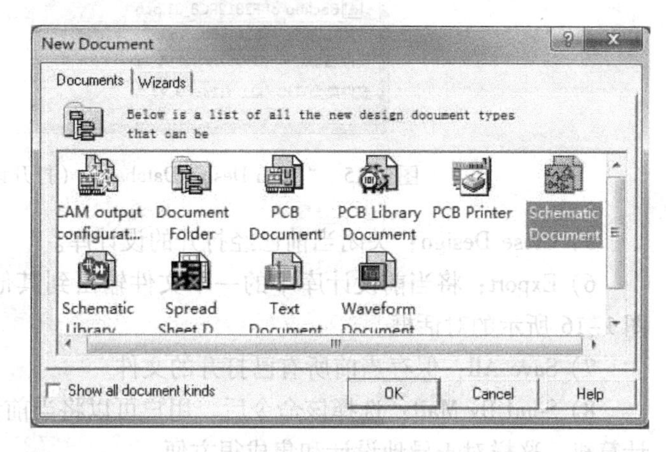

图1-14　"New Document"（新文件）对话框

Protel 99 SE里提供了丰富的编辑器资源，如图1-14中的图标所示。各图标所代表的文件类型见表1-1。

表1-1　图标与对应文件类型

按　钮	功　能	按　钮	功　能
CAM output configura...	生成CAM制造输出文件，可以连接电路图和电路板生产制造的各个阶段	Document Folder	建立设计文档或文件夹
PCB Document	印制电路板设计编辑器	PCB Library Document	印制电路板元器件封装编辑器
PCB Printer	印制电路板打印编辑器	Schematic Document	原理图设计编辑器
Schematic Librar...	原理图元器件编辑器	Spread Sheet Document	表格处理编辑器
Text Document	文字处理编辑器	Waveform Document	波形处理编辑器

2）New Design：新建一个设计库，所有的设计文件将在这个设计库中进行统一管理，该命令的执行过程与用户还没有创建数据库时的"New"命令的执行过程一致，用户可以参考1.1节。

3）Open：打开已存在的设计库。执行该命令后，系统将弹出图1-15所示的"Open Design Database"（打开设计数据库）对话框，用户可以选择需要打开的文件对象或设计数据库。

4）Close：关闭当前已经打开的设计文件。

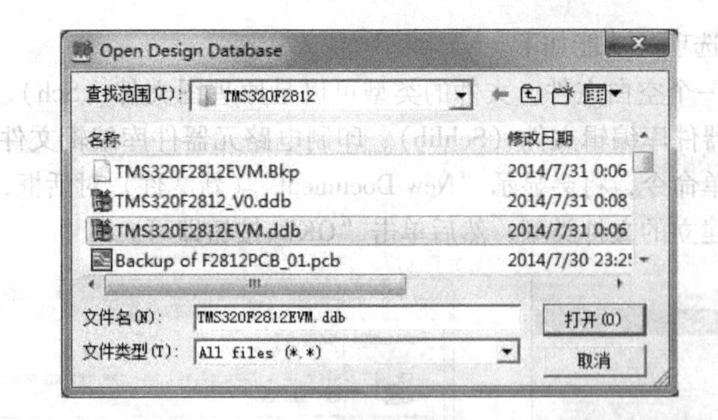

图 1-15 “Open Design Database”（打开设计数据库）对话框

5）Close Design：关闭当前已经打开的设计库。

6）Export：将当前设计库中的一个文件输出到其他路径。执行该命令后，系统将弹出图 1-16 所示的对话框。

7）Save All：保存当前所有已打开的文件。

8）Send By Mail：选择该命令后，用户可以将当前设计数据库通过电子邮件传送到其他计算机。这样对于异地设计和集成很方便。

9）Import：将其他文件导入到当前设计库，成为当前设计数据库中的一个文件。选取此菜单命令，将会显示“Import File”（导入文件）对话框，如图 1-17 所示，用户可以选取所需要的任何文件，将此文件包含到当前设计库中。

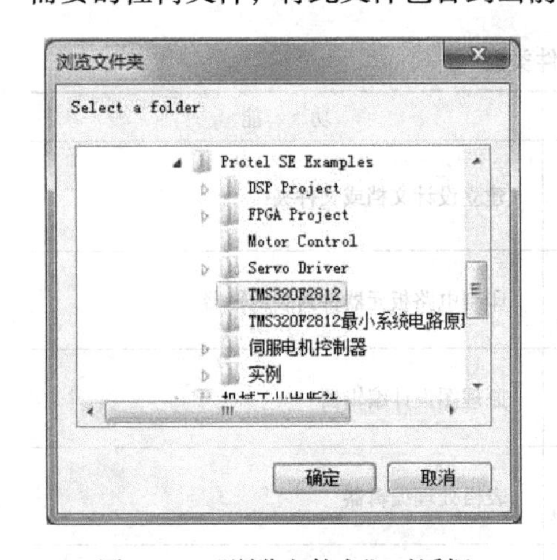

图 1-16 “浏览文件夹”对话框

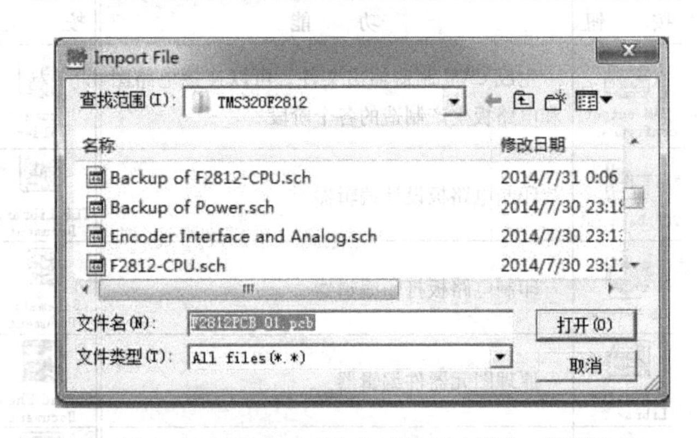

图 1-17 “Import File”（导入文件）对话框

10）Import Project：执行该命令后，将可以导入一个已经存在的设计数据库到当前设计平台中，系统将弹出图 1-18 所示的“Open Design Database”（打开设计数据库）对话框。

11）Link Document：连接其他类型的文件到当前设计库中。执行该命令后，系统弹出图 1-19 所示的“Link Document”（连接文件）对话框。用户可以通过该对话框将其他文档的快捷方式连接到本设计平台。

12）Find Files：选择该命令后，系统将弹出图 1-20 所示的“Find：All Documents”（查

找文件）对话框，用户可以查找设计数据库中或硬盘驱动器上的其他文件，并设置各种不同的查找方式。

13）Properties：管理当前设计库的属性。如果先选中一个文件对象再执行该命令，则系统将弹出图1-21所示的“Properties”（属性）对话框，用户可以修改或设置文件属性和说明。

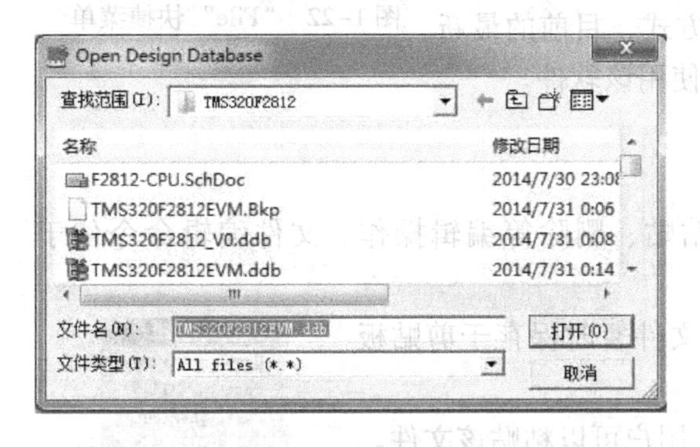

图1-18 “Open Design Database”（打开设计数据库）对话框

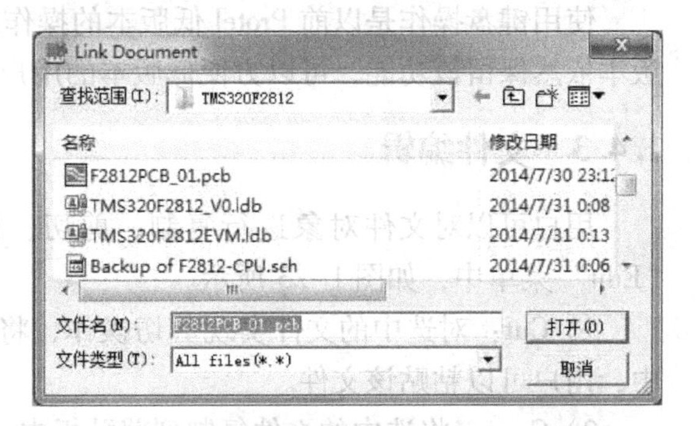

图1-19 “Link Document”（连接文件）对话框

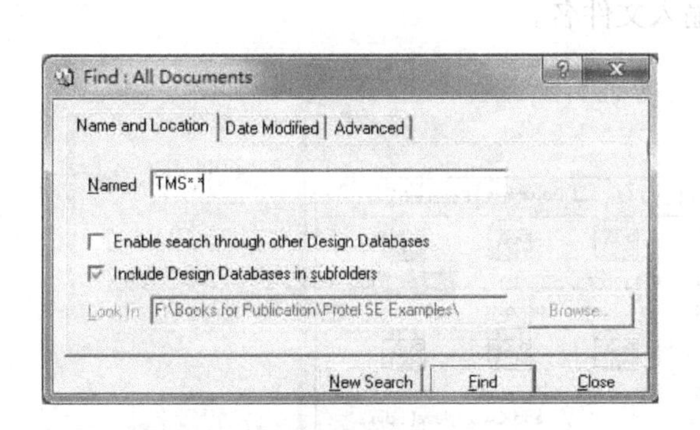

图1-20 “Find：All Documents”（查找文件）对话框

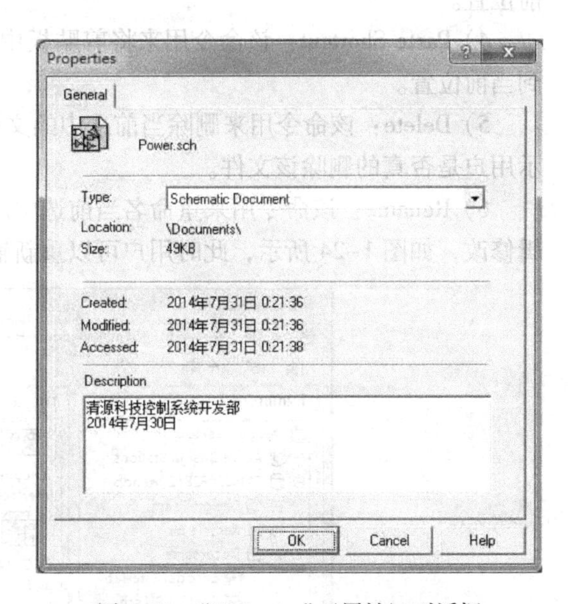

图1-21 “Properties”（属性）对话框

对于不同的文件对象，其属性对话框可能不同，这在后面将会进行讲解。

14）Exit：该命令用于退出Protel 99 SE系统。

1.4.2 使用快捷菜单

上述部分命令可以从快捷菜单中执行，用户可以在当前设计数据库的空白地方右击，系统将弹出图1-22所示的快捷菜单，用户可以从中选择操作命令，具体执行方式与上面相应的操作一样。

另外，用户也可以使用键盘来实现选择某项命令，如选择“File”菜单中的“New”命令，可以使用如下的操作方式，其他命令的选择类似。

首先按〈F〉键，用户可以看到系统弹出了一个菜单，然后按〈N〉键，则执行了“New”命令。

图 1-22 “File”快捷菜单

使用键盘操作是以前 Protel 低版本的操作方式，目前的最新版本依然保留该功能，可以方便低版本的用户使用该软件。

1.4.3 文件编辑

用户可以对文件对象进行复制、剪切、粘贴、删除等编辑操作。文件编辑命令位于“Edit”菜单中，如图 1-23 所示。

1）Cut：对选中的文件实现剪切操作，将文件暂时保存于剪贴板中，用户可以粘贴该文件。

2）Copy：将选中的文件复制到剪贴板中，用户可以粘贴该文件。

3）Paste：该命令用来实现将已保存在剪贴板中的文档复制到当前位置。

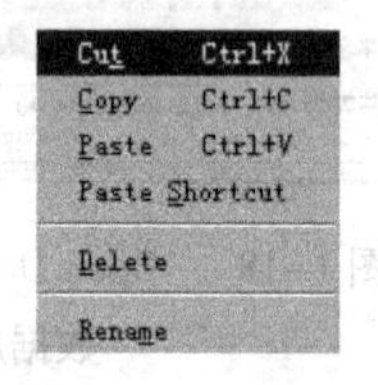

图 1-23 “Edit”菜单

4）Paste Shortcut：该命令用来将剪贴板中的文档的快捷方式复制到当前位置。

5）Delete：该命令用来删除当前选中的文档。如果执行该命令，系统将会弹出对话框提示用户是否真的删除该文件。

6）Rename：该命令用来重命名当前选中的文档，执行该命令，选中的文档名将可以编辑修改，如图 1-24 所示，此时用户可以重新输入文件名。

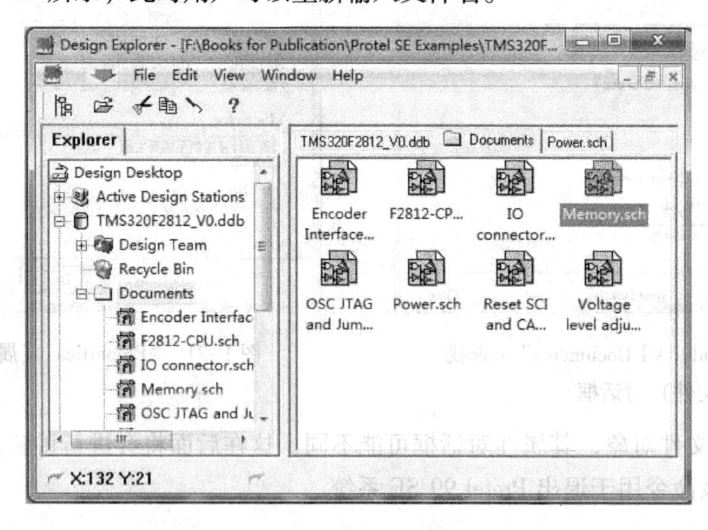

图 1-24 重命名文件

1.4.4 设计管理器

Protel 99 SE 有一个强大的设计管理器，其界面如图 1-25 所示，其中包含导航、设计窗口、面板、标签、工具栏等。它允许用户浏览和修改项目设计数据库。

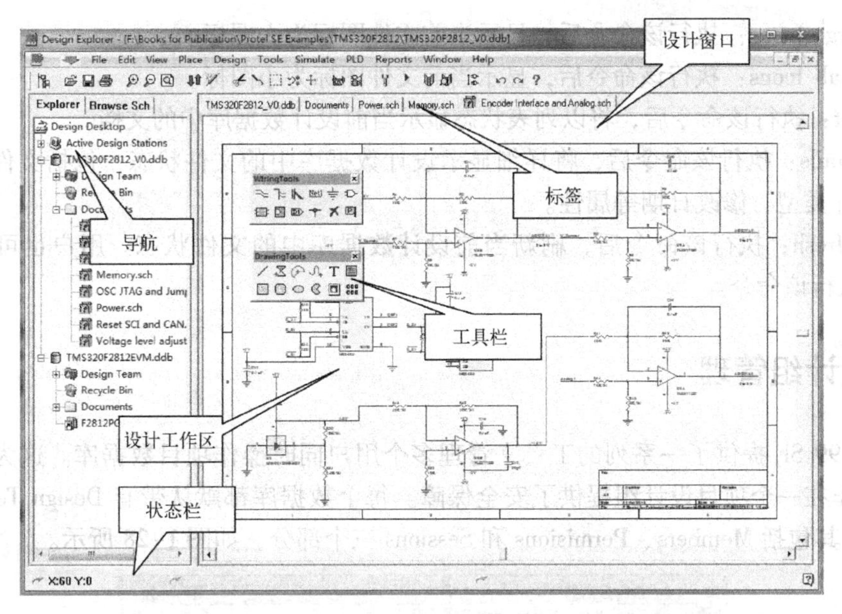

图 1-25　设计管理器

1.4.5　显示辅助查看工具

用户可以使用“View”菜单中的各命令来打开一些比较重要的查看工具和文件操作工具。用户可以实现设计管理器、状态栏、命令行、工具栏、图标等的打开与关闭。“View”菜单如图 1-26 所示。

1）Design Manager：设计管理器导航的打开与关闭。如果设计管理器导航当前处于打开状态，则执行该命令为关闭设计管理器导航；反之为打开。设计管理器以树状列表形式显示，用户可以通过设计管理器导航很方便地进行设计管理操作。设计管理器导航如图 1-27 所示。

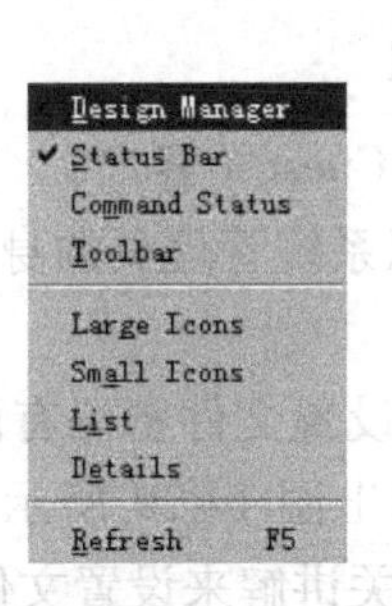

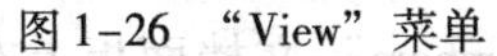

图 1-26　“View”菜单

图 1-27　设计管理器导航

通过设计管理器导航，用户可以清楚地查看当前设计平台上设计数据库的情况，也可以导入其他设计数据库到当前设计平台中。

也可以单击工具栏上的按钮来打开设计管理器导航。

2）Status Bar：执行该命令后，可以在设计界面的下方显示或关闭状态条。状态条一般显示设计过程的操作点坐标位置等。

3）Command Status：执行该命令，可以在设计界面的下方显示或关闭命令状态。命令状态显示当前命令的执行情况。

4）Large Icons：执行该命令后，显示当前文件图标为大图标。

5）Small Icons：执行该命令后，显示当前文件图标为小图标。

6）List：执行该命令后，将以列表状态显示当前设计数据库中的文档。

7）Details：执行该命令后，将详细显示设计数据库中的文件状态，包括文件名、文件大小、文件类型、修改日期等属性。

8）Refresh：执行该命令后，刷新当前设计数据库中的文件状态。用户也可以直接按〈F5〉键执行该命令。

1.5 设计组管理

Protel 99 SE 提供了一系列的工具来管理多个用户同时操作项目数据库。这为多个设计者同时工作在一个项目设计组提供了安全保障。每个数据库都默认带有 Design Team（设计工作组），其包括 Members、Permisions 和 Sessions 三个部分，如图 1-28 所示。

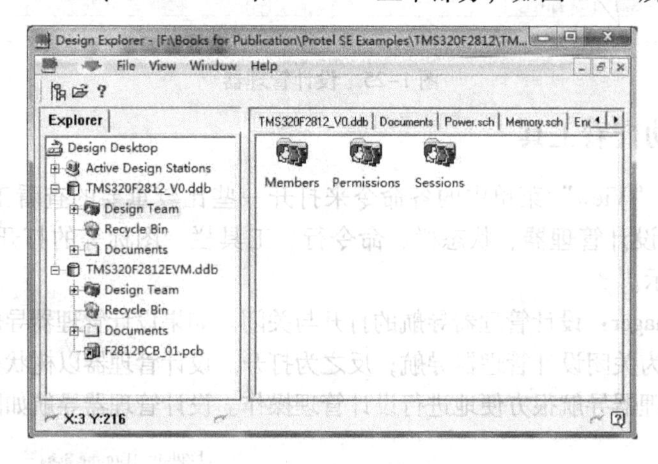

图 1-28 设计工作组

Members 自带两个成员：Admin（系统管理员）和 Guest（客户）。当新建一个项目数据库时，建库的用户一般就是此项目的主管。用户可以以系统管理员的身份进入数据库。系统管理员可以进行下述 3 种操作。

1）分配一个系统管理员密码来启动设计数据库。设置文件密码有两种方法：第一种是进入 Members 管理区，单击 Admin 图标，系统将会弹出图 1-29 所示的“User Properties”（用户属性）对话框；另一种方法可以参考 1.1 节的有关讲解来设置文件密码。

2）创建设计组其他成员。在设计工作组的“Members”文档面板上右击，在弹出的快捷菜单中选择“New Member”命令。执行该命令后会弹出一个对话框，如图 1-30 所示。此时可以分配组员名字、密码及属性，这样就创建了一个新成员。

3）设置每个成员的工作权限。对于设计工作组的成员，可以分别设置各成员的工作权限，具体设计方法如下。

首先双击“Permissions”图标，进入“Permissions”操作面板，如图 1-31 所示。然后在设计工作组的“Permissions”文档面板上右击，在弹出的快捷菜单中选择“New Rule”命令，执行该命令后系统会弹出一个“Permission Rule Properties”（权限属性）对话框，如图 1-32 所

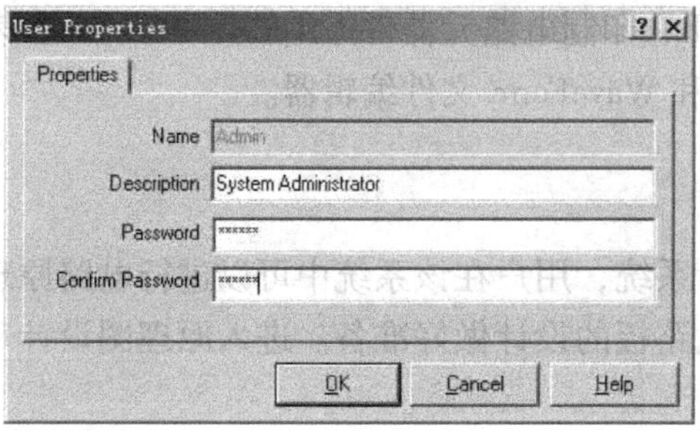

图 1-29 “User Properties”（用户属性）对话框

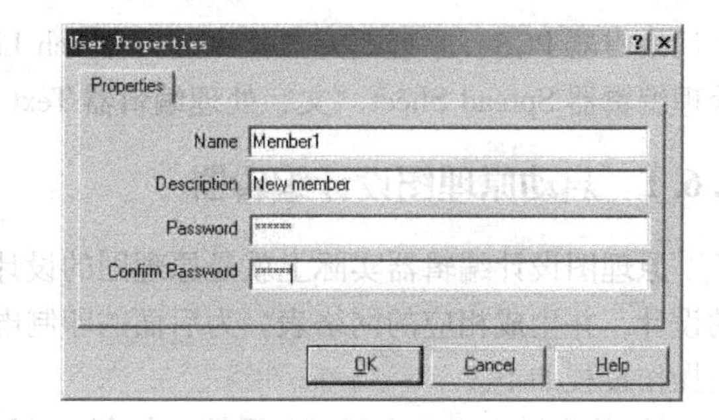

图 1-30 新建工作组成员

示。在该对话框中可以设置各个成员的工作权限。工作权限包括各个成员对设计数据库里的文件进行读（Read）、写（Write）、删除（Delete）、创建（Create）等操作的权利，如果设置为只读权限（Read），则该设计对象将只能读出，而不能进行其他操作。

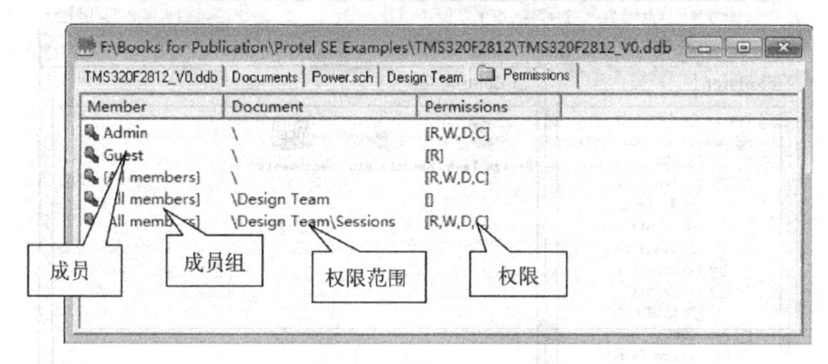

图 1-31 成员权限列表

在该对话框中的“User Scope”下拉列表框中，用户可以选择需要设置的对象，包括 Admin、Guest 和 All members。还可以在“Document Scope”文本框中设定各对象的权限范围。

用户还可以双击需要设置工作权限的对象，也可以打开“Permission Rule Properties”（权限属性）对话框。也可以选中需要设置权限的对象后右击，在弹出的快捷菜单中选择“New Rule”命令，进行用户权限设置操作。

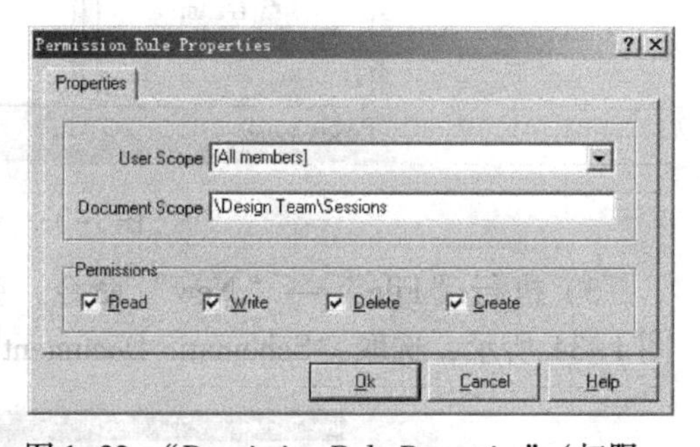

图 1-32 “Permission Rule Properties”（权限属性）对话框

一旦把数据库设计成项目工作组模式，则每次启动设计数据库，每个工作组成员只能根据各自的密码在各自被分配的权限范围内进行设计工作。每个成员在进入设计数据库后，能通过 Session 文档查看各文档的权限信息及其他成员打开和锁定文档的信息。

需要强调指出的是，设计工作组的成员及权限只与某个设计数据库有关，它们在不同数据库之间是独立的。

1.6 进入设计环境

Protel 99 SE 系统一共提供了 7 个设计环境，分别是原理图设计编辑器 Sch、印制电路板设计编辑器 PCB、原理图元器件库编辑器 Sch Lib、印制电路元器件库编辑器 PCB Lib、表格处理编辑器 Spread Sheet、文字处理编辑器 Text 和 WaveForm 文件编辑器。

1.6.1 启动原理图设计编辑器

原理图设计编辑器实际上就是原理图的设计系统，用户在该系统中可以进行电路原理图的设计，并生成相应的网络表，为后面的印制电路板的设计做好准备。进入原理图设计环境的操作过程如下。

1）首先进入 Protel 99 SE 系统，执行“File”→“New”命令，建立新的设计数据库，或打开一个已存在的设计数据库，具体操作可参考 1.1 节的讲解。

2）建立或打开设计数据库后，系统将显示图 1-33 所示的界面。此时用户就可以创建新的原理图文件。

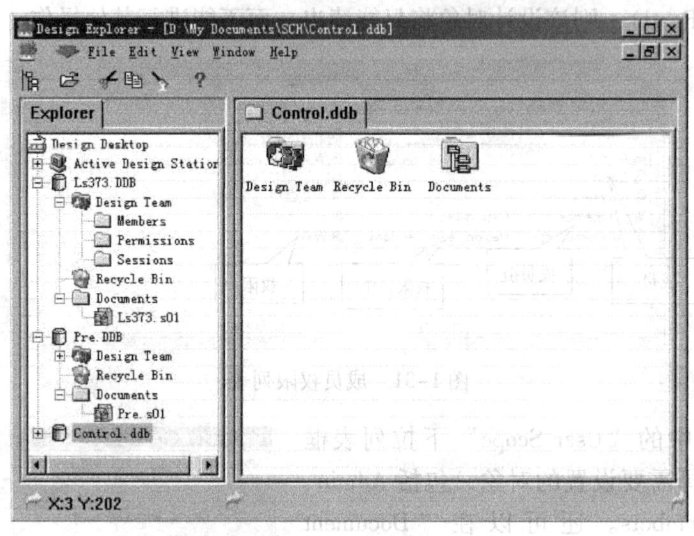

图 1-33 创建新的设计数据库

3）执行“File”→“New”命令，弹出“New Document”（新建文件）对话框，如图 1-34 所示，选取“Schematic Document”图标，然后单击“OK”按钮。

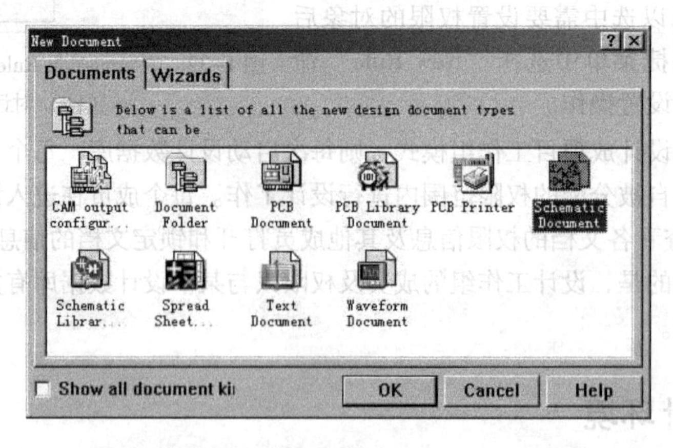

图 1-34 “New Document”（新建文件）对话框

注意：用户可以在.ddb数据库文件的根目录下创建新的电路原理图图形文件，也可以双击“Documents”图标，进入“Documents”子目录创建新文件，与创建文件的操作过程一样。

4）新建的文件将包含在当前的设计数据库中，系统默认的文件名为“Sheet1”，用户可以在设计管理器中更改文件的文件名，更改文件名后显示在设计数据库中，如图1-35所示的“Contr1. sch”文件。

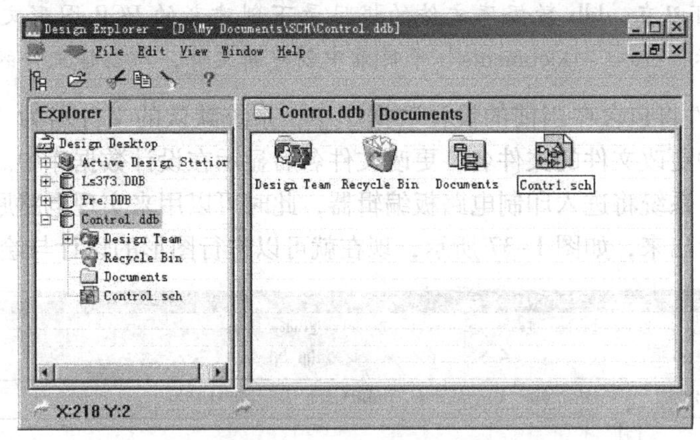

图1-35　生成“Contr1. sch”文件后的视图

单击此文件，系统将进入原理图编辑器，此时可以用来实现电路原理图设计绘制的工具菜单全部显示出来，如图1-36所示，现在就可以进行图形的设计与绘制了。

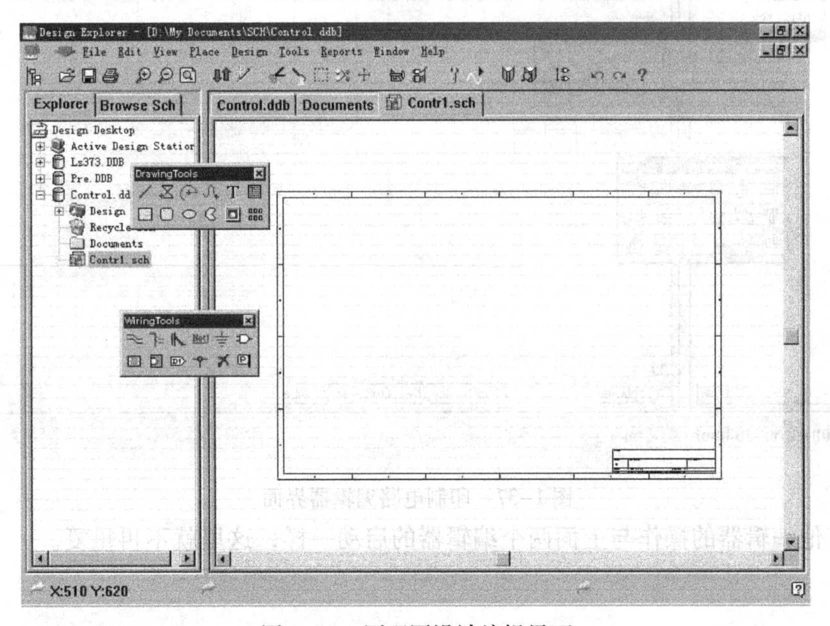

图1-36　原理图设计编辑界面

1.6.2　启动印制电路板编辑器

印制电路板编辑器实际上是一个印制电路板设计系统，它在已有设计原理图和网络表的基础上完成印制电路板的设计。启动印制电路板编辑器的过程与原理图类似，其操作步骤如下。

1）运行Protel 99 SE应用程序，进入Protel 99 SE系统，执行“File”→“New”命令，

建立新的设计数据库，或打开一个已存在的设计数据库，具体操作可参考1.1节的讲解。

2）建立或打开设计数据库后，系统将显示图1-33所示的界面。此时用户就可以进行创建新的原理图文件操作。

3）执行“File”→“New”命令，弹出“New Document”（新建文件）对话框，选取“PCB Document”图标，然后单击“OK”按钮。

注意：用户可以在.ddb数据库文件的根目录下创建新的PCB图形文件，也可以双击“Documents”图标，进入“Documents”子目录中创建新文件，与创建文件的操作过程一样。

4）新建的文件将包含在当前的设计数据库中，系统默认的文件名为“PCB1”，用户可以在设计管理器中更改文件的文件名，更改文件名后显示在设计数据库中。

单击此文件，系统将进入印制电路板编辑器，此时可以用来实现电路原理图设计绘制的工具菜单全部显示出来，如图1-37所示，现在就可以进行图形的设计与绘制了。

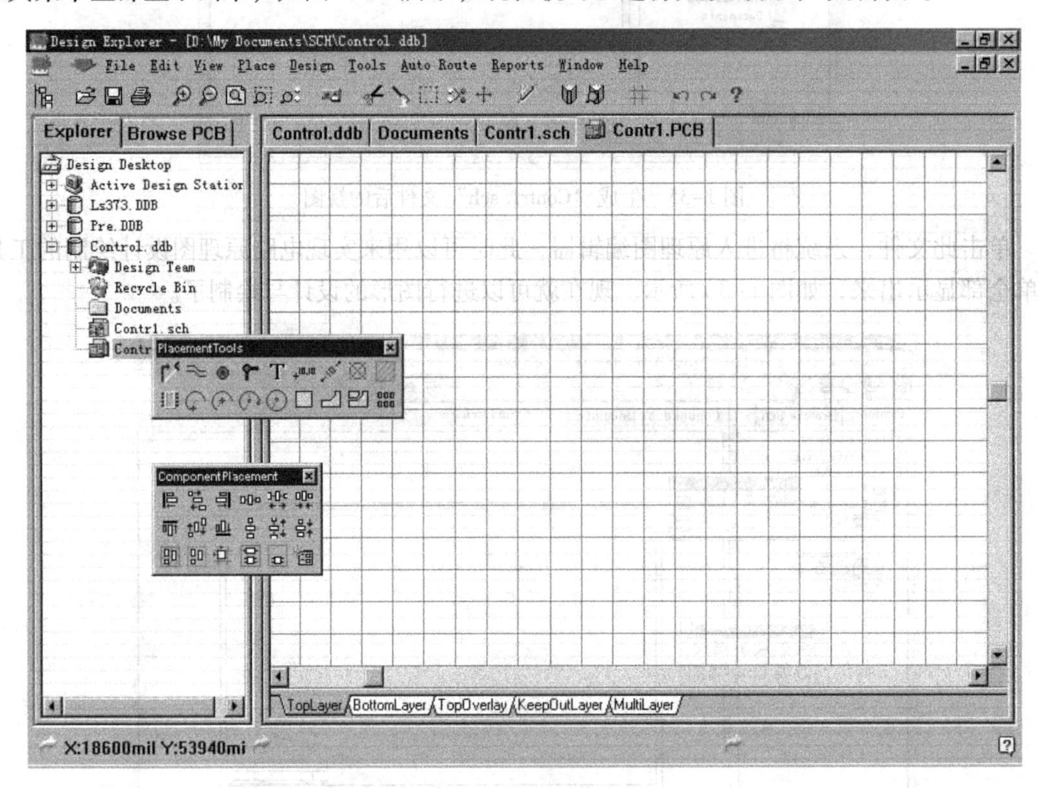

图1-37　印制电路编辑器界面

启动其他编辑器的操作与上面两个编辑器的启动一样，这里就不再重复。

习题

1. 在Protel 99 SE中建立自己的设计数据库Design.ddb。
2. 什么是设计管理器？
3. 在设计数据库中，分别创建“*.sch”文件和“*.pcb”文件。

第 2 章　Protel 99 SE 原理图设计基础

第 1 章主要讲述了 Protel 99 SE 的文件操作、主要特点，以及相关的基础知识。本章正式进行电路设计系统的讲解。电路设计的第一步是进行原理图设计，所以本章先讲述 Protel 99 SE 原理图设计基础知识。

2.1　电路原理图的设计步骤

通常，进行电路原理图和 PCB 设计时需要遵循一定的设计步骤，才能有效地使用 Protel 99 SE 软件完成工程设计工作。

2.1.1　电路板设计的一般步骤

一般来说，设计电路板最基本的过程可以分为以下 4 个主要步骤。

1. 电路原理图的设计

电路原理图的设计主要是利用 Protel 99 SE 的原理图设计系统（Advanced Schematic）来绘制一张电路原理图。

2. 生成网络表

网络表是电路原理图设计（Sch）与印制电路板设计（PCB）之间的一座桥梁。网络表可以从电路原理图中获得，也可从印制电路板中提取。

3. 印制电路板的设计

印制电路板的设计主要是针对 Protel 99 SE 的另外一个重要部分 PCB 而言的。在这个过程中，借助 Protel 99 SE 提供的强大功能实现电路印制板设计，完成复杂的布线工作。

4. 生成印制电路板报表

设计了印制电路板后，还需要生成印制电路板的有关报表，并打印印制电路图。

完整的印制电路板的设计过程是首先编辑电路原理图，然后由电路原理图文件产生网络表，最后根据网络表进行线路板的布线工作。下面先认识一下电路原理图设计的有关知识。

2.1.2　电路原理图设计的一般步骤

电路原理图设计是整个电路设计的基础，它决定了后面工作的进展情况。一般地，设计一个电路原理图的工作包括：设置电路图图纸大小、规划电路图的总体布局、在图纸上放置元器件、进行布局和布线，然后对各元器件以及布线进行调整，最后保存并打印输出。电路原理图的设计过程一般可以按图 2-1 所示的设计流程进行。

1）启动 Protel 99 SE 电路原理图编辑器。用户首先必须启动原理图编辑器，才能进行设计绘图工作，该操作可参考 1.6 节。

2）设置电路图图纸大小以及版面。设计绘制原理图前必须根据实际电路的复杂程度来设置图纸的大小。设置图纸的过程实际上是一个建立工作平面的过程，用户可以设置图纸的大小、方向、网格大小以及标题栏等。

3）在图纸上放置需要设计的元器件。在这个阶段，用户根据实际电路的需要，从元器件库里取出所需的元器件放置在工作平面上。用户可以根据元器件之间的走线等对元器件在工作平面上的位置进行调整、修改，并对元器件的编号、封装进行定义和设定等，为下一步工作打好基础。

4）对所放置的元器件进行布局布线。该过程实际上是画图的过程。用户利用 Protel 99 SE 提供的各种工具、指令进行布线，将工作平面上的元器件用具有电气意义的导线、符号连接起来，构成一幅完整的电路原理图。

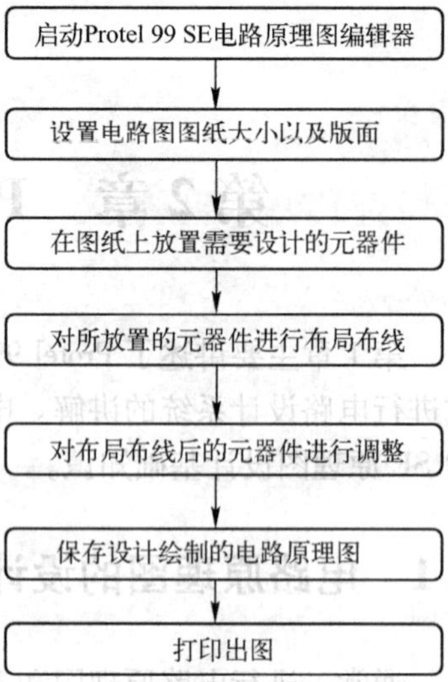

5）对布局布线后的元器件进行调整，并生成网络表。在这一阶段，用户利用 Protel 99 SE 所提供的各种强大功能对所绘制的原理图进行进一步的调整和修改，以保证原理图美观和正确。这就需要对元器件位置进行重新调整，对导线位置进行删除、移动，更改图形尺寸、属性及排列。最后可以生成原理图的网络表，以备 PCB 设计使用。

6）保存文档并打印输出。这个阶段可以对设计完的原理图文件进行保存、打印操作。

启动Protel 99 SE电路原理图编辑器
↓
设置电路图图纸大小以及版面
↓
在图纸上放置需要设计的元器件
↓
对所放置的元器件进行布局布线
↓
对布局布线后的元器件进行调整
↓
保存设计绘制的电路原理图
↓
打印出图

图 2-1　电路原理图设计一般流程

2.2　Protel 99 SE 电路图设计工具

在使用 Protel 99 SE 进行原理图设计之前，先了解一下电路图设计工具。

2.2.1　电路原理图设计工具栏

Protel 99 SE 的工具栏有 Main Tools（主工具栏）、Wiring Tools（布线工具栏）、Drawing Tools（绘图工具栏）、Power Objects（电源工具栏）、Digital Objects（数字元器件工具栏）、Simulation Sources（信号仿真源工具栏）、PLD Tools（PLD 工具栏）等，如图 2-2 所示。充分利用这些工具会极大地方便电路图的绘制，下面就介绍几个主要工具栏打开与关闭的方法。

1. 主工具栏

打开或关闭主工具栏可执行“View”→“Toolbars”→“Main Tools”命令，如图 2-3 所示。该工具栏打开后，结果如图 2-2 中的工具栏所示。

2. 布线工具栏

打开或关闭布线工具栏可执行“View”→“Toolbars”→“Wiring Tools”命令，该工具栏打开后，结果如图 2-2 中的工具栏所示。

3. 绘图工具栏

打开或关闭绘图工具栏可执行“View”→“Toolbars”→“Drawing Tools”命令。该工具栏打开后，结果如图 2-2 中的工具栏所示。

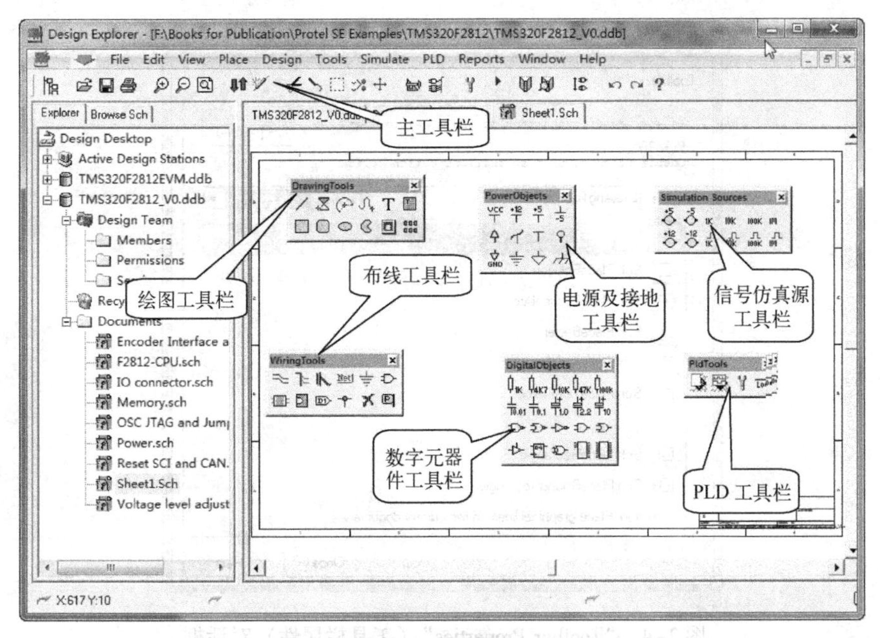

图 2-2　电路原理图绘制工具栏说明

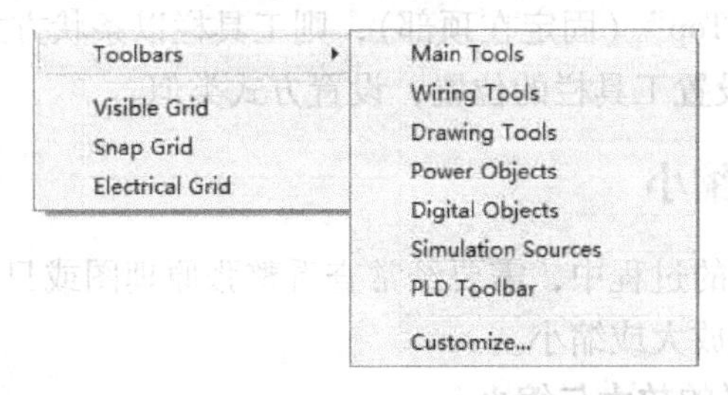

图 2-3　装载工具栏菜单

4. 电源及接地工具栏

打开或关闭电源及接地工具栏可执行“View”→“Toolbars”→“Power Objects”命令。该工具栏打开后，结果如图 2-2 中的工具栏所示。

5. 数字元器件工具栏

打开或关闭数字元器件工具栏可执行“View”→“Toolbars”→“Digital Objects”命令。该工具栏打开后，结果如图 2-2 中的工具栏所示。

信号仿真源工具栏和 PLD 工具栏主要是在信号仿真和 PLD 逻辑器件设计时使用，具体内容将在本书后面的有关章节讲述。

6. 工具栏属性设置

工具栏通常有多种设置方式，可以以条状工具栏定格在操作界面上，也可以浮动在设计界面中。可以将鼠标放置在需要设置的工具栏上后右击，在弹出的快捷菜单中选择“Toolbar Properties”命令，系统会弹出图 2-4 所示的“Toolbar Properties”（工具栏属性）对话框。

这里以绘图工具栏为例。“Name”（名称）文本框中显示的是该工具栏的名称。在“Position”（位置）下拉列表框中可以选择工具栏的放置方式。

1）如果选择“Floating”（浮动），则工具栏会浮动在设计界面上。

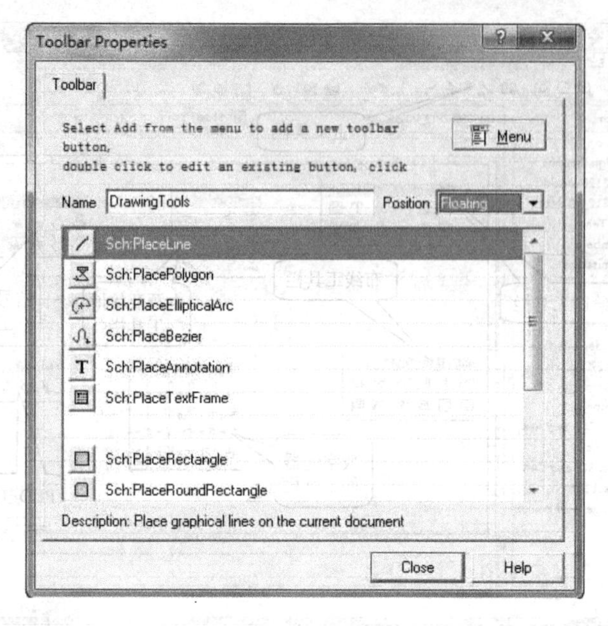

图 2-4 “Toolbar Properties”（工具栏属性）对话框

2）如果选择“Fixed Top”（固定在顶部），则工具栏以条状方式固定在界面上部。

3）其他选项均可以设置工具栏的位置，设置方式类似。

2.2.2 图样的放大与缩小

电路设计人员在绘图的过程中，需要经常查看整张原理图或只看某个局部，所以要经常改变显示状态，使绘图区放大或缩小。

1. 使用键盘实现图样的放大与缩小

当系统处于其他绘图命令下时，用户无法用鼠标去执行一般的命令，此时要放大或缩小显示状态，必须采用功能键来实现。

1）放大：按〈PageUP〉键，可以放大绘图区域。

2）缩小：按〈PageDown〉键，可以缩小绘图区域。

3）居中：按〈Home〉键，可以从原来光标下的图样位置移位到工作区中心位置显示。

4）更新：按〈End〉键，对绘图区的图形进行更新，恢复正确的显示状态。

5）移动当前位置：按〈↑〉键可上移当前图样的位置，按〈↓〉键可下移当前图样的位置，按〈←〉键可左移当前图样的位置，按〈→〉键可右移当前图样的位置。

2. 使用菜单放大或缩小图样显示

Protel 99 SE 提供了“View”菜单来控制图形区域的放大与缩小，这可以在不执行其他的命令时使用这些命令，否则使用键盘操作。“View”菜单如图 2-5 所示，下面介绍该菜单中主要命令的功能。

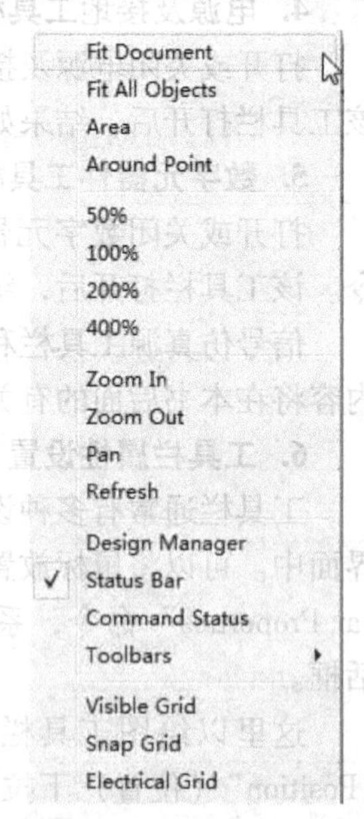

图 2-5 “View”菜单

1）Fit Document：该命令显示整个文件，可以用来查看整张电路图。

2）Fit All Objects：该命令使绘图区中的图形填满工作区。

3）Area：该命令放大显示用户设定的区域。这种方式是通过确定用户选定区域中对角线上的两个角的位置，来确定需要放大的区域。执行此菜单命令后，移动十字光标到目标的左上角位置，然后拖动鼠标，将光标移动到目标右下方的适当位置，再单击鼠标加以确认，即可放大所框选的区域。

4）Around Point：该命令放大显示用户设定的区域。这种方式是通过确定用户选定区域的中心位置和选定区域的一个角的位置，来确定需要放大的区域。执行此菜单命令后，移动十字光标到目标区的中心单击，然后移动光标到目标区的右下角，再单击加以确认，即可放大该选定区域。

5）用不同的比例显示：View 菜单命令提供了 50%、100%、200% 和 400% 共四种显示方式。

6）Zoom In/Zoom Out：放大/缩小显示区域。

7）Pan：移动显示位置。在设计线路时，经常要查看各处的电路，所以有时需要移动显示位置，这时可执行此命令。在执行本命令之前，要将光标移动到目标点，然后执行“Pan”命令，目标点位置就会移动到工作区的中心位置显示。也就是以该目标点为屏幕中心，显示整个屏幕。

8）Refresh：更新画面。在滚动画面、移动元器件等操作时，有时会造成画面显示含有残留的斑点或图形变形等问题，这虽然不影响电路的正确性，但不美观，这时可以通过执行此菜单命令来更新画面。

2.3 设置图纸

进行原理图设计时，首先需要选择合适大小的图纸，然后将元器件放置在图纸范围内，并进行原理图的电气连接。

2.3.1 图纸大小设置

用大小合适的图纸来绘制电路图，可以使显示和打印都相当清晰，而且也比较节省磁盘存储空间。

1. 选择标准图纸

关于图纸大小的设置，可以执行“Design”→“Options”命令，执行该命令后，系统将弹出“Document Options”（文档选项）对话框，并在其中选择“Sheet Options”（图纸选项）选项卡进行设置，如图 2-6 所示。

Protel 99 SE 提供了 10 多种广泛使用的英制及米制图纸尺寸供用户选择。如果用户需要，也可以自定义图纸的尺寸。Protel 99 SE 提供的标准图纸尺寸见表 2-1。用户可以在图 2-6 所示对话框的“Standard styles”下拉列表框中选取。

2. 自定义图纸

如果需要自定义图纸尺寸，必须设置图 2-6 中“Custom Style”选项组的各个选项。首先，必须在“Custom Style”选项组中选中“Use Custom Style”复选框，以激活自定义图纸功能。

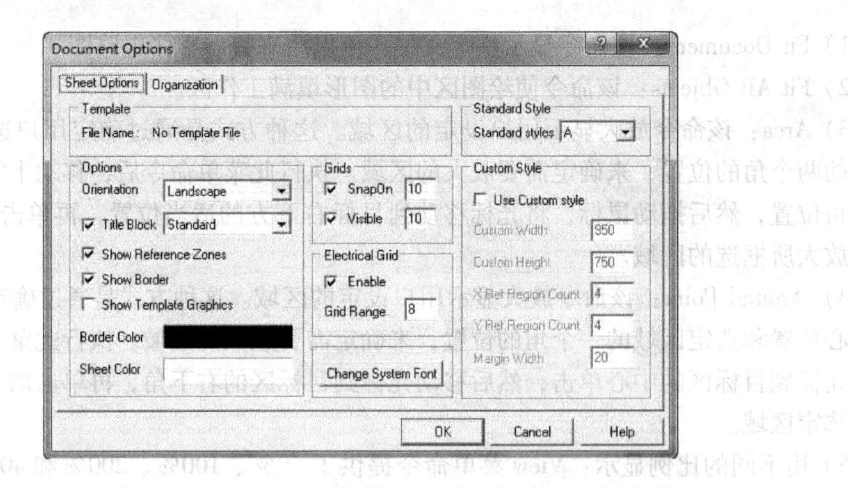

图 2-6 “Document Options”对话框——“Sheet Options”选项卡

表 2-1 Protel 99 SE 提供的标准图纸尺寸

尺寸	宽度×高度/(in×in)	宽度×高度/(mm×mm)	尺寸	宽度×高度/(in×in)	宽度×高度/(mm×mm)
A	11.00×8.50	279.42×215.90	A0	46.80×33.07	1188×840
B	17.00×11.00	431.80×279.40	ORCAD A	9.90×7.90	251.15×200.66
C	22.00×17.00	558.80×431.80	ORCAD B	15.40×9.90	391.16×251.15
D	34.00×22.00	863.60×558.80	ORCAD C	20.60×15.60	523.24×396.24
E	44.00×34.00	1078.00×863.60	ORCAD D	32.60×20.60	828.04×523.24
A4	11.69×8.27	297×210	ORCAD E	42.80×32.80	1087.12×833.12
A3	16.54×11.69	420×297	Letter	11.00×8.50	279.4×215.9
A2	23.39×16.54	594×420	Legal	14.00×8.50	355.6×215.9
A1	33.07×23.39	840×594	TABLOID	17.00×11.00	431.8×279.4

“Custom Style”选项组中其他各项的含义如下，根据相应参数定义图纸大小，如图 2-7 所示。

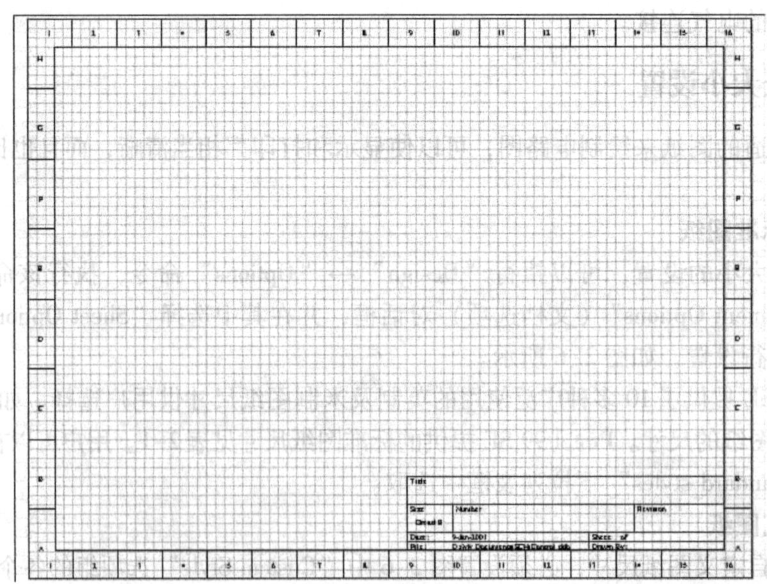

图 2-7 自定义图纸

1）Custom Width：自定义图纸的宽度，在此定义图纸宽度为800 mm。

2）Custom Height：自定义图纸的高度，在此定义图纸高度为600 mm。

3）X Ref Region Count：X 轴参考坐标分格，在此定义分格数为16。

4）Y Ref Region Count：Y 轴参考坐标分格，在此定义分格数为8。

5）Margin Width：边框的宽度，在此定义编辑框宽度为30 mm。

2.3.2 图纸方向

1. 设置图纸方向

图纸是纵向还是横向，以及边框颜色的设置等，可执行“Design”→“Options”命令来实现。执行该命令后，系统将弹出“Document Options”对话框，并在其中选择“Sheet Options”选项卡进行设置，如图2-6所示。

Schematic 允许电路图图纸在显示及打印时选择为Landscape（横向）或Portrait（纵向）格式。具体设置可在“Options”选项组的“Orientation”（方位）下拉列表框中选取。通常情况下，在绘制及显示时设为横向，在打印时设为纵向。

2. 设置图纸标题栏

Protel 提供了两种预先定义的标题栏，分别是标准（Standard）形式和ANSI形式，如图2-8所示。具体设置可在“Options”选项组的“Title Block”（标题块）下拉列表框中选取，如图2-6所示。

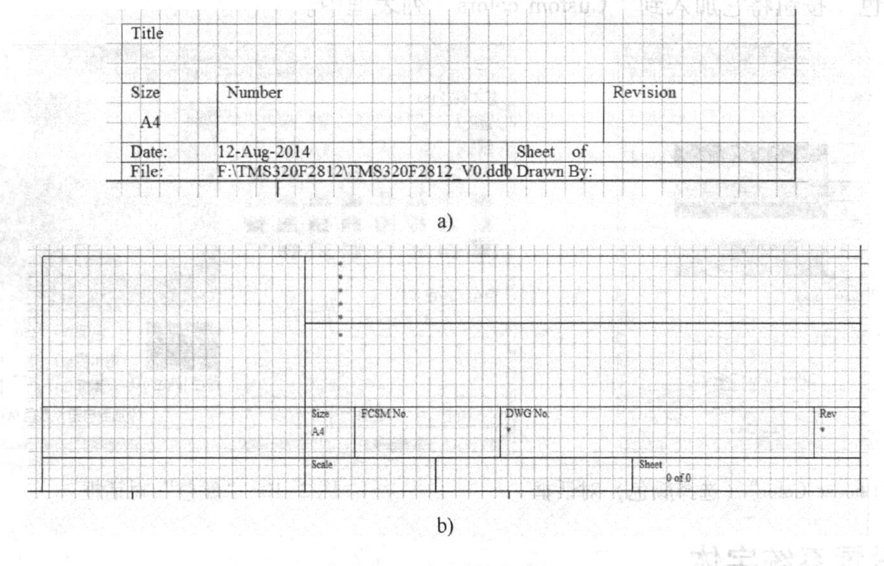

图2-8　标题栏的类型

a）标准形式标题栏　b）ANSI形式的标题栏

“Show Reference Zones”复选框用来设置边框中的参考坐标。如果选择该复选框，则显示参考坐标，否则不显示，一般情况下均应该选中。

“Show Border”复选框用来设置是否显示图纸边框，如果选中该复选框，则显示边框，否则不显示。当显示图纸边框时，可用的绘图工作区将会比较小，所以要使图纸有最大的可用工作区，可考虑将边框隐藏。不过，由于某些打印机和绘图仪不能打印到图纸边框的区域，因此在实际工作中需要多测试几次，以决定出真正的可用工作区。另外，Schematic 还允许在打印时以一定的比例缩小输出，以作为补偿。

"Show Template Graphics" 复选框用来设置是否显示画在样板内的图形、文字及专用字符串等。通常，为了显示自定义的标题区块或公司商标等才选择该项。

2.3.3 设置图纸颜色

图纸颜色设置包括 Border Color（图纸边框色）和 Sheet Color（图纸底色）的设置。

1）在图 2-6 中，"Border Color" 选项用来设置边框的颜色，默认设置为黑色。在右边的颜色框中单击，系统将会弹出 "Choose Color"（选择颜色）对话框，如图 2-9 所示，可通过它来选取新的边框颜色。

2）Sheet Color 选择项用来设置图纸的底色，默认的设置为浅黄色。要变更底色时，在右边的颜色框上双击，打开 "Choose Color" 对话框，然后选取出新的图纸底色。

"Choose Color" 对话框的 "Basic colors" 列表框中列出了当前 Schematic 可用的 239 种颜色，并定位当前所使用的颜色。如果用户希望变更当前使用的颜色，可直接在 "Basic colors" 列表框或 "Custom colors" 列表框中用鼠标单击选取。

如果用户希望自定义颜色，则单击 "Define Custom Colors" 按钮，即可打开图 2-10 所示的 "颜色" 对话框。这是一个 Windows 系统的对话框，可以对色调（E）、饱和度（S）、亮度（L）、红（R）、绿（G）、蓝（B）等项进行设置。调出满意的颜色后，单击 "添加到自定义颜色" 按钮将它加入到 "Custom colors" 列表框中。

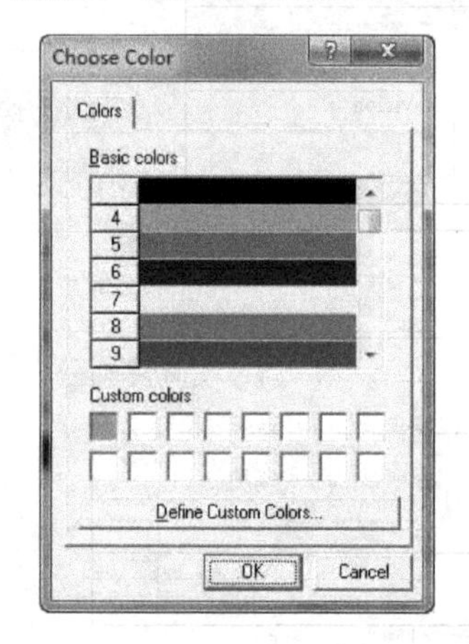

图 2-9 "Choose Color"（选择颜色）对话框

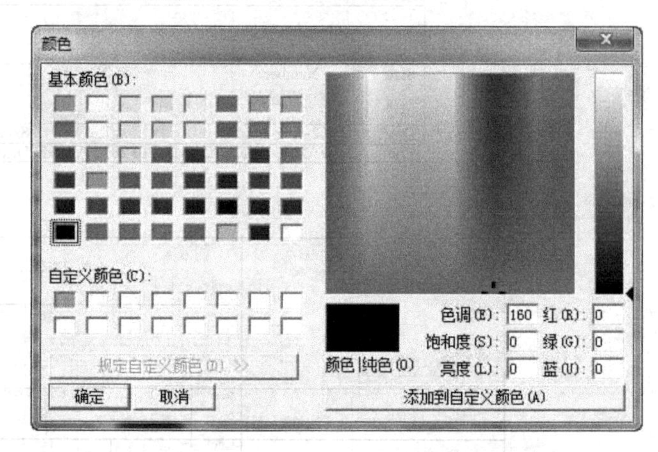

图 2-10 "颜色" 对话框

2.4 设置系统字体

在 Protel 图纸上常常需要插入很多汉字或英文，系统可以为这些插入的字设置字体，如果在插入文字时不单独进行修改字体，则使用系统默认的字体。系统字体的设置可以使用字体设置模块来实现。

当设置系统字体时，可以执行 "Design" → "Options" 命令，系统将弹出图 2-6 所示的对话框，然后单击 "Sheet Options" 选项卡。此时单击 "Change System Font" 按钮，系统将弹出图 2-11 所示的 "字体" 对话框。此时就可以设置系统的默认字体。

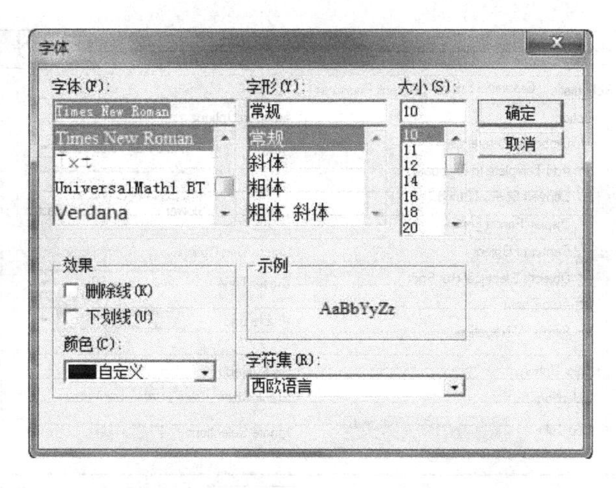

图 2-11 “字体”对话框

2.5 网格和光标设置

在设计原理图时，图纸上的网格为放置元器件、连接线路等设计工作带来了极大的方便。在进行图纸的显示操作时，可以设置网格的种类以及是否显示网格，也可以对光标的形状进行设置。

2.5.1 设置网格

Protel 99 SE 提供了两种不同形状网格的电路图，分别是线状（Line）网格电路图和点状（Dot）网格电路图，如图 2-12 和图 2-13 所示。

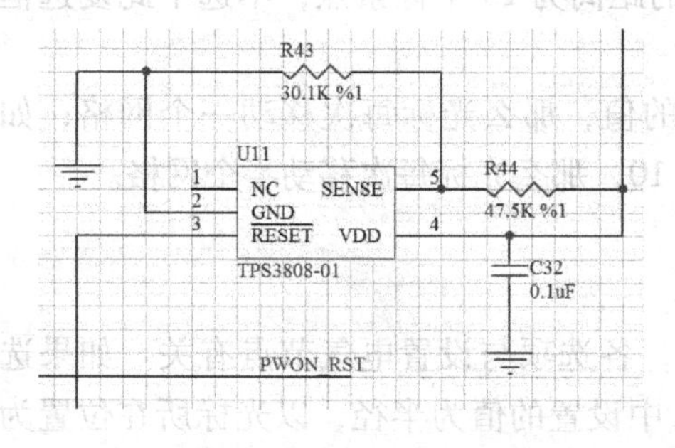

图 2-12 线状网格电路图

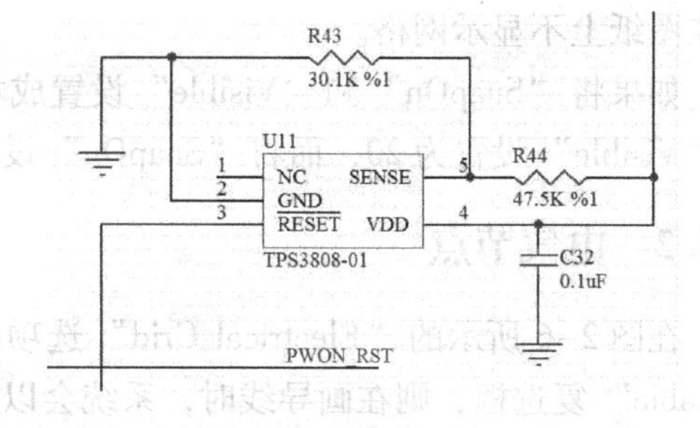

图 2-13 点状网格电路图

设置网格可以执行“Tools”→“Preferences”命令来实现。执行该命令后，系统将会弹出图 2-14 所示的“Preferences”（参数）对话框。在“Graphical Editing”选项卡中，可以单击“Cursor/Grid Options”选项组中的“Cursor Type”（网格类型）下拉列表框右侧的下拉按钮，就可以选择所需的网格类型。

如果想改变网格颜色，可以单击“Color Options”选项组中的“Cursor Color”（网格颜色）按钮进行颜色设置，如图 2-14 所示。具体的颜色设置方法与 2.3 节中的图纸颜色设置操作类似，不过，设置网格的颜色时要注意颜色不要设置的太深，否则会影响后面的绘图工作。

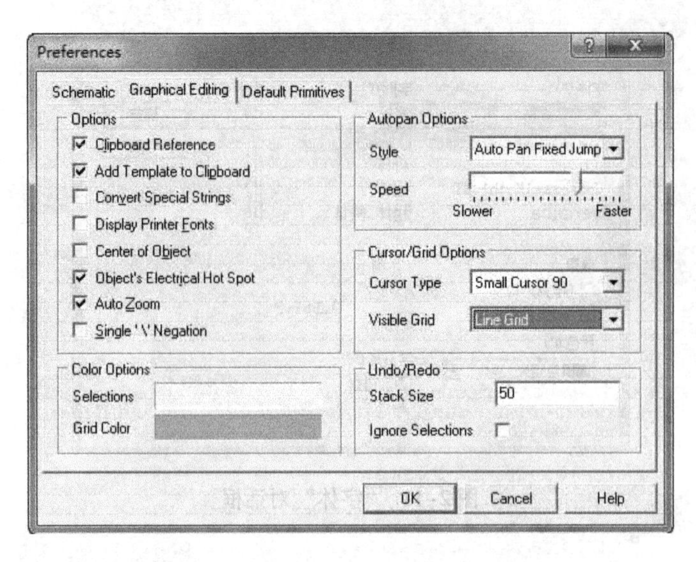

图2-14 “Preferences（参数）”对话框

如果用户想设置网格是否可见，则可以执行“Design”→“Options”命令，系统将弹出“Document Options”对话框，并选择“Sheet Options”选项卡，在“Grids”选项组对“SnapOn”和“Visible”两个选项进行操作，就可以设置网格的可见性，如图2-6所示。

1）“SnapOn”复选框：这项设置可以改变光标的移动间距，选中此复选框表示光标移动时以SnapOn值为基本单位跳移，系统默认值为10；若不选中此复选框，则光标移动时以1个像素点为基本单位移动。

2）“Visible”复选框：选中此复选框表示网格可见，可以在其右边的文本框内输入数值来改变图纸网格间的距离，图2-6中表示网格间的距离为10个像素点；不选中此复选框表示在图纸上不显示网格。

如果将“SnapOn”和“Visible”设置成相同的值，那么光标每次移动一个网格；如果将“Visible”设置为20，而将“SnapOn”设置为10，那么光标每次移动半个网格。

2.5.2 电气节点

在图2-6所示的“Electrical Grid”选项组中，各选项与设置电气节点有关。如果选中“Enable”复选框，则在画导线时，系统会以Grid中设置的值为半径，以光标所在位置为中心，向四周搜索电气节点。如果在搜索区域内有电气节点的话，就会将光标自动移到该节点上，并且在该节点上显示一个圆点；如果取消该项功能，则无法自动寻找节点。“Grid Range”（节点范围）文本框用来设置搜索半径。

注意：设置网格是否可见，还可以通过执行“View”→“Visible Grid”命令来实现。如果当前没有显示网格，则执行该命令就可以显示网格。另外。“View”→“Snap Grid”和“View”→“Electrical Grid”命令与上述功能一样。

2.5.3 设置光标

光标是指在画图、放置元器件和连接线路时的光标形状。执行“Tools”→“Preferences”命令，系统弹出图 2-14 所示的“Preferences”对话框，单击“Graphical Editing”选项卡。

然后单击“Cursor/Grid Options”选项组中的“Cursor Type”（光标类型）下拉列表框右边的下拉按钮，在下拉列表中可以选择光标类型，系统提供了大光标、小光标和交叉 45°光标三种光标类型，如图 2-15 所示。

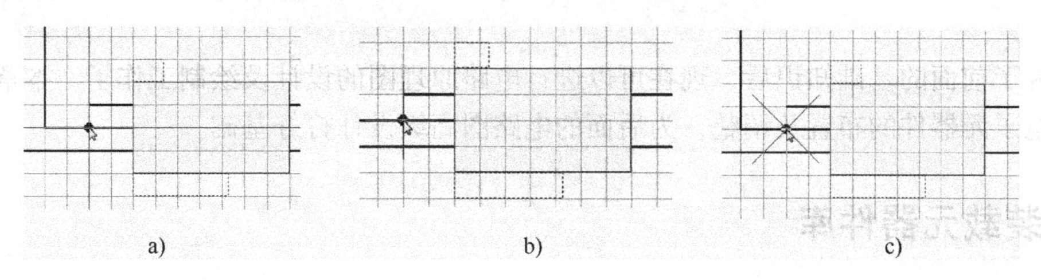

图 2-15　光标类型
a）大光标　b）小光标　c）交叉 45°光标

习题

1. 简述电路原理图设计的一般步骤。

2. 创建一个名为 TMS320F2812. ddb 的数据库文件，然后在该数据库中建立一个名为“Power. sch”的电路原理图文件。

3. 对上题中创建的原理图的图纸进行设置，设置为 A4 纸大小，图纸方向为横向（Landscape），标题栏为标准的。

第3章　电路原理图设计

掌握了前面的基础知识后，现在可以进行电路原理图的设计及绘制工作了。本章结合实例讲述电子元器件的布置及调整，为后面的电路图高级设计打好基础。

3.1　装载元器件库

在向电路图中放置元器件之前，必须先将该元器件所在的元器件库载入内存。如果一次载入过多的元器件库，将会占用较多的系统资源，同时也会降低应用程序的执行效率。所以，最好的做法是只载入必要而常用的元器件库，其他特殊的元器件库在需要时再载入。装载元器件库的步骤如下（假定已经建立了一个新的原理图文件 Example. sch）。

1）单击设计管理器中的“Browse Sch”标签，然后单击“Add/Remove”按钮，屏幕将出现图3-1所示的“Change Library File List”（改变库文件列表）对话框。用户也可以选择“Design”→“Add/Remove Library”命令来打开此对话框。

图3-1　“Change Library File List”（改变库文件列表）对话框

2）在“Design Explorer 99 SE \ Library \ Sch”文件夹下选取元器件库文件，然后双击或单击“Add”按钮，此元器件库就会出现在“Selected Files”列表框中，如图3-1所示。元器件库文件类型为“. ddb”。

3）单击“OK”按钮，完成该元器件库的添加。将所需要的元器件库添加到当前编辑环境下后，元器件库的详细列表将显示在设计管理器中，如图3-2所示。

说明：Protel 针对各大半导体公司的常用元器件分别做了专用的元器件库，只要装载所需要的元器件的生产公司的元器件库，就可以从中选择自己所需要的元器件。如果用户习惯使用以前 DOS 环境下的标准元器件，则可以装载“Protel DOS Schematic Libraries”元器件库，其中也包含大量常用的元器件。另外有两个常用的元器件库，“Sim. ddb”和“PLD. ddb”，前者包含了一般电路仿真所需要用到的元器件，而后者主要包含了逻辑元器件设计所需要用到的元器件。

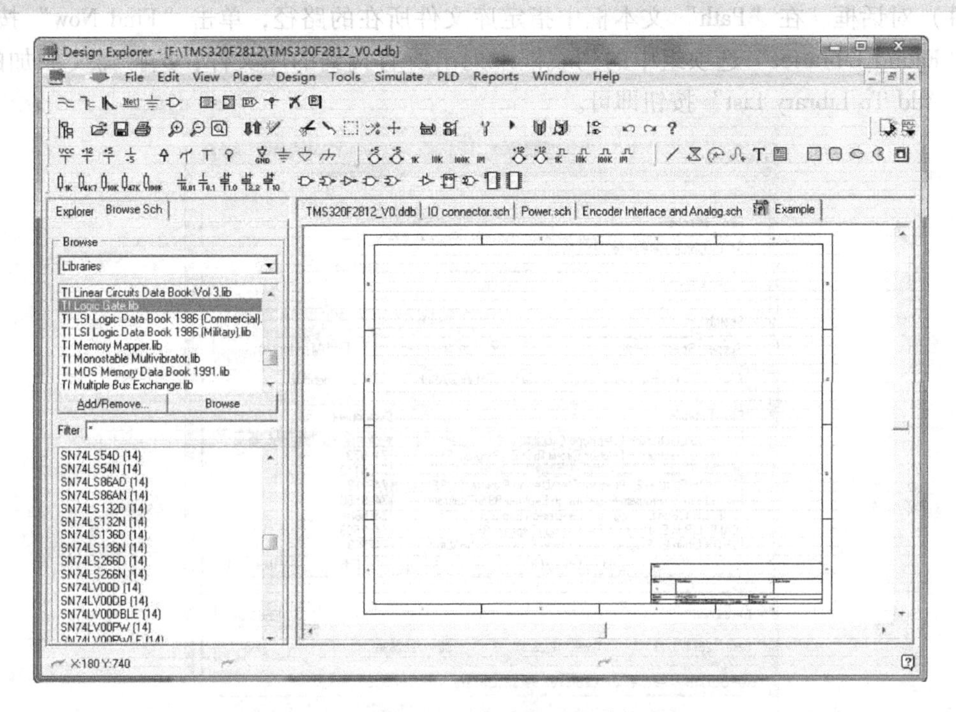

图 3-2　添加了元器件库后的设计管理器

需要注意的是，如果是在 Windows 7 平台上安装 Protel 99 SE，那么在装载元器件库时会存在文件不被识别的问题（File is not recognized）。这时候需要按如下操作方法来装载元器件库。

1）修改“ADVSCH99SE. INI”文件。在修改“ADVSCH99SE. INI”前需要退出 Protel 99 SE，因为 Protel 退出时会修改这个文件。“ADVSCH99SE. INI”文件保存在“C：\Windows\A”文件夹下。

首先用记事打开“ADVSCH99SE. INI”文件，在“Change Library File List”下找到 File0，“=”后面的内容就是默认已经添加的库。如要添加多个库，就在 File0 后面添 File1，File2，…，依此类推。最后还需要修改 File0 上面的“Count”属性，如果添加了 5 个库，就把它的值改为 5。按如下方法修改即可：

```
TypeCount = 2
Count = 5
File0 = E:\Program Files\Design Explorer 99 SE\Library\Sch\Actel User Programmable. ddb
File1 = E:\Program Files\Design Explorer 99 SE\Library\Sch\Allegro Integrated Circuits. ddb
File2 = E:\Program Files\Design Explorer 99 SE\Library\Sch\Altera Asic. ddb
```

File3 = E:\Program Files\Design Explorer 99 SE\Library\Sch\Altera Interface. ddb
File4 = E:\Program Files\Design Explorer 99 SE\Library\Sch\Altera Memory. ddb
File5 = E:\Program Files\Design Explorer 99 SE\Library\Sch\Altera Peripheral. ddb

然后保存并退出编辑。注意，“TypeCount = 2”这一句不能被修改。

2）执行“Tools”→“Find Component”命令，使用原理图的查找元器件功能来装载库文件。执行该命令后，系统会打开图 3-3 所示的“Find Schematic Component”（查找原理图元器件）对话框。在“Path”文本框中指定库文件所在的路径，单击“Find Now”按钮后会在“Found Libraries”选项组中的列表框中列出所有找到的库文件，选择需要添加的库，单击“Add To Library List”按钮即可。

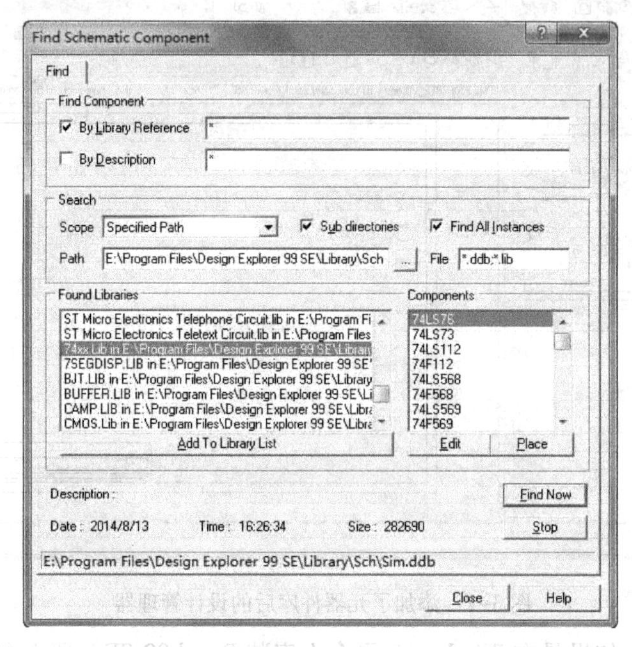

图 3-3 “Find Schematic Component”（查找原理图元器件）对话框

3.2 放置元器件

要绘制原理图，首先要进行元器件的放置。在放置元器件时，设计者必须知道元器件所在的库并从中取出或者制作原理图元器件，并装载这些必需的元器件库到当前设计管理器。

3.2.1 使用元器件库放置元器件

放置元器件之前，应该选择需要放置的元器件，通常可以用下面两种方法来选取元器件。

1. 通过输入元器件编号来选取元器件

如果确切地知道元器件的编号名称，最方便的做法是通过执行“Place”→“Part”命令或直接单击布线工具栏上的按钮，打开图 3-4 所示的“Place Part”（放置元器件）对话框。

1）选择元器件库：单击“Browse”（浏览）按钮，系统将弹出图 3-5 所示的“Browse Libraries”（浏览元器件库）对话框。在该对话框中，用户可以选择需要放置的元器件库；

也可以单击“Add/Remove”按钮加载元器件库（参考3.1节），然后可以在“Components”（元器件）选项组的列表框中选择自己需要的元器件，在预览框中可以查看元器件图形。

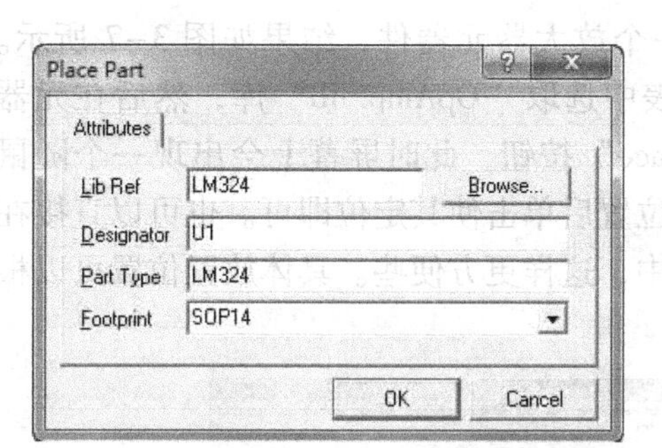

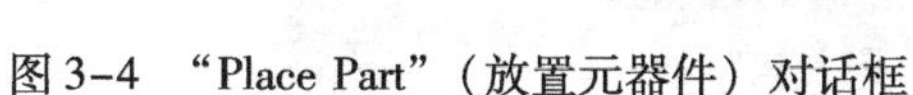

图3-4 “Place Part”（放置元器件）对话框

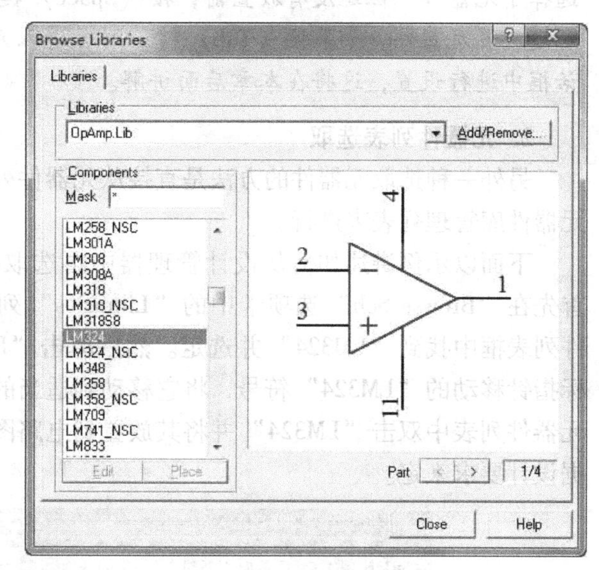

图3-5 “Browse Libraries”（浏览元器件库）对话框

2）输入流水号：选择了元器件后单击“Close”按钮，系统返回图3-4所示的对话框，此时可以在“Designator”文本框中输入当前元器件的流水序号（例如U1）。

注意： 无论是单张图样的设计还是多张图样的设计，都绝对不允许两个元器件具有相同的流水序号。

在当前的绘图阶段可以先不用设置输入流水号，即直接使用系统的默认值“A?”。等到完成电路全图之后，再使用Schematic内置的重编流水序号功能（通过“Tools”→“Annotate”命令），就可以轻易地将电路图中所有元器件的流水序号重新编号一次。

假如现在为这个元器件指定流水序号（例如U1），则在以后放置相同形式的元器件时，其流水序号将会自动增加（例如U2、U3、U4等）。如果选择的元器件是多片集成的，系统自动增加的顺序则是U1A、U1B、U1C、U1D、U2A、U2B……设置完毕后，单击上述对话框中的“OK”按钮，屏幕上将会出现一个可随鼠标指针移动的元器件符号，将它移到适当的位置，然后单击使其定位即可。

3）元器件类型显示：在“Part Type”文本框中显示了元器件的类型。

4）封装类型显示：在“Footprint”框中显示了元器件的封装类型。

完成放置一个元器件之后，系统会再次弹出“Place Part”（放置元器件）对话框，等待输入新的元器件编号。假如现在还要继续放置相同形式的元器件，就直接单击“OK”按钮，新出现的元器件符号会依照元器件包装自动地增加流水序号。如果不再放置新的元器件，可直接单击“Cancel”按钮关闭对话框。例如，放置了一个运算放大器后的图形如图3-6所示。

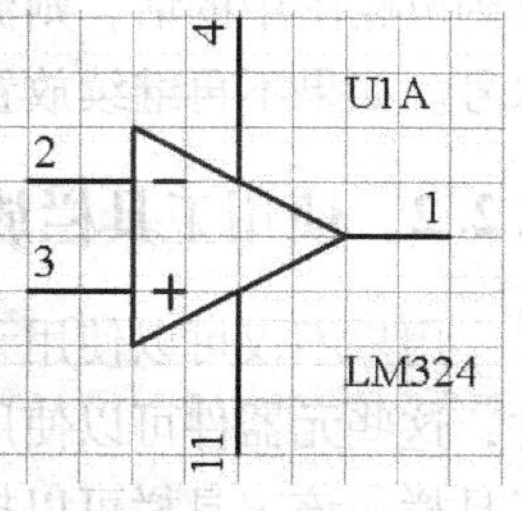

图3-6 放置了一个运算放大器后的图形

技巧：当放置一些标准元器件或图形时，可以在绘制前调整位置。调整的方法为：在选择了元器件，但还没有放置前，按〈Space〉键，即可旋转元器件，此时可以选择需要的角度放置元器件。如果按〈Tab〉键，则会进入元器件属性对话框，用户也可以在属性对话框中进行设置，这将在本章后面讲解。

2. 元器件列表选取

另外一种选取元器件的方法是直接从元器件列表中选取。该操作必须通过设计管理器的元器件库管理列表来进行。

下面以示例讲述如何从设计管理器中再选取一个放大器元器件，结果如图 3-7 所示。首先在“Browse Sch”选项卡中的“Libraries”列表中选取“OpAmp. lib”库，然后在元器件列表框中找到“LM324”并选定。然后单击“Place”按钮，此时屏幕上会出现一个随鼠标指针移动的“LM324”符号，将它移动到适当的位置后单击使其定位即可。也可以直接在元器件列表中双击“LM324”并将其放置到电路图中，这样更方便些。具体放置位置可以根据设计要求来定。

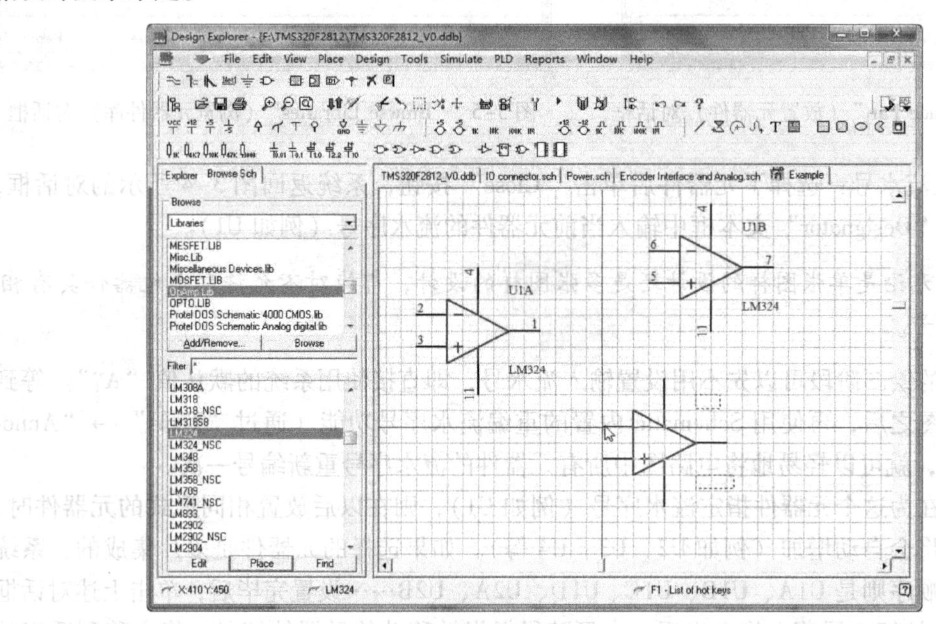

图 3-7　选取元器件

放置了两个放大器后的图形如图 3-8 所示，如果从设计管理器中选中该元器件，再放置到电路图中的话，则流水号为“U?”。如果使用“Place”→“Part”命令，则自动设置流水号。如果不再继续放置元器件，则可以右击结束该命令的操作。

3.2.2　使用工具栏放置元器件

用户不仅可以使用元器件库来实现放置元器件，还可以使用系统提供的一些常用的元器件，这些元器件可以使用“Digital Objects”工具栏来选择装载。图 3-9 所示为常用元器件工具栏，该工具栏可以执行“View”→“Toolbars”→“Digital Objects”命令来装载，具体操作可以参考 2.2 节。

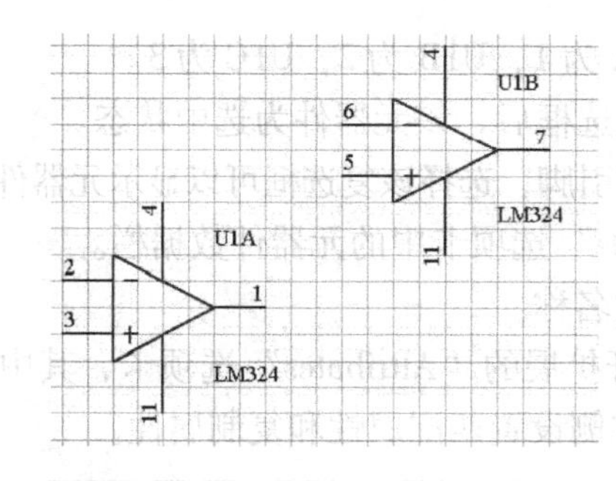

图 3-8　放置了两个元器件后的图形

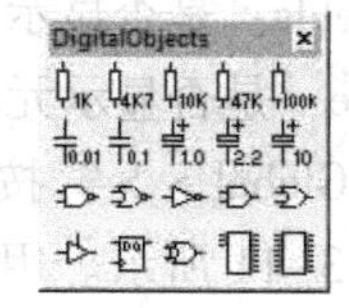

图 3-9　常用元器件工具栏

常用元器件工具栏为用户提供了常用规格的电阻、电容、与非门、寄存器等元器件，方便用户选择这些元器件。

放置这些元器件的操作与前面所讲的元器件放置操作类似，只要选中某元器件，就可以使用鼠标进行放置操作。

3.3　编辑元器件

放置了元器件后，可以根据设计需要对元器件的属性进行编辑。下面讲述编辑元器件属性的操作。

3.3.1　编辑元器件属性

Schematic 中所有的元器件对象都具有自身的特定属性。某些属性只能在元器件库编辑中进行定义，而另一些属性则只能在绘图编辑时定义。

在真正将元器件放置在图纸上之前，元器件符号可随鼠标移动，此时按〈Tab〉键可以打开图 3-10 所示的“Part”（元器件）对话框，可在此对话框中编辑元器件的属性。

如果已经将元器件放置在图纸上，则要更改元器件的属性，可以通过执行“Edit”→“Change”命令来实现。该命令可将编辑状态切换到对象属性编辑模式，此时只需将鼠标指针指向该对象，然后单击即可打开“Part”对话框。另外，还可以通过直接在元器件的中心位置双击打开“Part”对话框。然后，用户就可以进行元器件属性编辑操作。

1）“Attributes”（属性）选项卡：该选项卡中的内容较为常用，它包括以下选项。

- Lib Ref：在元器件库中所定义的元器件名称，该名称不会显示在图样中。
- Footprint：元器件封装形式。
- Designator：元器件在电路图中的流水序号。
- Part Type：显示在绘图中的元器件类型，默认值与元器件库中的元器件类型 Lib Ref 一致。
- Sheet Path：成为图样元器件时，定义下层图样的路径。

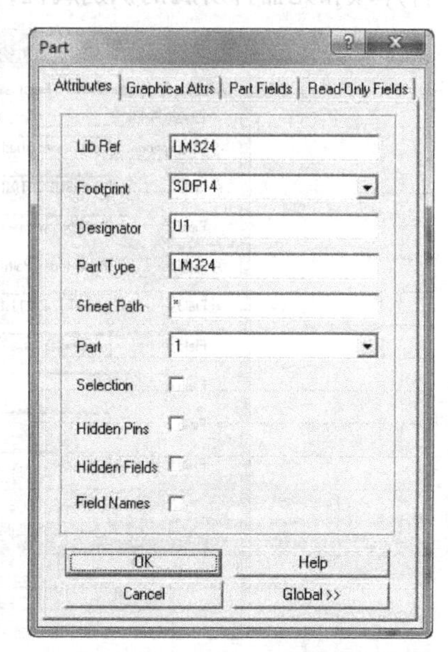

图 3-10　“Part”对话框

- Part：定义子元器件序号，例如 U1A 为 1，U1B 为 2，U1C 为 3。
- Selection：切换选取状态，选择该复选框后，该元器件为选中状态。
- Hidden Pins：是否显示元器件的隐藏引脚，选择该复选框可以显示元器件的隐藏引脚。
- Hidden Fields：是否显示“Part Fields”选项卡中的元器件数据栏。
- Field Name：是否显示元器件数据栏名称。

如果单击“Global > >”按钮，则打开扩展的“Attributes”选项卡，其中显示详细的元器件属性，如图 3-11 所示。用户可以在右侧设置匹配属性和复制属性。

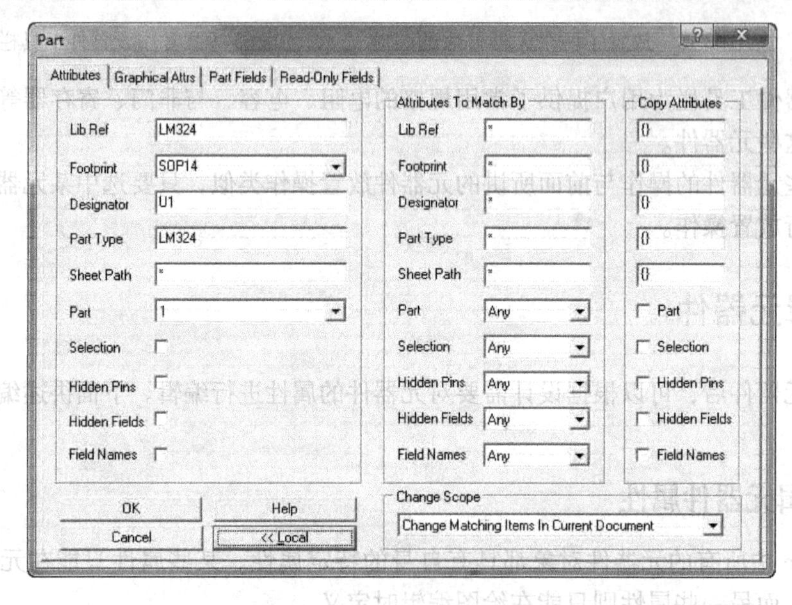

图 3-11　扩展的“Attributes”选项卡

2）“Read - Only Fields”选项卡：该选项卡描述了有关该元器件的可读信息，包括元器件库域和元器件所属的识别属性，如图 3-12 所示。

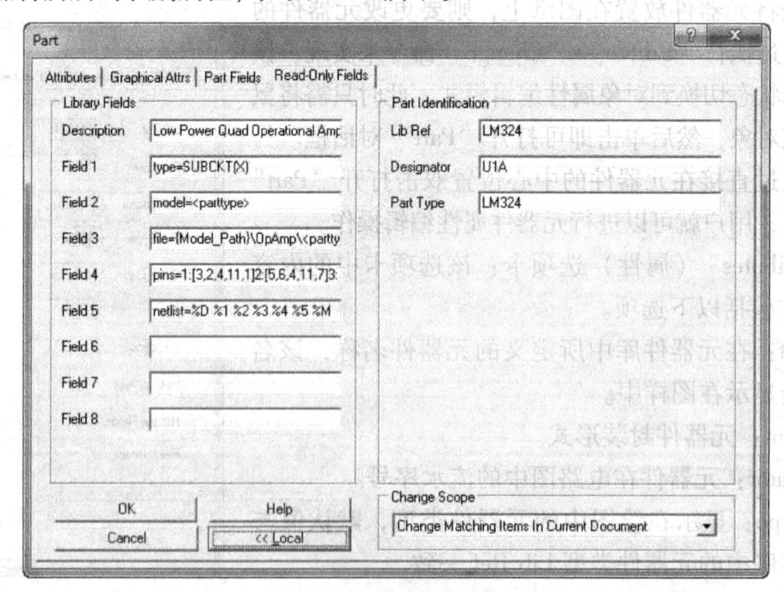

图 3-12　“Read - Only Fields”选项卡

3）“Graphical Attrs”选项卡：该选项卡显示了当前元器件的图形信息，包括图形位置、旋转角度、填充颜色、线条颜色、引脚颜色以及是否镜像处理等，如图3-13所示。

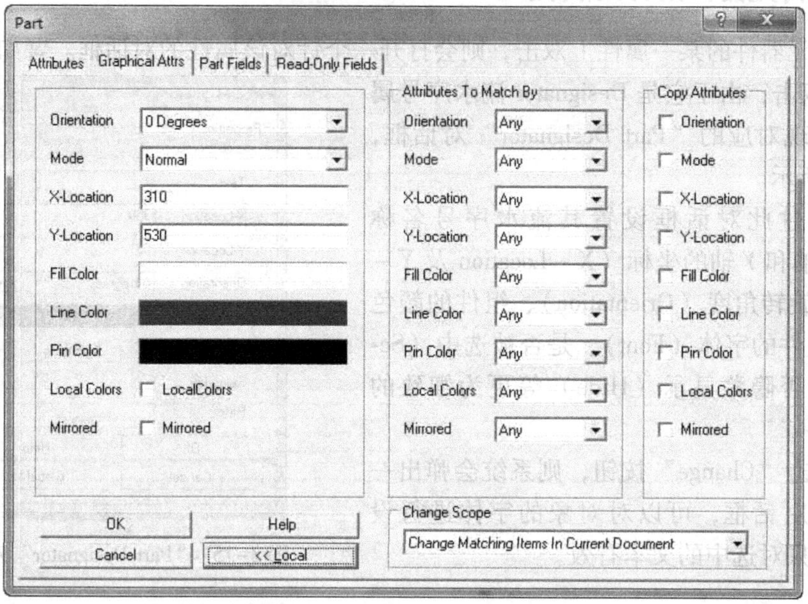

图3-13 “Graphical Attrs”选项卡

用户可以修改X、Y坐标，以移动元器件。设定一定旋转角度，以旋转当前编辑的元器件，如对前面放置的运算放大器旋转180°，执行该操作后的图形如图3-14所示。用户还可以选中“Mirrored”复选框，将元器件镜像处理。对元器件镜像也可在放置元器件时按〈X〉键来实现。

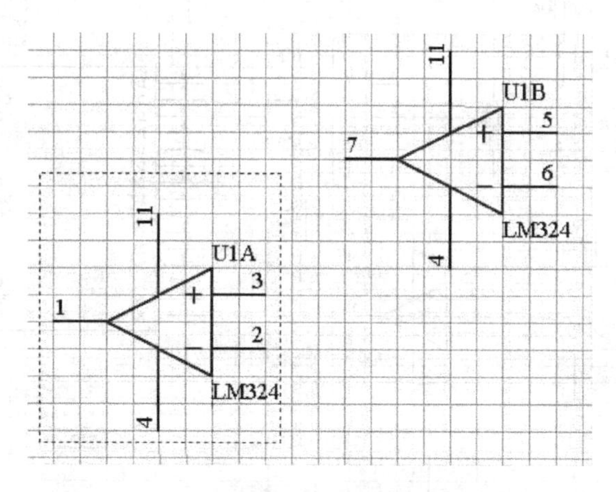

图3-14 180°旋转运算放大器的图形

在设置或修改元器件属性时，可以选择3种修改操作的作用范围，包括“Change Matching Items In Current Document”（修改在当前文档中匹配的元器件），“Change This Item Only”（仅仅修改选中的元器件），“Change Matching Items In All Document”（修改在所有文档中匹配的元器件）。具体操作可以在扩展的“Graphical Attrs”选项卡中右下角的“Change

Scope”（修改范围）下拉列表框中进行选择。

3.3.2 编辑元器件组件的属性

如果在元器件的某一属性上双击，则会打开一个针对该属性的对话框。譬如在显示文字“U1A”上双击，由于它是 Designator 流水序号属性，所以出现对应的“Part Designator”对话框，如图 3-15 所示。

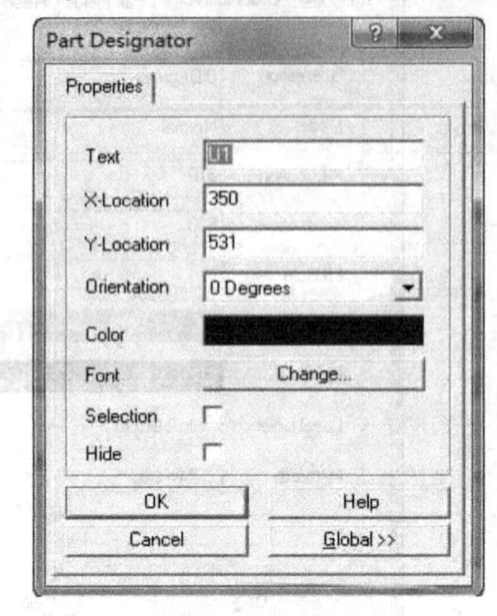

图 3-15 “Part Designator”对话框

可以通过此对话框设置其流水序号名称（Text）、*X* 轴和 *Y* 轴的坐标（X - Location 及 Y - Location）、旋转角度（Orientation）、组件的颜色（Color）、组件的字体（Font）、是否被选中（Selection）、是否隐藏显示（Hide）等更为细致的特性。

如果单击“Change”按钮，则系统会弹出一个字体设置对话框，可以对对象的字体进行设置，不过这只对选中的文本有效。

3.4 元器件位置的调整

本节将以一个放置了元器件的原理图为例，文件名为“8254.sch”。在前面放置元器件的基础上，再放置一些元器件，如图 3-16 所示。

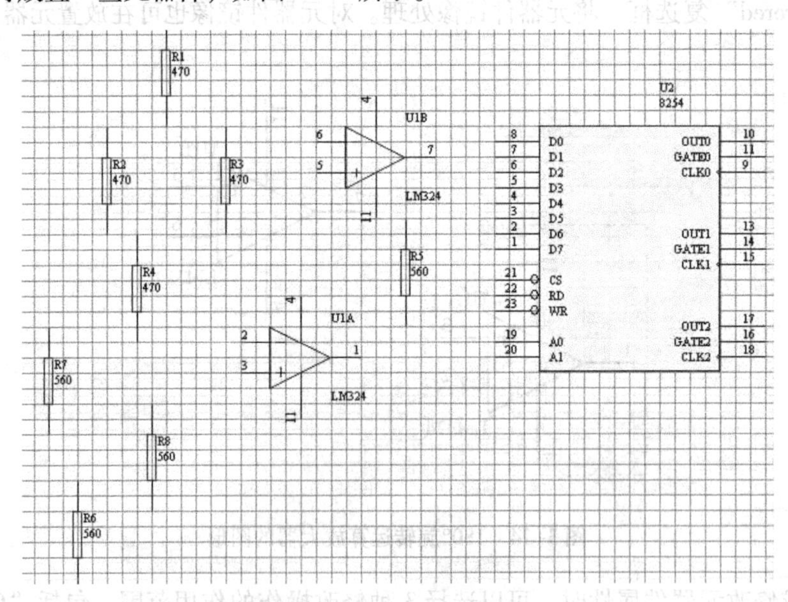

图 3-16 再放置一些元器件

元器件位置的调整实际上就是利用各种命令将元器件移动到工作平面上所需要的位置，并将元器件旋转为所需要的方向。一般在放置元器件时，每个元器件的位置只是估计的，在进行电路原理图布线前还需要对元器件的位置进行调整。

3.4.1 对象的选取

对象的选取有很多方法，下面介绍几种最常用的方法。

1. 直接选取对象

元器件最简单、最常用的选取方法是直接在图纸上拖出一个矩形框，框内的元器件全部被选中。

具体方法是：在图纸的合适位置按住鼠标左键，光标变成十字状，如图 3-17 所示。拖动光标至合适位置，松开鼠标，即可将矩形区域内所有的元器件选中，如图 3-18 所示，在被选中元器件周围可以看到有一个黄色矩形框标志，表明该元器件被选中。要注意的是，在拖动的过程中，不可将鼠标松开，且光标一直为十字状。另外，按住〈Shift〉键，单击，也可实现选取元器件的功能。

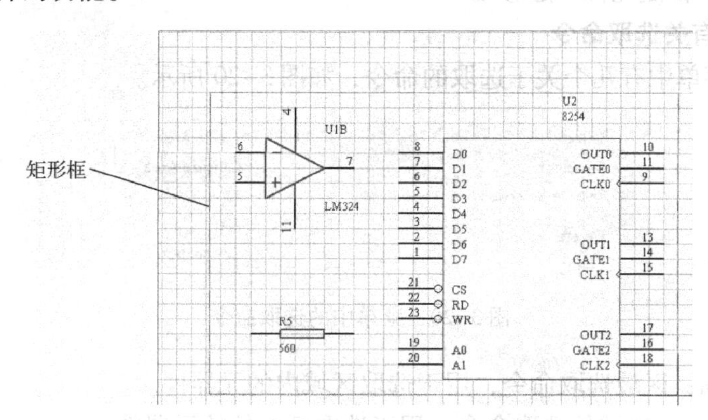

图 3-17　按住鼠标左键拖出一个矩形框

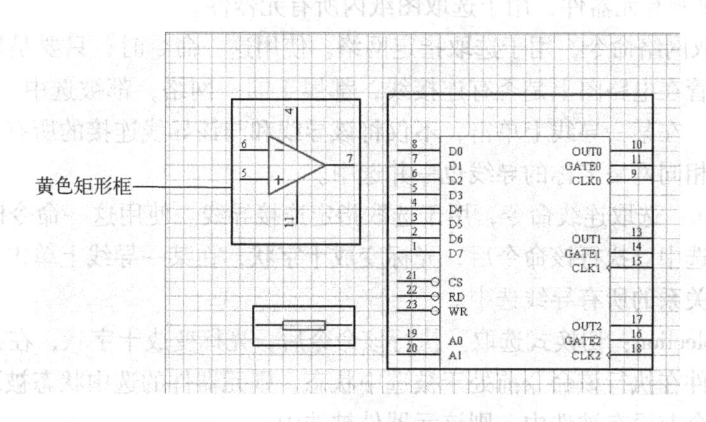

图 3-18　选取元器件后的效果

2. 主工具栏里的选取工具

在主工具栏里有 3 个选取工具，即“区域选择”工具、“取消选择”工具和“移动元器件”工具，如图 3-19 所示。

“区域选择”工具的功能是选中区域里的元器件，与前面介绍的方法基本相同。唯一的区别是：单击主工具栏里的“区域选择”按钮后，光标从开始起就一直是十字状，在形成选择区域的过程中，不需要一直按住鼠标。

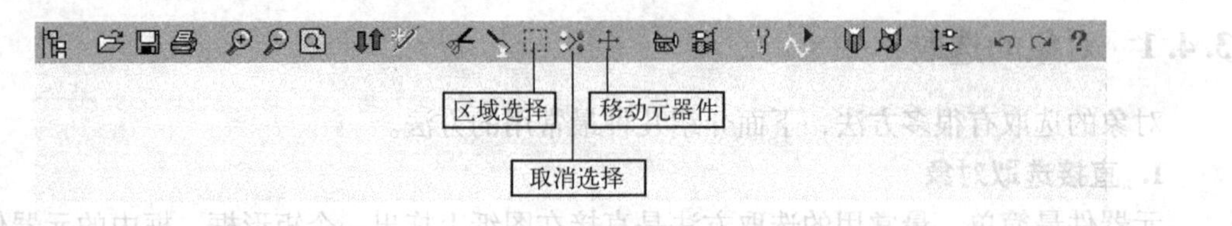

图 3-19　工具栏里的选取工具

“取消选择”工具的功能是取消图样上所有被选元器件的选取状态。单击该按钮后，图样上所有带黄色矩形框的被选对象全部取消被选状态，黄色矩形框消失。

“移动元器件”工具的功能是移动图样上被选取的元器件。单击该按钮后，光标变成十字状，单击任何一个带黄色矩形框的被选对象，移动光标，图样上所有带黄色矩形框的元器件（被选元器件）都随光标一起移动。

3. 菜单中的有关选取命令

在“Edit”菜单中有几个关于选取的命令，如图 3-20 所示。

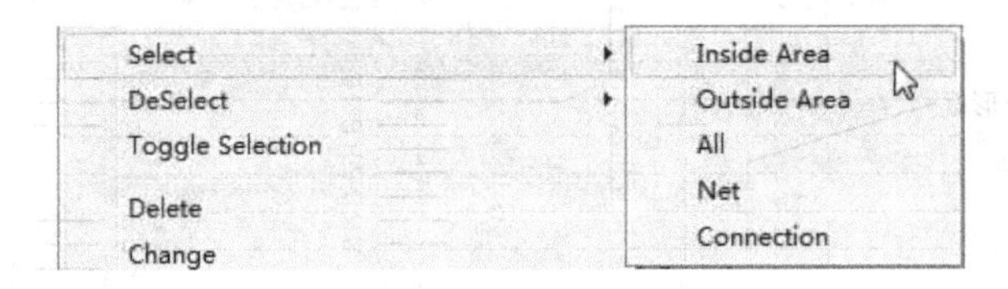

图 3-20　菜单中的选取命令

1）Inside Area：区域选取命令，用于选取区域内的元器件。

2）Outside Area：区域外选取命令，用于选取区域外的元器件。

3）All：选取所有元器件，用于选取图纸内所有元器件。

4）Net：选取网络命令，用于选取指定网络。使用这一命令时，只要是属于同一个网络名称的导线，不管在电路图上是否有连接线，都属于同一网络，都被选中。执行该命令后，光标变成十字状，在某一导线上单击，不仅将该导线和与该导线连接的所有导线选中，而且将和该导线具有相同网络名称的导线也一并选中。

5）Connection：选取连线命令，用于选取指定连接导线。使用这一命令时，只要相互连接的导线，都被选中。执行该命令后，光标变成十字状，在某一导线上单击，将该导线以及与该导线有连接关系的所有导线选中。

6）Toggle Selection：切换式选取。执行该命令后，光标变成十字状，在某一元器件上单击，如果该元器件在执行该命令前处于被选中状态，则元器件的选中状态被取消；如果该元器件在执行该命令前没有被选中，则该元器件被选中。

3.4.2　元器件的移动

在 Protel 99 SE 中，元器件的移动大致可以分成两种情况：一种情况是元器件在平面上移动，简称“平移”；另一种情况是当一个元器件将另一个元器件遮住的时候，也需要通过移动元器件来调整元器件间的上下关系，将这种元器件间的上下移动称为“层移”。元器件移动的命令在菜单“Edit”→“Move”中，如图 3-21 所示。

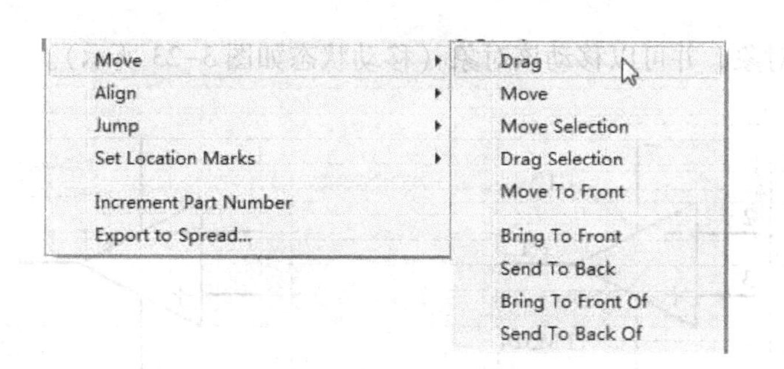

图 3-21 菜单中的移动命令

移动元器件最简单的方法是：将光标移动到元器件中央，按住鼠标，元器件周围出现虚线框，拖动元器件到合适的位置，即可实现该元器件的移动。

菜单“Edit”→“Move”中各个移动命令的功能如下所述。

1）Drag：一个很有用的命令，特别是当连接完线路后，用此命令移动元器件，元器件上的所有连线也会跟着移动，不会断线。执行该命令前，不需要选取元器件。执行该命令后，光标变成十字状。在需要拖动的元器件上单击，元器件就会跟着光标一起移动，将元器件移到合适的位置，再单击即可完成此元器件的重新定位。在具体操作时，将光标移到要拖动的元器件上，先按住〈Ctrl〉键，单击，再松开〈Ctrl〉键，然后拖动鼠标，也可以实现“Drag”命令的功能。

2）Move：用于移动元器件。但它只移动元器件，与元器件相连接的导线不会跟着一起移动。操作方法同“Drag”命令。

3）Move Selection 和 Drag Selection：与“Move”和“Drag”命令相似，只是它们移动的是选定的元器件。另外，这两个命令适用于多个元器件同时移动的情况。

4）Move To Front：在最上层移动元器件，这个命令是平移和层移的混合命令。它的功能是移动元器件，并且将它放在重叠元器件的最上层，操作方法同“Drag”命令。

5）Bring To Front：将元器件移动到重叠元器件的最上层。执行该命令后，光标变成十字状，单击需要层移的元器件，该元器件立即被移到重叠元器件的最上层。右击结束系统层移状态。

6）Send To Back：将元器件移动到重叠元器件的最下层。执行该命令后，光标变成十字状，单击要层移的元器件，该元器件立即被移到重叠元器件的最下层。右击结束该命令。

7）Bring To Front Of：将元器件移动到某元器件的上层。执行该命令后，光标变成十字状。单击要层移的元器件，该元器件暂时消失，光标还是十字状，选择参考元器件并单击，原先暂时消失的元器件重新出现，并且被置于参考元器件的上面。

8）Send To Back Of：将元器件移动到某元器件的下层，操作方法同“Bring To Front Of”命令。

3.4.3 单个元器件的移动

假设要移动图 3-16 中的 U1A 运算放大器和电阻 R5，具体操作过程如下。

1）选中目标。在所需要选中的对象（U1A 运算放大器）上单击（选中状态如图 3-22 所示），然后按住鼠标左键，所选中的对象上出现十字光标，并在元器件周围出现虚线框，表示已选中目标对象，并可以移动该对象（移动状态如图 3-23 所示）。

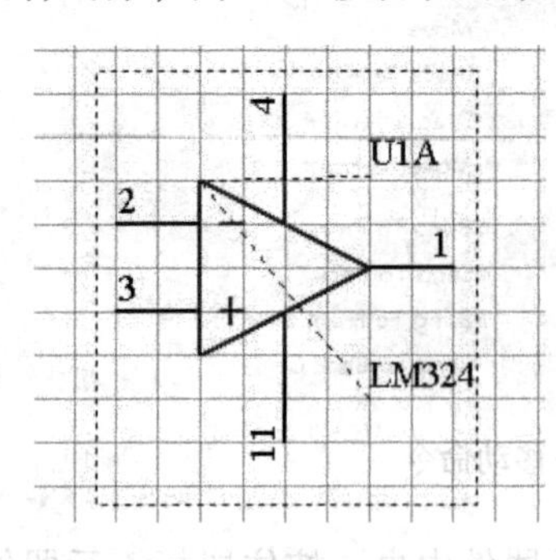

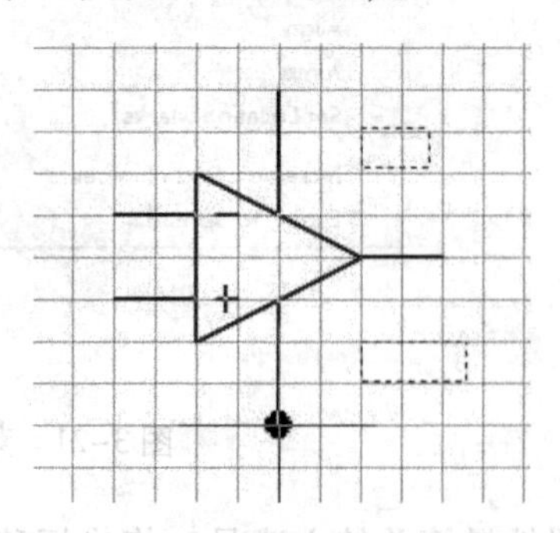

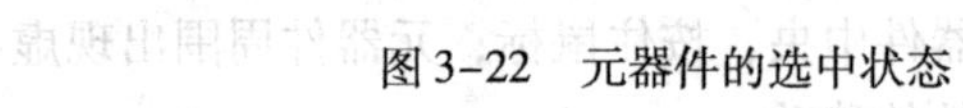

图 3-22 元器件的选中状态　　　　图 3-23 元器件的移动状态

2）移动目标。拖动鼠标移动十字光标，将其拖拽到用户需要的位置，松开鼠标左键即完成移动任务。移动元器件后的图形如图 3-24 所示。

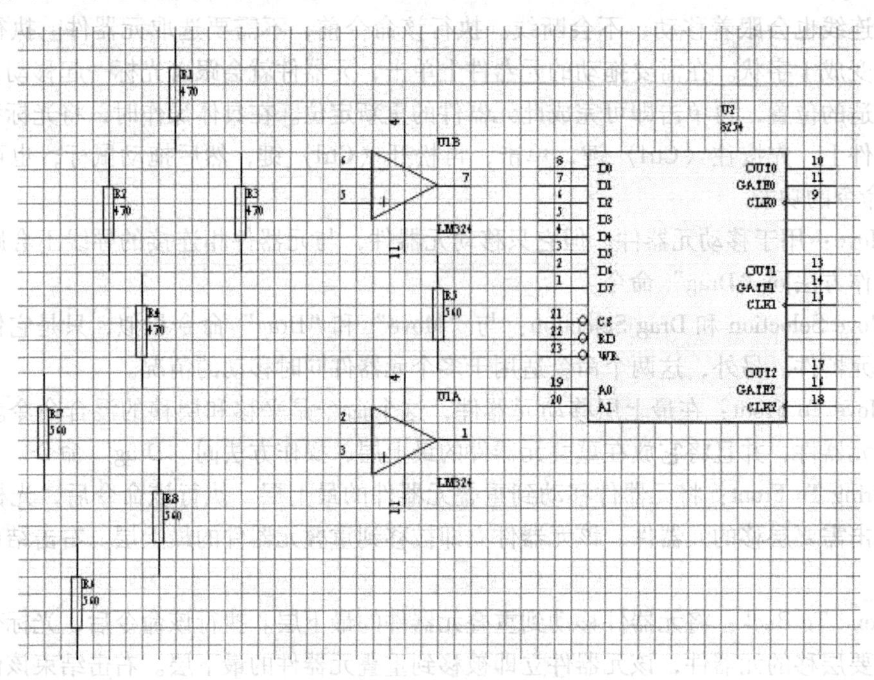

图 3-24 移动元器件后的图形

3）再次执行上述操作，将 R5 的 560 电阻移动到与两个运算放大器同一水平的位置，移动后的图形如图 3-25 所示。

同样，执行“Edit”→“Move”→“Move”命令，按上述步骤也可实现移动元器件的功能。不同的是，执行菜单命令并完成某元器件的移动操作后，仍处于此命令状态，即可以继续移动其他元器件。

从图 3-25 可以看出，电阻 R5 移动了一定的距离。移动其他对象，如线条、文字标注等的方法与此类似。

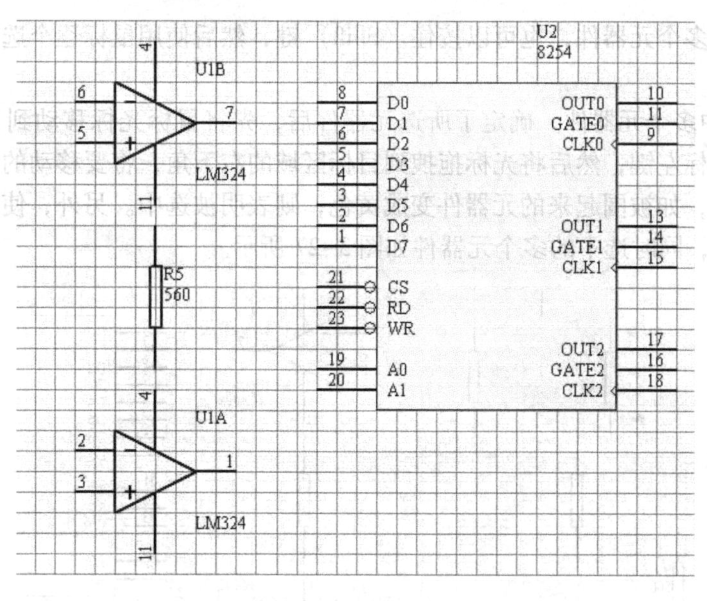

图 3-25　移动电阻后的图形

3.4.4　多个元器件的移动

除了单个元器件的移动外，还可以同时移动多个元器件。要移动多个元器件，首先要选中多个元器件，Protel 99 SE 提供了多种选择的方法。

1. 选中多个元器件

1）逐个选中多个元器件。执行“Edit”→“Toggle Selection”命令，出现十字光标，移动光标到目标元器件上单击即可选中。用同样的方法可选中其他的目标元器件，图 3-26 所示为选中了的多个元器件。

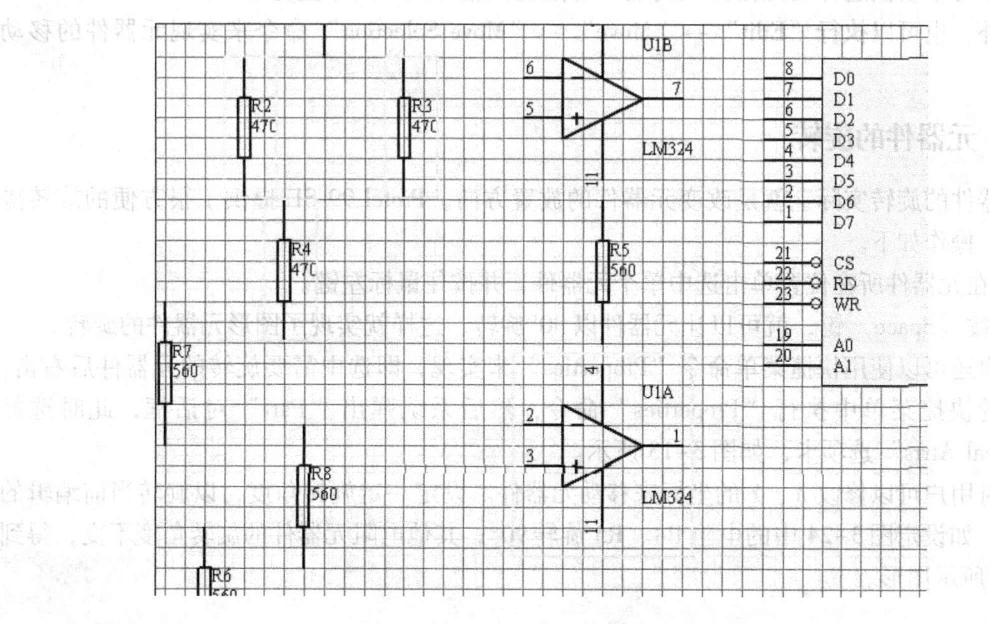

图 3-26　逐个选中多个元器件

要逐个选中多个元器件，也可以按住〈Shift〉键，然后使用鼠标逐个选中所需要选择的元器件。

2）同时选中多个元器件。确定了所选元器件后，先将鼠标光标移动到目标元器件组的左上角，按住鼠标左键，然后将光标拖拽到目标区域的右下角，将要移动的元器件组全部围起来，松开左键，如被围起来的元器件变成黄色，则表明被选中。另外，使用主工具栏里的按钮也可完成，同时选中的多个元器件如图 3-27 所示。

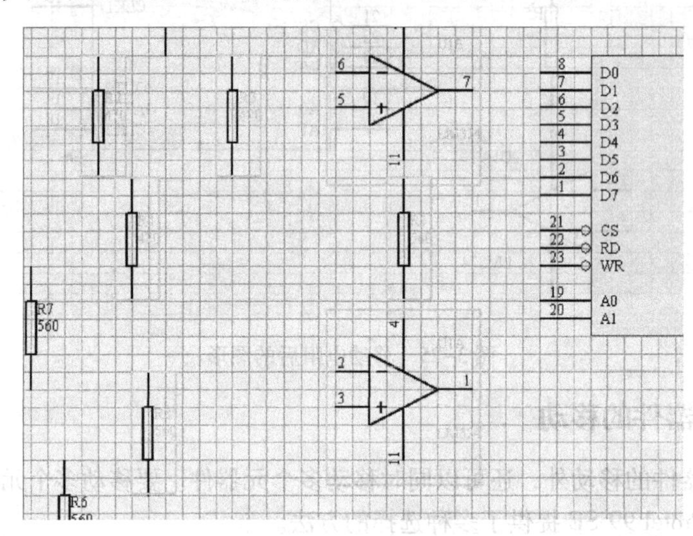

图 3-27　同时多个元器件

2. 移动选中的多个元器件

移动被选中的多个元器件。单击被选中的元器件组中的任意一个元器件不放，待十字光标出现即可移动被选择的元器件组到适当的位置，然后松开鼠标左键即可。

另外，也可以执行“Edit”→“Move”→“Move Selection”命令来实现元器件的移动操作。

3.4.5　元器件的旋转

元器件的旋转实际上就是改变元器件的放置方向。Protel 99 SE 提供了很方便的旋转操作方法，操作如下。

1）在元器件所在位置单击选中单个元器件，并按住鼠标左键。

2）按〈Space〉键，就可以让元器件以 90°旋转，这样就实现了图形元器件的旋转。

用户还可以使用快捷菜单命令“Properties”来实现，即选中需要旋转的元器件后右击，从弹出的快捷菜单中执行“Properties”命令，然后系统弹出“Part”对话框，此时选择“Graphical Atrrs”选项卡，如图 3-13 所示。

此时用户可以修改 X、Y 的坐标来移动元器件。设定一定旋转角度，以旋转当前编辑的元器件，如设定图 3-24 中的电阻 R4、R5 旋转 90°，其他电阻元器件的旋转角度不变，得到图 3-28 所示图形。

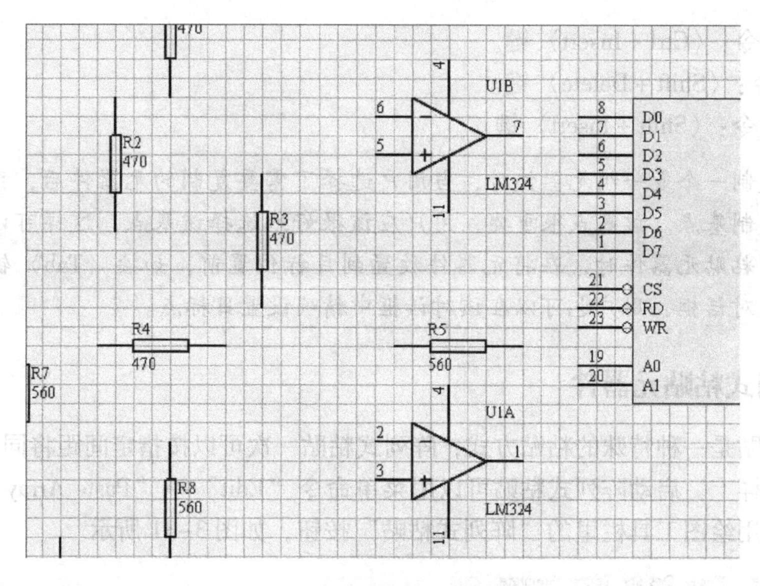

图 3-28　旋转元器件后的图形

3.4.6　取消元器件的选择

取消元器件的选择可以执行“Edit”→“DeSelect”命令来实现，如图 3-29 所示。“DeSelect”子菜单中包括 3 个命令。

图 3-29　DeSelect 子菜单

1）执行“Edit”→“DeSelect”→“Inside Area”命令，先将鼠标光标移动到目标区的左上角后单击，然后将光标移到目标区域的右下角再单击，确定了一个选框，就会将选框中所包含的元器件的选中状态取消。

2）执行“Edit”→“DeSelect”→“Outside Area”命令，操作同上，结果是保留选框中元器件的选中状态，而将选框外的元器件的选中状态取消。

3）执行“Edit”→“DeSelect”→“All”命令，可取消工作平面上所有元器件的选中状态。

3.4.7　复制粘贴元器件

Protel 99 SE 同样有“剪贴”操作，包括对元器件的复制、剪切和粘贴。

1）复制：执行“Edit”→“Copy”命令，将选取的元器件作为副本放入剪贴板中。

2）剪切：执行“Edit”→“Cut”命令，将选取的元器件直接移入剪贴板中，同时电路图上的被选元器件被删除。

3）粘贴：执行“Edit”→“Paste”命令，将剪贴板里的内容作为副本复制到电路图中。

这些命令也可以在主工具栏中执行。另外，系统还提供了功能热键来实现上述功能。

- Copy 命令：〈Ctrl + Insert〉键。
- Cut 命令：〈Shift + Delete〉键。
- Paste 命令：〈Shift + Insert〉键。

注意：复制一个或一组元器件时，当用户选择了需要复制的元器件后，系统还要求用户选择一个复制基点。该基点很重要，用户应该很好地选择该基点，这样可以方便后面的粘贴操作。当粘贴元器件时，在将元器件放置到目标位置前，如按〈Tab〉键，则会进入目标位置设置对话框，用户也可以在该对话框中精确设置目标点。

3.4.8 阵列式粘贴元器件

阵列式粘贴是一种特殊的粘贴方式，阵列式粘贴一次可以按指定间距将同一个元器件重复地粘贴到图样上。启动阵列式粘贴可以用菜单命令“Edit”→“Paste Array”，如图 3-30 所示。也可以用绘图工具栏里的“阵列式粘贴”按钮，如图 3-31 所示。

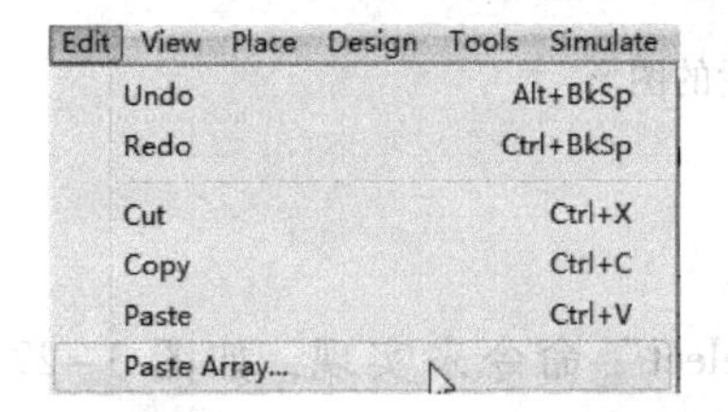

图 3-30 “Edit”→“Paste Array”命令

图 3-31 绘图工具栏的“阵列式粘贴”按钮

启动阵列式粘贴命令后，屏幕会出现图 3-32 所示的“Setup Paste Array”（阵列式粘贴）对话框。

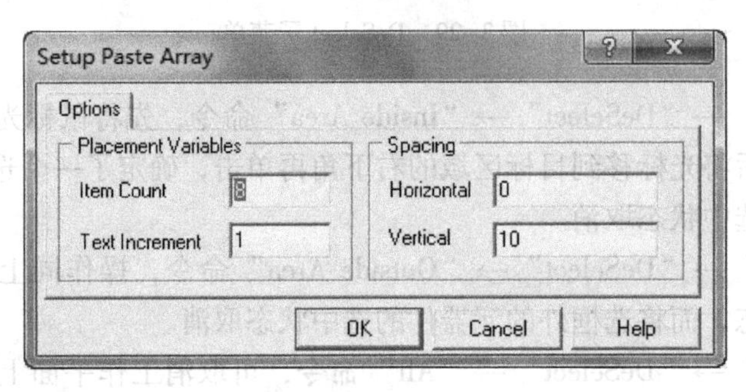

图 3-32 “Setup Paste Array”（阵列式粘贴）对话框

对话框中各选项的功能如下。

1）“Item Count”文本框：用于设置所要粘贴的元器件个数。

2）“Text”文本框：用于设置所要粘贴元器件序号的增量值。如果将该值设定为 1，且元器件序号为 R1，则重复放置的元器件序号分别为 R2、R3、R4。

3）“Horizontal”文本框：用于设置所要粘贴的元器件间的水平间距。

4）“Vertical”文本框：用于设置所要粘贴的元器件间的垂直间距。

下面以操作实例讲述如何实现阵列粘贴。

首先执行“Edit”→“Select”命令，选中需要复制粘贴的元器件，如图 3-33 中的运算放大器，然后执行“Copy”命令。此时系统会要求用户继续选择一个复制基点，该点将是复制插入时的基点。

然后执行“Edit”→“Paste Array”命令，系统将弹出图 3-32 所示的对话框，此时在对话框中输入复制数目为 4，文本增量为 1，水平和垂直间距均为 50。

最后单击“OK”按钮，系统将要求用户在图样上选择一个合适的点作为插入点，选择了插入点后，系统就在图样上生成 4 个新运算放大器，如图 3-34 所示。

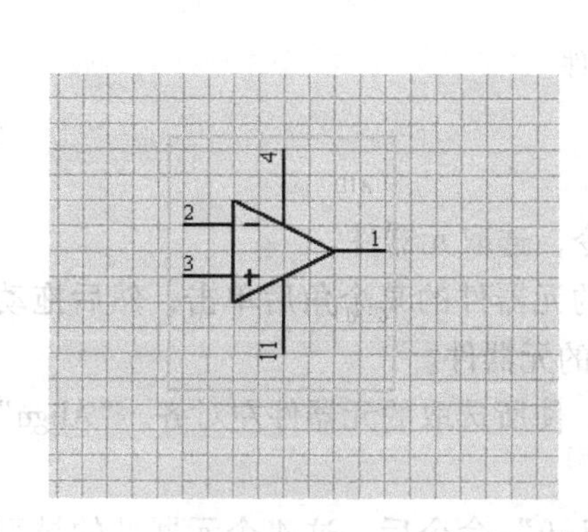

图 3-33　阵列式粘贴前的运算放大器

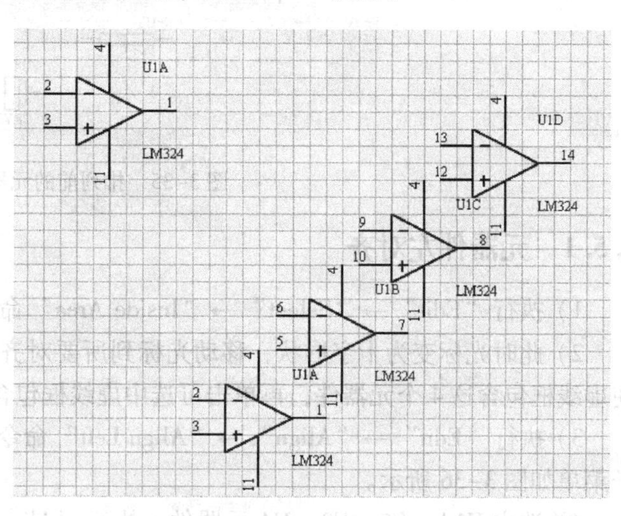

图 3-34　阵列式粘贴元器件

3.4.9　元器件的删除

当图形中的某个元器件多余或出现错误时，可以对其进行删除。删除元器件可以使用“Eidt”菜单中的两个删除命令，即“Clear”和“Delete”命令。

“Clear”命令的功能是删除已选取的元器件。执行“Clear”命令之前需要选取元器件，执行“Clear”命令之后，已选取的元器件立刻被删除。

“Delete”命令的功能也是删除元器件，只是执行“Delete”命令之前不需要选取元器件，执行“Delete”命令之后，光标变成十字状，将光标移到所要删除的元器件上单击，即可删除元器件。

另一种删除元器件的方法是：单击要删除的元器件，选中元器件后，元器件周围会出现虚线框，按〈Delete〉键即可实现删除。

说明：元器件的单击选中与选取是不同的，单击元器件后仅仅是选中元器件，被选中的元器件周围出现虚线框，而用选取方法选中的元器件周围出现的是黄色矩形框。

3.5　元器件的排列和对齐

Protel 99 SE 提供了一系列排列和对齐命令，它们可以极大地提高用户的工作效率。下面以图 3-35 中的几个元器件来说明如何进行排列和对齐的操作。

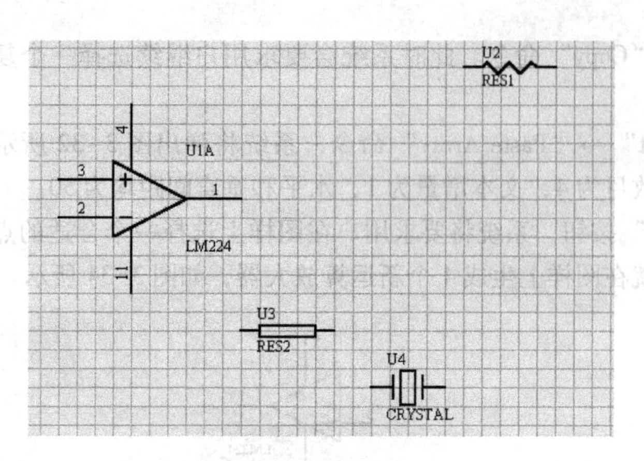

图 3-35　排列前的元器件

3.5.1　元器件左对齐

1）执行“Edit”→“Select”→“Inside Area”命令，选取元器件。

2）此时光标变为十字形状，移动光标到所要对齐的元器件的某个角后单击，然后拖动使虚线框包含这 4 个元器件，再单击可选中虚线框包含的元器件。

3）执行“Edit”→“Align”→“Align Left”命令，使所选取的元器件左对齐。“Align”子菜单如图 3-36 所示。

4）选中 U1A、U2、U3、U4 元器件，执行“Align Left”命令后，这 4 个元器件的排列结果如图 3-37 所示。可以看到，随机分布的 4 个元器件的最左边处于同一条直线上。

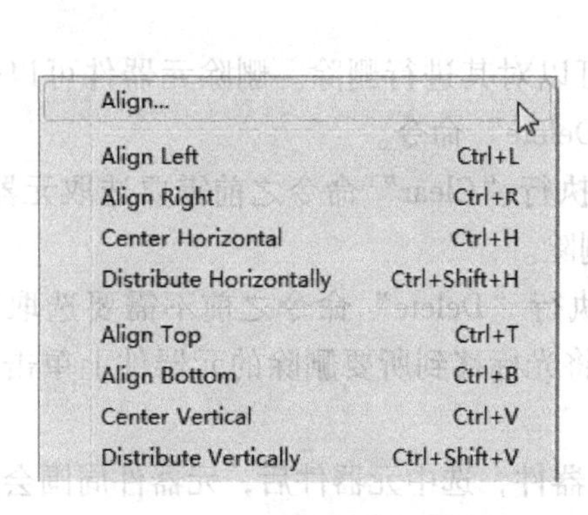

图 3-36　“Align”子菜单

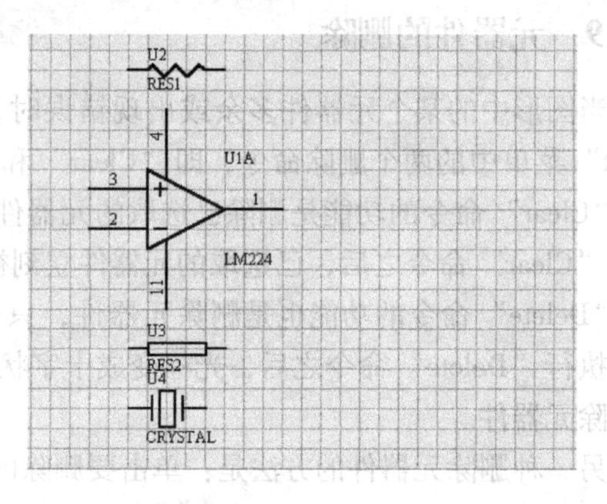

图 3-37　左对齐的元器件

注意：如果所选取的元器件是水平放置的，执行此命令会造成元器件重叠。

3.5.2　元器件右对齐

1）执行“Edit”→“Select”→“Inside Area”命令，选取元器件。

2）此时光标变为十字形状，移动光标到所要对齐的元器件的某个角后单击，然后拖动使虚线框包含这 4 个元器件，再单击可选中虚线框包含的元器件。

3）执行“Edit”→“Align”→“Align Right”命令，使所选取的元器件右对齐。

4）执行了“Align Right”命令后，4个元器件的排列结果如图3-38所示。可以看到，4个元器件的最右边处于同一条直线上。

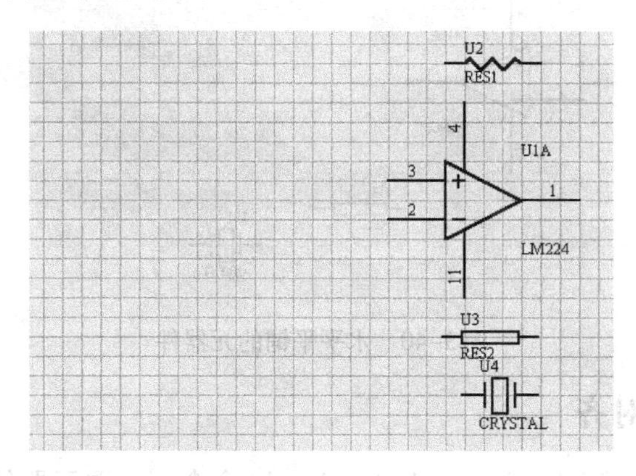

图3-38　右对齐的元器件

3.5.3　元器件按水平中心线对齐

1）执行“Edit”→“Select”→“Inside Area”命令，选取元器件。

2）此时光标变为十字形状，移动光标到所要对齐的元器件的某个角后单击，然后拖动使虚线框包含这4个元器件，再单击可选中虚线框包含的元器件。

3）执行“Edit”→“Align”→“Center Horizontal”命令，使所选取的元器件按水平中心线对齐。

4）执行了“Center Horizontal”命令后，4个元器件的对齐结果如图3-39所示，可以看到，对齐后4个元器件的中心处于同一条直线上。

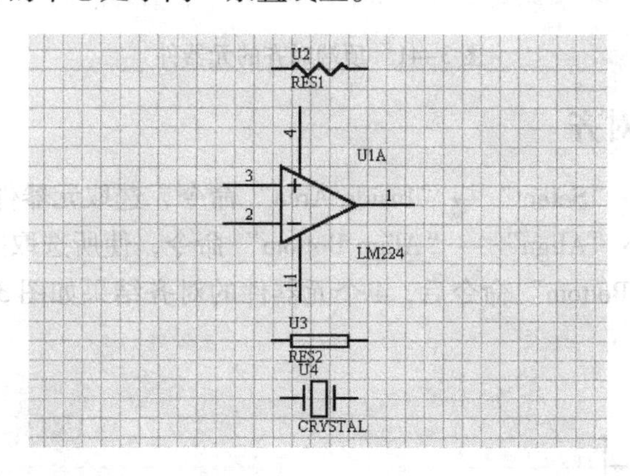

图3-39　按水平中心线对齐的元器件

3.5.4　元器件水平平铺

1）执行“Edit”→“Select”→“Inside Area”命令，选取元器件。

2）执行“Edit”→“Align”→“Distribute Horizontally”命令，使所选取的元器件水平平铺。

3）执行了Distribute Horizontally命令后，4个元器件的对齐结果如图3-40所示。可以看到，4个元器件沿水平方向平铺，即水平方向间距相等。

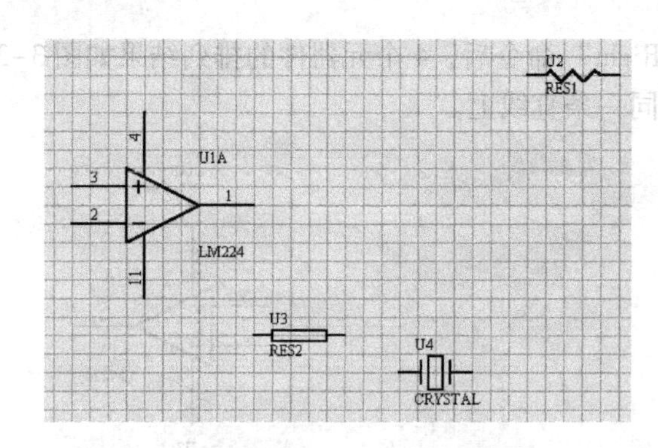

图 3-40　水平平铺的元器件

3.5.5　元器件顶端对齐

1）执行“Edit”→“Select”→“Inside Area”命令，选取元器件。

2）执行“Edit”→“Align”→“Align Top”命令，使所选取的元器件顶端对齐。

3）执行了“Align Top”命令后，4 个元器件的对齐结果如图 3-41 所示。可以看到，4 个元器件顶端对齐。

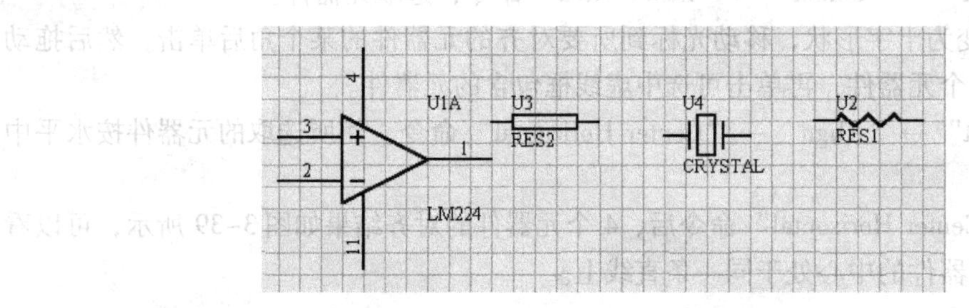

图 3-41　顶端对齐的元器件

3.5.6　元器件底端对齐

1）执行“Edit”→“Select”→“Inside Area”命令，选取元器件。

2）执行“Edit”→“Align”→“Align Bottom”命令，使所选取的元器件底端对齐。

3）执行了“Align Bottom”命令后，4 个元器件的对齐结果如图 3-42 所示。可以看到，4 个元器件底端对齐。

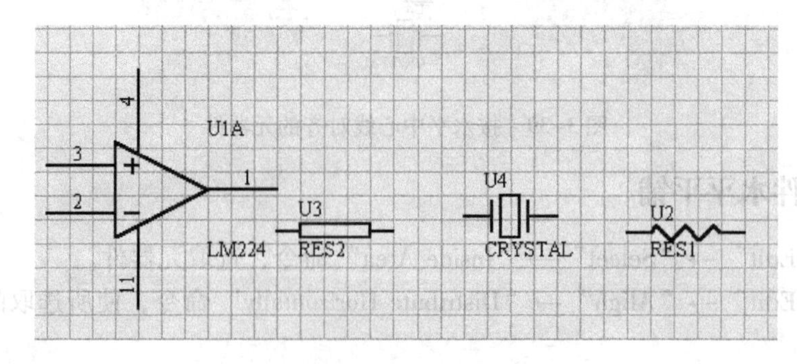

图 3-42　底端对齐的元器件

3.5.7　元器件按垂直中心线对齐

1）执行“Edit”→“Select”→“Inside Area”命令，选取元器件。

2）此时光标变为十字形状，移动光标到所要对齐的元器件的某个角后单击，然后拖动使虚线框包含这4个元器件，再单击可选中虚线框包含的元器件。

3）执行“Edit”→“Align”→“Center Vertical”命令，使所选取的元器件按水平中心线对齐。

4）执行了“Center Vertical”命令后，4个元器件的对齐结果如图3-43所示，可以看到，对齐后4个元器件的中心处于同一条直线上。

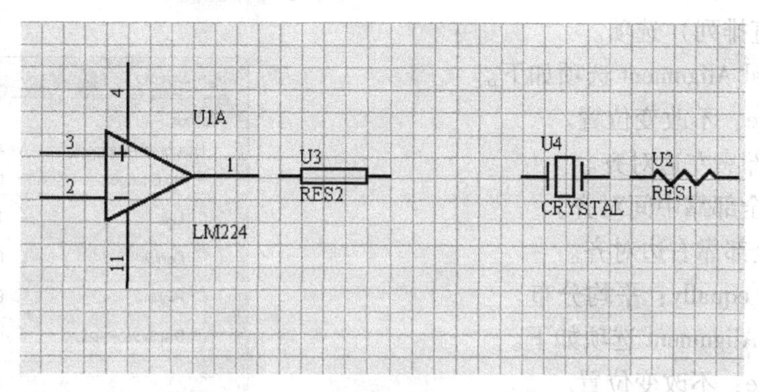

图3-43　按垂直中心线对齐的元器件

3.5.8　元器件垂直均布

1）执行“Edit”→“Select”→“Inside Area”命令，选取元器件，选取图3-35所示的4个元器件。

2）执行“Edit”→“Align”→“Distribute Vertically”命令，使所选取的元器件垂直均布。

3）执行了“Distribute Vertically”命令后，4个元器件的对齐结果如图3-44所示。可以看到，4个元器件垂直均布。

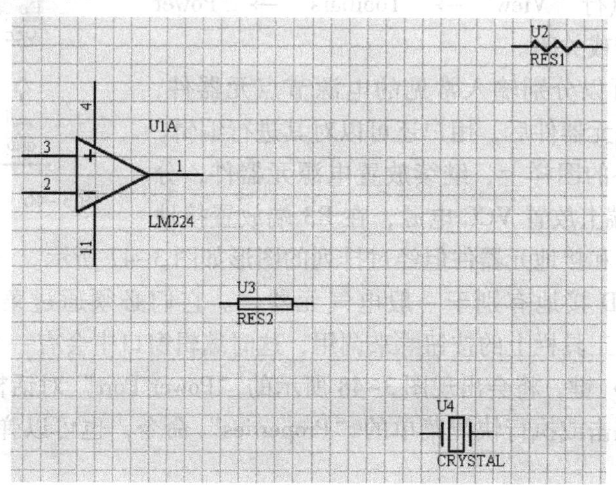

图3-44　垂直均布的元器件排列

3.5.9 同时进行综合排列或对齐

上面介绍的几种方法，一次只能做一种操作，如果要同时进行两种不同的排列或对齐操作，可以使用“Align objects”对话框来进行。

1）执行“Edit”→“Select”→“Inside Area”命令，选取元器件。

2）执行“Edit”→“Align”→“Align”命令。

3）执行上述命令后，将显示“Align objects”对话框，如图 3-45 所示。该对话框可以用来进行综合排列或对齐设置。

该对话框分为两部分，分别为 Horizontal Alignment（水平排列）选项和 Vertical Alignment（垂直排列）选项。

① Horizontal Alignment 选项如下。

- No Change：不改变位置。
- Left：全部靠左边对齐。
- Centre：全部靠中间对齐。
- Right：全部靠右边对齐。
- Distribute equally：平均分布。

② Vertical Alignment 选项如下。

- No Change：不改变位置。
- Top：全部靠顶端对齐。
- Center：全部靠中间对齐。
- Bottom：全部靠底端对齐。
- Distribute equally：平均分布。

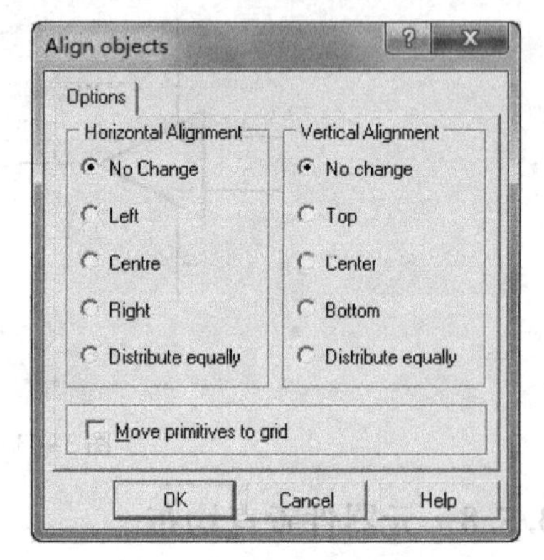

图 3-45 “Align obhects”对话框

3.6 放置电源和接地元器件

电源和接地元器件可以使用电源及接地工具栏上对应的命令来选取，如图 3-46 所示。该工具栏可以通过执行“View”→“Toolbars”→“Power Objects”命令来打开或关闭。

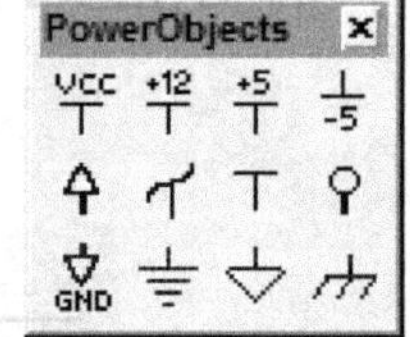

图 3-46 电源及接地工具栏

从该工具栏中可以分别输入常见的电源节点元器件，在图样上放置了这些元器件后，用户还可以对其进行编辑。

在放置了元器件的图样上，继续放置电源元器件，分别在电阻 R1 和 R6 端上放置 VCC 电源，在 R3 端放置接地 GND，没有放置电源和接地元器件但经过排列的图形如图 3-47 所示。

VCC 电源与 GND 接地有别于一般电气元器件。它们必须通过菜单命令“Place”→“Power Port”或绘图工具栏上的按钮来调用，这时编辑窗口中会有一个随鼠标指针移动的电源符号，按〈Tab〉键，将会出现图 3-48 所示的“Power Port”对话框；或者在放置了电源元器件的图形上双击或执行快捷菜单的“Properties”命令，也可以弹出“Power Part”对话框。

在图 3-48 所示的对话框中可以编辑电源属性，在“Net”文本框中修改电源符号的网

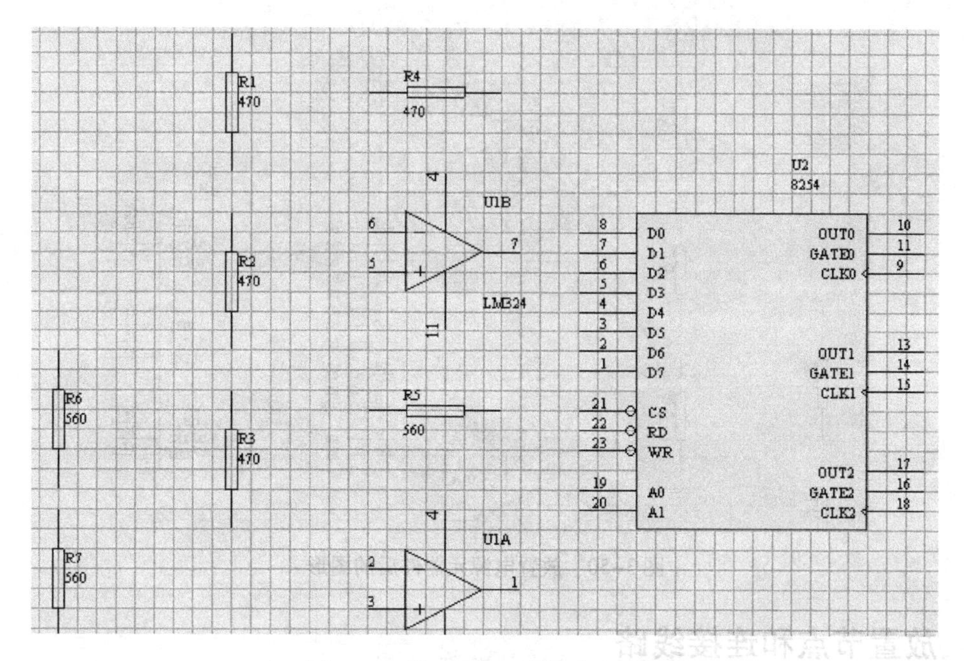

图 3-47　放置电源元器件前的图形

络名称，在“Style”文本框中修改电源类型。当前符号的 Orientation（放置角度）为“0 Degrees”（就是 0°），这和通常绘制电路图的习惯不太一样，因此在实际应用中常把电源对象旋转 90°放置，而接地对象通常旋转 270°放置。电源与接地符号的类型可在“Style”下拉列表框中选择，如图 3-49 所示。

现在可以使用上面介绍的方式放置电源和接地元器件，并分别修改电源元器件的颜色、类型和数值，颜色设定为传统的棕红色，电源网络名称设置为 VCC，方位均为 90°；接地的方位为 270°，图形类型仍然选择“Bar”结构。放置了电源和接地元器件后的图形如图 3-50 所示。

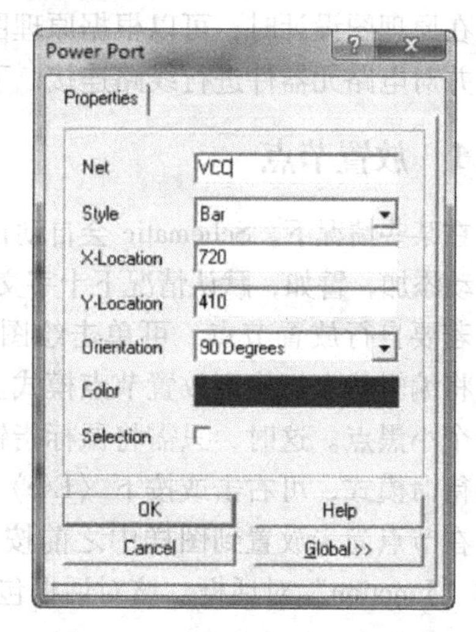

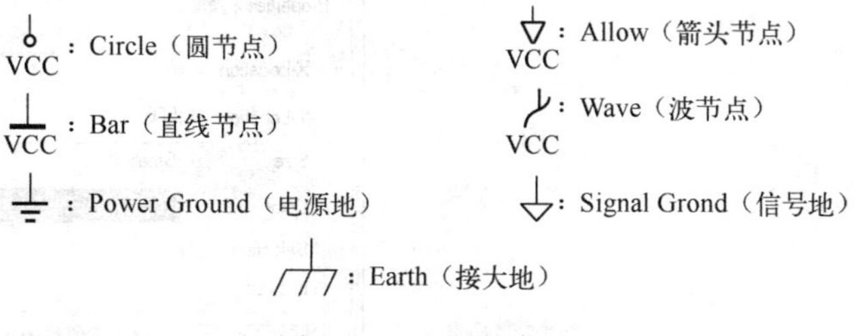

图 3-48　“Power Port”对话框

VCC：Circle（圆节点）

VCC：Allow（箭头节点）

VCC：Bar（直线节点）

VCC：Wave（波节点）

：Power Ground（电源地）

：Signal Grond（信号地）

：Earth（接大地）

图 3-49　电源的类型

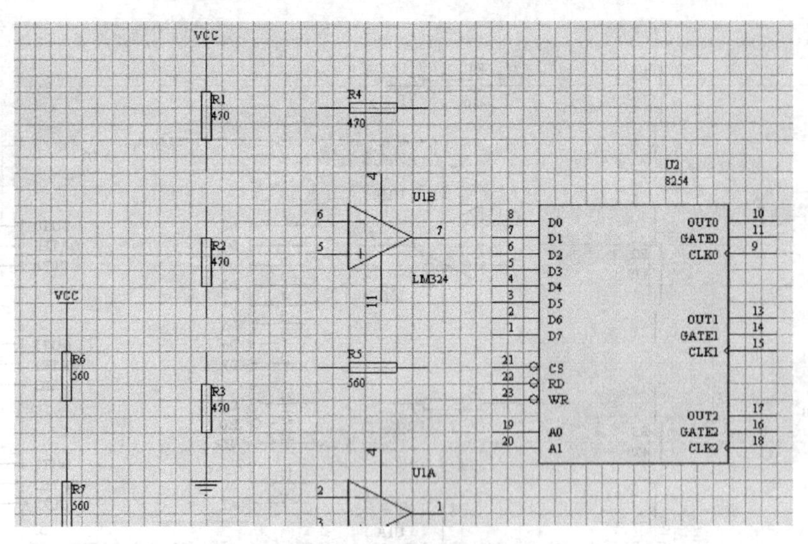

图 3-50　放置电源元器件后的图形

3.7　放置节点和连接线路

在原理图设计时，可以根据原理图各元器件之间的电气连接关系，在合适的地方放置节点，并对电路元器件进行线路连接，下面分别进行讲解。

3.7.1　放置节点

在某些情况下，Schematic 会自动在连线上加上节点（Junction）。但是，许多节点通常需要手动添加，譬如，默认情况下十字交叉的连线是不会自动加上节点的，如图 3-51 所示。

若要自行放置节点，可单击绘图工具栏上的按钮 或执行 “Place” → “Junction” 命令，将编辑状态切换到放置节点模式。此时鼠标指针会由空心箭头变为大十字，并且中间还有一个小黑点。这时，只需将鼠标指针指向欲放置节点的位置并单击即可。要将编辑状态切换回待命模式，可右击或按下〈Esc〉键。

在节点尚未放置到图样中之前按〈Tab〉键或是直接在节点上双击，可打开图 3-52 所示的 “Junction” 对话框。该对话框包括以下选项。

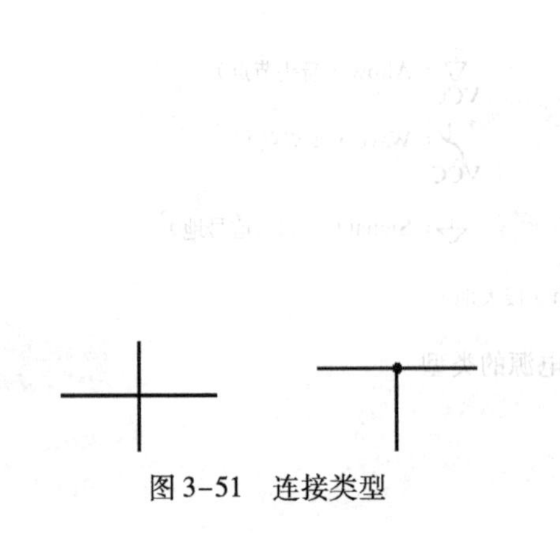
图 3-51　连接类型

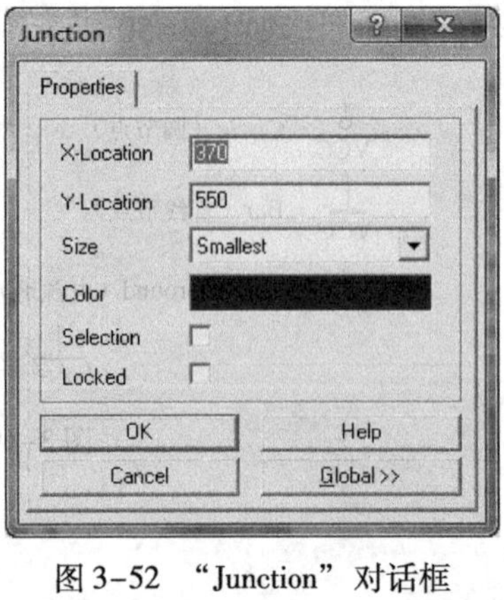

Junction
Properties
X-Location 370
Y-Location 550
Size Smallest
Color
Selection
Locked
OK
Help
Cancel
Global >>

图 3-52　“Junction” 对话框

1）X－Location 和 Y－Location：接点中心点的 X 轴、Y 轴坐标。

2）Size：选择节点的显示尺寸，用户可以分别选择节点的尺寸为 Large（大）、Medium（中）、Small（小）和 Smallest（最小）。

3）Color：选择节点的显示颜色。

4）Selection：切换选取状态。

5）Locked：设置是否锁定显示位置。当没有选中该复选框时，如果原先的连线被移动以至于无法形成有效的节点，本节点将自动消失；当选中该复选框时，无论如何移动连线，节点都将维持在原先的位置上。

3.7.2 连接线路

当所有电路对象与电源元器件放置完毕后，就可以着手进行电路图中各对象间的 Wiring（连线）。连线最主要目的是按照电路设计的要求建立网络的实际连通性。

要进行连线操作时，可单击绘图工具栏（如图 3-53 所示）上的按钮或执行菜单命令“Place”→“Wire”，将编辑状态切换到连线模式，此时鼠标指针的形状也会由空心箭头变为大十字。这时只需将鼠标指针指向预拉线的一端单击，就会出现一个可以随鼠标指针移动的预拉线，当鼠标指针移动到连线的转弯点时，每单击一次可以定位一次转弯。当拖动虚线到元器件的引脚上并单击，或在任何时候双击时，就会终止该次连线。若想将编辑状态切回到待命模式，可右击或按〈Esc〉键。

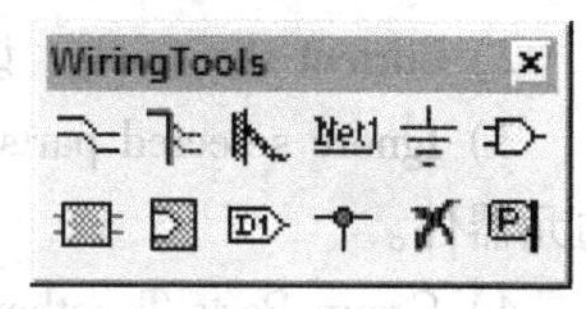

图 3-53　绘图工具栏

当预拉线的指针移动到一个可建立电气连接的点时（通常是元器件的引脚或先前已拉好的连线），十字指针的中心将出现一个黑点，如图 3-54 所示，在当前状态下单击就会形成一个有效的电气连接。

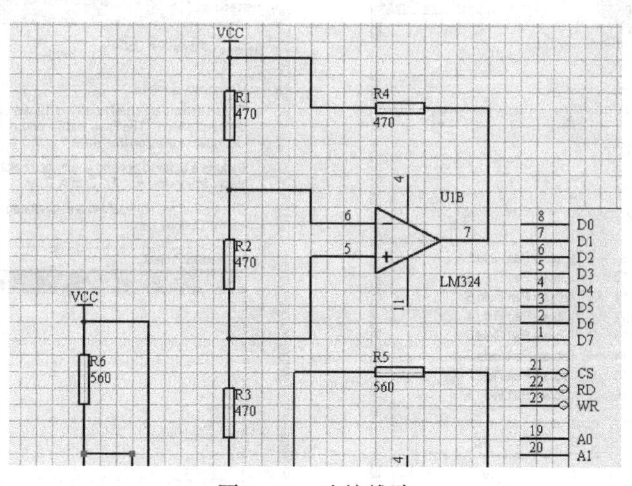

图 3-54　连接线路

3.8 更新元器件流水号

绘制完电路图后，有时候需要将电路图中的元器件进行重新编号，即设置元器件流水号。这项工作可以由系统自动进行。执行“Tools”→“Annotate”命令后，会出现图 3-56 所示的“Annotate”（标注设置）对话框。在该对话框中，可以设置重新编号的方式。下面简单介绍“Annotate”对话框中的各选项。

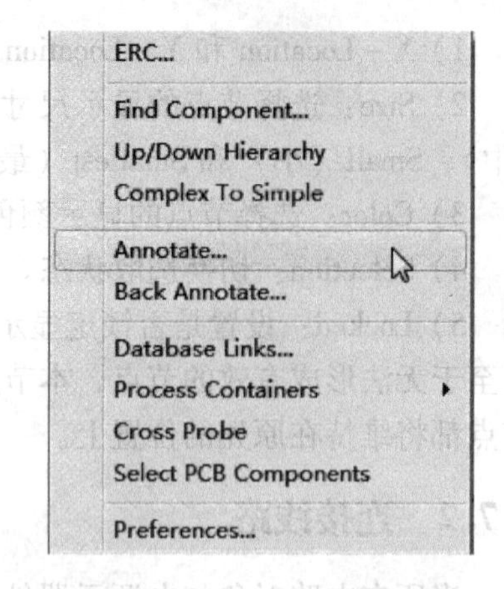

图 3-55 执行“Tools”→“Annotate”命令

1）Annotate Options：该选项组的各项主要用来设定流水号重新设置的作用范围。

下拉列表中有 4 个选项：“?Parts”选项的意义是只对有“?”号的元器件重新设置流水号；“All Parts”选项的意义是对所有元器件进行编号；“Reset Designators”选项的意义是对所有元器件复位原始状态；“Update Sheets Number Only”选项的意义是仅更新原理图的图号。

2）Current sheet only：该复选框用来设置更新元器件流水号是否仅仅对当前原理图有效。

3）Ignore selected parts：该复选框用来设置重新对元器件进行编号时，是否忽略所选中的元器件。

4）Group Parts Together If Match By：该选项组的各复选按钮主要是用来匹配成组的元器件（也称为复合封装的元器件），如果选中的域匹配了，则认为匹配的元器件是一个组，将按组元器件的方式设置（如 U1A，U1B，…）。

5）Re - annotate Method：该选项组的各单选按钮用来设置重新编号的方式，选中某个方式后，会在其右边以图例说明这种编号方式。

设置各选项后，单击“OK”按钮，即可自动实现原理图中元器件的重新编号。如果想进一步设置编号的方式，可以进入“Advanced Options”（高级设置）选项卡，如图 3-57 所示。

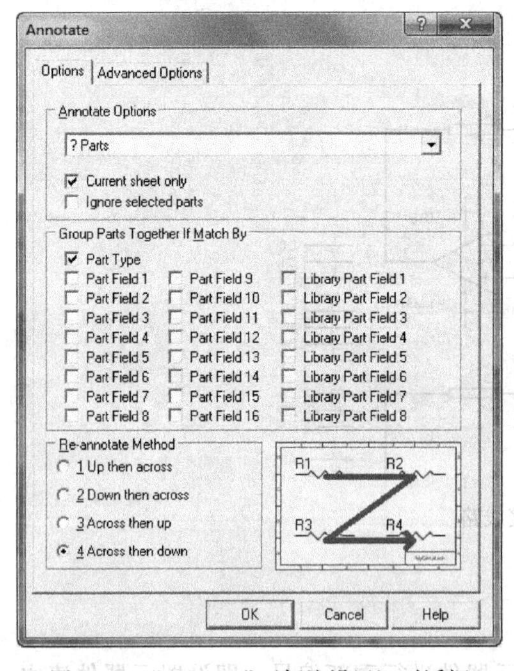

图 3-56 “Annotate”（标注设置）对话框

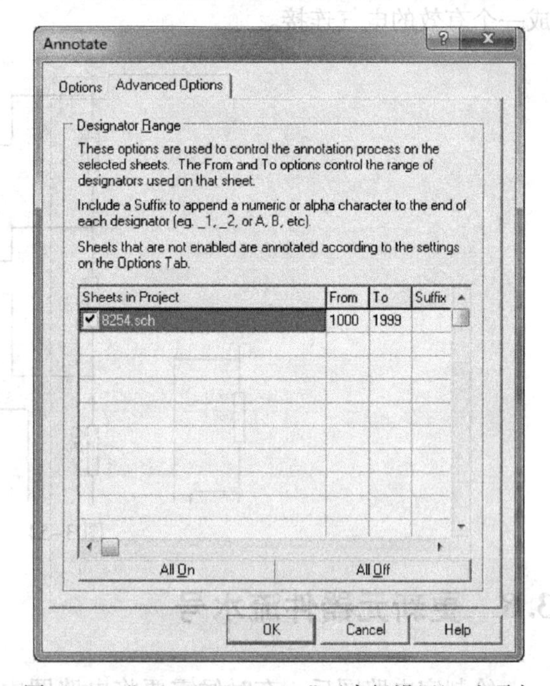

图 3-57 “Advanced Options”（高级设置）选项卡

此时，可以设置流水编号的范围，“From”列中填入起始编号，“To”列中填入终止的编号，“Suffix”列中可填入编号的后缀。

如果是一个层次原理图项目，则会在该选项卡中显示项目中的所有文件。此时可以单击“All On”按钮全部选中所有需要重新编号的文件，单击“All Off”按钮则为不选择任何采用这种方式的文件。

设定了起始编号和中止编号后，执行重新编号，元器件的流水号将限制在设置的范围内。

注意：如果重新编号后用户仍感觉不满意，则可以恢复原来的编号，此时只要执行“Tools”→“Back Annotate”命令即可。

3.9 保存文件

电路图绘制完毕后要保存起来，以供日后修改及使用。当打开一个已有的电路图文件并进行修改之后，执行“File”→“Save”命令可自动按原文件名将其保存，同时覆盖原先的文件。

在保存时，如果不希望覆盖原先的文件，可采用换名保存的方法。具体做法是执行“File”→“Save Copy As”命令，打开图3-58所示的“Save Copy As”（文件另存为）对话框，在此对话框中指定新的存盘文件名即可。

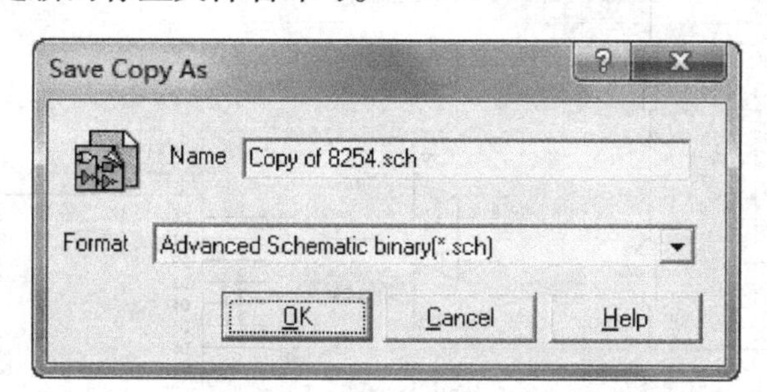

图3-58 “Save Copy As”（文件另存为）对话框

如果在“Save Copy As”对话框中单击“Format”下拉列表框，就可以看到Schematic所能够处理的各种文件格式。

- Advanced Schematic binary（*.sch）：Advanced Schematic 电路图样文件，二进制格式。
- Advanced Schematic ASCII（*.asc）：Advanced Schematic 电路图样文件，文本格式。
- Orcad Schematic（*.sch）：SDT4 电路图样文件，二进制格式。
- Advanced Schematic template ASCII（*.dot）：电路图模板文件，文本格式。
- Advanced Schematic template binary（*.dot）：电路图模板文件，二进制格式。
- Advanced Schematic binary files（*.prj）：项目中的主图样文件。

默认情况下，电路图文件的扩展名为“sch”。

3.10　绘制一张简单的电路原理图

本章前面主要讲述了如何选择和放置元器件，现在介绍一个完整的实例。将放置的元器件按照原理图需要连接起来，具体操作过程如下。

1. 选择并放置多个电子元器件

先选择需要的元器件，并将它们放置在图样上。放置了元器件的图样如图 3–59 所示，放置元器件的操作可以参考本章前面的讲解。

2. 编辑各元器件

如果需要修改各元器件的属性，则可以执行编辑命令，对各元器件进行编辑。编辑元器件操作的详细过程均可以参考前面有关章节的讲解。

3. 精确调整元器件位置

如果元器件的放置很零乱，则可以对元器件的位置进行调整。精确调整位置后，就可以进行线路连接操作。线路连接与节点放置是同时进行的。

4. 连接线路

首先将布线工具栏装载到当前图样，然后执行连线命令，也可以通过执行“Place”→“Wire”命令来实现。

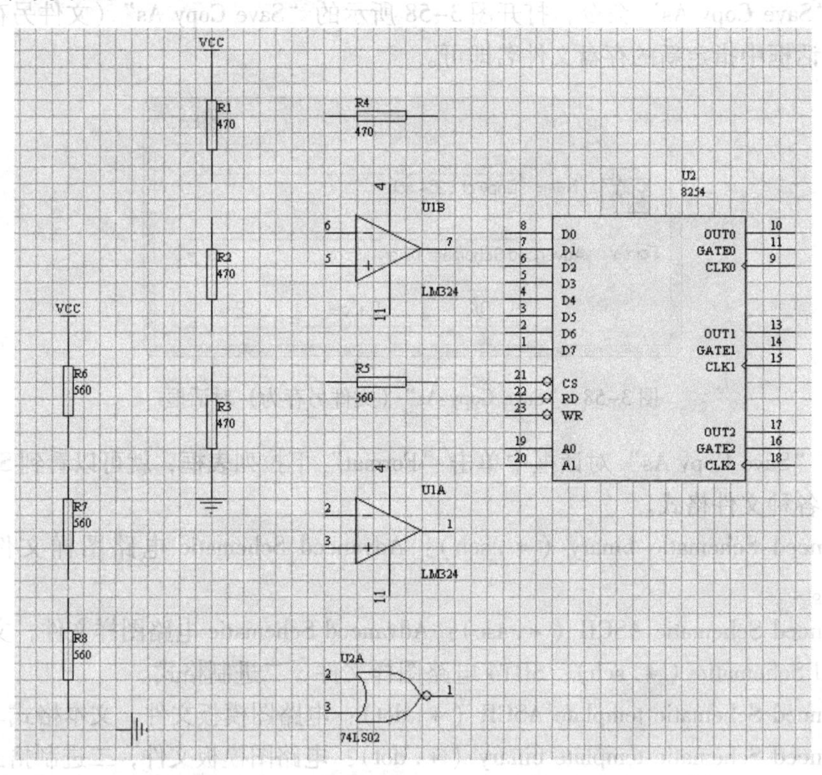

图 3–59　放置了所需要的元器件后的图形

执行该命令后，就可以进行各节点的连线。对相关元器件连线并放置节点后的电路图，如图 3–60 所示。

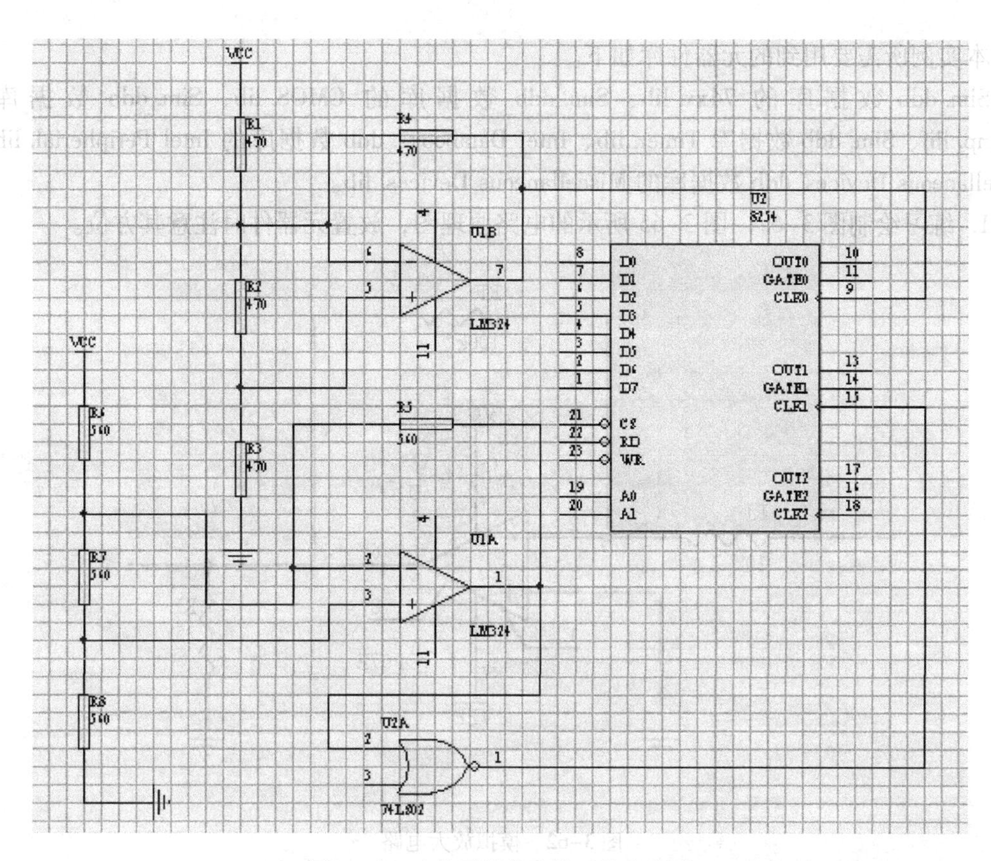

图 3-60　连接了部分连线后的电路图

后面还可以进行其他元器件的放置和数据总线线路布置。关于数据总线的放置将在后面的有关章节进行学习。

习题

练习前的说明：

电阻元器件有 4 种类型，分别为 RES1、RES2、RES3 和 RES4，可以在“Miscellaneous Devices. lib”中选取。各种类型的电阻元器件如图 3-61 所示。

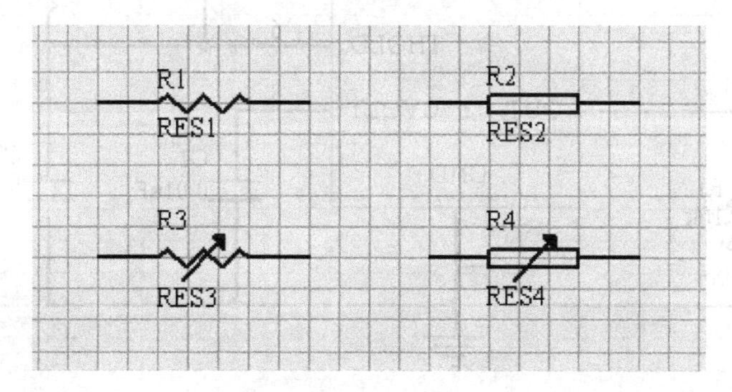

图 3-61　电阻元器件分类

本实例所需要用到的元器件库如下。

Sim. ddb 数据库的 74xx. lib、Sim. ddb 数据库的 CMOS. lib、Sim. ddb 数据库的 OpAmp. lib、Sim. ddb 数据库 Timer. lib、Intel Databooks. ddb 数据库的 Intel Peripherial. lib 和 Miscellaneous Devices. ddb 数据库的 Miscellaneous Devices. lib。

1. 练习绘制图 3-62 ~ 图 3-65 所示的电路原理图，放置元器件时注意其方位。

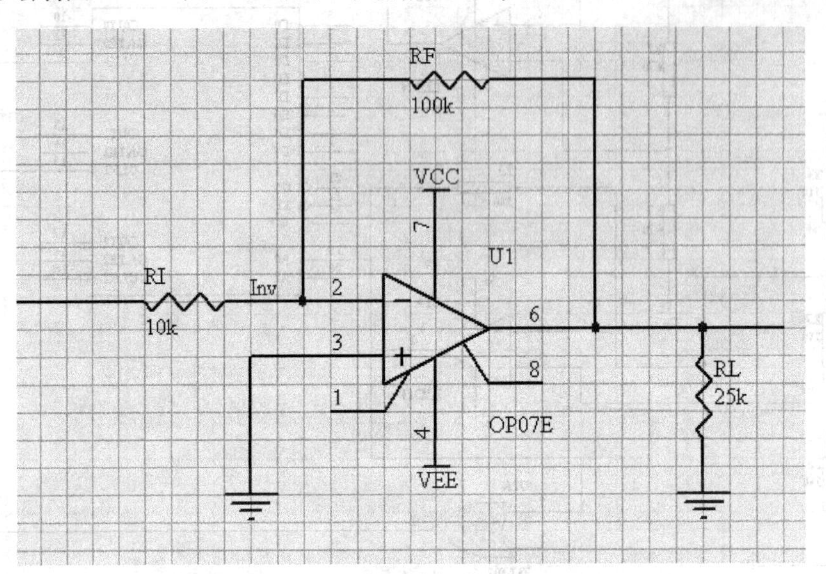

图 3-62　模拟放大电路

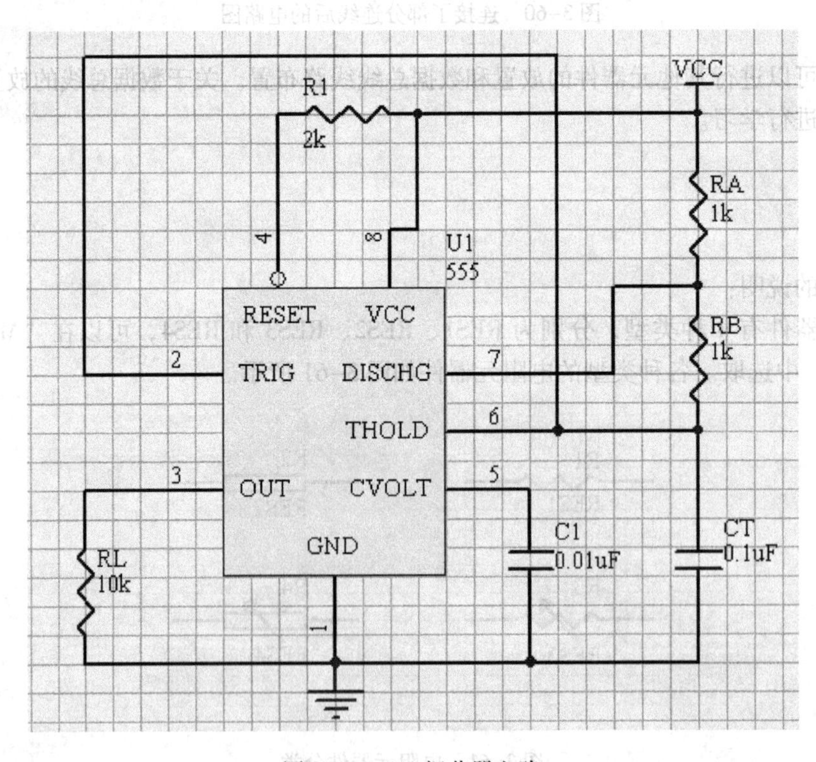

图 3-63　555 振荡器电路

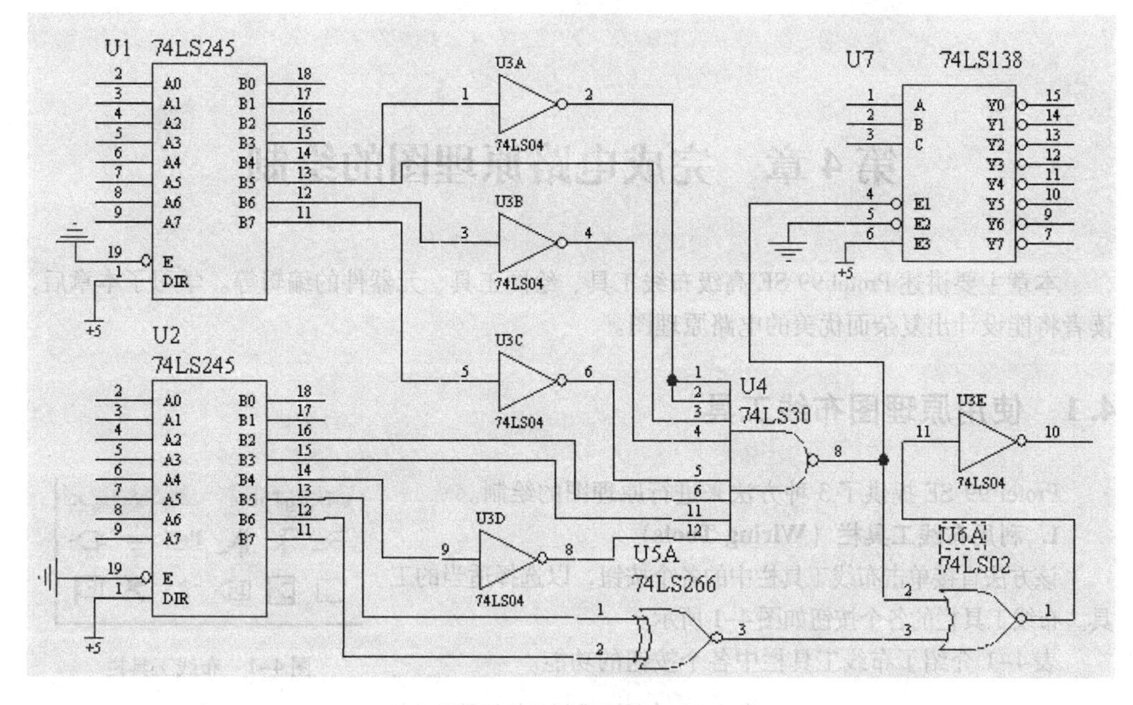

图 3-64 译码部分电路

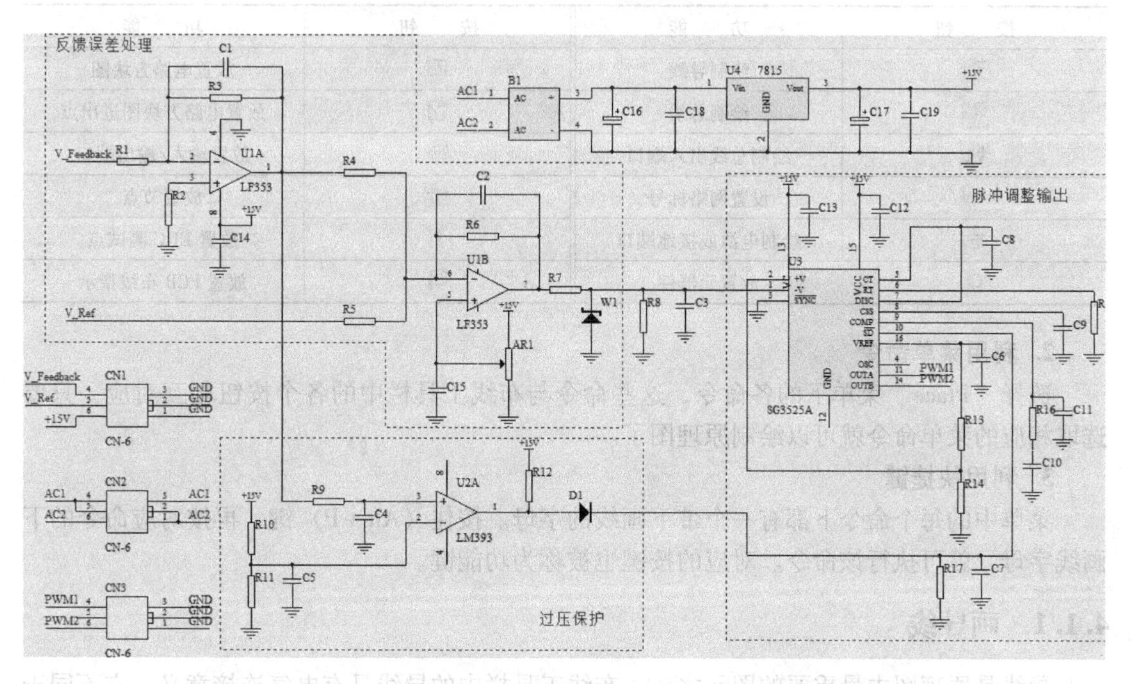

图 3-65 脉冲调制电路

2. 根据一个电路设计目标，写出具体的原理图设计绘制流程图。

第 4 章　完成电路原理图的绘制

本章主要讲述 Protel 99 SE 高级布线工具、绘图工具、元器件的编辑等。学习了本章后，读者将能设计出复杂而优美的电路原理图。

4.1　使用原理图布线工具

Protel 99 SE 提供了 3 种方法来进行原理图的绘制。

1. 利用布线工具栏（Wiring Tools）

该方法直接单击布线工具栏中的各个按钮，以选择适当的工具。布线工具栏的各个按钮如图 4-1 所示。

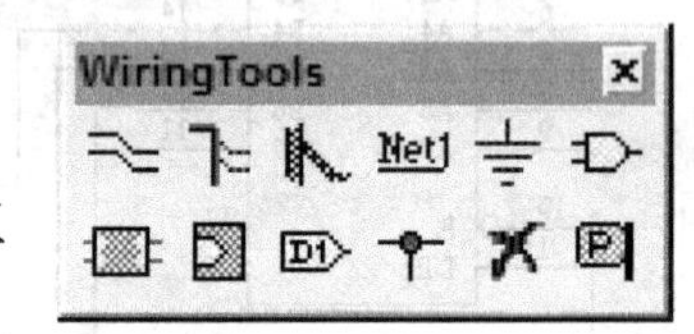

图 4-1　布线工具栏

表 4-1 介绍了布线工具栏中各个按钮的功能。

表 4-1　布线工具栏的按钮及其功能

按　钮	功　能	按　钮	功　能
	绘制导线		放置电路方块图
	绘制总线		放置电路方块图进出点
	绘制总线出入端口		放置输入/输出端口
	设置网络标号		放置节点
	绘制电源或接地端口		放置 ERC 测试点
	放置元器件		放置 PCB 布线指示

2. 利用菜单命令

选择“Place”菜单下的各命令，这些命令与布线工具栏中的各个按钮相互对应，只要选取相应的菜单命令就可以绘制原理图了。

3. 利用快捷键

菜单中的每个命令下都有一个带下画线的字母。按住〈Alt + P〉键，再按对应命令的下画线字母，就可执行该命令。对应的按键也被称为功能键。

4.1.1　画导线

导线是原理图中最重要的图元之一。布线工具栏中的导线具有电气连接意义，它不同于绘图工具栏中的画线工具，后者没有电气连接意义。

1. 执行画导线（Wire）命令

执行画导线命令最常用的方法有如下两种。

1）单击绘图工具栏内的按钮。

2）执行“Place”→“Wire”命令。

2. 画导线步骤

执行画导线命令后，光标变成十字状，表示系统处于画导线状态。

画导线的步骤如下。

1）将光标移到所画导线的起点后单击，再将光标移动到下一点或导线终点再单击，即可绘制出第一条导线。以该点为新的起点，继续移动光标，绘制第二条导线。

2）如果要绘制不连续的导线，则可以在完成前一条导线后右击或按〈Esc〉键，然后将光标移动到新导线的起点单击，再按前面的步骤绘制另一条导线。

3）画完所有导线后，连续右击两次，即可退出画导线状态，光标由十字形状变成箭头形状。

在绘制电路图的过程中，按〈Space 〉键可以切换画导线模式。Protel 99 SE 中提供了3种画导线方式，分别是直角走线和45°走线和任意角度走线。绘制的导线如图 4-2 所示。

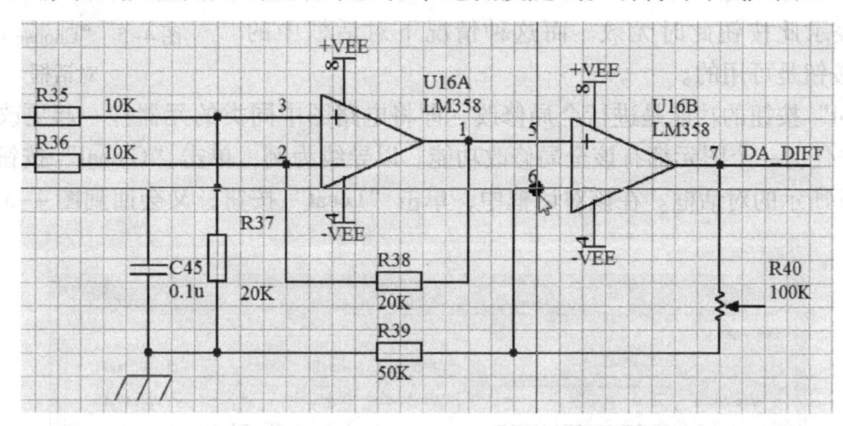

图 4-2 画导线

3. 导线属性对话框的设置

在画导线状态下，按〈Tab〉键，即可打开“Wire”对话框进行导线设置，如图 4-3 所示。其中有几项设置，分别介绍如下。

1）Wire Width：用于设置导线的宽度，单击“Wire Width 下拉列表框”右边的下拉按钮即可打开图 4-4 所示的下拉列表。列表中有 4 项选择，即“Smallest”(最细导线)、“Small”（细导线)、“Medium”(中导线）和“Large”（粗导线)。

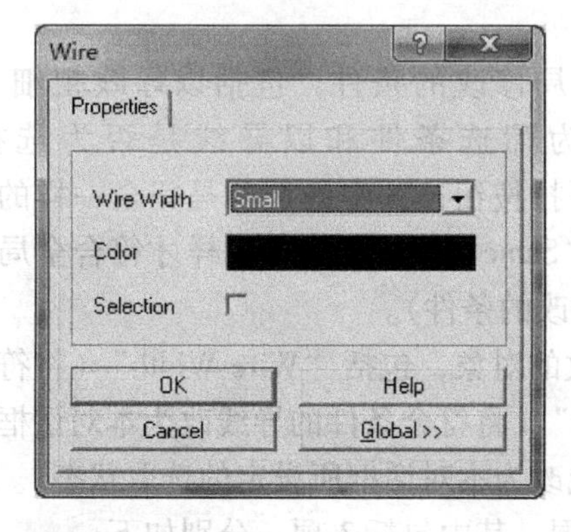

图 4-3 “Wire”（导线属性）对话框

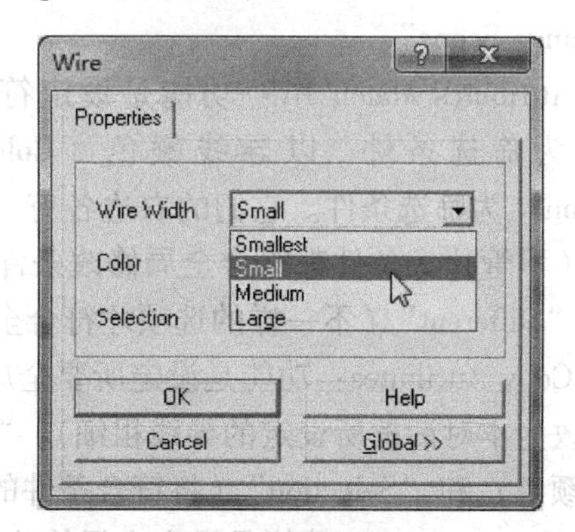

图 4-4 设置导线宽度

2）Color：用于设置导线的颜色。单击“Color”项右边的色块后，屏幕会出现图 4-5 所示的“Choose Color”对话框。它提供 238 种预设颜色，选择所要的颜色，单击“OK”按钮，即可完成导线颜色的设置。也可以单击图 4-5 所示对话框中的“Define Custom Colors”按钮，选择自定义颜色。

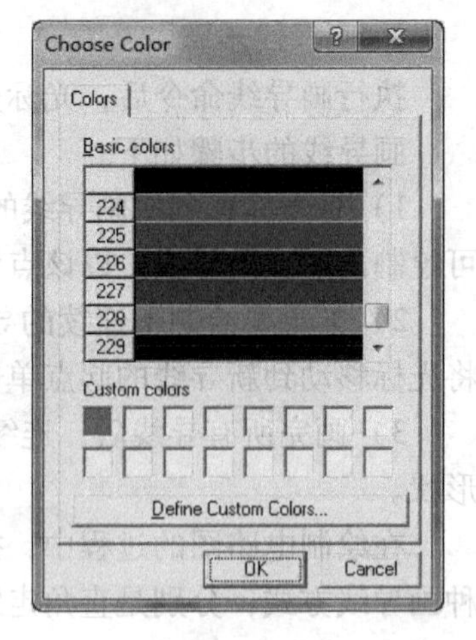

图 4-5 “Choose Color”对话框

3）Selection：设置画完导线后，该导线是否处于被选取状态。如果选中此复选框，那么画完导线后，该导线处于被选取状态，导线颜色为黄色。

4）Global：选中一条导线并双击，也可打开“Wire”对话框，如图 4-3 所示。值得注意的是，在画导线状态下按〈Tab〉键，在打开的“Wire”对话框中的“Global”按钮是灰色的，表示此按钮此时无效。而这种情况下对话框中的“Global”按钮是可用的。

“Global”按钮的功能是进行全局修改，即将电路图中同类的元器件一起更改属性。基本上，双击任何一个图元都有该全局修改功能。以导线为例，单击“Global”按钮，屏幕会出现图 4-6 所示的对话框。在该对话框中，单击“Local”按钮，又会回到图 4-3 所示的对话框。

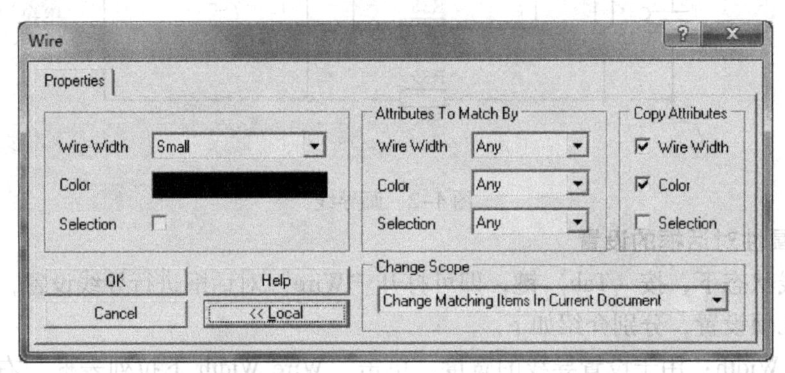

图 4-6 “Global”项展开后的“Wire”对话框

图 4-6 与图 4-3 相比，多出了 3 个选项组，即“Attributes Match By”“Copy Attributes”和“Change Scope”。

① Attributes Match By：功能是设定符合全局修改的条件，包括以导线粗细（Wire-Width）为筛选条件、以导线颜色（Color）为筛选条件和以导线是否为选择状态（Selection）为筛选条件。它们的右边各有一个下拉按钮，其中的选项是完全一样的，包括“Any”（不管什么条件都符合全局修改条件）、“Same”（只有完全一样才符合全局修改条件）和“Different”（不一样的选项才符合全局修改的条件）。

② Copy Attributes：功能是设定所要全局修改的对象，包括“Wire Width”（将符合条件的导线改为本对话框所设定的导线粗细）、“Color”（将符合条件的导线改为本对话框所设定的导线颜色）和“Selection”（将符合条件的导线改为本对话框所设定的选取状态）。

③ Change Scope：功能是设定全局修改的范围，其中包括 3 项，分别如下。

- Change This Item Only：设定全局修改的范围为本元器件。

- Change Matching Items In Current Document：设定全局修改的范围为目前正在编辑的元器件图。
- Change Matching Items In All Document：设定全局修改的范围为目前所有已打开的元器件图。

4.1.2 画总线

所谓总线（Bus）是指一组具有相关性的信号线。在 Schematic 中，总线纯粹是为了迎合人们绘制电路图的习惯，其目的仅是为了简化连线的表现方式。总线本身并没有任何实质上的电气意义。也就是说，尽管在绘制总线时会出现热点，而且在拖动操作时总线也会维持其原先的连接状态，但这并不表明总线就真的具有电气性质的连接。

习惯上，连线应该使用总线出入端口（Bus Entry）符号来表示与总线的连接。但是，总线出入端口同样不具备实际的电气意义。所以，当执行“Edit”→“Select”→“Net”命令来选取网络时，总线与总线出入端口并不呈现高亮度显示。

总线与总线出入端口的示意图如图 4-7 所示。在总线中，真正代表实际的电气意义的是通过线路标签与输入/输出端口来表示的逻辑连通性。通常，线路标签名称应该包括全部总线中网络的名称，例如 A（0 …10）就代表名称为 A0，A1，A2，…，A10 的网络。假如总线连接到输入/输出端口，这个总线必须在输入/输出端口的结束点上终止才行。

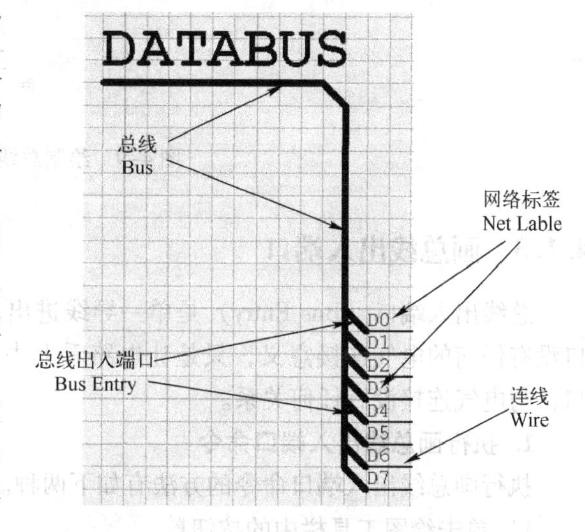

图 4-7　总线与总线出入端口

绘制总线可用绘图工具栏上的按钮或执行“Place”→“Bus”命令来实现。总线的属性设置与导线的属性设置相同，可以参考前一节。

总线绘制实例：没有绘制总线的电路图如图 4-8 所示，下面就在该图形基础上绘制数据总线。

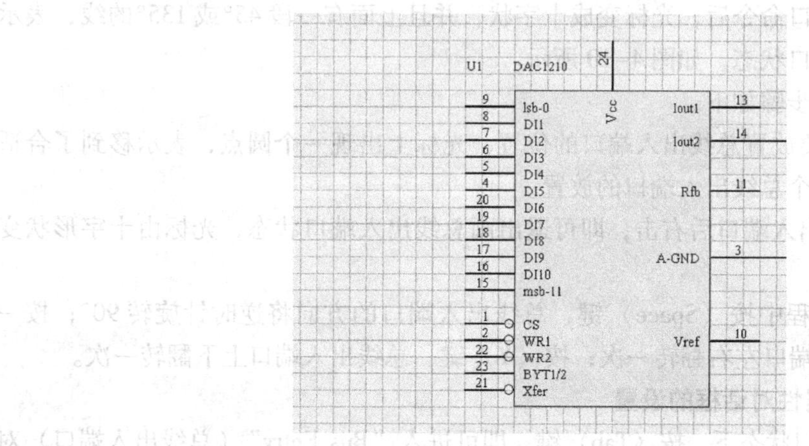

图 4-8　没有绘制总线的图形

执行“Place”→“Bus”命令或在布线工具栏中单击按钮，然后绘制总线，绘制的位置可以根据要求确定，如果位置不合适，还可以手动调整。绘制总线后的图形如图4-9所示。

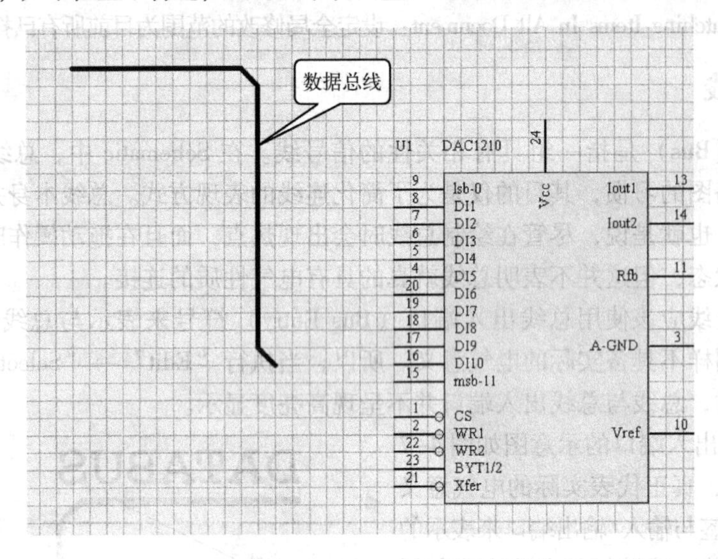

图4-9　绘制总线后的图形

4.1.3　画总线出入端口

总线出入端口（Bus Entry）是单一导线进出总线的端点，如图4-7所示。总线出入端口没有任何的电气连接意义，只是让电路看上去更具有专业水准。因此有没有总线出入端口，与电气连接没有任何关系。

1. 执行画总线出入端口命令

执行画总线出入端口命令的方法有如下两种。

1）单击绘图工具栏中的按钮。

2）执行“Place”→“Bus Entry”命令。

2. 画总线出入端口步骤

执行画总线出入端口命令后，光标变成十字状，并且上面有一段45°或135°的线，表示系统处于画总线出入端口状态，如图4-10所示。

画总线出入端口的步骤如下。

1）将光标移到所要放置总线出入端口的位置，光标上出现一个圆点，表示移到了合适的位置，单击可完成一个总线出入端口的放置。

2）画完所有总线出入端口后右击，即可退出画总线出入端口状态，光标由十字形状变成箭头形状。

在绘制电路图的过程中按〈Space〉键，总线出入端口的方向将逆时针旋转90°；按一次〈X〉键，总线出入端口左右翻转一次；按〈Y〉键，总线出入端口上下翻转一次。

3. 总线出入端口属性对话框的设置

在放置总线出入端口状态下，按〈Tab〉键，即可进入“Bus Entry”（总线出入端口）对话框，如图4-11所示。其中3项设置与“Wire”对话框中的有关设置相同，即“Line Width”

相当于“Wire”对话框中的“Wire Width”项；“Color”和“Selection”选项与“Wire”对话框中的“Color”和“Selection”选项相同。

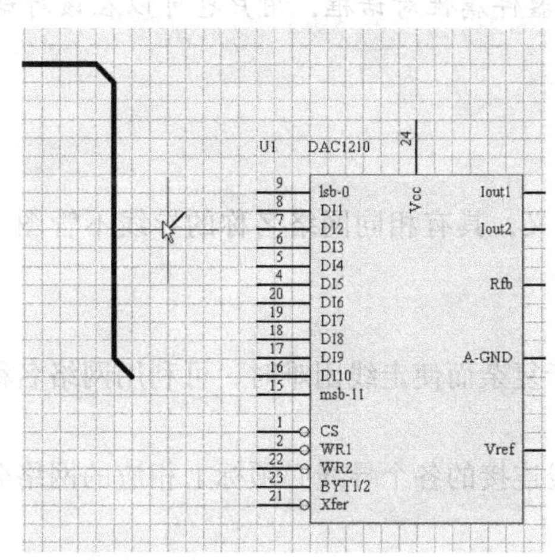
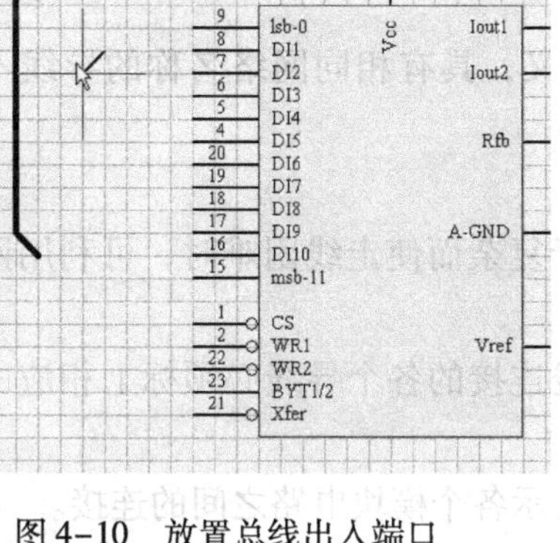

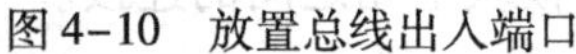
图 4-10　放置总线出入端口

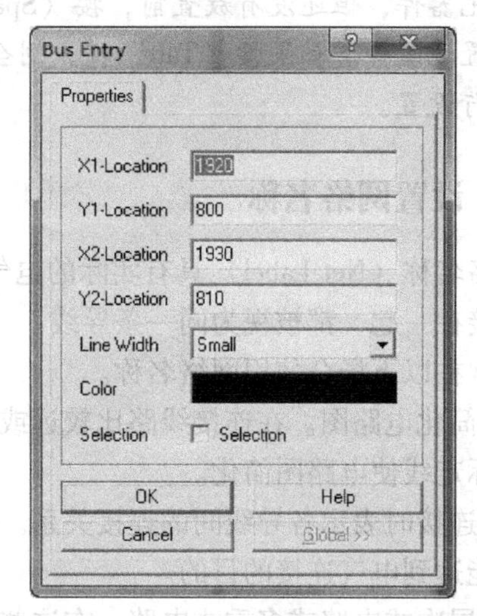

图 4-11　“Bus Entry”(总线出入端口)对话框

其他 4 项的说明如下。

1）X1 - Location：设置总线出入端口中第一个点的 X 轴坐标值。

2）Y1 - Location：设置总线出入端口中第一个点的 Y 轴坐标值。

3）X2 - Location：设置总线出入端口中第二个点的 X 轴坐标值。

4）Y2 - Location：设置总线出入端口中第二个点的 Y 轴坐标值。

双击已绘制完毕的总线出入端口，也可以进入“Bus Entry”对话框，其中的“Global”项是可用的。单击“Global”按钮，即可进入“Bus Entry”对话框的全局设置界面，其中的设置与导线的全局设置类似。

现在以实例讲述如何添加总线出入端口。以图 4-9 刚绘制的总线为例，执行“Place”→“Bus Entry”命令或在布线工具栏中单击按钮，然后在总线处绘制总线出入端口线，如图 4-12 所示。

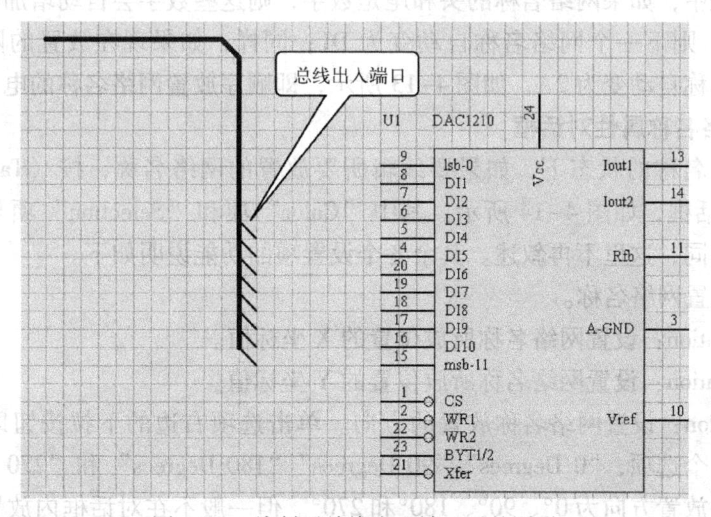

图 4-12　绘制了总线出入端口后的图形

技巧：当放置一些标准元器件或图形时，可以在绘制前调整位置。调整的方法为：在选择了元器件，但还没有放置前，按〈Space〉键，即可旋转元器件，此时可以选择需要的角度放置元器件。如果按〈Tab〉键，则会进入元器件属性对话框，用户也可以在该对话框中进行设置。

4.1.4 设置网络名称

网络名称（Net Label）具有实际的电气连接意义，具有相同网络名称的导线不管图上是否连接在一起，都被视为同一条导线。

通常在以下场合使用网络名称。

1）简化电路图。在连接线路比较远或线路过于复杂而使走线困难时，可利用网络名称代替实际走线使电路图简化。

2）连接时表示各导线间的连接关系。通过总线连接的各个导线必须标上相应的网络名称，才能达到电气连接的目的。

3）层次式电路或多重式电路。在这些电路中表示各个模块电路之间的连接。

1. 执行放置网络名称命令

执行放置网络名称（Net Label）主要有两种方法。

1）单击绘图工具栏中的按钮Net1。

2）执行“Place”→“Net Label”命令。

2. 放置网络名称的步骤

放置网络名称（Net Label）的步骤如下。

1）执行放置网络名称命令后，将光标移到放置网络名称的导线或总线上，光标上产生一个小圆点，表示光标已捕捉到该导线，单击即可正确放置一个网络名称。

2）将光标移到其他需要放置网络名称的地方，继续放置网络名称。右击可退出放置网络名称状态。

在放置过程中，如果网络名称的头和尾是数字，则这些数字会自动增加。如现在放置的网络名称为D0，则下一个网络名称自动变为D1；同样，如果现在放置的网络名称为1A，则下一个网络名称自动变为2A，如图4-13所示，即顺序放置网络名称的电路图部分。

3. 设置网络名称属性对话框

在放置网络名称的状态下，如果要编辑所要放置的网络名称，按〈Tab〉键即可打开“Net Lobel”对话框，如图4-14所示。其中“Color”项和“Selection”项与“Wire”对话框内有关设置相同，这里不再叙述。其余各个设置项的功能说明如下。

1）Net：设置网络名称。

2）X-Location：设置网络名称所放位置的X坐标值。

3）Y-Location：设置网络名称所放位置的Y坐标值。

4）Orientation：设置网络名称放置的方向。单击选项右边的下拉按钮即可打开下拉列表。其中包含4个选项，“0 Degrees”“90 Degrees”“180 Degrees”和“270 Degrees”，分别表示网络名称的放置方向为0°、90°、180°和270°。但一般不在对话框内放置网络名称的设置方向，而是在放置网络名称状态下，通过按〈Space〉键来设置网络名称的放置方向。

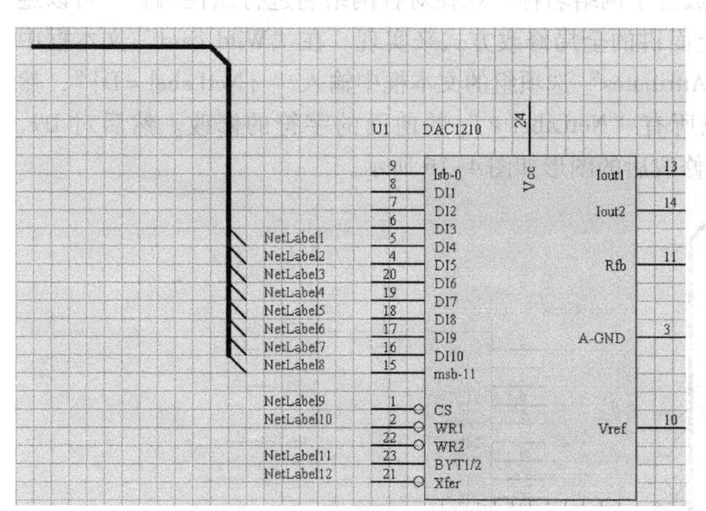

图 4-13　放置网络名称的图形

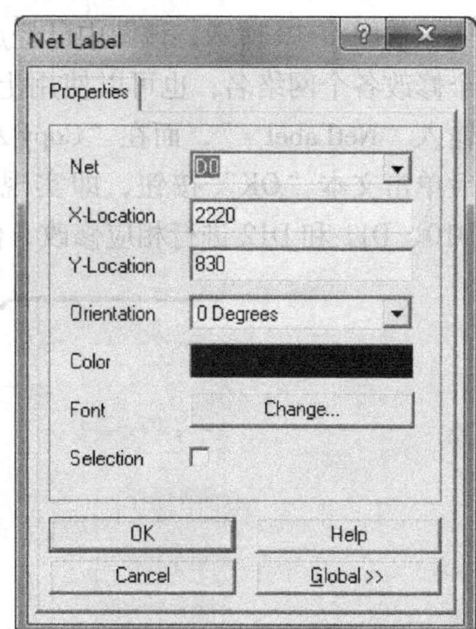

图 4-14　"Net Label"对话框

5）Font：设置所要放置文字的字体，单击"Change"按钮，会出现设置"字体"对话框。

6）Global：选中一个网络名称，双击打开"Net Label"对话框，单击"Global"按钮即可进入全局设置界面，如图 4-15 所示。其中的设置基本与导线的全局设置类似，这里仅介绍几项特殊的设置。

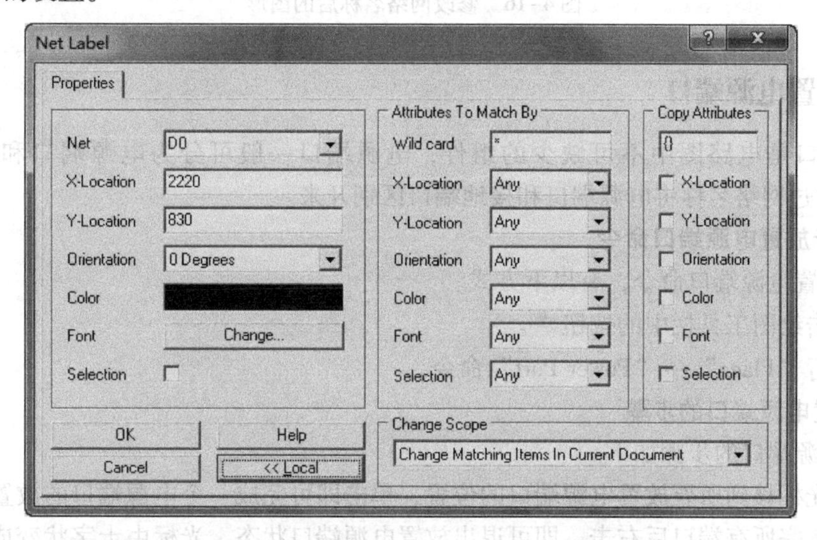

图 4-15　"Net Label"对话框的全局设置界面

在"Attributes To Match By"选项组的"Wild card"文本框内，"*"表示不管电路图中其他的网络名称是什么，都符合全局修改条件。也可以指定某个特定网络名称，表示整个电路图中所有同名的网络名称都符合全局修改条件。

"Copy Attributes"选项组，"{}"用以指定如何修改。例如，要将已放置在电路图中的 Net1、Net2、Net3…网络名称更改为 D1、D2、D3…，那么在"Wild card"文本框中输入"Net*"，在"Copy Attributes"选项组的文本框中输入"{Net=D}"，最后单击"OK"按钮，即可完成网络名称的全局修改。

如图 4-13 所示，该图中已经放置了网络名称。现在对各网络名进行属性编辑，可以逐个修改各个网络名，也可以使用上面讲的全局修改方式来实现。在“Wild card”文本框中输入“NetLabel＊”，而在“Copy Attributes”选项组的文本框中输入“{NetLabel = D}”，然后单击文本“OK”按钮，即实现所有“NetLabel＊”的前面的字符的修改。然后对 D9、D10、D11 和 D12 进行相应修改，修改后的图形如图 4-16 所示。

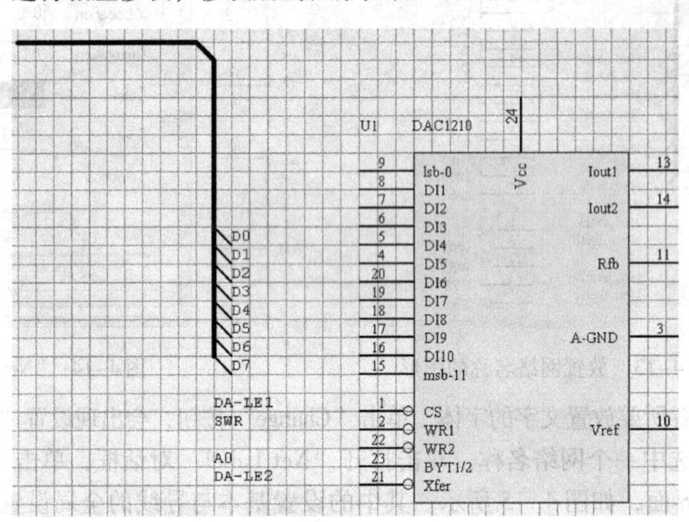

图 4-16　修改网络名称后的图形

4.1.5　放置电源端口

电源端口是电路图中不可缺少的组件，电源端口一般可分为电源端口和接地端口。Schematic 通过网络名称将电源端口和接地端口区别开来。

1. 执行放置电源端口命令

执行放置电源端口命令，有以下方式。

1）单击绘图工具栏中的按钮⏚。

2）执行“Place”→“Power Port”命令。

2. 放置电源端口的步骤

放置电源端口的步骤如下。

1）将光标移到所要放置电源端口的位置，单击即可完成一个电源端口的放置。

2）放置完所有端口后右击，即可退出放置电源端口状态，光标由十字状变成箭头状。

在放置电源端口的过程中按一次〈Space〉键，电源端口方向将逆时针旋转 90°；按一次〈X〉键，电源端口左右翻转一次；按一次〈Y〉键，电源端口上下翻转一次。

说明：关于电源端口的放置和编辑操作，请参考 3.6 节。

4.1.6　放置元器件

元器件是原理图中最为重要的部分。元器件来自相应的元器件库，在放置元器件前应该先添加元器件所在的元器件库。

1. 执行放置元器件命令

执行放置元器件命令的方法有如下几种。

1）单击绘图工具栏中的按钮。

2）在元器件管理器中双击所要放置的元器件。

3）执行“Place”→“Part”命令。

2. 放置元器件的步骤

放置元器件的步骤如下。

1）执行放置元器件命令后，屏幕上出现图4-17所示的“Place Part”（放置元器件）对话框，要求输入元器件名。例如，要取用逻辑非门元器件，则在“Part Type”文本框中输入“SN74LS14”，用户也可以通过浏览元器件库查找需要的元器件（即单击“Browse”按钮，请参考第3章）。

2）可以在“Designator”文本框中输入元器件流水号，也可以等放置了所有元器件后再由系统统一设定流水号（通过执行“Tools”→“Annotate”命令实现）。

3）输入元器件流水号后，单击“OK”按钮，屏幕出现一个十字光标，表示系统处于放置元器件状态。将光标移动到合适的位置单击，将该元器件定位。屏幕又会出现图4-18所示的“Part”对话框，其中默认的元器件库名正是上次取用的元器件库名。指定元器件库名后，再单击“OK”按钮，屏幕再次出现“Place Part”（放置元器件）的对话框，其中默认的元器件序号将自动加1，例如上次取用元器件序号为U1，这次自动变为U2。右击后系统退出放置元器件状态。

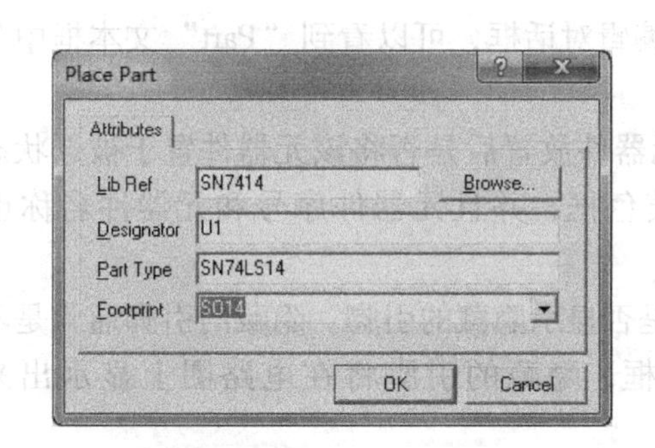

图4-17 “Place Part”（放置元器件）对话框

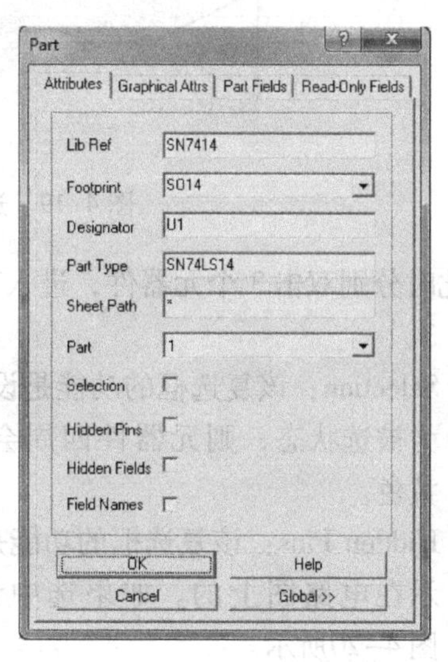

图4-18 “Part”对话框

3. 元器件属性对话框

在已放置的元器件上双击即可打开图4-18所示的“Part”对话框。“Part”对话框有4个选项卡，分别是元器件“Attributes”选项卡、元器件“Graphical Attrs”选项卡、“Part Fields”选项卡和“Read-Only Fields”选项卡，下面分别进行说明。

1）“Attributes”选项卡：其功能是设置元器件的电气属性，如图4-18所示，包括以下选项。

- Lib Ref：该文本框的功能是选择元器件库。修改此项可以直接替换原有的元器件，元器件库名不会显示在元器件图上。
- Footprint：该下拉列表框的功能是选择元器件的封装方式。对于同一种元器件，可以有不同的元器件封装方式，如74LS系列元器件，常采用DIP14（双排直插）或SO14（小尺寸封装）的表贴封装方式。元器件的封装方式也不会在电路原理图上显示。
- Designator：该文本框的功能是设置元器件序号。
- Part Type：该文本框的功能是设置元器件在电路图上显示的元器件名称，它与元器件库名、元器件序号是不同的。
- Sheet Path：该文本框的功能是指定子电路图名，以便能够将该电路图连接到层次原理图中，这只在层次原理图设计时才使用。子电路图名不会显示在当前电路图上。
- Part：该下拉列表框是针对复合式封装的元器件而设定的。它的功能是指定复合式封装元器件中的元器件。复合式封装元器件有逻辑门、运算放大器等，例如74LS14是由几个与门组成的。指定不同的元器件，其引脚也将随之发生变化。"Part"项选择1时，电路图上该元器件的序号为U1A，其输入引脚为1脚，输出引脚为2脚；"Part"项选择2时，电路图上该元器件的序号为U1B，其输入引脚为3脚，输出引脚为4脚；"Part"项选择3时，电路图上该元器件的序号为U1C，其输入引脚为5脚，输出引脚为6脚……依此类推，如图4-19所示。

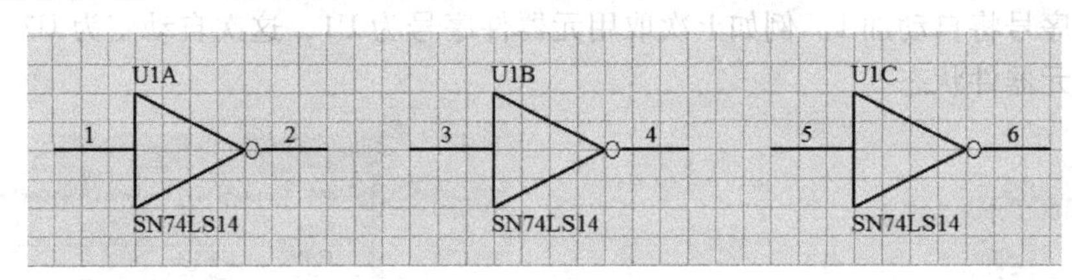

图4-19　选择不同管脚的元器件图形示例

此时分别双击3个元器件，进入其属性编辑对话框，可以看到"Part"文本框中分别为1、2、3。

- Selection：该复选框的功能是设置在元器件放置后是否将该元器件置于被选状态，若为被选状态，则元器件四周会出现黄色框，并且元器件序号和元器件名称也变为黄色。
- Hidden Pins：该复选框的功能是设置是否显示隐藏的引脚。隐藏的引脚通常是不会显示在电路图上的。如果选中该复选框，隐藏的引脚将在电路图上显示出来，如图4-20所示。

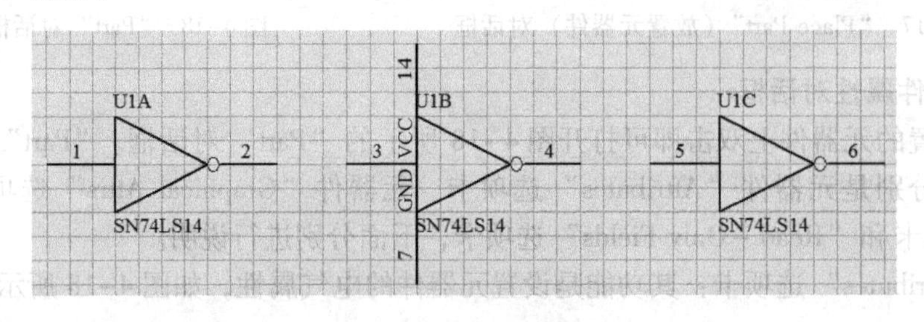

图4-20　显示隐藏引脚

- Hidden Fields：该复选框的功能是设置是否显示元器件标注（共 16 个标注项），即是否显示“Part Fields”选项卡中的元器件数据栏。如果元器件标注栏里没有文字的话，将显示“ * ”号。在元器件上显示了元器件数据栏的元器件图如图 4-21 所示，中间的 U1B 元器件即显示了元器件数据栏。

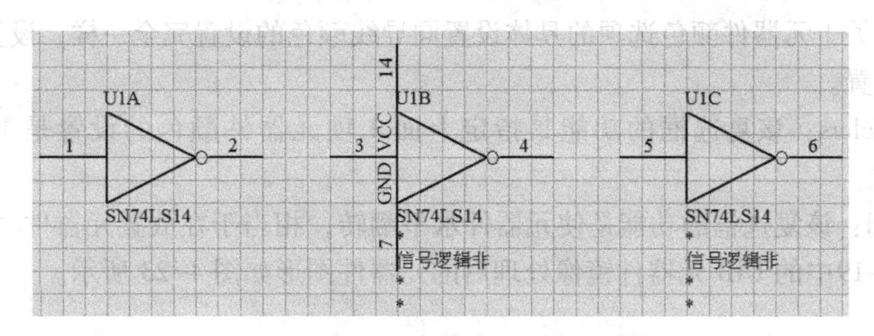

图 4-21　显示元器件数据栏的元器件

- Hidden Names：该复选框的功能是设置是否显示元器件标注栏的名称。
- Global：该按钮的功能和前面所述导线、总线等的全局修改基本一致，这里不再介绍。

2）“Graphical Attrs”选项卡：其功能是设置元器件的图形属性，如图 4-22 所示，共有 9 项设置。它们是元器件方向选项（Orientation）、元器件模式选项（Mode）、*X* 坐标（X - Location）、*Y* 坐标（Y - Location）、元器件填充颜色选项（Fill Color）、元器件外框颜色选项（Line Color）、元器件引脚颜色选项（Pin Color）、指定颜色有效选项（Local Colors）和元器件镜像选项（Mirrored）。

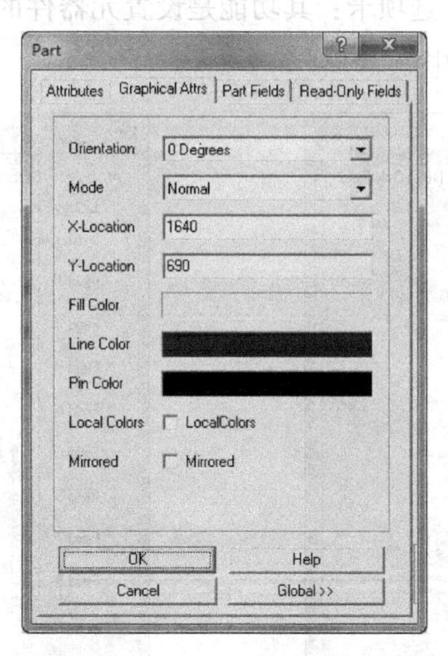

图 4-22　“Graphical Attrs”选项卡

- Orientation、X - Location 和 Y - Location：这 3 项在前面讲解放置网络名称时已经介绍过，这里就不再重复了。
- Mode：该下拉列表框的功能是设置元器件的模式，单击“Mode”下拉列表框右边的下拉按钮，会弹出一个下拉列表。列表中包括 3 种元器件模式选项，即“Normal”

（正常模式）、“DeMorgan”（狄摩根模式）和“IEEE”（电子与工程协会模式）。

- Fill Color：该选项的功能是设置元器件内部所要填充的颜色。
- Line Color：该选项的功能是设置元器件轮廓的线条颜色。
- Pin Color：选项的功能是设置元器件引脚的颜色。

以上 3 个关于元器件颜色选项的具体设置同导线颜色的设置完全一样，设置方法见导线颜色的有关设置。

- Local Colors：该复选框的功能是指定上面 3 项元器件颜色的设置是否应用于该元器件。
- Mirrored：该复选框的功能是使元器件水平翻转，相当于在放置元器件时按〈X〉键，将图 4-19中的 UIB 元器件镜像处理后的元器件图形如图 4-23 所示。

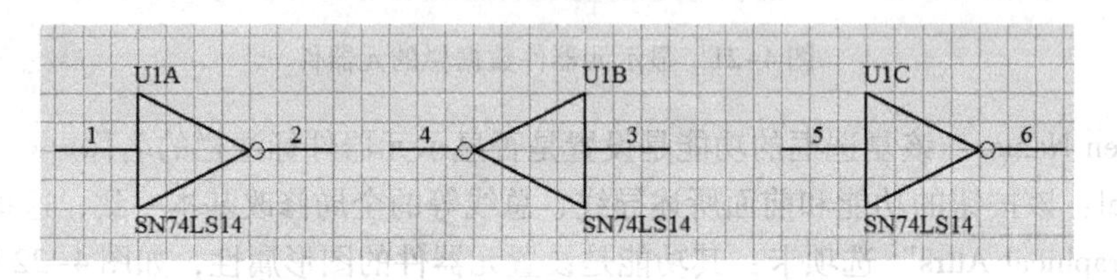

图 4-23　镜像处理 U1B 后的元器件图形

3）“Part Fields”选项卡：其功能是设置元器件的 16 项标注。如图 4-24 所示，可以直接在标注栏里输入标注文字。

4）“Read - Only Fields”选项卡：其功能是设置元器件的只读标注。如图 4-25 所示，这些标注文字不能直接在电路图中修改。

图 4-24　“Part Fields”选项卡

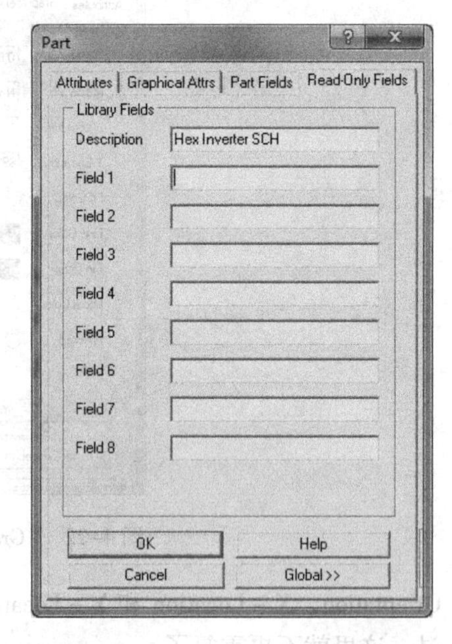

图 4-25　“Read - Only Fields”选项卡

对于放置完毕的元器件，可以单独编辑其元器件序号或元器件名称。将光标移动到所要编辑的元器件序号或元器件名称中间双击，即可打开相应的编辑对话框。图 4-26 和图 4-27

分别是元器件序号编辑对话框和元器件名称编辑对话框。这两个对话框和“Net Label”对话框类似，只是多出了“Hide”复选框。“Hide”复选框的功能是设置元器件序号或元器件名称是否显示在元器件图上。

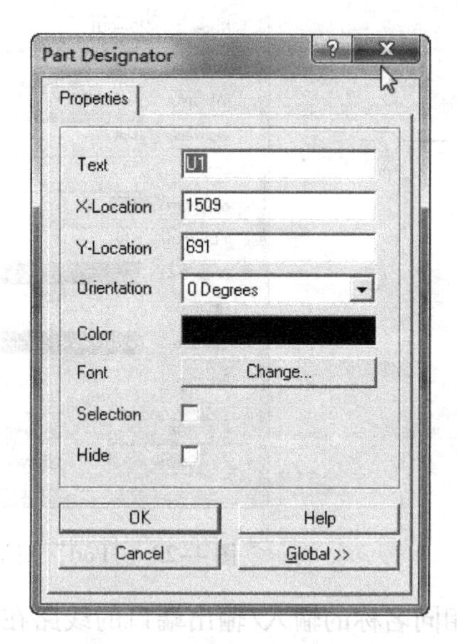

图 4-26 元器件序号编辑对话框

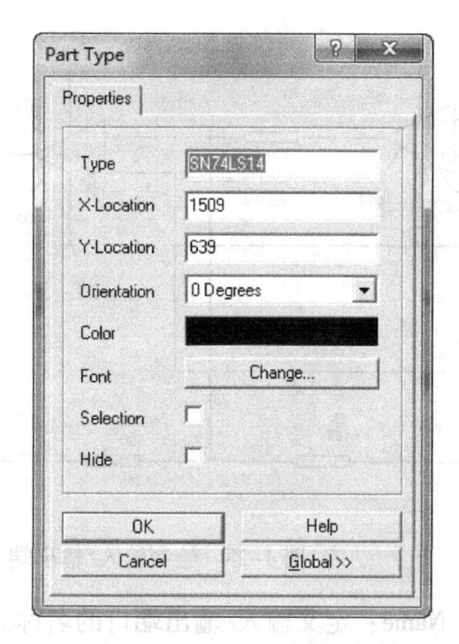

图 4-27 元器件名称编辑对话框

另外，还可以通过拖拽的方法直接将元器件序号或元器件名称拖动到合适的位置，松开鼠标即可将元器件序号或元器件名重定位。

4.1.7 放置输入/输出端口

在设计电路图时，一个网络与另外一个网络的连接，可以通过实际导线连接，也可以通过放置网络名称使两个网络具有相互连接的电气意义。放置输入/输出端口，同样可以实现两个网络的连接。相同名称的输入/输出端口，可以认为在电气意义上是连接的。输入/输出端口也是层次图设计不可缺少的组件。

1. 执行输入/输出端口命令（Port）

执行输入/输出端口（Port）命令有两种方式。

1）单击绘图工具栏中的按钮▭。

2）执行“Place”→“Port”命令。

2. 放置输入/输出端口步骤

在执行输入/输出端口（Port）命令后，光标变成十字状，并且在它上面出现一个输入/输出端口的图标，如图 4-28 所示。在合适的位置，光标上会出现一个圆点，表示此处有电气连接点。单击即可定位输入/输出端口的一端，移动鼠标使输入/输出端口的大小合适再单击，即可完成一个输入/输出端口的放置。右击即可退出放置输入/输出端口状态。

3. 设置输入/输出端口

在放置输入/输出端口状态下按〈Tab〉键，即可开启图 4-29 所示的“Port”对话框。

对话框中共有11个设置项，下面介绍几个主要选项的功能。

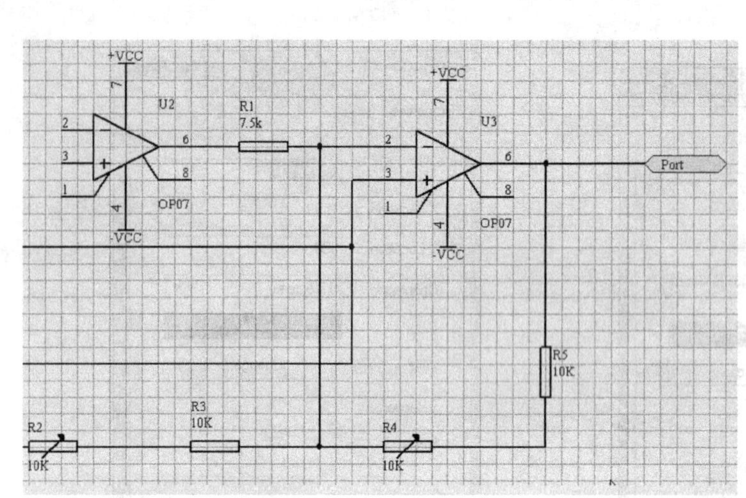

图4-28　绘制输入/输出端口

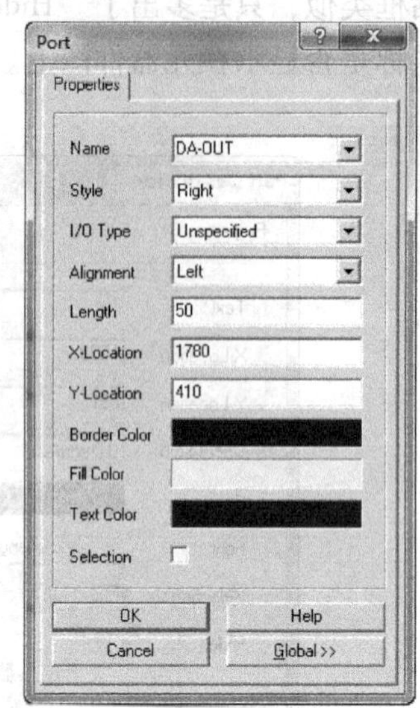

图4-29　"Port"对话框

1）Name：定义输入/输出端口的名称。具有相同名称的输入/输出端口的线路在电气上是连接在一起的。默认值为Port。

2）Style：端口外形的设置，输入/输出端口的外形种类一共有8种，如图4-30所示。本实例中设为"Left&Right"。

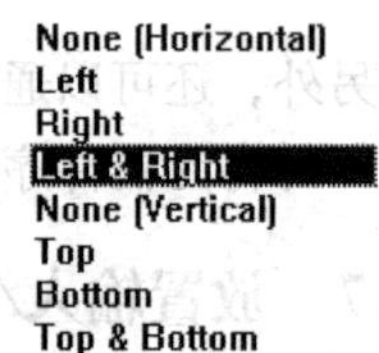

图4-30　端口外形

3）I/O Type：设置端口的电气特性。设置端口的电气特性也就是对端口的输入/输出类型进行设置，它会为电气规则检查（ERC）提供一些依据。例如，当两个同属输入类型的端口连接在一起的时候，电气法检测会产生错误报告。端口的类型设置有以下4种。

- Unspecified：未指明或不确定。
- Output：输出端口型。
- Input：输入端口型。
- Bidirectional：双向型。

4）Alignment：设置端口的形式。端口的形式与端口的类型是不同的概念，端口的形式仅用来确定输入/输出端口的名称在端口符号中的位置，而不具有电气特性。端口的形式共有3种：Center、Left和Right。

其他项的设置包括输入/输出端口的宽度、位置、边线的颜色、填充颜色及文字标注的颜色等。这些用户可以根据自己的要求来设置。

下面对图4-28所示的端口进行修改，"Name"（名称）修改为"DA－OUT"；"Style"（端口的外形）修改为"Left&Right"；"I/O Type"（I/O类型）修改为"Output"（输出型端口）；"Alignment"（名称布置）修改为"Center"（中心）；"Length"（长度）修改为"50"，其他不变。修改后的端口如图4-31所示。

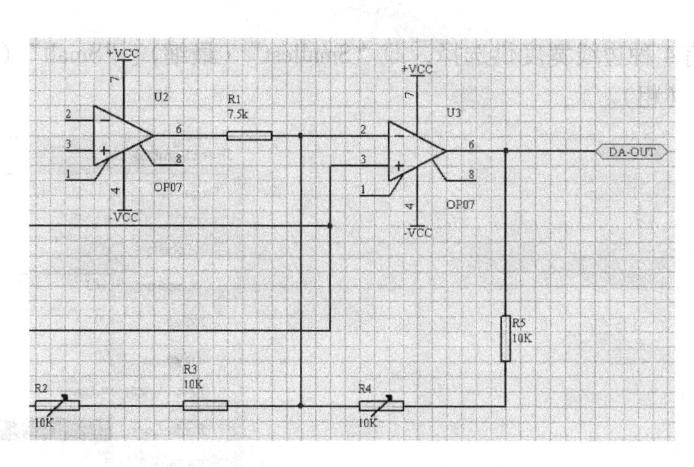

图 4-31　修改输入/输出端口属性后的电路图

4.1.8　放置电路方块图

电路方块图（Sheet Symbol）是层次式电路设计不可缺少的组件。层次式电路设计将在以后的章节里详细介绍。

简单地说，电路方块图就是设计者通过组合其他元器件，自己定义的一个复杂器件。这个复杂器件在图样上用简单的方块图来表示，至于这个复杂器件由哪些元器件组成、内部的接线又如何，可以由另一张电路图来详细描述。这和元器件图是非常相似的，在前面介绍设置元器件属性对话框（如图 4-18 所示）时，介绍过“Attributes”选项卡的“Sheet Path”选项。它的功能是指定该零件内部电路图所在的文件，只是对于标准化零件，普通用户很少去关心其内部电路图罢了。

因此，元器件、自定义元器件、电路方块图没有本质上的区别，大致可以将它们等同看待。下面介绍放置电路方块图的方法。

1. 执行放置电路方块图命令

执行放置电路方块图命令的方式有两种。

1）单击绘图工具栏中的按钮▣。

2）执行“Place”→“Sheet Symbol”命令。

2. 放置电路方块图

执行放置电路方块图命令后，光标变成十字状，在电路方块图一角单击，再将光标移到方块图的另一角再单击，即可形成一个区域，完成该方块图的放置。右击即可退出放置电路方块图状态。绘制的电路方块图如图 4-32 所示。

3. 编辑电路方块图属性

在放置电路方块图状态下按〈Tab〉键，即可打开图 4-33所示的“Sheet Symbol”对话框；或者放置了电路方块图后，双击元器件；还可先选中元器件后再右击，从弹出的快捷菜单中选择“Properties”命令。

对话框中共有 12 个设置项，其中“X - Location”“Y - Location”“Fill Color”和“Selection”设置项与“Net Label”对话框的相应选项一样。下面将介绍剩下的 8 个设置项。

1）Border Width：选择电路方块图边框的宽度。单击“Border Width”下拉列表框右侧的下拉按钮，共有4种边线宽度供选择，即“Smallest”（最细）、“Small”（细）、“Medium”（中）和“Large”（粗）。

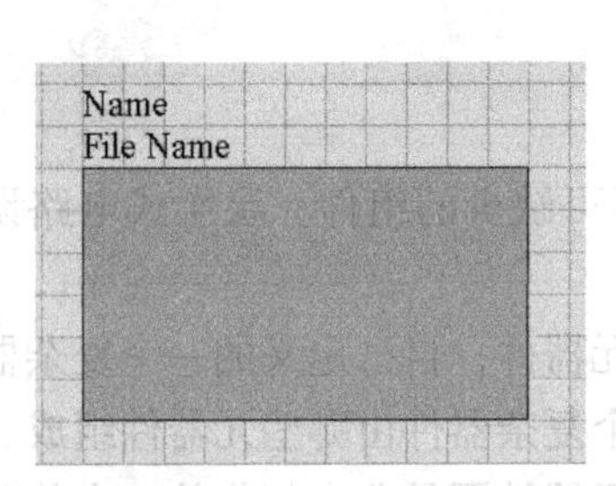

图4-32　绘制的电路方块图

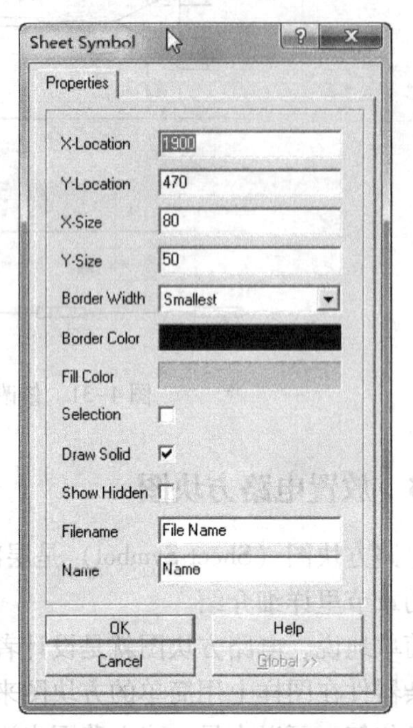

图4-33　“Sheet Symbol”对话框

2）X-Size：设置电路方块图的宽度。

3）Y-Size：设置电路方块图的高度。

4）Border Color：设置电路方块图的边框颜色。

5）Draw Solid：设置电路方块图内是否要填入“Fill Color”所设置的颜色。

6）Show Hidden：该复选框被选中后，可以显示一些关于方块图的辅助信息。

7）Filename：设置电路方块图所对应的文件名称，和“Part”对话框中的“Sheet Path”项类似。

8）Name：设置电路方块图的名称。

下面对图4-32所示的电路方块图进行修改，“Fill Color”（填充颜色）不变；“Name”修改为“D/A Circuit”；“Filename”修改为“Board1”。修改后的电路方块图如图4-34所示。

另外，还可以单独选取“Name”和“Filename”，直接打开相应的属性对话框对其进行修改。

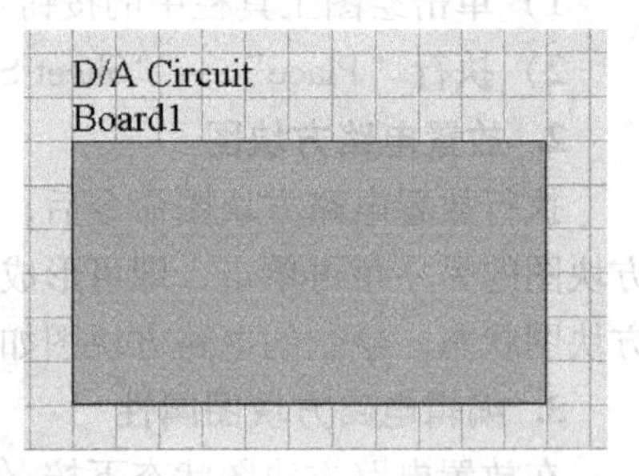

图4-34　修改电路方块图属性后的图形

4.2　绘制图形

在电路图中加上一些说明性的文字或是图形，除了可以让整个绘图页显得生动活泼，还可以增强电路图的说服力及数据的完整性。Schematic 提供了很好的绘图功能，足以满足绘制说明性图形的基本要求。由于图形对象并不具备电气特性，所以在电气规则检查和转换成网络表时，它们并不产生任何影响，也不会附加在网络表数据中。

4.2.1　绘图工具栏

在 Schematic 中，一般利用绘图工具栏上的各个按钮进行绘图是十分方便的。绘图工具栏如图 4–35 所示。可以通过执行“View”→“ToolBars”→“Drawing Tools”命令来显示绘图工具栏，其各按钮的功能见表 4–2。

另外，通过执行“Place”→“Drawing Tools”命令也可以找到绘图工具栏上各按钮所对应的命令，如图 4–36 所示。

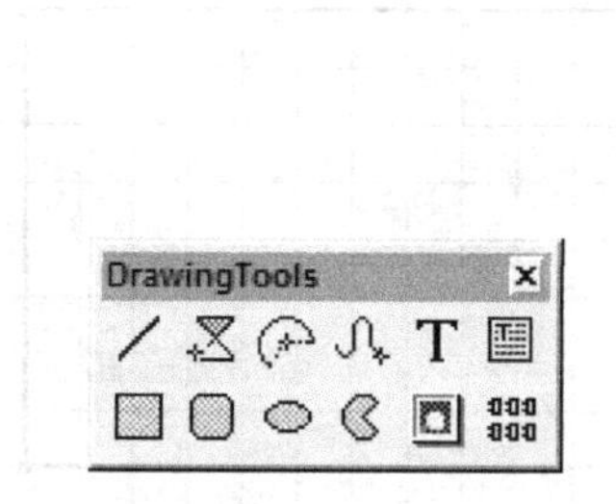

图 4–35　绘图工具栏

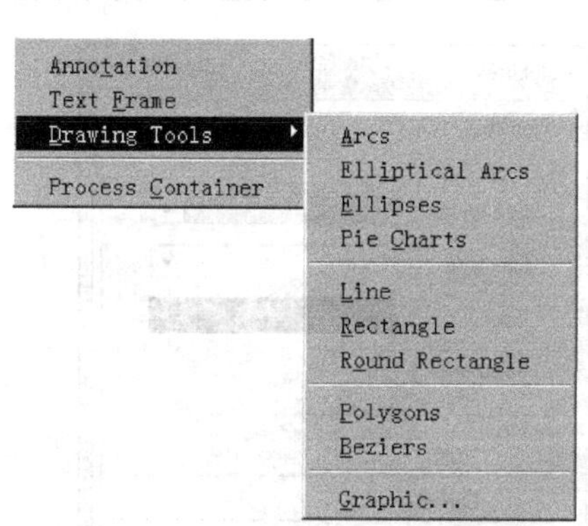

图 4–36　菜单中的绘图命令

表 4–2　绘图工具栏的按钮及其功能

按　钮	功　能	按　钮	功　能
	绘制直线		绘制实心直角矩形
	绘制多边形		绘制实心圆角矩形
	绘制椭圆弧线		绘制椭圆形及圆形
	绘制贝塞尔曲线		绘制饼图
T	插入文字		插入图片
	插入文字框		将剪贴板上的内容矩阵排列

4.2.2　绘制直线

直线（Line）在功能上完全不同于元器件间的导线（Wire）。导线具有电气意义，通常用来表现元器件间的物理连通性，而直线并不具备任何电气意义。

绘制直线可执行“Place”→“Drawing Tools”→“Lines”命令或单击绘图工具栏上的按钮 ，将编辑模式切换到画直线模式，此时鼠标指针除了原先的空心箭头之外，还多出了一个大十字符号。在绘制直线状态下，将大十字指针符号移动到直线的起点单击，然后移动鼠标，屏幕上会出现一条随鼠标指针移动的预拉线。如果对这条预拉线不满意，可以右击或按〈Esc〉键取消这条直线的绘制。如果还处于绘制直线模式下，则可以继续绘制下一条直线，直到右击或按〈Esc〉键退出绘图状态。

如果在绘制直线的过程中按〈Tab〉键，或在已绘制的直线上双击，即可打开图4-37所示的“PolyLine”（多线）对话框，从中可以设置关于该直线的一些属性，包括“Line Width”（线宽，有Smallest、Small、Medium、Large几种），“Line Style”（线型，有实线Solid、虚线Dashed和点线Dotted几种），“Color”（直线的颜色）和“Selection”（切换选取状态）。

单击已绘制的直线，可使其进入选中状态，此时直线的两端会各出现一个四方形的小黑点，即所谓的控制点，如图4-38所示。可以通过拖动控制点来调整这条直线的起点与终点位置。另外，还可以直接拖动直线本身来改变其位置。

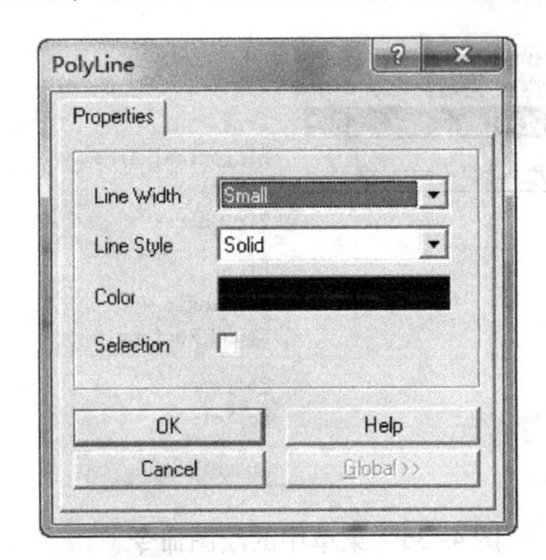

图4-37 “PolyLine”（多线）对话框

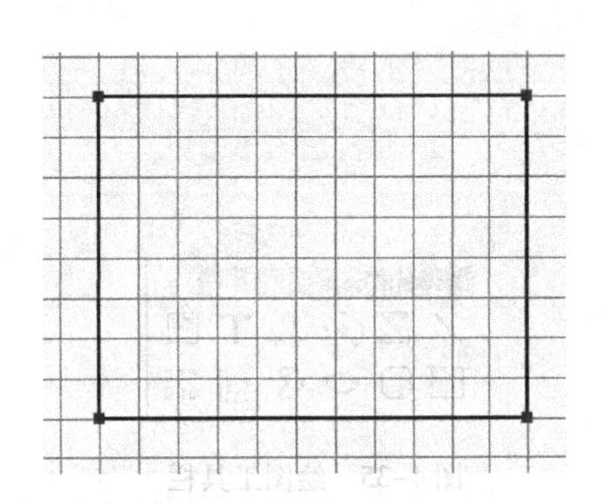

图4-38 绘制直线

4.2.3 绘制多边形

所谓多边形（Polygon）是指利用鼠标指针依次定义出图形的各条边所形成的封闭区域。

1. 执行绘制多边形命令

绘制多边形可执行“Place”→“Drawing Tools”→“Polygon”命令或单击绘图工具栏中的按钮，将编辑状态切换到绘制多边形模式。

2. 绘制多边形

执行此命令后，鼠标指针旁边会多出一个大十字符号，首先在待绘制图形的一个角单击，再移动鼠标到第二个角再单击形成一条直线，然后移动鼠标，这时会出现一个随鼠标指针移动的预拉封闭区域。现在依次移动鼠标到待绘制图形的其他角并单击。如果右击就会结束当前多边形的绘制，开始进入下一个绘制多边形的过程。如果要将编辑模式切换回待命模式，可再右击或按〈Esc〉键。

3. 编辑多边形属性

如果在绘制多边形的过程中按〈Tab〉键，或是在已绘制的多边形上双击，就会打开图4-39所示的“Polygon”（多边形）对话框，可从中设置该多边形的一些属性，如“Border Width”（边框宽度）、“Border Color”（边框颜色）、“Fill Color”（填充颜色）、“Draw Solid”（设置为实心多边形）和“Selection”（切换选取状态）。绘制的多边形如图4-40所示。

如果直接单击已绘制的多边形，则可使其进入选取状态，此时多边形的各个角都会出现控制点，可以通过拖动这些控制点来调整该多边形的形状，如图 4-41 所示。此外，也可以直接拖动多边形本身来调整其位置。

图 4-39 “Polygon”（多边形）对话框

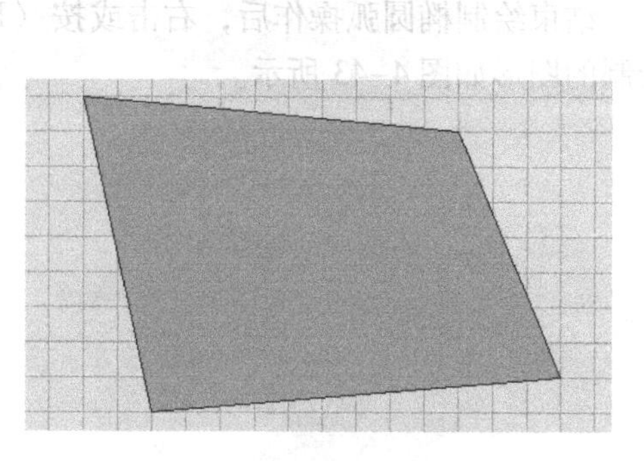

图 4-40 绘制多边形

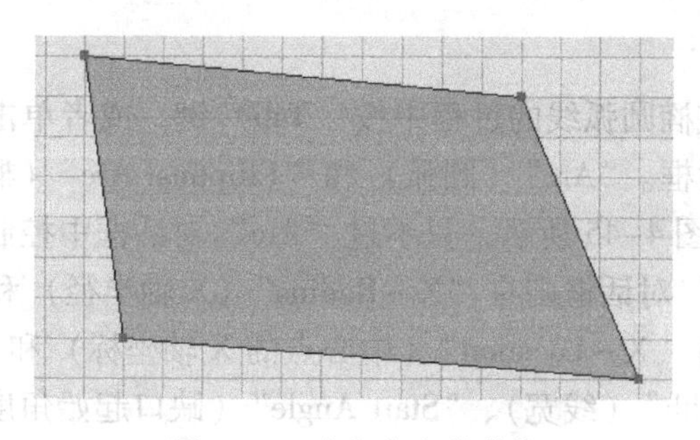

图 4-41 改变多边形形状

4.2.4 绘制圆弧与椭圆弧

1. 执行绘制圆弧与椭圆弧命令

绘制圆弧线可执行“Place”→“Drawing Tools”→“Arcs”命令，将编辑模式切换到绘制圆弧线模式。绘制椭圆弧线可执行“Place”→“Drawing Tools”→“Elliptic Arcs”命令或单击绘图工具栏中的按钮。

2. 绘制图形

1）绘制圆弧。绘制圆弧的操作过程如下。

首先在待绘图形的圆弧中心处单击，然后移动鼠标，会出现圆弧预拉线。

接着调整好圆弧半径，然后单击，指针会自动移动到圆弧缺口的一端，调整其位置后单击，指针会自动移动到圆弧缺口的另一端，调整其位置后单击，结束该圆弧线的绘制，并进入下一段圆弧线的绘制流程。下一次圆弧的默认半径为刚才绘制的圆弧半径，开口也一致。

结束绘制圆弧操作后，右击或按〈Esc〉键，即可将编辑模式切换回等待命令模式。绘制的圆弧如图 4-42 所示。

2）绘制椭圆弧。椭圆弧线与圆弧线略有不同，圆弧线实际上是带有缺口的标准圆形，而椭圆弧线则为带有缺口的椭圆形。所以，利用绘制椭圆弧线的功能也可以绘制出圆弧线。椭圆弧绘制的操作过程如下。

首先在待绘制图形的椭圆弧中心点处单击，然后移动鼠，标会出现椭圆弧预拉线。

接着调整好椭圆弧 X 轴半径后单击，然后移动鼠标调整椭圆弧 Y 轴半径并单击，指针会自动移动到椭圆弧缺口的一端；调整其位置后单击，指针会自动移动到椭圆弧缺口的另一端，调整其位置后单击，结束该椭圆弧线的绘制，同时进入下一段椭圆弧线的绘制流程。

结束绘制椭圆弧操作后，右击或按〈Esc〉键，即可将编辑模式切换回等待命令模式。绘制的图形如图 4-43 所示。

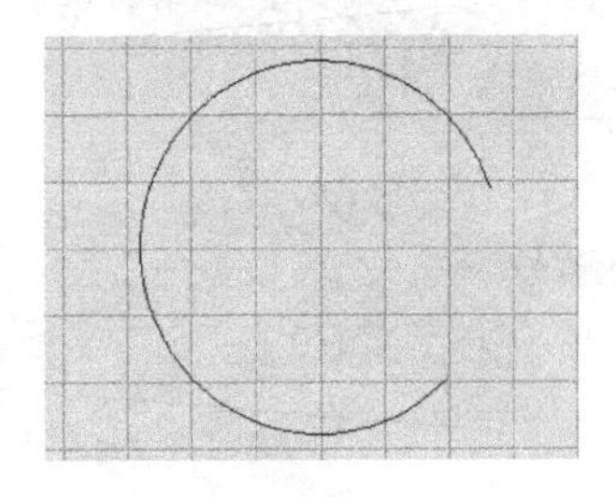

图 4-42　绘制的圆弧

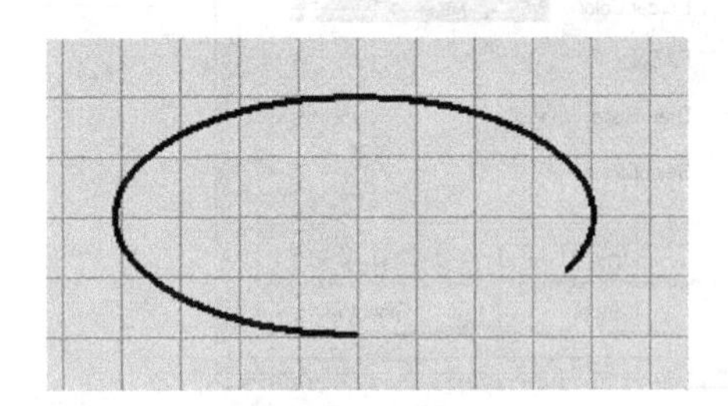

图 4-43　绘制的椭圆弧

3. 编辑图形属性

如果在绘制圆弧线或椭圆弧线的过程中按〈Tab〉键，或者单击已绘制的圆弧线或椭圆弧线，可打开其属性对话框。“Arc”（圆弧）和“Elliptical Arc”（椭圆弧）对话框中的各选项差不多，如图 4-44 和图 4-45 所示，只不过“Arc”对话框中控制半径的参数只有 Radius 一项，而“Elliptical Arc”对话框则有“X - Radius”（X 轴半径）和“Y - Radius”（Y 轴半径）两种。其他的属性有“X - Location”（中心点的 X 轴坐标）和“Y - Location”（中心点的 Y 轴坐标）、“Line Width”（线宽）、“Start Angle”（缺口起始角度）、“End Angle”（缺口结束角度）、“Color”（线条颜色）和“Selection”（切换选取状态）。

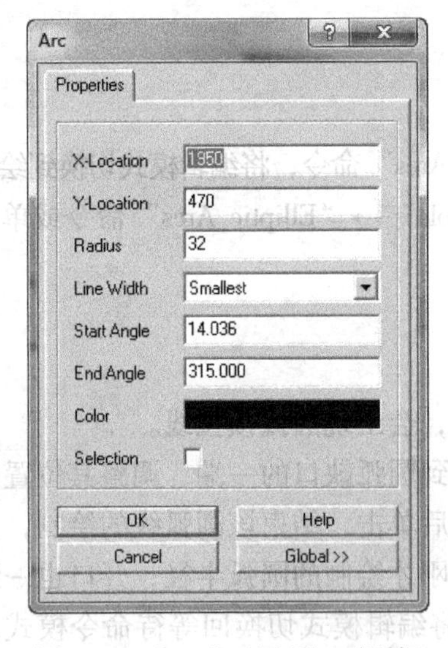

图 4-44　“Arc”（圆弧）对话框

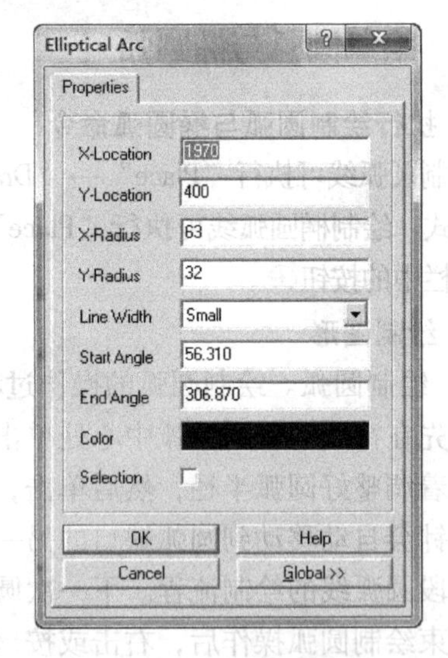

图 4-45　“Elliptical Arc”（椭圆弧）对话框

单击已绘制的圆弧线或椭圆弧线，可使其进入选取状态，此时其半径及缺口端点会出现控制点，拖动这些控制点可以调整圆弧线或椭圆弧线的形状。此外，也可以直接拖动圆弧线或椭圆弧线本身来调整其位置。

4.2.5 放置注释文字

1. 执行放置注释文字命令

要在绘图页上加上注释文字（Annotation），可以执行“Place”→“Annotation”命令或单击绘图工具栏上的按钮T，将编辑模式切换到放置注释文字模式。

2. 放置注释文字

执行此命令后，鼠标指针旁边会多出一个大十字和一个虚线框，在想放置注释文字的位置上单击，绘图页面中就会出现一个名为“Text”的字符串，并进入下一次操作过程，如图4-46所示。

如果要将编辑模式切换回等待命令模式，可在此时右击或按〈Esc〉键。

3. 编辑注释文字

如果在完成放置动作之前按〈Tab〉键，或者直接在“Text”字符串上双击，即可打开“Annotation”（注释文字）对话框，如图4-47所示。

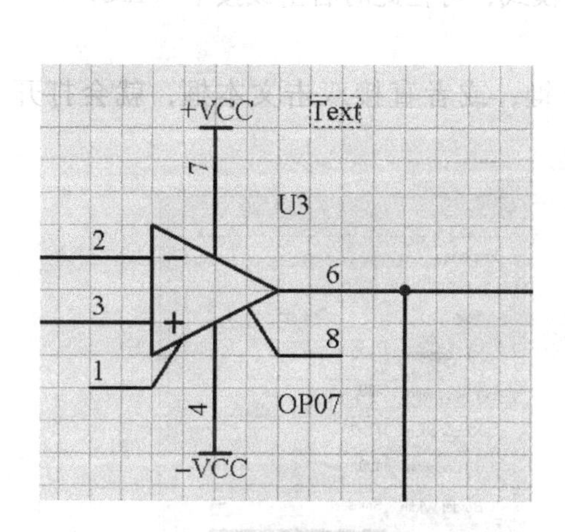

图4-46 放置注释文字

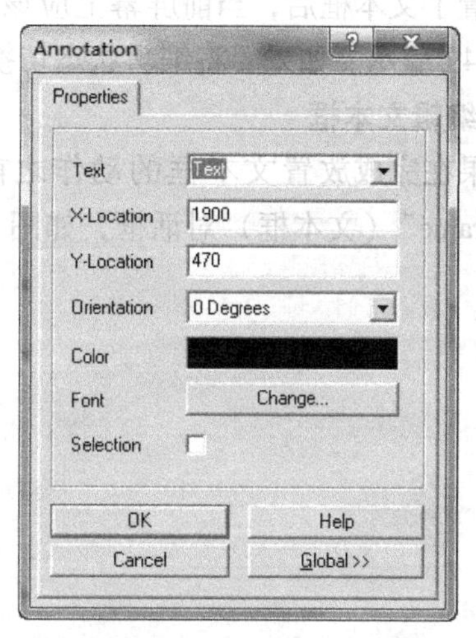

图4-47 “Annotation”（注释文字）对话框

在此对话框中最重要的属性是“Text”，它保存显示在绘图页中的注释文字（只能是一行），在该组合框中输入需要添加的注释文字即可，并且可以进行修改。此外还有其他几项属性：“X－Location”“Y－Location”（注释文字的坐标）、“Orientation”（注释文字的放置角度）、“Color”（注释文字的颜色）、“Font”（字体）和“Selection”（切换选取状态）。

如果想修改注释文字的字体，则可以单击“Change”按钮，系统将弹出一个字体设置对话框，此时可以设置字体的属性。

下面对图4-46所示的注释文字进行属性修改。在“Annotation”（注释文字）对话框中单击“Change”按钮，然后将“Text”文本修改为“D/A模块”，颜色修改为红色，字体修改为楷体GB2312。修改属性后的注释文字如图4-48所示。

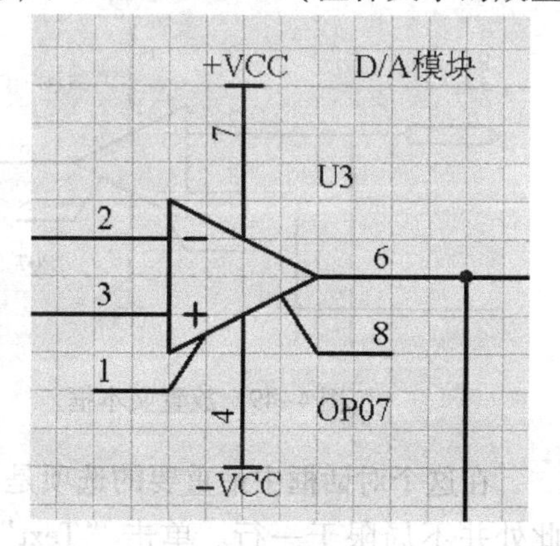

图4-48 修改注释文字属性后的图形

4.2.6 放置文本框

1. 执行放置文本框命令

要在绘图页上放置文本框，可执行“Place”→“Text Frame”命令或单击绘图工具栏上的▣按钮，将编辑状态切换到放置文本框模式。

2. 放置文本框

前面所介绍的注释文字仅限于一行，如果需要多行的注释文字，就必须使用文本框（Text Frame）。

执行放置文本框命令后，鼠标指针旁边会多出一个大十字符号，在需要放置文本框的一个边角处单击，然后移动鼠标，就可以在屏幕上看到一个虚线的预拉框，再单击该预拉框的对角位置，结束当前文本框的放置过程，并自动进入下一个放置过程。

放置了文本框后，当前屏幕上应该有一个白底的矩形框，其中有一个“Text”字符串，如图 4-49 所示。如果要将编辑状态切换回等待命令模式，可在此时右击或按下〈Esc〉键。

3. 编辑文本框

如果在完成放置文本框的动作之前按〈Tab〉键，或者直接双击文本框，就会打开“Text Frame”（文本框）对话框，如图 4-50 所示。

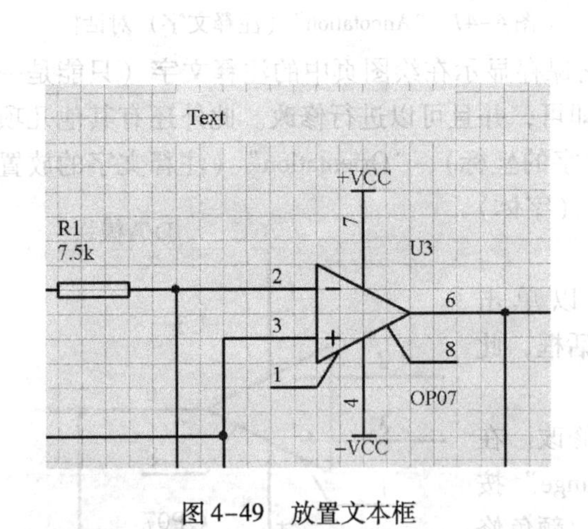

图 4-49　放置文本框

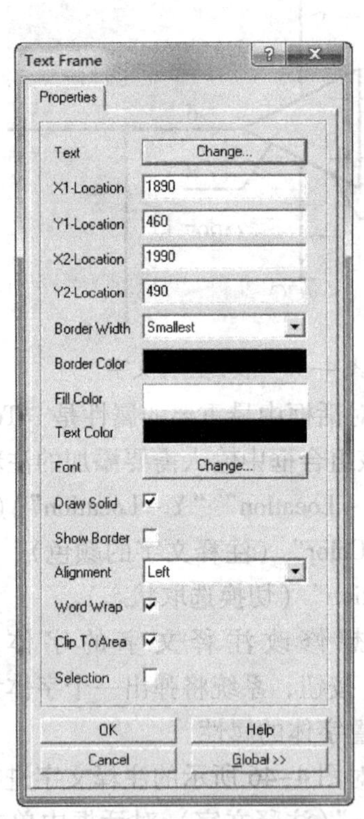

图 4-50　“Tex Frame”（文本框）对话框

在这个对话框中最重要的选项是“Text”，它负责保存显示在绘图页中的注释文字，且此处并不局限于一行。单击“Text”项右边的“Change”按钮，可打开图 4-51 所示的“Edit TextFrame Text”对话框。这是一个文字编辑窗口，可以在此编辑显示的字符串。

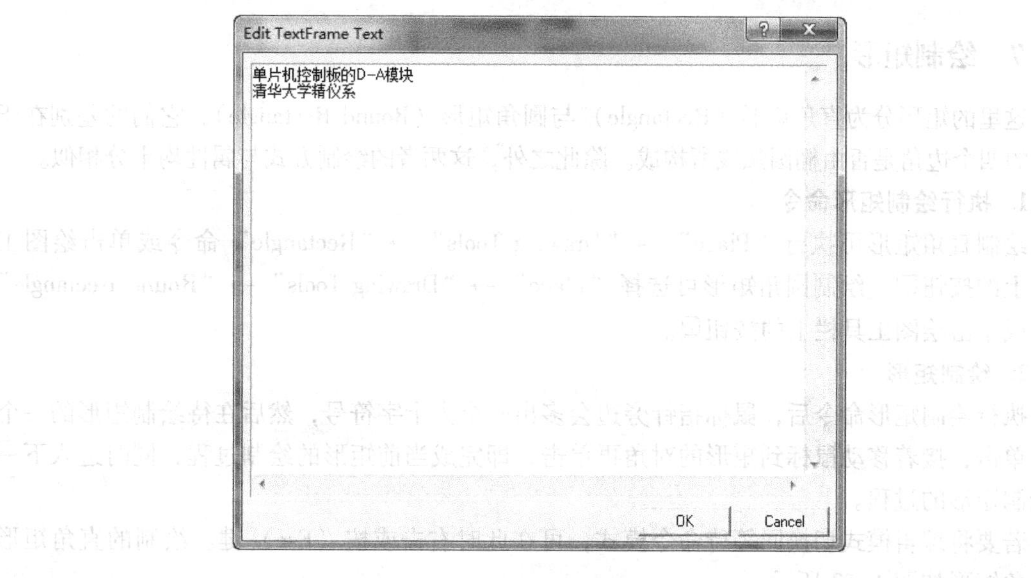

图 4-51 编辑文字界面

在“Text Frame”对话框中还有其他一些选项，如：“X1 - Location”和“Y1 - Location”（文本框左上角坐标）、“X2 - Location”和“Y2 - Location”（文本框右下角坐标）、“Border Width”（边框宽度）、“Border Color”（边框颜色）、“Fill Color”（填充颜色）、“Text Color”（文本颜色）、“Font”（字体）、“Draw Solid”（实心多边形）、“Show Border”（文本框边框）、“Alignment”（文字对齐方式）、“Word Wrap”（字回绕）、“Clip To Area”（当文字长度超出文本框宽度时，自动截去超出部分），以及“Selection”（切换选取状态）。

如果直接单击文本框，可使其进入选中状态，同时出现一个环绕整个文本框的虚线边框，此时可直接拖动文本框本身来改变其放置的位置。

下面对图 4-49 所示的文本框进行属性修改，文本修改为图 4-51 对话框中所示；字体修改为“宋体”，字号为 10 号；文字对齐方式设置为“Left”，其他不变。修改文本属性后的图形如图 4-52 所示。如果文本框不能容纳所有文本，可以使用“Text Frame”对话框修改对角坐标，或拖动选中的文本框的控制点来调整。

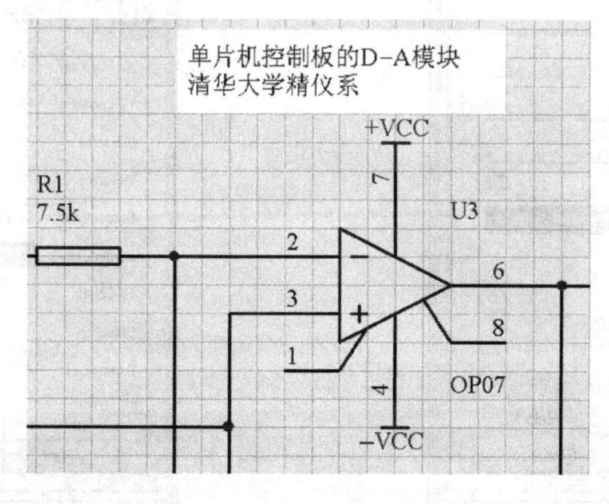

图 4-52 修改文本属性后的图形

4.2.7 绘制矩形

这里的矩形分为直角矩形（Rectangle）与圆角矩形（Round Rectangle），它们的差别在于矩形的四个边角是否由椭圆弧线所构成。除此之外，这两者的绘制方式与属性均十分相似。

1. 执行绘制矩形命令

绘制直角矩形可执行“Place”→“Drawing Tools”→“Rectangle”命令或单击绘图工具栏上的按钮。绘制圆角矩形可选择“Place”→“Drawing Tools”→“Round Rectangle”命令或单击绘图工具栏上的按钮。

2. 绘制矩形

执行绘制矩形命令后，鼠标指针旁边会多出一个大十字符号，然后在待绘制矩形的一个角上单击，接着移动鼠标到矩形的对角再单击，即完成当前矩形的绘制过程，同时进入下一个绘制矩形的过程。

若要将编辑模式切换回等待命令模式，可在此时右击或按〈Esc〉键。绘制的直角矩形和圆角矩形如图 4-53 所示。

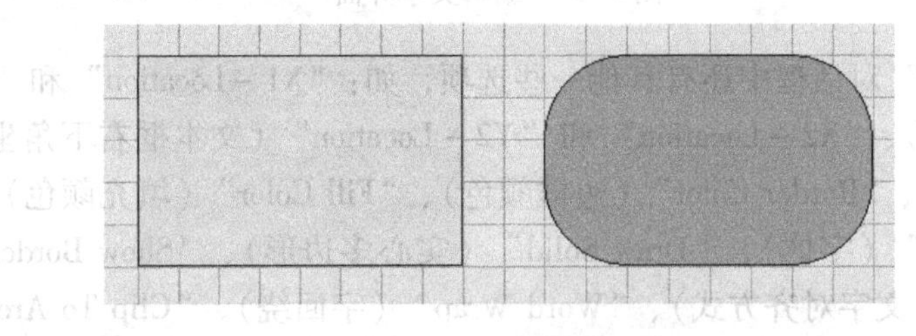

图 4-53 绘制的直角矩形和圆角矩形

3. 编辑修改矩形属性

在绘制矩形的过程中按〈Tab〉键，或者直接双击已绘制的矩形，就会打开图 4-54或图 4-55所示的“Rectangle”（直角矩形）或“Round Rectangle”（圆角矩形）对话框。

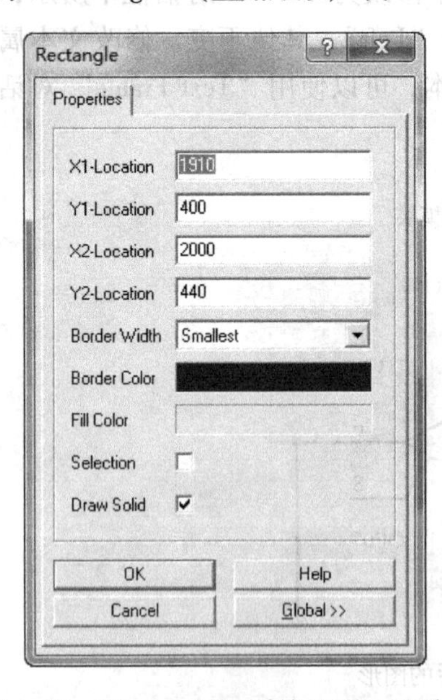

图 4-54 “Rectangle”（直角矩形）对话框

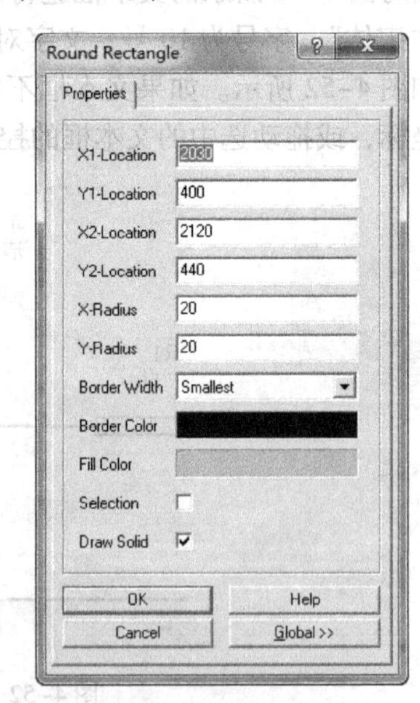

图 4-55 “Rund Rectangle”（圆角矩形）对话框

其中，圆角矩形比直角矩形多两个属性：“X - Radius” 和 “Y - Radius”，它们是圆角矩形四个椭圆角的 X 轴半径与 Y 轴半径。除此之外，直角矩形与圆角矩形共有的属性包括：“X1 - Location” 和 “Y1 - Location”（矩形左上角坐标）、“X2 - Location” 和 “Y2 - Location”（矩形右下角坐标）、“Border Width”（边框宽度）、“Border Color”（边框颜色）、“Fill Color”（填充颜色）、“Selection”（切换选取状态）和“Draw Solid”（设置为实心多边形）。

如果直接单击已绘制的矩形，可使其进入选中状态，在此状态下可以通过移动矩形本身来调整其放置的位置。在选中状态下，直角矩形的四个角和各边的中点处都会出现控制点，可以通过拖动这些控制点来调整该直角矩形的形状。对于圆角矩形来说，除了上述控制点之外，在矩形的四个角内侧还会出现一个控制点，这是用来调整椭圆角的半径的，如图4-56所示。

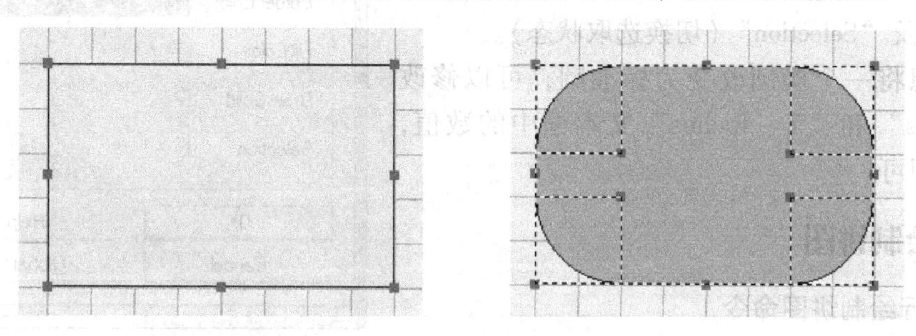

图4-56　直角矩形和圆角矩形的控制点

4.2.8　绘制圆与椭圆

1. 执行绘制椭圆或圆命令

绘制椭圆（Ellipses）可执行“Place”→“Drawing Tools”→“Ellipses”命令或单击绘图工具栏上的按钮，将编辑状态切换到绘制椭圆模式。由于圆就是 X 轴与 Y 轴半径一样的椭圆，因此利用绘制椭圆的工具可以绘制出标准的圆。

2. 绘制圆与椭圆

执行绘制椭圆命令后，鼠标指针旁边会多出一个大十字符号，首先在待绘制图形的中心点处单击，然后移动鼠标，会出现预拉椭圆形线，分别在适当的 X 轴半径处与 Y 轴半径处单击，即完成该椭圆形的绘制，同时进入下一次绘制过程。如果设置的 X 轴与 Y 轴的半径相等，则可以绘制正圆。

此时如果希望将编辑模式切换回等待命令模式，可右击或按〈Esc〉键。绘制的图形如图4-57所示。

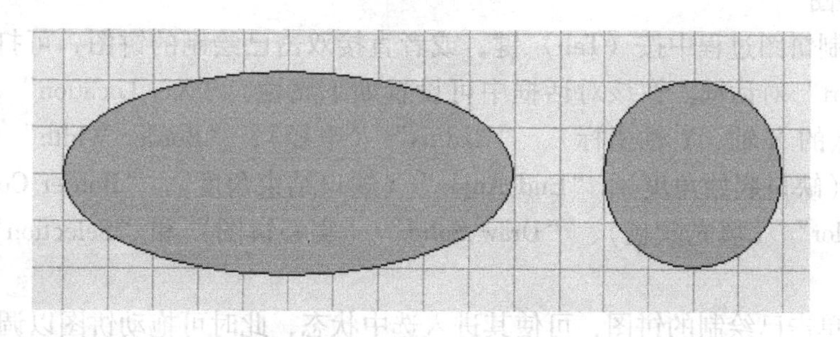

图4-57　绘制的椭圆和圆

3. 编辑图形属性

如果在绘制椭圆形的过程中按〈Tab〉键，或是直接双击已绘制的椭圆形，即可打开图4-58所示的“Ellipse”对话框。可以在此对话框中设置该椭圆形的一些属性，如“X - Location”和“Y - Location”（椭圆的中心点坐标）、“X - Radius”和“Y - Radius”（椭圆的 X 轴与 Y 轴半径）、“Border Width”（边框宽度）、“Border Color”（边框颜色）、“Fill Color”（填充颜色）、“Draw Solid”（实心多边形），以及“Selection”（切换选取状态）。

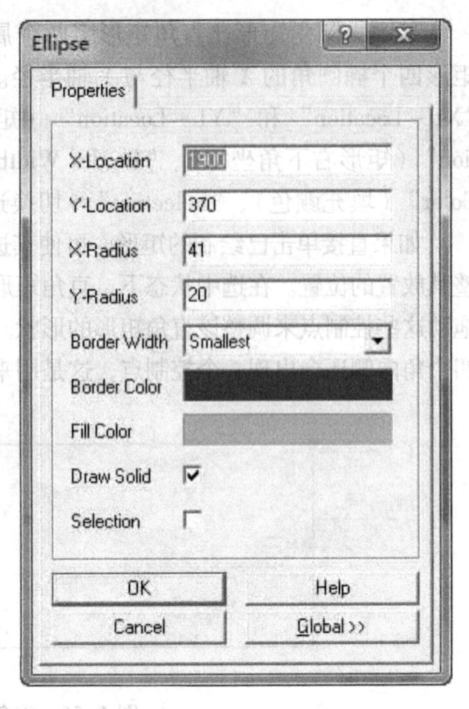

图4-58 “Ellipse”（椭圆属性）对话框

如果想将一个椭圆改变为标准圆，可以修改“X - Radius”和“Y - Radius”文本框中的数值，使之相等即可。

4.2.9 绘制饼图

1. 执行绘制饼图命令

若要绘制饼图，可执行“Place”→“Drawing Tools”→“Pie Charts”命令或单击绘图工具栏上的按钮，将编辑模式切换到绘制饼图模式。

2. 绘制饼图

执行绘制饼图命令后，鼠标指针旁边会多出一个饼图形，首先在待绘制图形的中心处单击，然后移动鼠标，会出现饼图预拉线。调整好饼图半径后单击，鼠标指针会自动移到饼图缺口的一端，调整其位置后单击，鼠标指针会自动移到饼图缺口的另一端，调整其位置后再单击，即可结束该饼图的绘制，同时进入下一个饼图的绘制流程。此时右击或按〈Esc〉键，可将编辑模式切换回待命模式。绘制的饼图如图4-59所示。

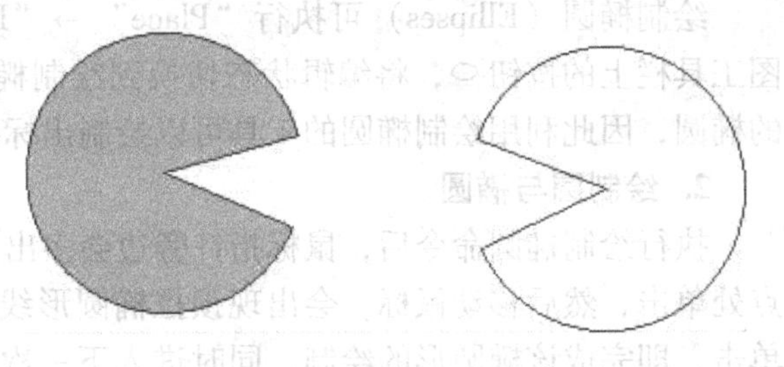

图4-59 绘制的饼图

3. 编辑饼图

如果在绘制饼图过程中按〈Tab〉键，或者直接双击已绘制的饼图，可打开图4-60所示的“Pie Chart”对话框。在该对话框中可设置如下属性：“X - Location”和“Y - Location”（中心点的X轴、Y轴坐标）、“Radius”（半径）、“Border Width”（边框宽度）、“Start Angle”（缺口起始角度）、“End Angle”（缺口结束角度）、“Border Color”（边框颜色）、“Fill Color”（填充颜色）、“Draw Solid”（实心饼图）和“Selection”（切换选取状态）。

如果直接单击已绘制的饼图，可使其进入选中状态，此时可拖动饼图以调整其位置。在选中状态下，饼图的半径及其缺口的两端都会出现控制点，分别拖动这些控制点可以调整饼图的形状，如图4-61所示。

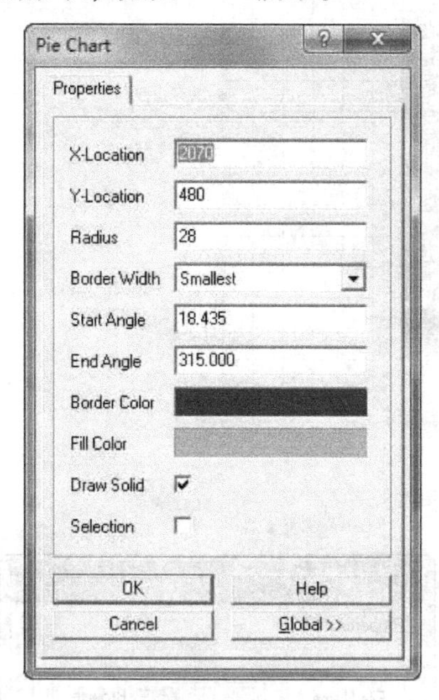

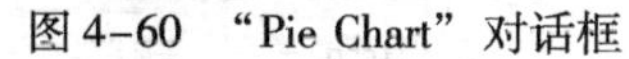

图4-60 “Pie Chart”对话框

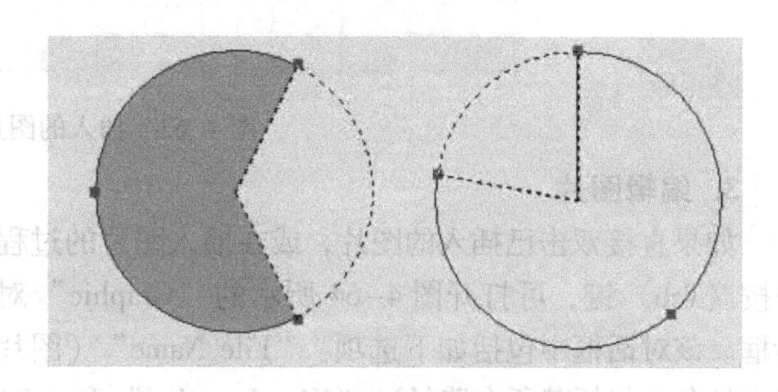

图4-61 调整形状

4.2.10 插入图片

1. 执行插入图片的命令

如果希望在绘图页内插入图像文件，可执行“Place”→“Drawing Tools”→“Graphic”命令或单击绘图工具栏上的按钮。

2. 插入图片

执行此命令后，将打开图4-62所示的“Image File”（插入图片）对话框。可以在“查找范围”下拉列表框中指定图片所在的文件夹，在“文件类型”下拉列表框中指定图片的格式，然后在文件列表中选定相应的图像文件名，单击“打开”按钮即可插入图片。图片插入完毕后，系统会返回“Image File”对话框，进入下一次插入图片操作流程。插入的图片如图4-63所示。

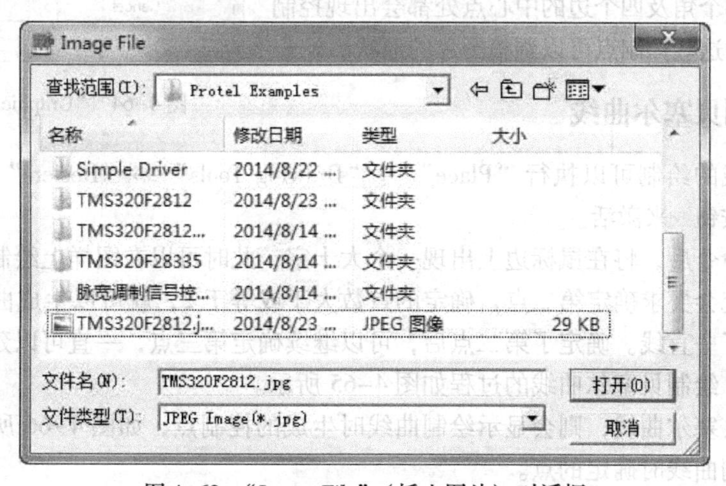

图4-62 “Image File”（插入图片）对话框

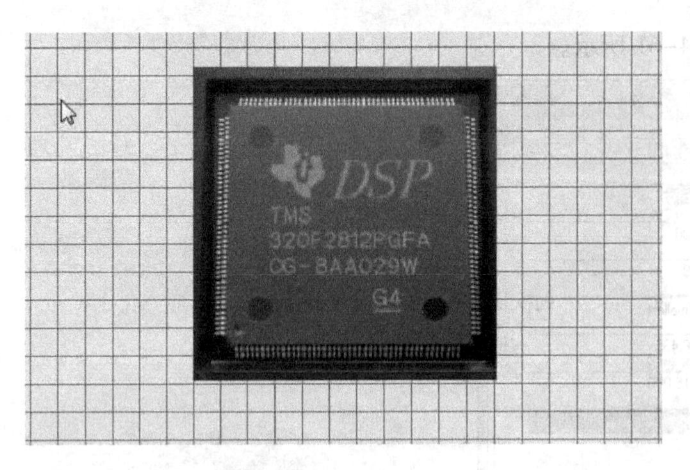

图 4-63 插入的图片

3. 编辑图片

如果直接双击已插入的图片，或在插入图片的过程中按〈Tab〉键，可打开图 4-64 所示的“Graphic”对话框。该对话框中包括如下选项：“File Name”（图片的文件名，包括其所在路径）、“X1 - Location”和“Y1 - Location”（矩形左上角坐标）、“X2 - Location”和“Y2 - Location”（矩形右下角坐标）、“Border Width”（边框宽度）、“Border Color”（边框颜色）、“Selection”（切换选取状态）、“Border On”（显示边框）、“X：Y Ratio 1：1”（保持 *X* 轴与 *Y* 轴比例）。单击“File Name”右边的“Browse”按钮，可打开一个与“Image File”对话框很相似的“打开文件”对话框，可以在此重新指定显示图片所对应的文件。

如果直接单击已放置的图片，可使其进入选中状态，此时就可以拖动图片本身来调整其位置。在选中状态下，图片的四个角及四个边的中心点处都会出现控制点，用鼠标拖动这些控制点可以调整图片的形状。

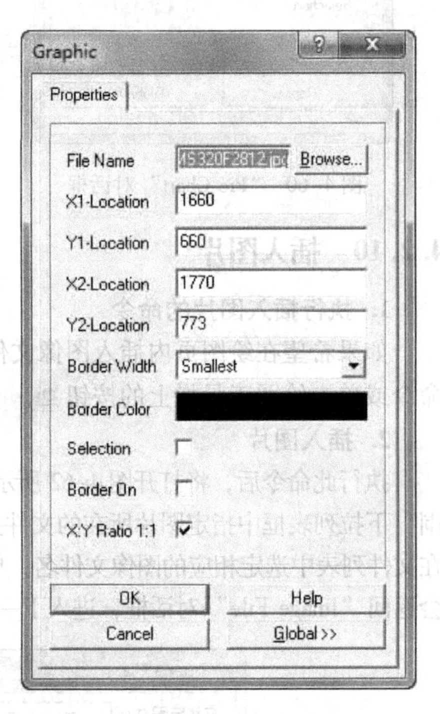

图 4-64 “Graphic”对话框

4.2.11 绘制贝塞尔曲线

贝塞尔曲线的绘制可以执行“Place”→“Drawing Tools”→“Beziers”命令或单击绘图工具栏上的按钮来激活。

当激活该命令后，将在鼠标边上出现一个大十字，此时可以在图样上绘制曲线。当确定第一点后，系统会要求确定第二点，确定的点数大于或等于 2，就可以生成曲线，当只有两点时，就生成了一直线。确定了第二点后，可以继续确定第三点，一直可以延续下去，直到用户右击结束。绘制贝塞尔曲线的过程如图 4-65 所示。

如果选中贝塞尔曲线，则会显示绘制曲线时生成的控制点，如图 4-66 所示。这些控制点其实就是绘制曲线时确定的点。

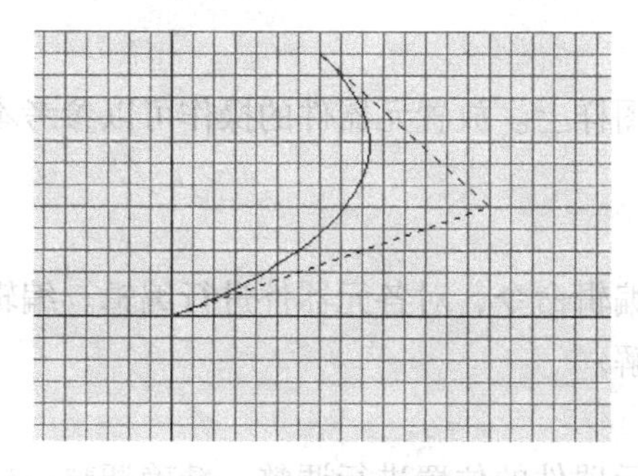

图 4-65　绘制贝塞尔曲线示意图

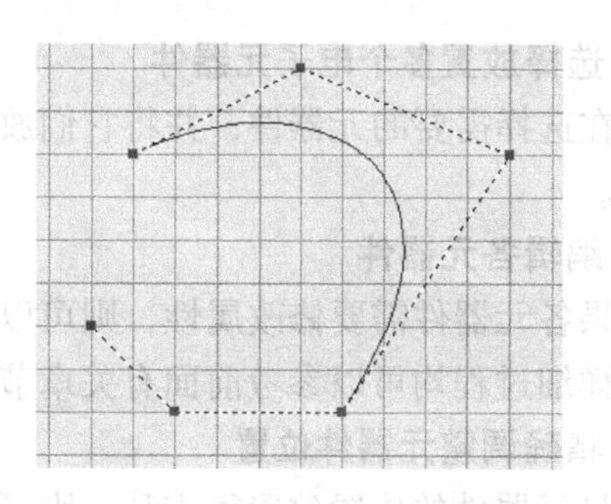

图 4-66　贝塞尔曲线控制点

如果想编辑曲线的属性，则可以双击曲线，或选中曲线后右击，从弹出的快捷菜单中选取“Properties”命令，就可以进入其属性对话框，如图 4-67 所示。

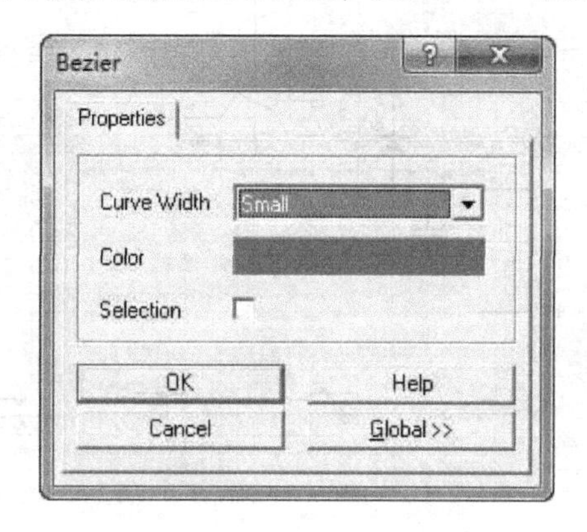

图 4-67　“Bezier”对话框

4.3　绘制电路原理图实例

本章和第 3 章主要讲述了如何放置元器件、连接电路、绘制图形和编辑元器件，现在来进行一个完整的实例，实例原理图如图 4-68 所示。本实例为一个 D－A 功能模块，其中由一片 12 位的 D－A、两片运算放大器、一些电阻和电容组成。下面将放置的元器件按照原理图需要连接起来，具体操作过程如下。

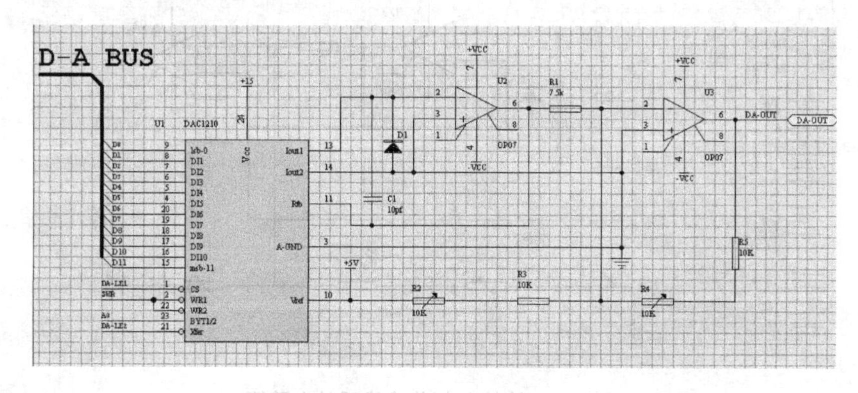

图 4-68　实例原理图

1. 选择放置多个电子元器件

现在选择需要的元器件，并将它们放置在图样上。放置元器件的操作可以参考本章前面的讲解。

2. 编辑各元器件

如果各元器件需要修改属性，则可以执行编辑命令，对各元器件进行编辑。编辑元器件操作的详细过程均可以参考前面有关章节的讲解。

3. 精确调整元器件位置

如果元器件的位置放置很零乱，则可以对元器件的位置进行调整。精确调整位置后，元器件的位置如图 4-69 所示。此时就可以进行线路连接操作，线路连接与节点放置是同时进行的。

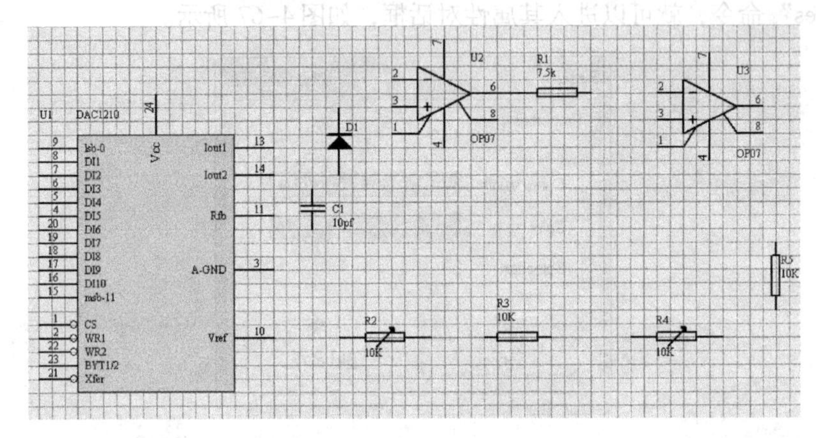

图 4-69　调整了位置的元器件图布置

4. 连接线路

首先将布线工具栏显示在当前绘图环境中，然后执行连线命令，也可以执行“Place”→“Wire”命令来实现。

执行该命令后，就可以进行各节点的连线，对相关元器件连线并放置节点的电路图如图 4-70 所示。

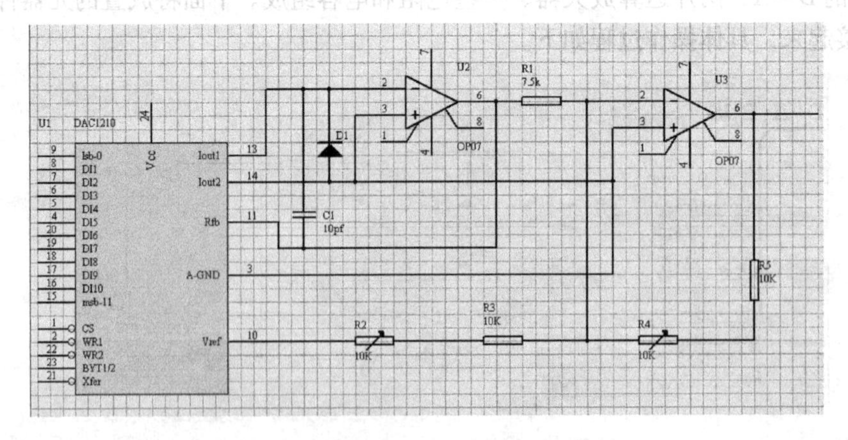

图 4-70　连接了部分连线后的电路图

5. 绘制总线和总线出入端口

1）执行“Place”→“Bus”命令，或者在布线工具栏中单击该命令按钮。执行该命令后，就可以绘制总线。绘制的总线如图 4-71 所示。

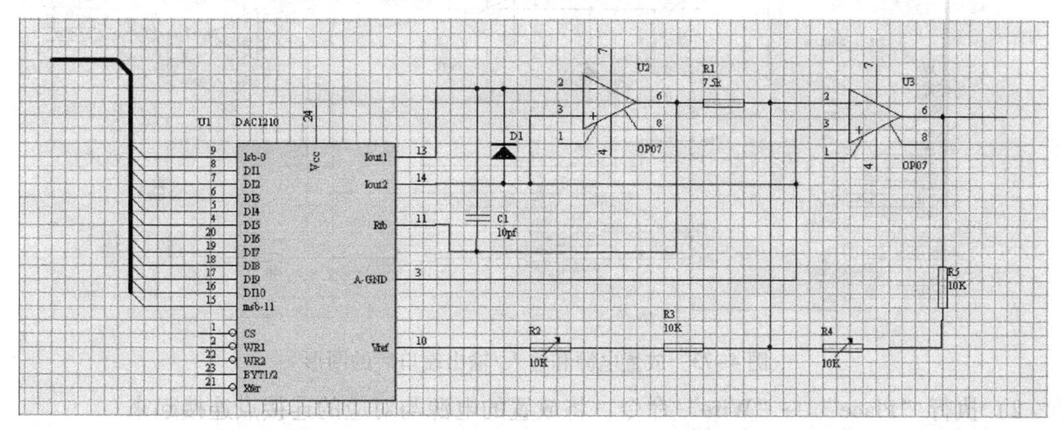

图 4-71　绘制总线和总线出入端口后的图形

2）执行“Place”→“Bus Entry”命令，或者在布线工具栏上中单击该命令按钮。执行该命令后，就可以绘制总线出入端口。绘制的总线出入端口如图 4-71 所示。

3）执行“Place”→“Wire”命令，连接总线出入端口和 U1 的相应引脚，如图 4-71 所示。

6. 放置网络标号

1）执行“Place”→“Net Lable”命令，或者在布线工具栏中单击该命令按钮，分别放置网络标号，并按照图 4-68 所示的目标图形进行编辑。放置并编辑网络标号后的图形如图 4-72所示。

2）执行“Place”→“Wire”命令，按照图 4-68 所示，绘制 U1 的 1、2、21、22 和 23 引脚处的连线。绘制连线后的图形如图 4-72 所示。

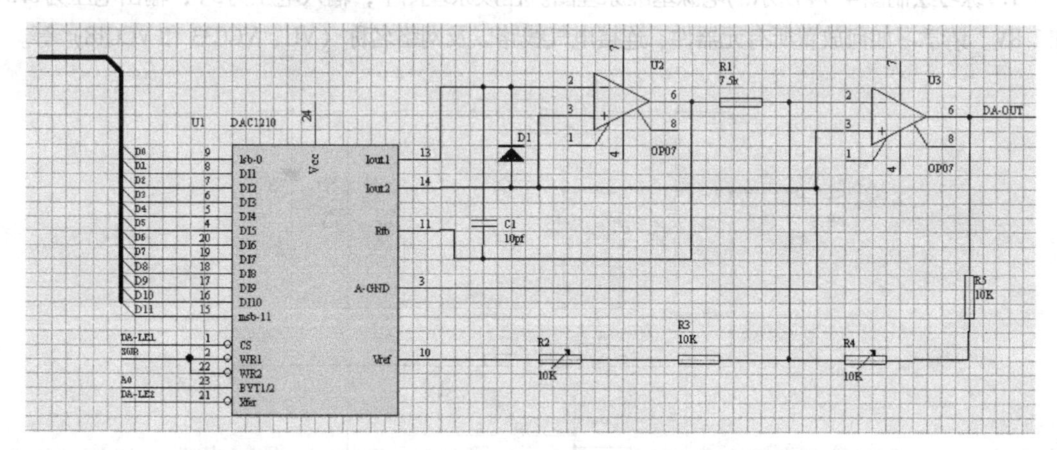

图 4-72　放置并编辑网络标号后的图形

7. 放置电源和输入/输出端口

1）执行“Place”→“Power Port”命令，或者在电源及接地工具栏中单击相应的电源图形符号按钮。放置了相应的电源后，再按照图 4-68 所示的目标图形进行编辑。放置并编辑电源后的图形如图 4-73 所示。

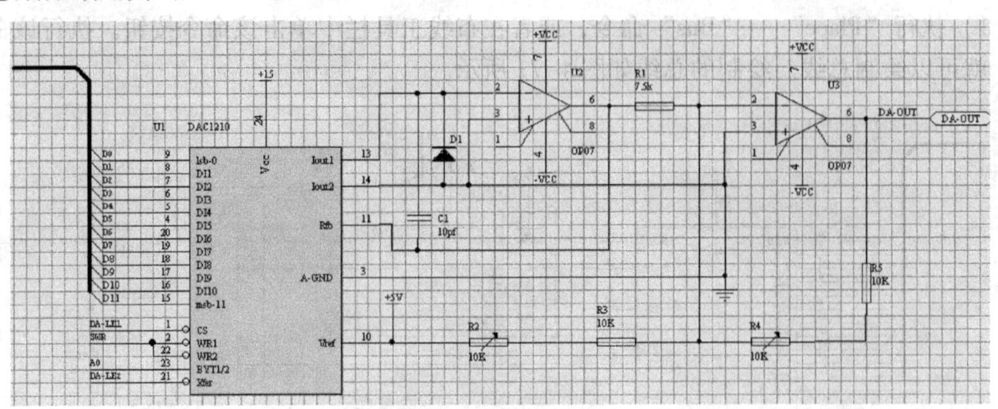

图 4-73　放置电源和输入/输出端口后的图形

2）执行“Place”→“Wire”命令，将放置的电源与对应的连接点连接起来。

3）执行“Place”→“Port”命令，或者在布线工具栏中单击该命令按钮，放置输入/输出端口，并按照图 4-68 所示的目标图形进行编辑，端口的输入/输出类型设置为“Out”。放置并编辑输入/输出端口后的图形如图 4-73 所示。

8. 放置注释文字

执行“Place”→“Annotation”命令，或者在绘图工具栏中单击该命令按钮，放置注释文件“D/A BUS”。放置注释文字后，该 D/A 输出模块就算绘制完成了，最后获得的图形如图 4-68 所示。

习题

1. 练习绘制图 4-74 所示的电源基准原理图。在该原理图中，输入电压为 5V，输出电压为 3.3V 和 1.8V。请学习如何放置所有元器件、连接电气线路以及网络名称（VU、VCC33 和 VCC18）等。

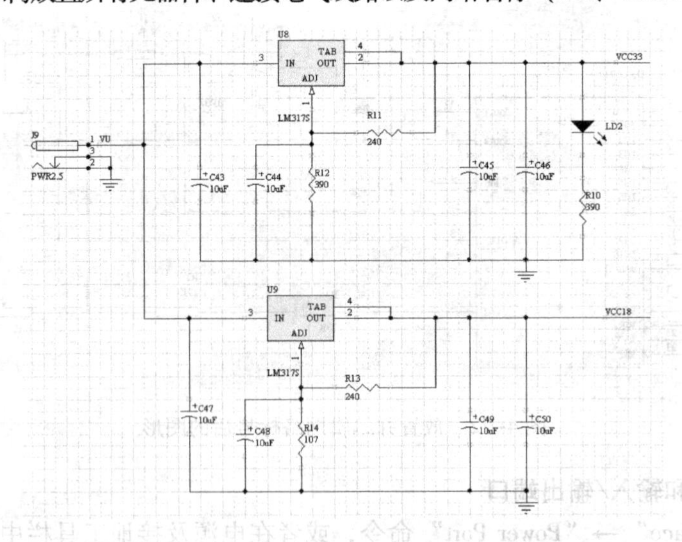

图 4-74　电源基准原理图

2. 绘制图 4-75 所示的编码器差分信号输入电路图，并将经运算放大器放大后的信号接到 8253 计数器。

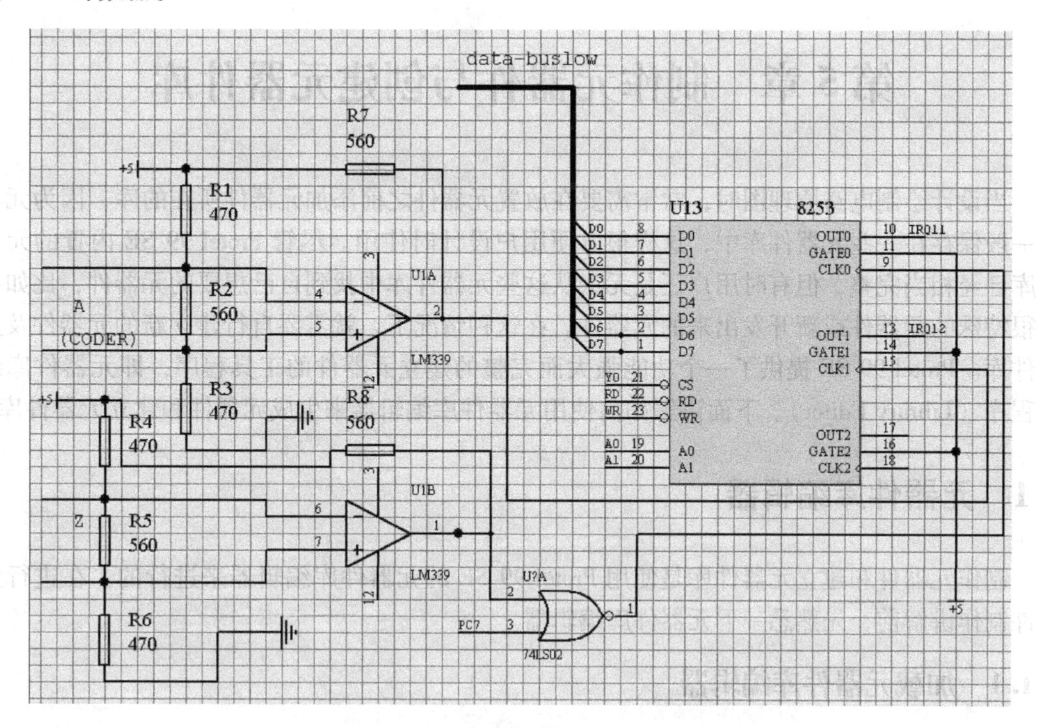

图 4-75　编码器差分信号输入电路图

3. 简述一般图形和电气元器件的区别。

第5章　制作元器件与创建元器件库

当设计绘制电路原理图时，常常需要在放置元器件之前添加元器件所在的库，因为元器件一般保存在一些元器件库中，这样很方便用户设计时使用。尽管 Protel 99 SE 内置的元器件库已经相当完整，但有时用户还是无法从这些元器件库中找到自己想要的元器件，比如某种很特殊的元器件或新开发出来的元器件。在这种情况下，就需要自行建立新的元器件及元器件库。Protel 99 SE 提供了一个功能强大而完整的建立元器件的工具程序，即元器件库编辑程序（Library Editor）。下面讲解如何使用元器件库编辑器来生成元器件和建立元器件库。

5.1　元器件库编辑器

制作元器件和建立元器件库是使用 Protel 99 SE 的元器件库编辑器来进行的。在进行元器件制作讲解前，先熟悉一下元器件库编辑器。

5.1.1　加载元器件库编辑器

原理图元器件库编辑器的启动方法如下。

1）在当前设计管理器环境下，执行“File”→“New”命令，系统将显示“New Document”对话框，如图 5-1 所示。

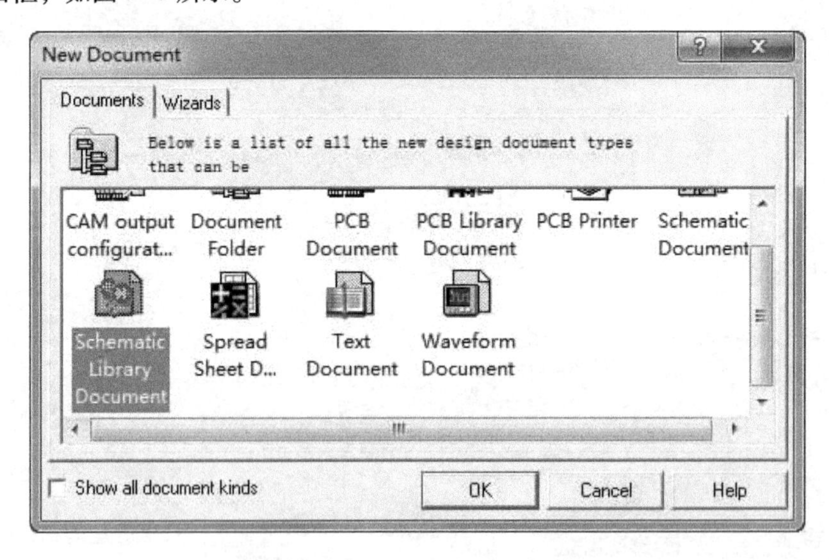

图 5-1　“New Document”对话框

2）从对话框中选择原理图元器件库编辑器图标，如图 5-1 所示。

3）双击图标或者单击“OK”按钮，系统便在当前设计管理器中创建了一个新元器件库文档，此时用户可以修改文档名。

4）双击设计管理器中的电路原理图元器件库文档图标，就可以进入原理图元器件库编辑工作界面，如图5-2所示。

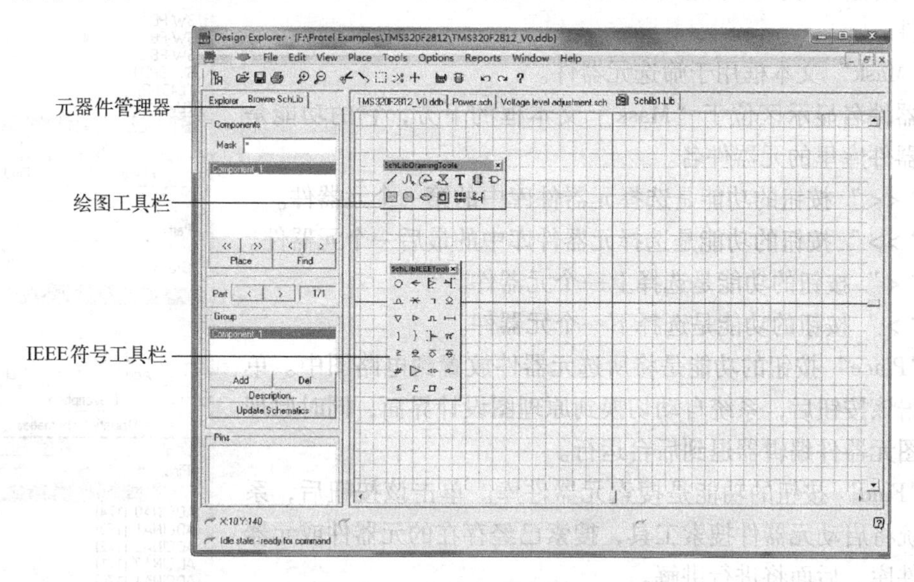

图5-2　元器件库编辑器界面

5.1.2　元器件库编辑器界面简介

当用户启动元器件库编辑器后，屏幕将出现图5-2所示的元器件库编辑器界面。

元器件库编辑器与原理图设计编辑器界面相似，主要由元器件管理器、主工具栏、菜单、常用工具栏、编辑区等组成。不同的是，在编辑区有一个十字坐标轴，将元器件编辑区划分为四个象限。象限的定义和数学上象限的定义相同，即右上角为第一象限，左上角为第二象限，左下角为第三象限，右下角为第四象限，一般在第四象限进行元器件的编辑工作。

除了主工具栏以外，元器件库编辑器提供了两个重要的工具栏，即绘图工具栏和IEEE符号工具栏，如图5-2所示，后面将会详细介绍。

5.2　元器件库的管理

在讲述如何制作元器件和创建元器件库前，先了解元器件管理工具的使用，以便后面创建新元器件时可以有效管理。下面主要介绍元器件库编辑器左边的元器件管理器的组成和使用方法，还将介绍其他的一些相关命令。

5.2.1　元器件管理器

单击图5-2所示的元器件管理器的“Browse Schlib”选项卡，就可以看到元器件管理器，如图5-3所示。元器件管理器有4个：“Components”（元器件）选项组、“Group”（组）选项组、“Pins”（引脚）选项组和“Mode”（元器件模式）选项组。

1）“Components”选项组的主要功能是查找、选择及取用元器件。当打开一个元器件库时，元器件列表就会罗列出本元器件库内所有元器件的名称。要取用元器件，只要将光标移动到该元器件名称上，然后单击“Place”按钮即可。如果直接双击某个元器件名称，也可以取出该元器件。

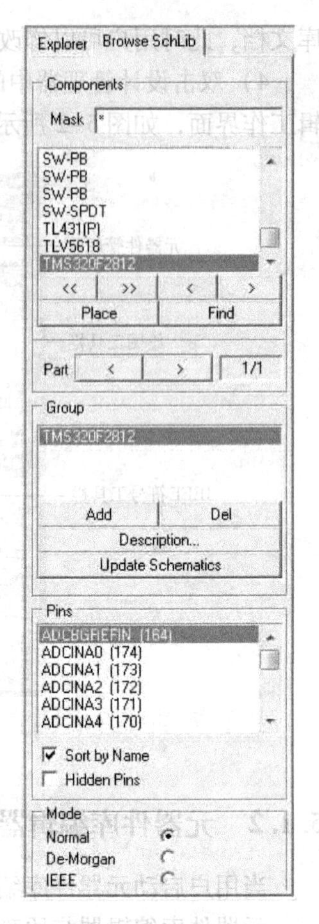

图 5-3 元器件管理器

- “Mask”文本框用于筛选元器件。

元器件名显示区位于“Mask”文本框的下方，它的功能是显示元器件库里的元器件名。

- “<<”按钮的功能是选择元器件库中的第一个元器件。
- “>>”按钮的功能是选择元器件库中的最后一个元器件。
- “<”按钮的功能是选择上一个元器件。
- “>”按钮的功能是选择下一个元器件。
- “Place”按钮的功能是将所选元器件放置到电路图中。单击该按钮后，系统自动切换到原理图设计界面，同时原理图元器件编辑器退到后台运行。
- “Find”按钮的功能是搜索元器件库。单击该按钮后，系统将启动元器件搜索工具，搜索已经存在的元器件或元器件库，后面将进行讲解。
- “Part”项是针对复合封装元器件设计的。“Part”右边有一个状态栏，显示当前的元器件号。

2）“Group”选项组的主要功能是查找、选择及取用元器件集。所谓元器件集就是共用元器件符号的元器件，例如 74xx 的元器件集有 74LSxx、74Fxx、74HCxx 等，它们都是非门元器件，引脚名称与编号都一致，所以可以共用元器件符号，以节省元器件库的空间。

- “Add”按钮的功能是添加元器件组，将指定的元器件名称归入该元器件库。单击该按钮后，会出现图 5-4 所示的对话框。输入指定的元器件名称，单击“OK”按钮即可将指定元器件添加进元器件组。

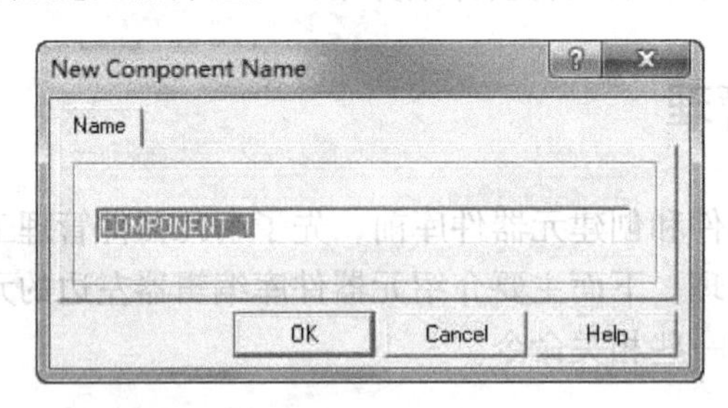

图 5-4 “New Component Name”对话框

- “Del”按钮用于将元器件组的显示区内指定的元器件从该元器件组里删除。
- 单击“Description”按钮，将显示“Component Text Fields”对话框，如图 5-5 所示。这个对话框共有“Designator”“Library Fields”和“Part Field Names”3 个选项卡。

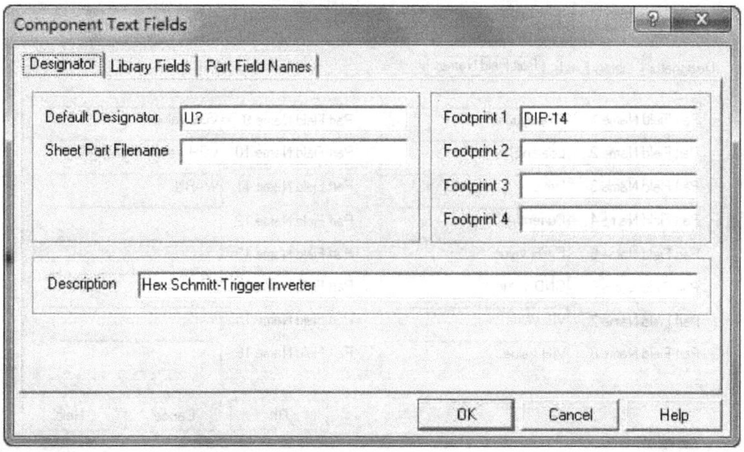

Component Text Fields

Designator | Library Fields | Part Field Names

Default Designator U?

Sheet Part Filename

Footprint 1 DIP-14

Footprint 2

Footprint 3

Footprint 4

Description Hex Schmitt-Trigger Inverter

OK Cancel Help

图 5-5 “Component Text Fields” 对话框

“Designator” 选项卡包括如下选项：“Default Designator”（默认的流水序号，如 U?）、“Sheet Part Filename”（如果该元器件是绘图页元器件，则在此处设置对应子绘图页的路径及文件名）、“Description”（元器件描述，通常是关于本元器件功能的简要说明），以及“Footprint”（元器件封装形式，共有 4 个文本框）。

“Component Text Fields” 对话框的 “Library Fields” 选项卡如图 5-6 所示，其中共有八个 “Text Field” 文本框，用户可根据需要进行设置，它将来会显示在元器件属性对话框中，但不能在原理图中修改。每个文本框最多能够容纳 255 个字符。

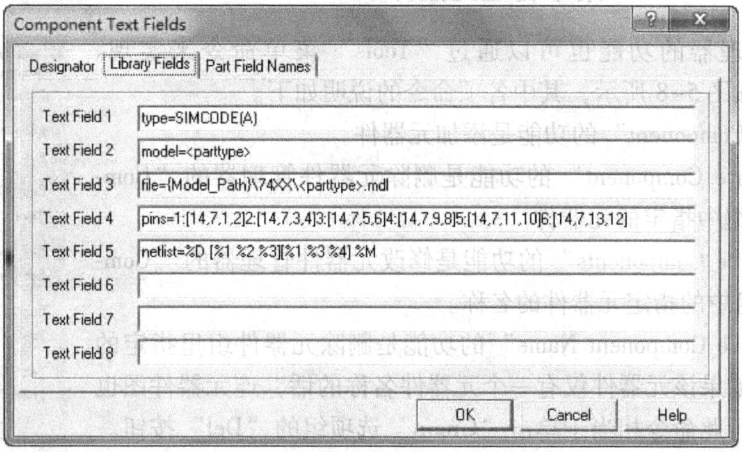

Component Text Fields

Designator | Library Fields | Part Field Names

Text Field 1 type=SIMCODE(A)

Text Field 2 model=<parttype>

Text Field 3 file={Model_Path}\74XX\<parttype>.mdl

Text Field 4 pins=1:[14,7,1,2]2:[14,7,3,4]3:[14,7,5,6]4:[14,7,9,8]5:[14,7,11,10]6:[14,7,13,12]

Text Field 5 netlist=%D [%1 %2 %3][%1 %3 %4] %M

Text Field 6

Text Field 7

Text Field 8

OK Cancel Help

图 5-6 “Library Fields” 选项卡

“Component Text Fields” 对话框的 “Part Field Names” 选项卡如图 5-7 所示，其中共有 16 个 “Part Field Name” 文本框，用户可根据需要进行设置，比如输入元器件制造商和产品目录数。每个文本框最多能够容纳 255 个字符。当在绘制原理图中使用该元器件时，可以看到这些数据内容，用户可以对其进行修改。

- “Update Schematics” 按钮的功能是更新电路图中有关该元器件的部分。单击该按钮，系统将该元器件在元器件编辑器所做的修改反映到原理图中。

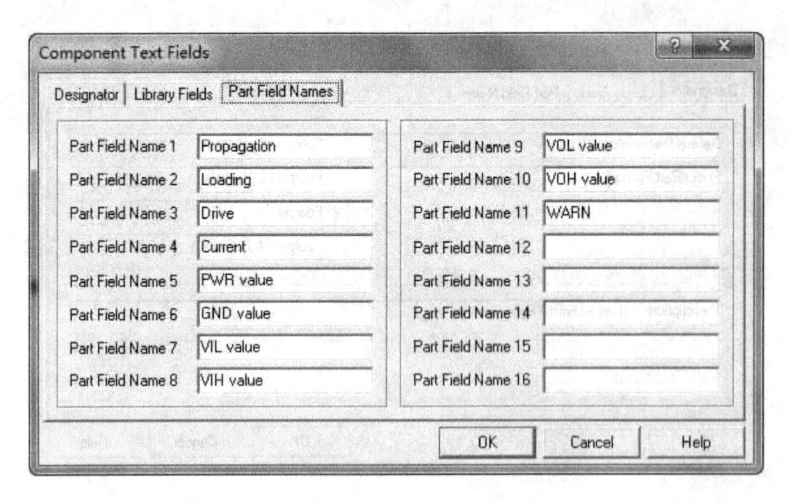

图 5-7 “Part Field Names” 选项卡

3）“Pins”选项组的主要功能是将当前工作中元器件引脚的名称及状态列于引脚列表中，引脚区域用于显示引脚信息。

- “Sort by Name”复选框的功能是设置是否按名称排列。
- “Hidden Pins”复选框的功能是设置是否在元器件图中显示隐含引脚。

4）“Mode”选项组的功能是指定元器件的模式，包括 Normal、De - Morgan 和 IEEE 三种模式。

5.2.2 利用“Tools”菜单管理元器件

元器件管理器的功能也可以通过“Tools”菜单命令来实现。“Tools”菜单如图 5-8 所示，其中各项命令的说明如下。

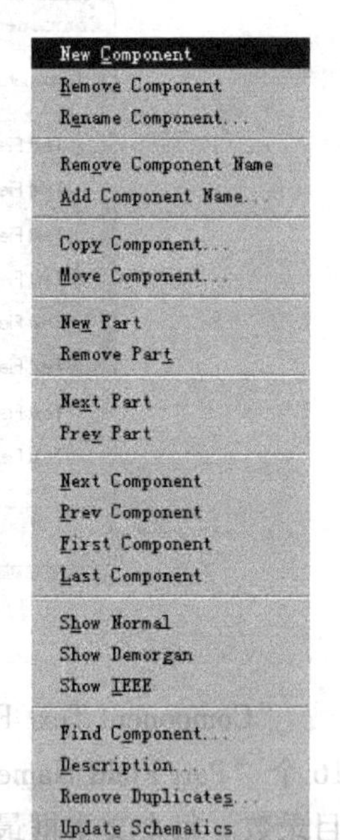

图 5-8 “Tools” 菜单项

1）“New Component”的功能是添加元器件。

2）“Remove Component”的功能是删除元器件管理器的“Components”选项组中指定的元器件。

3）“Rename Components”的功能是修改元器件管理器的“Component”选项组中的指定元器件的名称。

4）“Remove Component Name”的功能是删除元器件组里指定的元器件名称。如果该元器件仅有一个元器件名称的话，连元器件图也会被删除。执行此命令相当于单击“Group”选项组的“Del”按钮。

5）“Add Component Name”的功能是往元器件组里添加元器件名称。执行此命令相当于单击“Group”选项组的“Add”按钮。

6）“Copy Component”的功能是将该元器件复制到指定的元器件库中。单击此命令后，会弹出对话框。选择元器件库后单击“OK”按钮即可将该元器件复制到指定的元器件库中。

7）“Move Component”的功能是将该元器件移到指定的元器件库中。单击此命令后，会出现对话框。选择元器件库后单击“OK”按钮，即可将该元器件移到指定的元器件库中。

8）“New Part”的功能是在复合封装元器件中新增元器件。

9）“Remove Part”的功能是删除复合封装元器件中的元器件。

10）“Next Part”的功能是切换到复合封装元器件中的下一个元器件。相当于“Components”选项组中“Part”右边的“ >”按钮。

11）“Prev Part”的功能是切换到复合封装元器件中的上一个元器件。相当于“Components”选项组中 Part 右边的“ <”按钮。

12）“Next Component”的功能是切换到元器件库中的下一个元器件。相当于“Components”选项组中“Part”右边的“ >”按钮。

13）“Prev Component”的功能是切换到元器件库中的上一个元器件。相当于“Components”选项组中“Part”右边的“ <”按钮。

14）“First Component”的功能是切换到元器件库中的第一个元器件，相当于“Components”选项组中“ <<”按钮。

15）“Last Component”的功能是切换到元器件库中的最后一个元器件，相当于“Components”选项组中“ >>”按钮。

16）“Show Normal”相当于“Mode”选项组中的 Normal 单选按钮。

17）“Show Demorgan”相当于 Mode 选项组中的 Demorgan 单选按钮。

18）“Show IEEE”相当于 Mode 选项组中的 IEEE 单选按钮。

19）“Find Component”相当于“Components”选项组中的“Find”按钮。

20）“Description”的功能是启动元器件描述对话框，相当于“Group”选项组中的“Description”按钮。

21）“Remove Duplicates”的功能是删除元器件库中重复的元器件名。

22）“Update Schematics”的功能是将元器件库编辑器中所做的修改更新到打开的原理图中，相当于“Group”选项组中的“Update Schematics”按钮。

5.2.3 查找元器件

元器件管理器为用户提供了查找元器件的工具。即在元器件管理器中，单击“Find”按钮，系统将弹出图 5-9 所示的“Fmd Schematic Component”（查找元器件）对话框。

在该对话框中，可以设定查找对象及查找范围，可以查找“. ddb”和“. lib”文件中的元器件，该对话框中选项的说明如下。

1）“Find Component”：用来设定查找的对象，可以在选择“By Library Reference”复选框后，在其文本框中输入搜索的元器件名，例如这里输入元器件名“LM324”，进行查找。也可以选择“By Description”复选框，然后在其文本框中输入日期、时间或元器件大小等描述对象，系统将会搜索所有符合对象描述的元器件。

2）“Search”：用来设定搜索方位，查找元器件时可以根据情况设定查找的路径、目录和文件后缀等。如果单击“Path”右侧的按钮...，则系统会弹出如图 5-10 所示的“浏览文件夹”对话框，可以设置搜索路径。

3）“Found Libraries”：在描述列表框中将显示搜索到元器件所属的元器件库，如果单击“Add To Library List”按钮，则将选中的元器件库添加到当前元器件库管理器中。单击“Edit”按钮则可以对选中的元器件进行编辑。单击“Place”按钮则自动切换到原理图设计界面，同时原理图元器件编辑器退到后台运行。

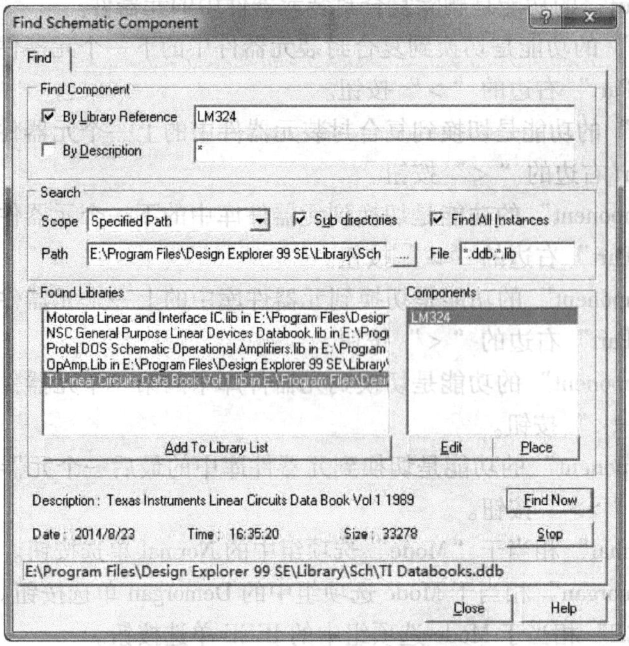

图 5-9 “Find Schematic Component”（查找元器件）对话框

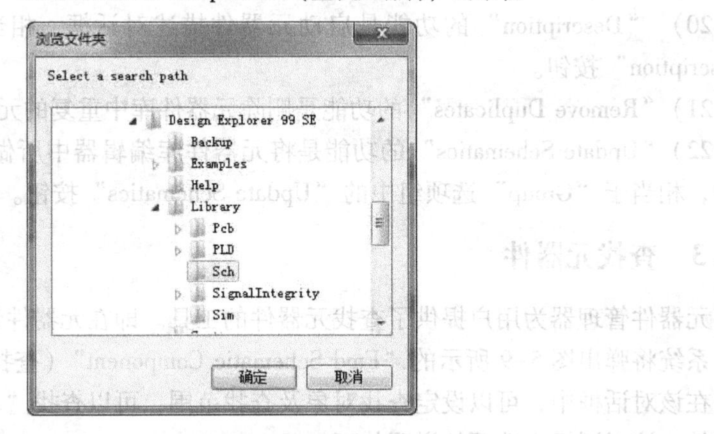

图 5-10 “浏览文件夹”对话框

如果需要停止搜索，则可以单击“Stop”按钮。

注意：整个搜索过程可能需要较长时间，用户需要耐心等待。

5.3 元器件绘图工具

前面讲述了元器件库管理器的使用，现在讲解如何制作元器件。制作元器件可以利用绘图工具来进行，常用的绘图工具包括绘图工具栏和 IEEE 符号工具栏。

5.3.1 一般绘图工具

图 5-11 为元器件库编辑系统中的绘图工具栏。绘图工具栏的打开与关闭可以通过选取主工具栏中的按钮或执行“View”→“Toolbars”→“Drawing Toolbar”命令来实现。

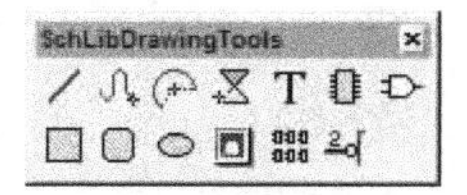

图 5-11 绘图工具栏

绘图工具栏上的命令对应“Place”菜单中的各命令，因此也可以从“Place”菜单中直接选取命令。工具栏上各按钮的功能见表 5-1。

表 5-1 绘图工具栏中各按钮的功能

按　钮	对应菜单命令	功　能
	“Place”→“Line”	绘制直线
	“Place”→“Beziers”	绘制贝塞尔曲线
	“Place”→“Elliptical Arcs”	绘制椭圆弧线
	“Place”→“Polygons”	绘制多边形
T	“Place”→“Text”	插入文字
	“Tools”→“New Component”	插入新部件
		添加新部件至当前显示的元器件
	“Place”→“Rectangle”	绘制直角矩形
	“Place”→“Round Rectangle”	绘制圆角矩形
	“Place”→“Ellipses”	绘制椭圆形及圆形
	“Place”→“Graphic”	插入图片
	“Edit”→“Paste Array”	将剪贴板的内容阵列粘贴
	“Place”→“Pins”	绘制引脚

这些命令中大部分与第 4 章介绍的绘图工具栏操作一致，这里将讲述前面没有讲过的命令和不同的命令。下面仅对绘制引脚命令进行实例讲解。

5.3.2 绘制引脚

执行“Place”→“Pins”命令或单击绘图工具栏上的按钮，可将编辑模式切换到放置引脚模式，此时鼠标指针旁边会多出一个大十字符号及一条短线，这时就可以进行引脚的绘制工作了。如果在放置引脚前按〈Tab〉键，则会打开“Pin”对话框，此时可以先设置引脚属性。放置完引脚后，右击结束操作。图 5-12 即为绘制的引脚实例。

如果需要编辑放置的引脚，则可以双击需要编辑的引脚，或者先选中引脚再右击，从弹出的快捷菜单中选取“Properties”命令，就可以进入“Pin”对话框，如图 5-13 所示。

“Pin”对话框中各项的意义如下。

- “Name”文本框中为引脚名，是引脚左边的一个符号，用户可以进行修改，后面将会进行详细介绍。
- “Number”文本框中为引脚号，是引脚右边的一个符号，用户也可以进行修改。
- “X - Location”文本框中为引脚的 *X* 向位置。

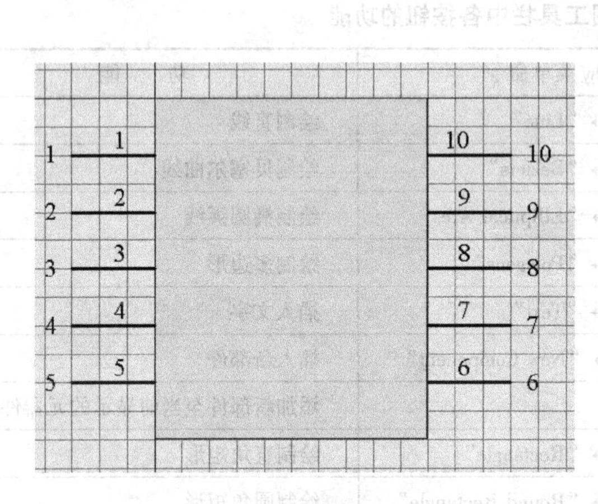

图 5-12　绘制的引脚

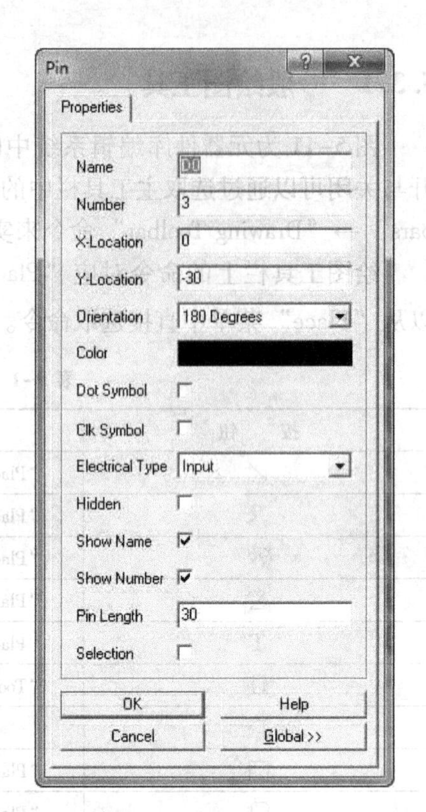

图 5-13　“Pin” 对话框

- “Y - Location” 文本框中为引脚的 Y 向位置。
- “Orientation” 下拉列表框用于选择引脚方向，有0°、90°、180°和270°四种旋转角度。
- “Color” 色块用于设置引脚颜色。
- “Dot Symbol” 复选框用于设置是否在引脚上加圆点。
- “Clk Symbol” 复选框用于设置是否在引脚上加时钟符号。
- “Electrical Type” 下拉列表框用来设置该引脚的电气性质。
- “Hidden” 复选框用来设定是否隐藏该引脚。
- “Show Name” 复选框用来设定是否显示引脚名。选中为显示，否则为不显示。
- “Show Number” 复选框用来设定是否显示引脚号。选中为显示，否则为不显示。
- “Pin Length” 编辑框用来设置引脚的长度。
- “Selection” 复选框用来设置是否选中该引脚。
- 单击 “Global” 按钮，可进入 “Pin” 全局属性对话框，如图 5-14 所示。

在 “Attributes To Match By” 选项组的 “Wild card” 文本框内，输入 “*” 表示不管电路图中其他的引脚名或引脚号是什么，都符合整体修改条件。也可以指定某个特定网络名称，表示整个电路图中所有同名的网络名称都符合整体修改条件。

“Copy Attributes” 选项组中，“{}” 用以指定如何修改。例如，要将已放置在引脚图中的 N1、N2、N3……引脚名称或引脚号更改为 D1、D2、D3……，那么在 “Wild card” 文本框中输入 “N *”，在 “Copy Attributes” 选项组中输入 “{N = D}”，最后单击 “OK” 按钮，即可完成网络名称的整体修改。

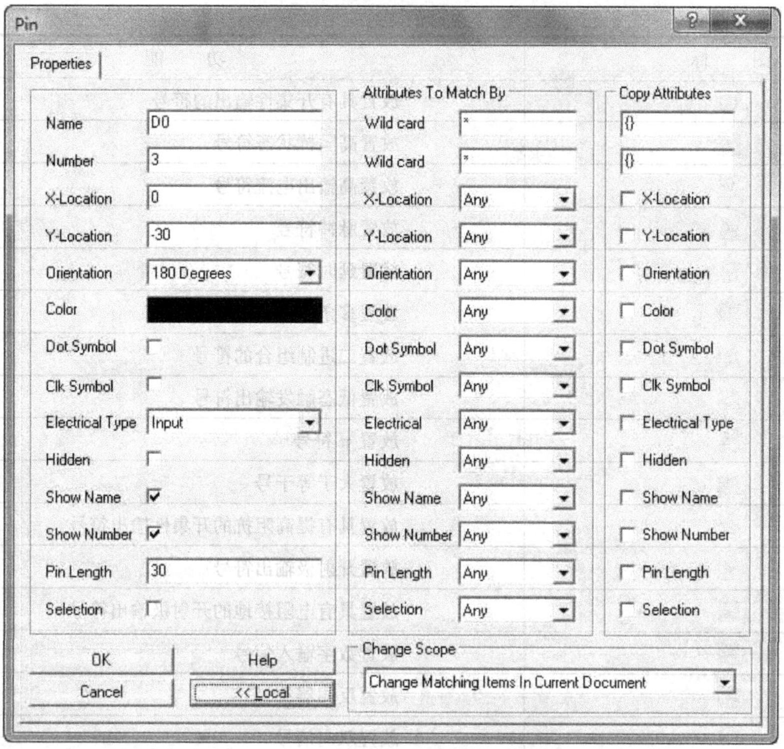

图 5-14 “Pin” 全局属性对话框

5.3.3 IEEE 符号

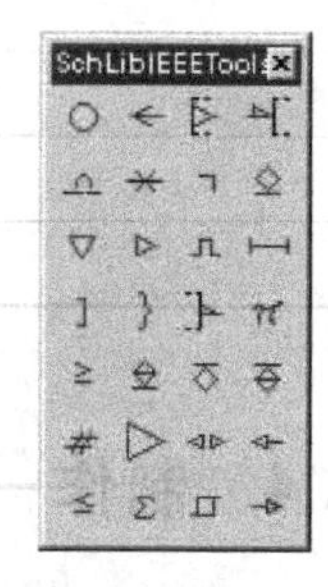

图 5-15 IEEE 符号工具栏

图 5-15 为元器件库编辑系统中的 IEEE 符号工具栏。IEEE 符号工具栏的打开与关闭可以通过选取主工具栏里的按钮或执行 “View” → “Toolbars” → “IEEE Toolbar” 命令来实现。

IEEE 符号工具栏上的命令对应 “Place” → “IEEE Symbols” 子菜单中的各命令，因此也可以从 “Place” 菜单上直接选取命令。工具栏上各按钮的功能如表 5-2 所示。

表 5-2 放置 IEEE 符号工具栏各项功能

图　标	功　能
	放置低态触发符号
	放置左向信号
	放置上升沿触发时钟脉冲
	放置低态触发输入符号
	放置模拟信号输入符号
	放置无逻辑性连接符号
	放置具有暂缓性输出的符号

（续）

图　　标	功　　能
[icon]	放置具有开集性输出的符号
[icon]	放置高阻抗状态符号
[icon]	放置高输出电流符号
[icon]	放置脉冲符号
[icon]	放置延时符号
[icon]	放置多条 I/O 线组合符号
[icon]	放置二进制组合的符号
[icon]	放置低态触发输出符号
[icon]	放置 π 符号
[icon]	放置大于等于号
[icon]	放置具有提高阻抗的开集性输出符号
[icon]	放置开射极输出符号
[icon]	放置具有电阻接地的开射极输出符号
[icon]	放置数字输入信号
[icon]	放置反相器符号
[icon]	放置双向信号
[icon]	放置数据左移符号
[icon]	放置小于等于号
[icon]	放置 Σ 符号
[icon]	放置施密特触发输入特性的符号
[icon]	放置数据右移符号

5.4　制作一个元器件

下面使用前面介绍的工具制作一个元器件。绘制的实例为图 5-16 所示的触发器，并将它保存在“User_Logic. lib”元器件库中，元器件名称命名为 DM74LS74，具体操作步骤如下。

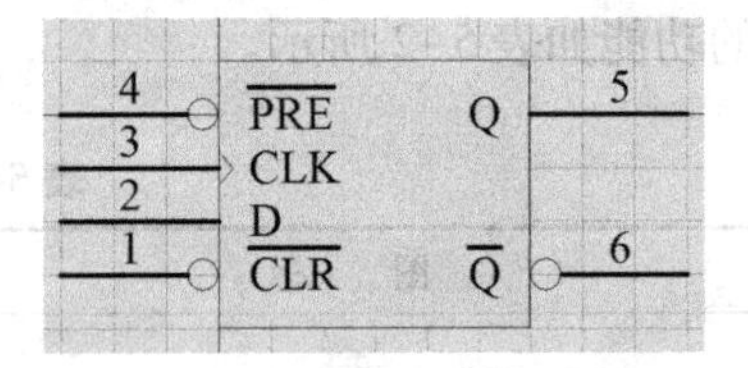

图 5-16　触发器实例

1）执行“File”→“New”命令，从编辑器选择框中选中原理图元器件库编辑器，然后双击元器件库文件图标，默认名为“schlib1. lib”，可以重新保存为“User_Logic. lib”，或者重命名为“User_Logic. lib”。然后进入原理图元器件库编辑工作界面。

2）执行“View”→“Zoom In”命令或按〈Page Up〉键将元器件编辑区的四个象限相交点处放到足够大，因为一般元器件均是放置在第四象限，而象限交点即为元器件基准点。

3）执行“Place”→“Rectangle”命令或单击绘图工具栏中的按钮□来绘制一个直角矩形，将编辑状态切换到画直角矩形模式。此时鼠标指针旁边会多出一个大十字符号，将大十字指针中心移动到坐标轴原点处（X：0，Y：0）单击，把它定位于直角矩形的左上角；移动鼠标到矩形的右下角再单击，就会结束这个矩形的绘制过程，直角矩形的大小为 6 格 ×6 格，如图 5-17 所示。

4）绘制元器件的引脚。执行“Place”→“Pins”命令或单击绘图工具栏中的按钮，可将编辑模式切换到放置引脚模式，此时鼠标指针旁边会多出一个大十字符号及一条短线，此时按〈Tab〉键进入“Pin”对话框，如图 5-18 所示。将“Pin Length”（引脚长度）修改为“30”。

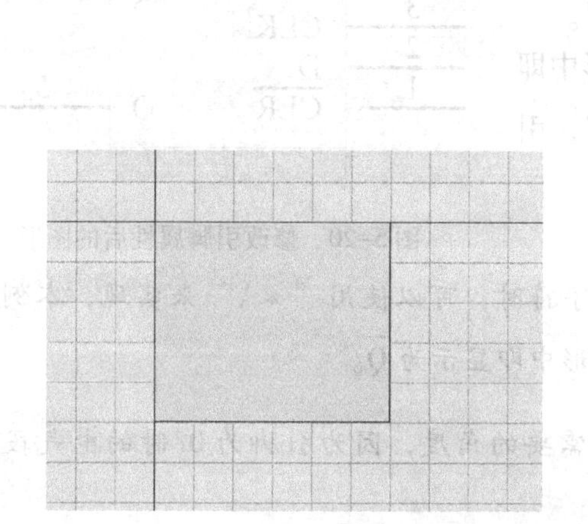

图 5-17　绘制矩形

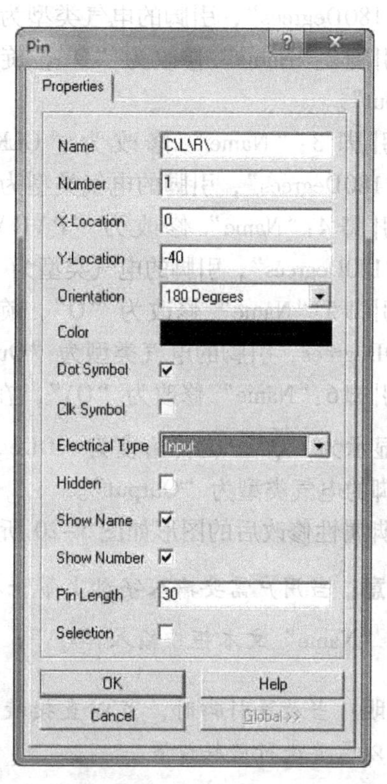

图 5-18　“Pin”对话框

5）分别绘制 6 个引脚，如图 5-19 所示。放置引脚时可以先按〈Space〉键使引脚旋转 90°，使大十字处于矩形边框上。

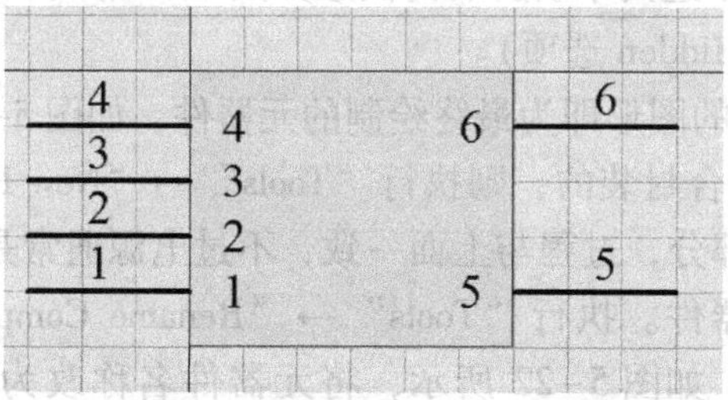

图 5-19　放置引脚后的图形

注意：放置引脚时，基准点是出现在图形界面中一个大十字，将大十字对准需要放置引脚的矩形边框，就可以完成一个引脚的放置。

6）编辑各引脚。双击需要编辑的引脚，或者先选中引脚再右击，从弹出的快捷菜单中选取“Properties”命令，进入“Pin”对话框，如图 5-18 所示，在对话框中对引脚进行属性修改，具体修改如下。

- 引脚 1：“Name”修改为“C\L\R\”，并选中“Dot Symbol”复选框，旋转角度为“180Degrees”，引脚的电气类型为“Input”。
- 引脚 2：“Name”修改为“D”，旋转角度为“180Degrees”，引脚的电气类型为“Input”。
- 引脚 3：“Name”修改为“CLK”，选中“Clk Symbol”复选框，旋转角度为“180Degrees”，引脚的电气类型为“Input”。
- 引脚 4：“Name”修改为“P\R\E\”，选中“Dot Symbol”复选框，旋转角度为“180Degrees”，引脚的电气类型为“Input”。
- 引脚 5：“Name”修改为“Q”，旋转角度为 0Degrees，引脚的电气类型为“Output”。
- 引脚 6：“Name”修改为“Q\”，在图形中即显示为“$\overline{Q}$”，旋转角度为“0Degrees”，引脚的电气类型为“Output”。

引脚属性修改后的图形如图 5-20 所示。

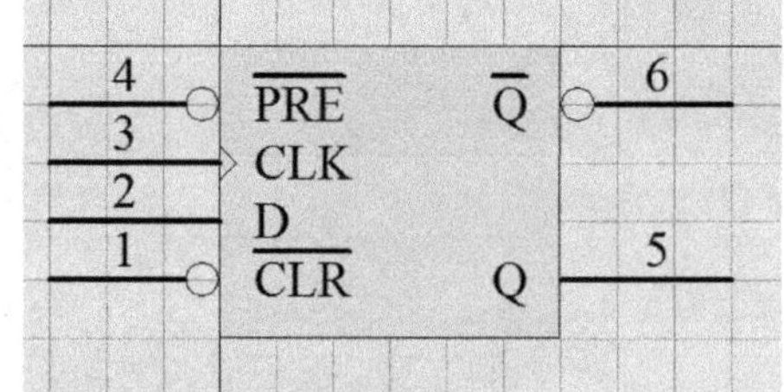

图 5-20　修改引脚属性后的图形

注意：当用户需要输入字母上带一横的字符时，可以使用“*\”来实现，本例中引脚 6 的“Name”文本框中输入“Q\”，在图形中即显示为 $\overline{Q}$。

说明：当放置引脚时，可以直接旋转到需要的角度，因为引脚为 0°时的电气段为左侧，所以需要进行旋转设置。

7）绘制隐藏的引脚。通常会在电路图中把电源引脚隐藏起来，所以绘制电源引脚时，需要将其属性设置为 Hidden（在元器件属性对话框中设置）。本实例分别绘制两个电源引脚：14 为 VCC，7 为接地 GND，引脚的电气类型均为“Power”，并选中“Hidden”复选框（将电源引脚隐藏）。绘制了这两个引脚后的图形如图 5-21 所示（这里为了显示所绘制的电源引脚，将引脚临时选中 Hidden 选项）。

隐藏了 7 和 14 引脚后的图形即为最终绘制的元器件，如图 5-20 所示。

8）如果该元器件是复合封装的，则执行“Tools”→“New Part”命令，即可向该元器件中添加绘制封装的另一部分，过程与上面一致，不过电源通常是共用的。

9）保存已绘制的元器件。执行“Tools”→“Rename Component”命令，打开“New Component Name”对话框，如图 5-22 所示，将元器件名称改为“DM74LS74”，然后执行“File”→“Save”命令将元器件保存到当前元器件库文件中。

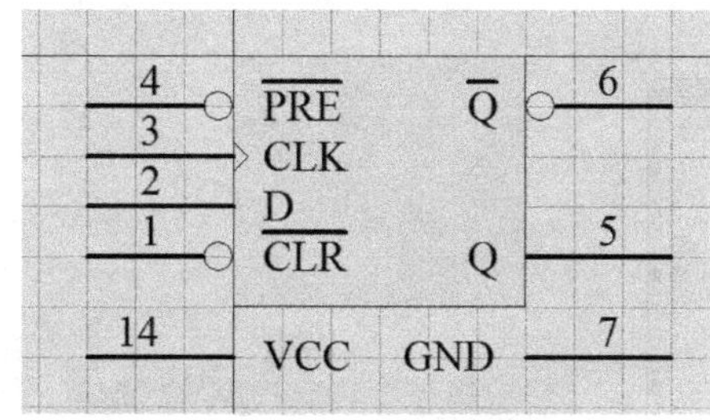

图 5-21　绘制电源引脚后的元器件图

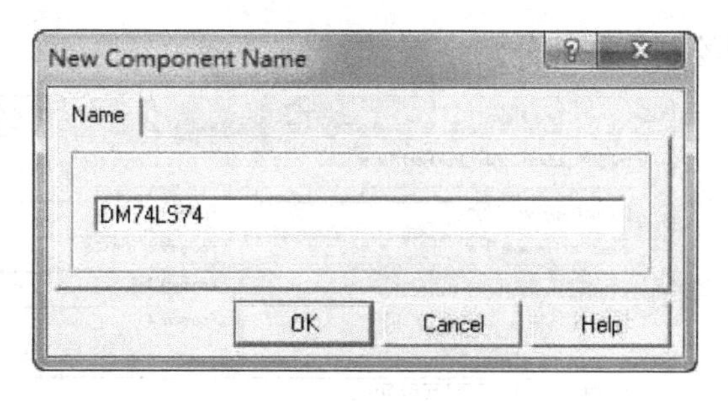

图 5-22　“New Component Name”对话框

当执行完上述操作后，现在可以查看一下元器件库管理器，如图 5-23 所示，其中已经添加了一个 DM74LS74 元器件，该元器件位于 User_Logic. lib 中，而 User_Logic. lib 属于 User_Logic. ddb 数据库文件，因为绘制该元器件是在打开的 User_Logic. ddb 数据库文件中进行的。

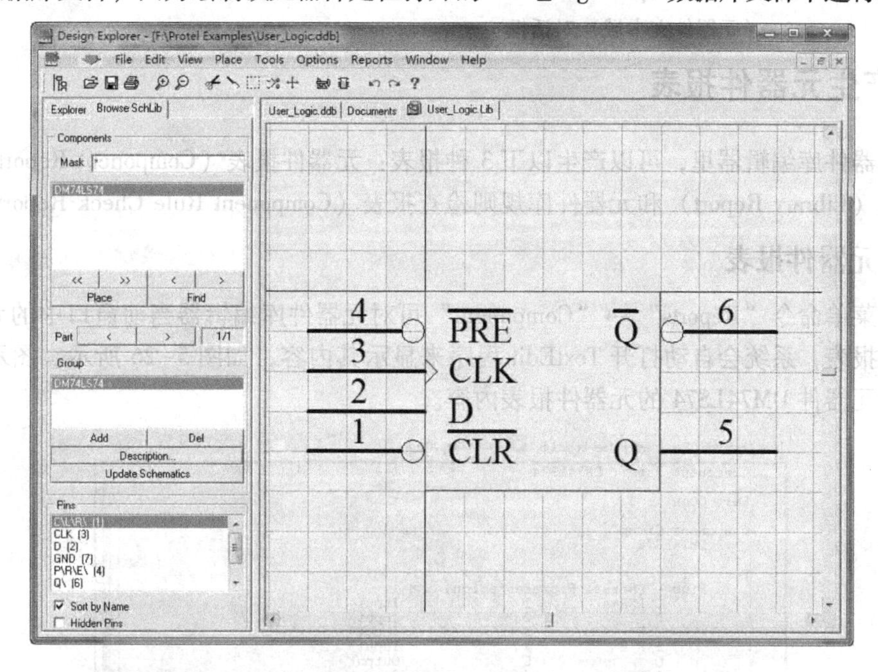

图 5-23　添加了元器件 DM74LS74 后的元器件库管理器

10）最后还需要设置一下元器件的描述特性。在元器件管理器中选中该元器件，然后单击“Description”按钮，系统将弹出图 5-24 所示的“Component Text Fields”（元器件文本域）对话框。此时可以设置默认流水号、元器件封装形式，以及其他相关的描述。例如输入“U?”，表示默认流水号首字母为 U；在“Footprint1”文本框中输入“SO14”，表示第一选择封装方式为 SO14；在“Footprint2”文本框中输入“DIP-14”，表示第一选择封装方式为 DIP-14。

如果想在原理图设计时使用此元器件，只需将该库文件装载到元器件库中，取用元器件 DM74LS74 即可。另外，要在现有的元器件库中加入新设计的元器件，只要进入元器件库编辑器，选择现有的元器件库文件，再执行“Tools”→“New Component”命令，然后就可以按照上面的步骤设计新的元器件。

11）DM74LS74 触发器是复合封装，由两个功能相同的部分组成，前面绘制了第一个组件，图 5-25 所示为另一个组件。执行“Tools”→“New Part”命令，重复上述的操作，即可绘制第二部分。

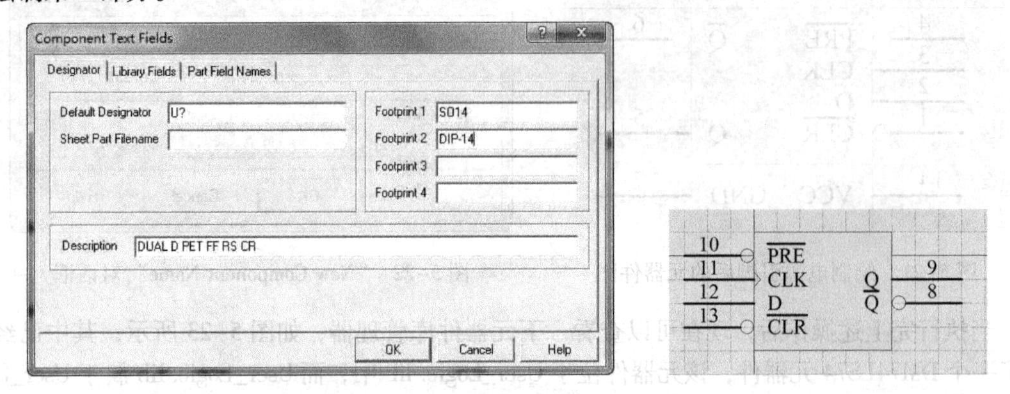

图 5-24 “Component Text Fields”（元器件文本域）对话框　　图5-25 DM74LS74 的第二部分

5.5 产生元器件报表

在元器件库编辑器里，可以产生以下 3 种报表：元器件报表（Component Report）、元器件库报表（Library Report）和元器件库规则检查报表（Component Rule Check Report）。

5.5.1 元器件报表

通过菜单命令“Reports”→“Component”可对元器件库编辑器当前窗口中的元器件产生元器件报表，系统会自动打开 TextEdit 程序来显示其内容，如图 5-26 所示。图示为上一节制作的元器件 DM74LS74 的元器件报表内容。

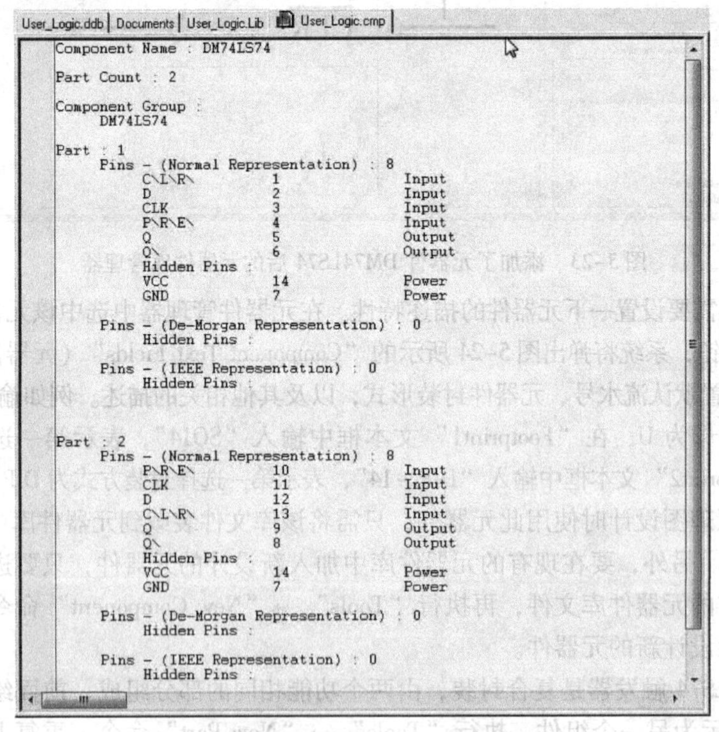

User_Logic.ddb | Documents | User_Logic.Lib | User_Logic.cmp

```
Component Name : DM74LS74

Part Count : 2

Component Group :
    DM74LS74

Part : 1
    Pins - (Normal Representation) : 8
        C\L\R\          1          Input
        D               2          Input
        CLK             3          Input
        P\R\E\          4          Input
        Q               5          Output
        Q\              6          Output
        Hidden Pins :
        VCC             14         Power
        GND             7          Power

    Pins - (De-Morgan Representation) : 0
        Hidden Pins :

    Pins - (IEEE Representation) : 0
        Hidden Pins :

Part : 2
    Pins - (Normal Representation) : 8
        P\R\E\          10         Input
        CLK             11         Input
        D               12         Input
        C\L\R\          13         Input
        Q               9          Output
        Q\              8          Output
        Hidden Pins :
        VCC             14         Power
        GND             7          Power

    Pins - (De-Morgan Representation) : 0
        Hidden Pins :

    Pins - (IEEE Representation) : 0
        Hidden Pins :
```

图 5-26 元器件报表窗口

元器件报表的扩展名为“cmp”，元器件报表列出了该元器件的所有相关信息，如子元器件个数、元器件组名称以及各个子元器件的引脚细节等。

5.5.2　元器件库报表

元器件库报表列出了当前元器件库中所有元器件的名称及其相关描述。元器件库报表的扩展名为“.rep”。通过菜单命令“Reports”→“Library”可对元器件库编辑器当前的元器件库产生元器件库报表，系统会自动打开 TextEdit 程序来显示其内容。图 5-27 所示为 User_Logic.Lib 元器件库的元器件库报表内容。

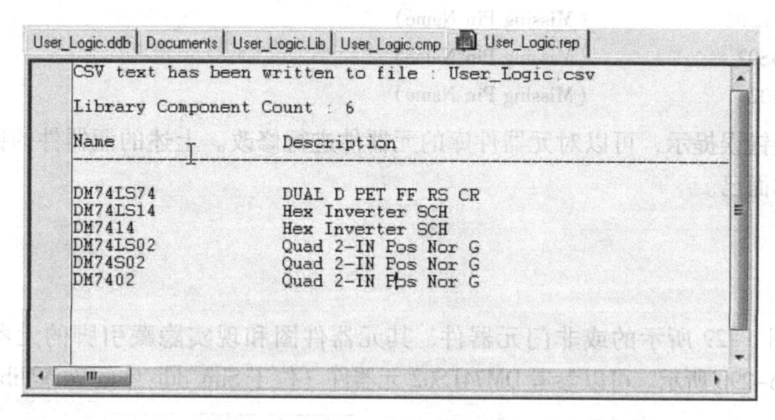

图 5-27　User_Logic.Lib 元器件库报表内容

5.5.3　元器件库规则检查报表

元器件库检查报表主要用于帮助用户进行元器件的基本验证工作，包括检查元器件库中的元器件是否有错，并将有错的元器件列出来，指明错误原因等。

执行“Reports”→“Component Rule Check”命令，系统将弹出图 5-28 所示的“Library Component Rule Check”（元器件库规则检查）对话框，在该对话框中可以设置检查的属性。

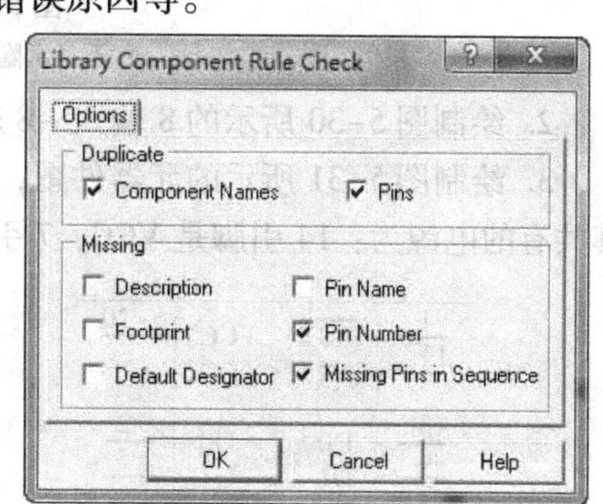

图 5-28　“Library Component Rule Check”（元器件库规则检查）对话框

“Library Component Rule Check”（元器件库规则检查）对话框中的各项的含义如下。

- Component Names：设置元器件库中的元器件是否有重名的情况。
- Pins：设置元器件的引脚是否有重名的情况。
- Description：检查是否有元器件遗漏了元器件描述。
- Pin Name：检查是否有元器件引脚遗漏了名称。
- Footprint：检查是否有元器件遗漏了封装描述。
- Pin Number：检查是否有元器件遗漏了引脚号。
- Default Designator：检查是否有元器件遗漏了默认流水序号。

● Missing Pins in Sequence：检查按照顺序是否遗漏了元器件引脚。

这里以 User_Logic. lib 为例，执行元器件库规则检查命令“Reports”→“Component Rule Check”，则生成的元器件库规则检查报表如下。

```
Component Rule Check Report for :User_Logic. Lib
Name                    Errors
-------------------------------------
DM74LS14                (Missing Pin Name)
DM7414                  (Missing Pin Name)
DM74LS02                (Missing Pin Name)
DM74S02                 (Missing Pin Name)
DM7402                  (Missing Pin Name)
```

根据这些错误提示，可以对元器件库的元器件进行修改。上述的元器件的错误只是没有确定引脚名称而已。

习题

1. 绘制图 5-29 所示的或非门元器件，其元器件图和现实隐藏引脚的元器件图分别如图 5-29a和图 5-29b 所示。可以参考 DM74LS02 元器件（位于 Sim. ddb 中的 74xx. lib）进行绘制。

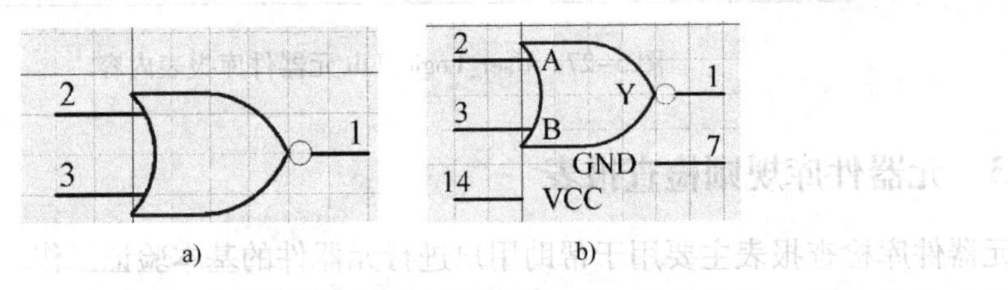

图 5-29　或非门元器件图

a）不显示隐藏的引脚　b）显示隐藏的引脚

2. 绘制图 5-30 所示的 8 输入 -8 输出的触发器。

3. 绘制图 5-31 所示的元器件图，并且这两个元器件是一个复合封装元器件的两部分，其共有的电源为：14 引脚是 VCC，7 引脚是 GND，并学习在元器件上放置 IEEE 符号。

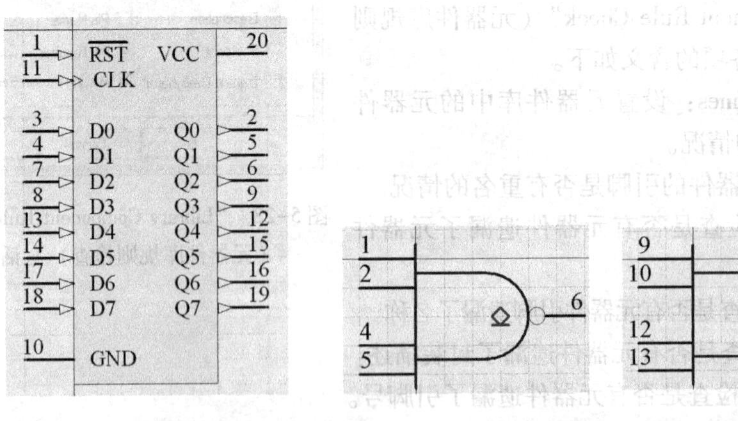

图 5-30　触发器元器件　　　图 5-31　四与非门元器件

第6章　设计层次原理图

层次电路图设计是在实践的基础上提出的，是随着计算机技术的发展而逐步实现的一种先进的原理图设计方法。对于一个较大的电路原理图（称之为项目），不可能一次完成其绘制，也不可能将这个原理图画在一张图纸上，更不可能由一个人单独完成。Protel 99 SE 提供了一个很好的项目组设计工作环境。项目主管的主要工作是将整个原理图划分为各个功能模块，由各个工作组成员来设计各个功能模块。这样，由于网络的广泛应用，整个项目可以多层次并行设计，使得设计进程大大加快。

6.1　层次原理图的设计方法

层次电路图的设计方法实际上是一种模块化的设计方法。用户可以将待设计的系统划分为多个子系统，子系统下面又可划分为若干功能模块，功能模块再细分为若干个基本模块。设计好基本模块，定义好模块之间的连接关系，即可完成整个设计过程。

设计时可以从系统开始逐级向下进行，也可以从最基本的模块开始逐级向上进行，还可以调用相同的电路图重复使用。

1. 自上而下的层次图设计方法

所谓自上而下就是由电路方块图产生原理图，因此用自上而下的方法来设计层次图，首先得放置电路方块图。其流程图如图6-1所示。

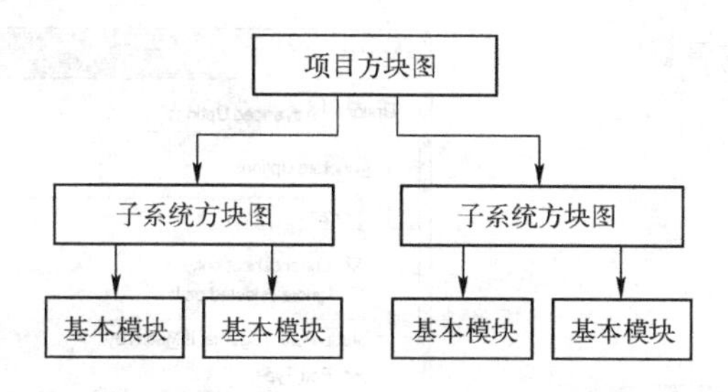

图6-1　自上而下的层次图设计流程图

2. 自下而上的层次图设计方法

所谓自下而上就是由原理图产生电路方块图，因此用自下而上的方法来设计层次图，首先得放置电路原理图。其流程图如图6-2所示。

3. 重复性层次图的设计方法

所谓重复性层次图是指在层次式电路图中，有一个或多个电路图被重复地调用。绘制电路图时，不必重复绘制相同的电路图。典型的重复性层次图的示意如图6-3所示。

图6-3中，共有10张原理图，除了主电路图外，A. sch 共出现了3次，B. sch 共出现了6次。因此只需绘制3张原理图，即主电路图、A. sch 和 B. sch。在绘制被重复调用的原理

图时，元器件序号先不必指定，留待后面让系统自动处理。

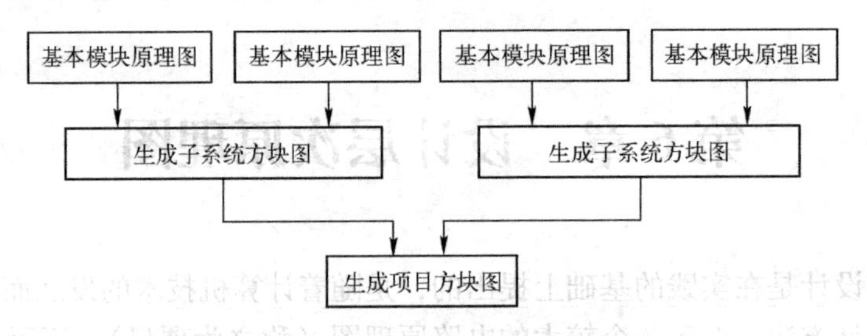

图 6-2　自下而上的层次图设计流程图

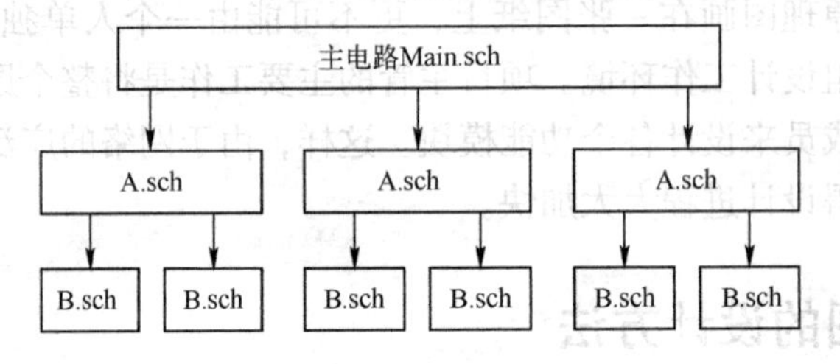

图 6-3　重复性层次图的示意图

要让重复性层次图有实用价值，还必须将各个被重复调用的原理图复制成副本，安排好各个副本中元器件的序号，才能够产生网络表，进行电路板设计。以图 6-3 为例，首先将主电路图、A. sch 和 B. sch 这 3 个电路图转化成相互独立且相互关联的 10 张电路图，即将重复性层次图转化为一般性层次图，其步骤如下。

1）重复性层次图向一般性层次图转化，将重复性的原理图复制成层次图。

2）复制完电路图后，必须将各个电路图中的元器件进行编号，即设置元器件序号。执行“Tools”→“Annotate”命令，如图 6-4 所示。执行此命令后，会出现图 6-5 所示的“Annotate”（标注设置）对话框。

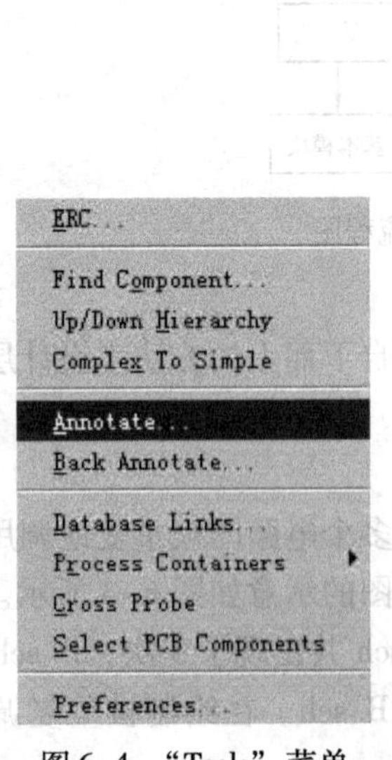

图 6-4　“Tools”菜单

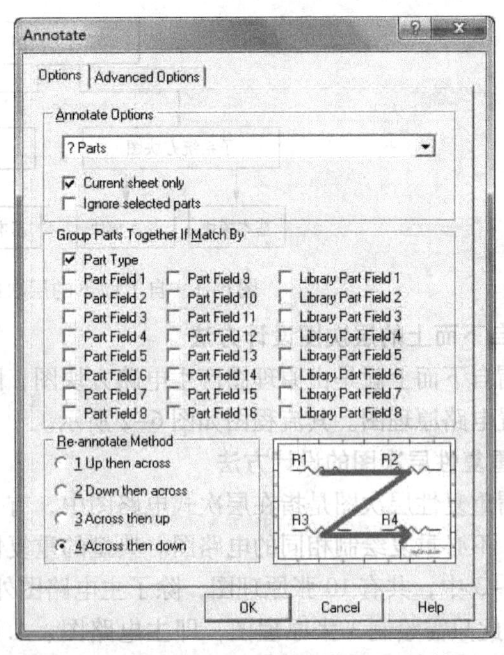

图 6-5　“Annotate”（标注设置）对话框

"Annotate Options"选项组中，"? Parts"项是针对整个项目的；"Update Sheet Numbers"选项的功能是重新编排图号，此项必选；如果项目中元器件还没有编号的话，系统将自动给予编号。图6-5所示对话框的详细操作请参考第3.8节。

3）设置完对话框后，系统立即自动编号，并将编号的结果存为"＊.rep"文件，作为项目的一部分出现在项目管理器中。同时系统还会启动文本编辑器，显示报告文件。

用户还可以执行"Tools"→"Back Annotate"命令返回重新编号前的状态。

6.2 建立层次原理图

前面讲到了层次电路图设计的几种方法，现在就利用其中的自上而下的层次图设计方法，以Protel 99 SE提供的实例（如图6-6所示），来绘制层次原理图的一般过程。

图6-6所示是一个层次原理图，整张原理图表示了一张完整的电路，该电路是一个4串行接口的原理图。它分别由串行接口和线驱动模块（4 Port UART and Line Drivers. sch）和ISA总线与地址解码模块（ISA Bus and Address Decoding. sch）2个模块组成，其层次结构关系如图6-7所示。

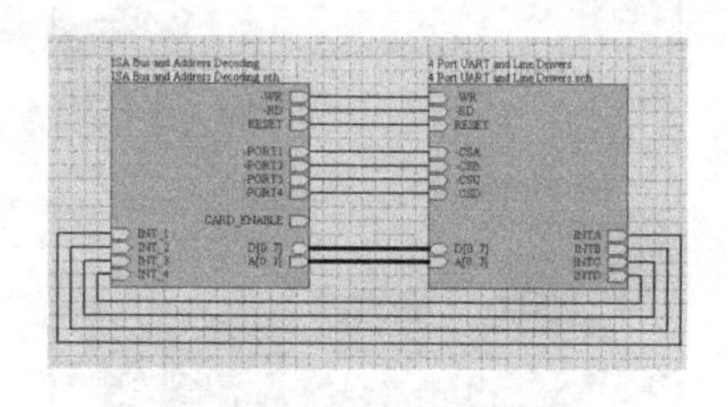

图6-6　绘制层次原理图实例

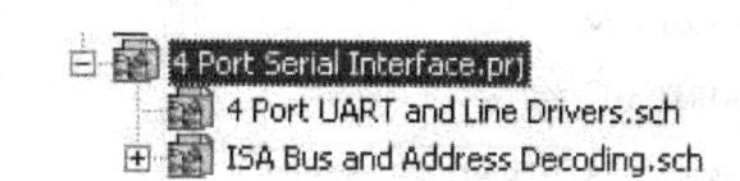

图6-7　层次结构关系

绘制层次原理图的一般步骤如下。

1）启动原理图设计服务器，请参见1.6节，并建立层次原理的文件名。

2）在工作平面上打开绘图工具"Wiring Tools"，执行绘制方块电路命令，方法如下。

- 单击"Wiring Tools"中的按钮。
- 执行"Place"→"Sheet Symbol"命令。

3）执行该命令后，光标变为十字形状，然后绘制方块电路，如图6-8所示。

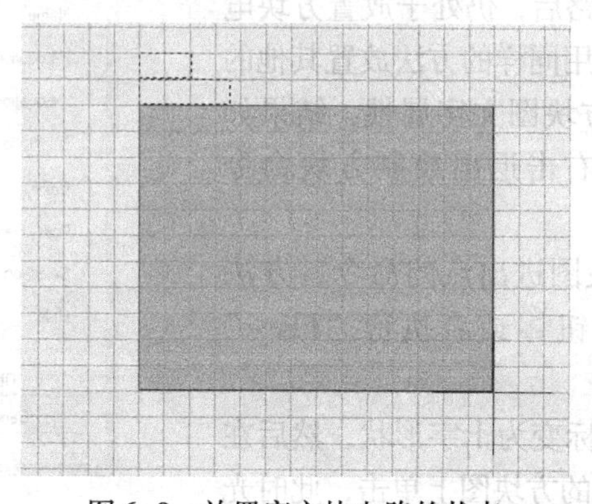

图6-8　放置完方块电路的状态

在此命令状态下按〈Tab〉键，会出现“Sheet Symbol”对话框，如图6-9所示。

在对话框中，将“Filename”选项设置为“4 Port UART and Line Drivers. sch”，表明该电路代表了串行接口和线驱动模块。将“Name”选项设置为“4 Port UART and Line Drivers”，这就定义了方块电路的名称。

4）设置完属性后，确定方块电路的大小和位置。将光标移动到适当的位置后单击，确定方块电路的左上角位置。然后拖动鼠标，移动到适当的位置后再单击，确定方块电路的右下角位置。这样就定义了方块电路的大小和位置，绘制出了一个电路子模块，如图6-10所示。

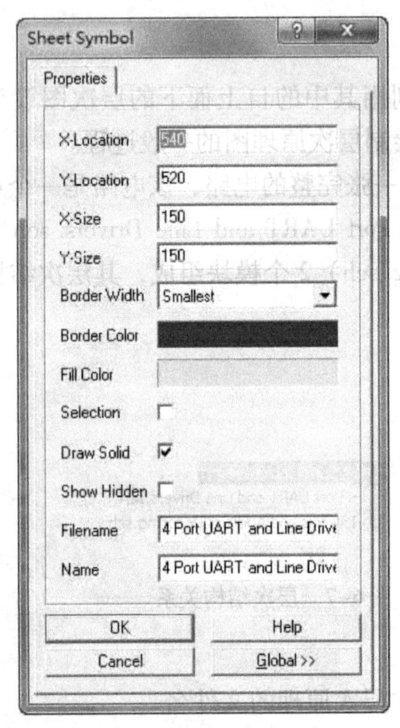

图6-9 “Sheet Symbol”对话框

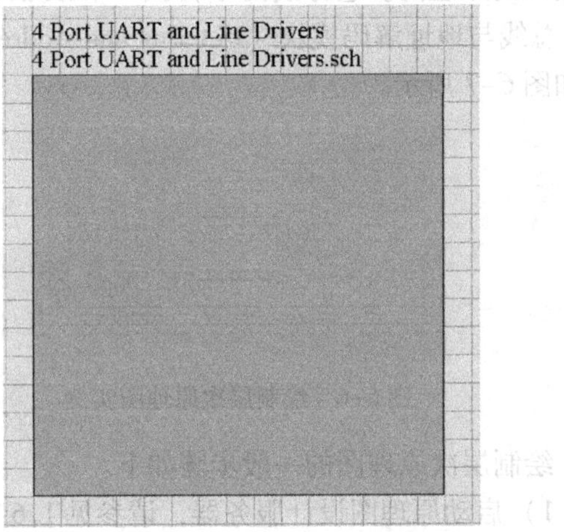

图6-10 绘制串行接口和线驱动模块的方块电路

用户如果要更改文字标注，只需双击文字标注，会出现图6-11所示的“Sheet Symbol Name”对话框。

5）绘制完一个方块电路后，仍处于放置方块电路的命令状态下，用户可以用同样的方法放置其他的方块电路，并设置相应的方块图文字属性，结果如图6-12所示。绘制完成后右击退出绘制方块命令状态。

6）执行放置电路方块图进出点的命令，方法是单击布线工具栏中的按钮或者执行“Place”→“Sheet Entry”命令。

7）执行该命令后，光标变为十字形状，然后在需要放置电路方块图进出点的方块图上单击，此时光标处就带着电路方块图进出点符号，如图6-13所示。

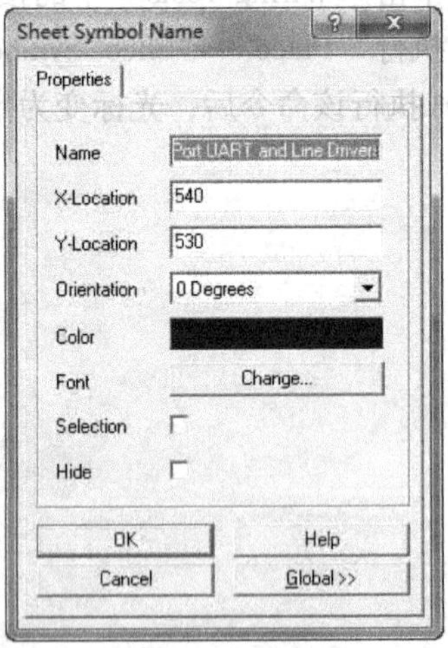

图6-11 “Sheet Symbol Name”对话框

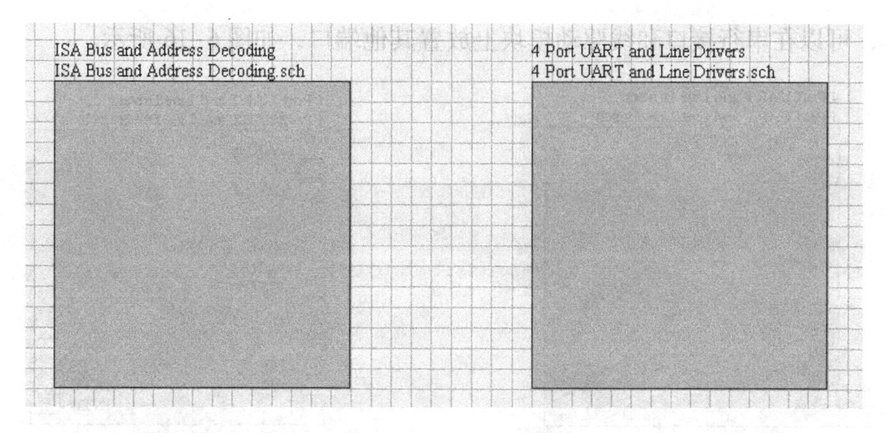

图 6-12　绘制完所有的方块电路

注意：当在需要放置电路方块图进出点的方块图上单击，光标处出现电路方块进出点符号后，光标就只能在该方块图内部移动，直到放置了电路方块图进出点并结束该步操作以后，光标才能在绘图区域自由移动。

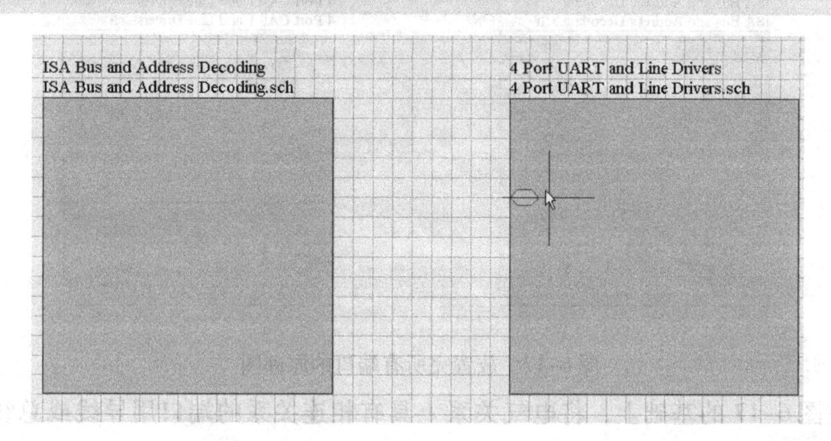

图 6-13　放置电路方块 I/O 端口的状态

在此命令状态下按〈Tab〉键，会出现“Sheet Entry”对话框，如图 6-14 所示。

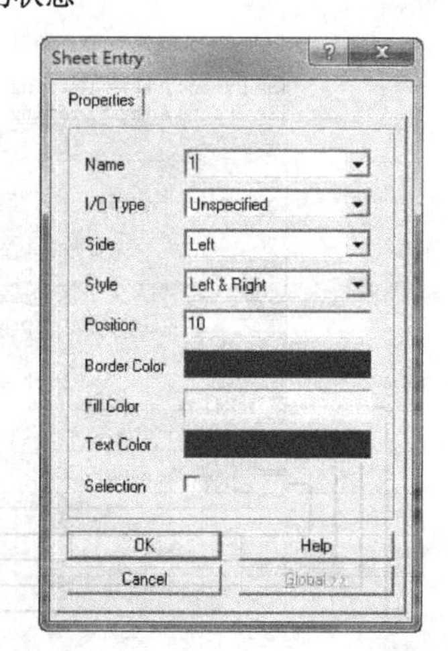

图 6-14　“Sheet Entry”对话框

在对话框中，将“Name”选项设置为“WR”，即将端口名设为写选通信号。“I/O Type”选项有“Unspecified”（不指定）、“Output”（输出）、“Input”（输入）和“Bidirectional”（双向）4 种。在此设置为“Output”，即可将端口设置为输出。

“Side”选项用来指定电路方块图进出点在方块图中的位置，如“Left”（左）、“Right”（右）、“Top”（顶部）和“Bottom”(底部)。相应地，在“Style”选项处会出现对应于“Side”选项的设置项。

8）设置完属性后，将光标移动到适当的位置后，单击将其定位，如图 6-15 所示。同样，根据实际电路的安排，可以在串行接口和线驱动模块上放置其他端口，如图 6-16 所示。

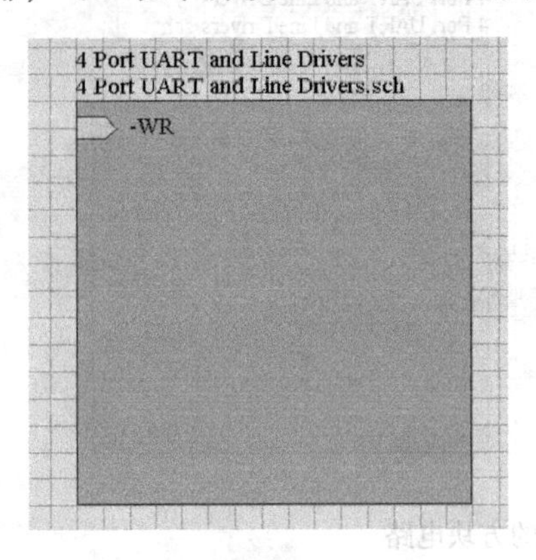

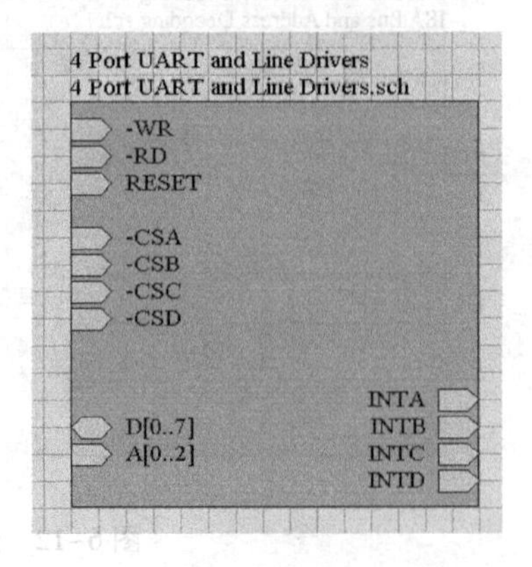

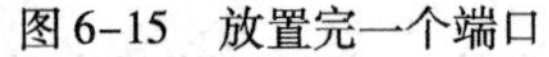
图 6-15　放置完一个端口

图 6-16　放置完端口的方块电路

9）重复上述操作，设置其他方块电路，如图 6-17 所示。

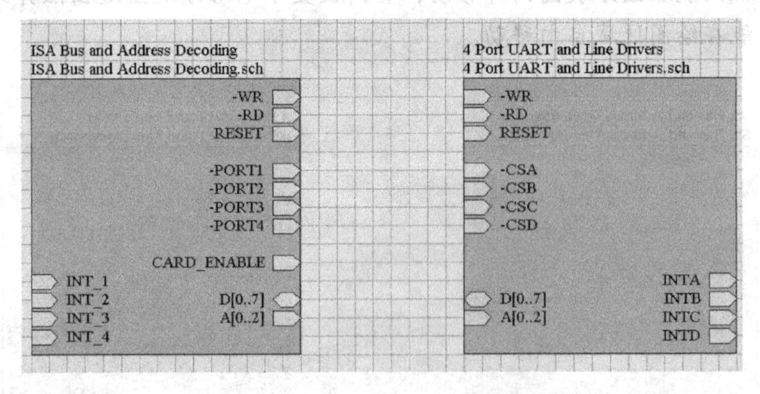

图 6-17　放置完所有端口的原理图

10）在图 6-17 的基础上，将电气关系上具有相连关系的端口用导线或总线连接在一起，如图 6-18 所示

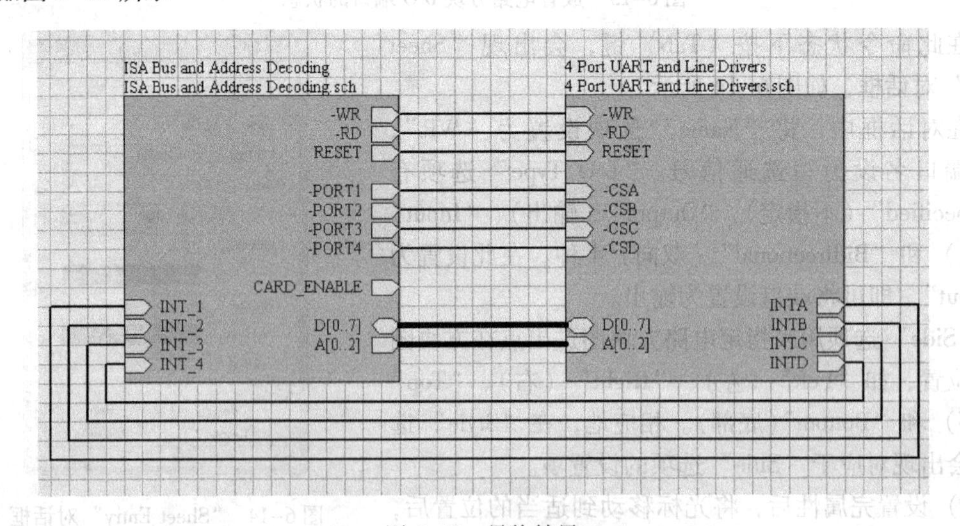

图 6-18　最终结果

11）在每个模块的原理图中，执行“Place”→“Port”命令，在对应于图 6-18 的电路方块图进出点的连接点添加相应的端口，并设置为与电路方块图进出点同名。

通过上述步骤，就建立了一个层次原理图。下面给出了各个模块的原理图，如图 6-19 所示。

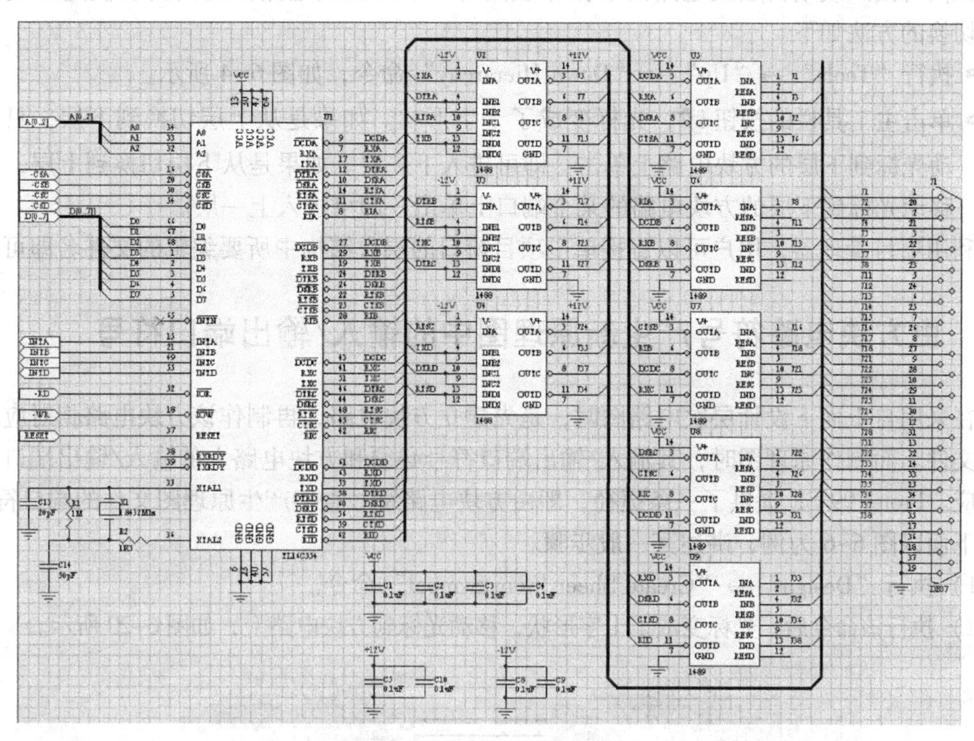

a)

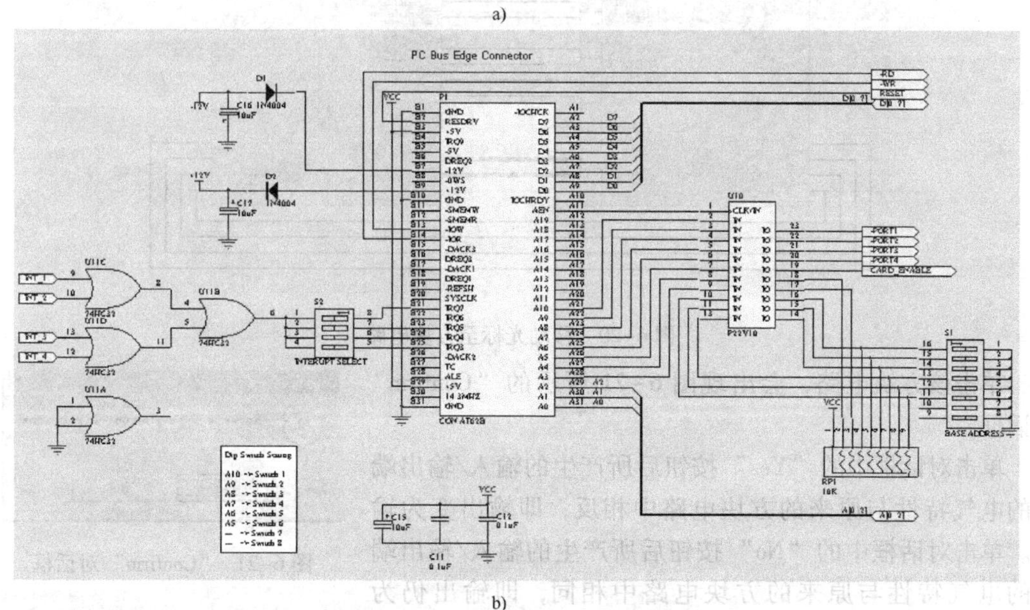

b)

图 6-19　4 串行接口的层次原理图

a）串行接口和线驱动模块（4 Port UART and Line Drivers. sch）

b）ISA 总线与地址解码模块（ISA Bus and Address Decoding. sch）

6.3 不同层次电路之间的切换

在同时读入或编辑层次电路的多张原理图时，不同层次电路图之间的切换是必不可少的。切换的方法如下。

- 执行“Tools”→“Up”→“Down Hierarchy”命令，如图 6-4 所示。
- 单击主工具栏的按钮，光标变成了十字形状。如果是从上层切换到下层，只需移动光标到下层的方块电路上单击，即可进入下一层。如果是从下层切换到上层，只需移动光标到下层的方块电路的某个端口上单击，即可进入上一层。

利用项目管理器，用户可以直接单击项目窗口的层次结构中所要编辑的文件名即可。

6.4 由方块电路符号产生新原理图中的输入/输出端口符号

在采用自上而下设计层次电路图时，是先建立方块电路，再制作该方块电路相对应的原理图文件。而制作原理图时，其输入/输出端口符号必须和方块电路上的输入/输出端口符号相对应。Protel 99 SE 提供了一条捷径，即由方块电路符号直接产生原理图文件的端口符号。

下面以图 6-6 为例，讲述其一般步骤。

1）执行“Design”→“Create Sheet From Symbol”命令。

2）执行该命令后，光标变成了十字形状，移动光标到方块电路上，如图 6-20 所示。

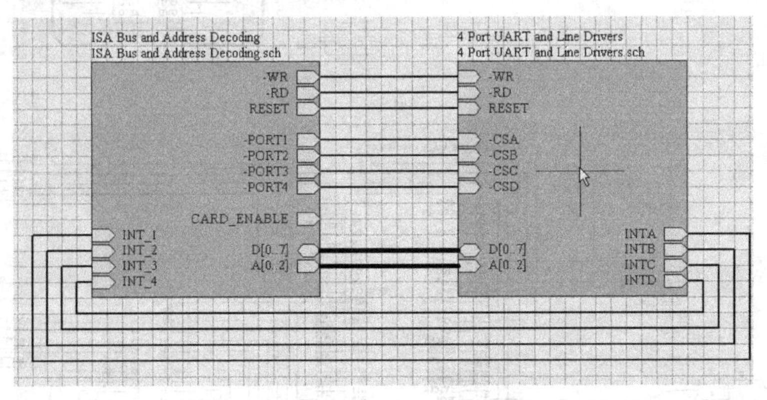

图 6-20　移动光标至方块电路

单击该方块电路，会出现图 6-21 所示的“Confirm”对话框。

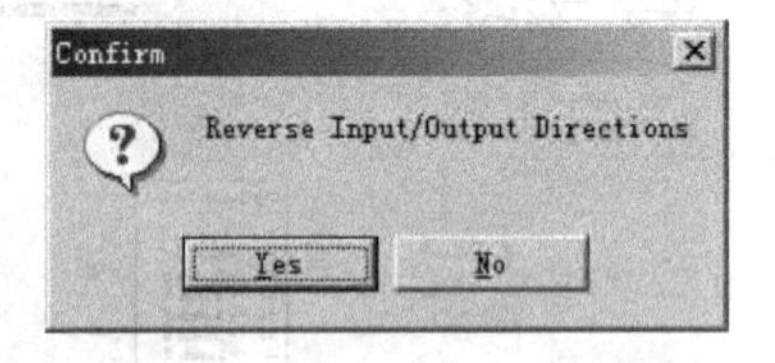

图 6-21　“Confirm”对话框

单击对话框中的“Yes”按钮后所产生的输入/输出端口的电气特性与原来的方块电路中相反，即输出变为输入。单击对话框中的“No”按钮后所产生的输入/输出端口的电气特性与原来的方块电路中相同，即输出仍为输出。

3）此处单击“Yes”按钮，则 Protel 99 SE 自动生成一个文件名与该方块名对应的原理图文件，并布置好 I/O 端口，如图 6-22 所示。

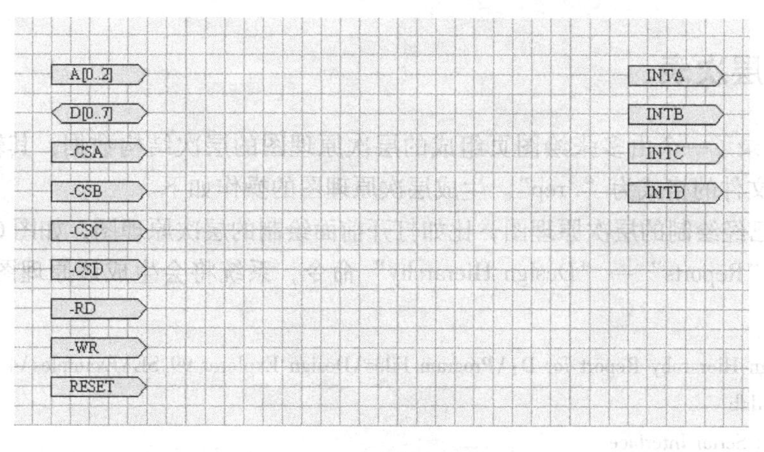

图 6-22　产生的新原理图

6.5　由原理图文件产生方块电路符号

如果在设计中采用自下而上的设计方法，则先设计原理图，再设计方块电路。Protel 99 SE 则又提供了一条捷径，即由一张已经设置端口的原理图直接产生方块电路符号。

下面仍以图 6-6 为例，讲述其一般步骤。

1）执行“Design”→“Create Symbol From Sheet”命令。

2）执行该命令后，会出现图 6-23 所示的对话框。

选择要产生的方块电路的文件，然后确认。此后，同样会出现图 6-21 所示的对话框。单击“Yes”按钮，方块电路会出现在光标上，如图 6-24 所示。

3）移动光标至适当位置，按照前面放置方块电路的方法，将其定位。则可自动生成方块电路，如图 6-25 所示。然后根据层次原理图设计的需要，可以对方块电路上的端口进行适当调整。

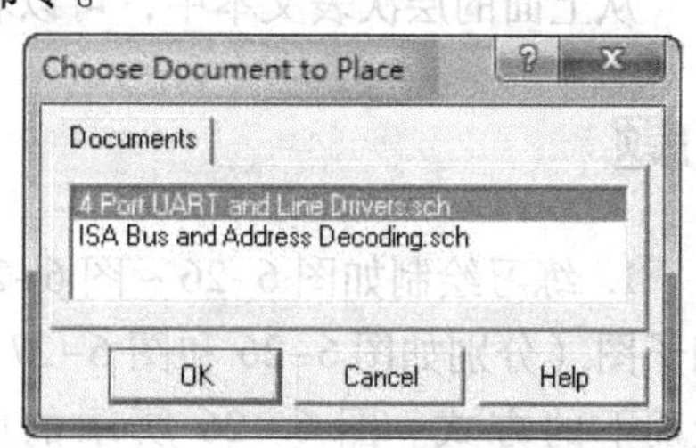

图 6-23　选择产生方块电路的文件

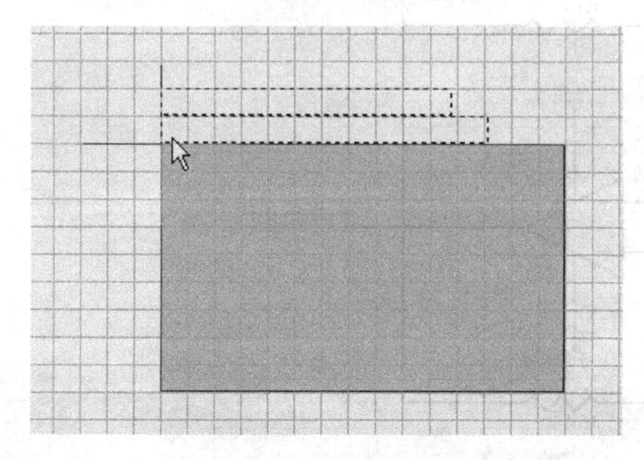

图 6-24　由原理图文件产生的方块电路符号的状态

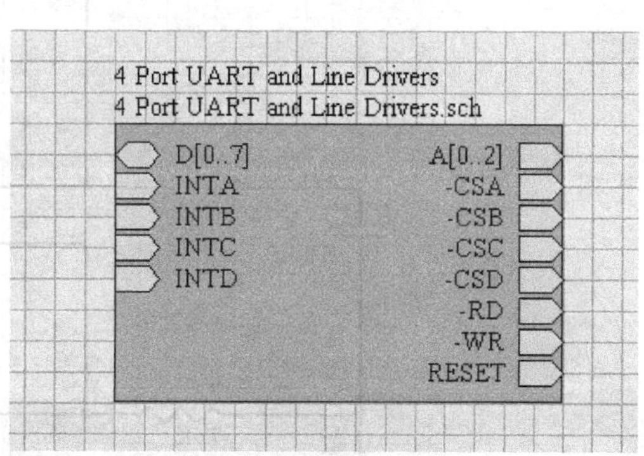

图 6-25　产生的方块电路

6.6 生成层次表

层次表记录了一个由多张绘图页组成的层次原理图的层次结构数据，其输出的结果为ASCII 文件，文件的格式为“. rep”。生成层次原理图的操作如下。

1）打开已经绘制的层次原理图，比如打开前面绘制的层次原理图，如图 6-18 所示。

2）执行“Reports”→“Design Hierarchy”命令，系统将会生成该原理图的层次关系，如下文本所示。

```
Design Hierarchy Report for D:\Program Files\Design Explorer 99 SE\Examples\4 Port Serial Interface. ddb
4 Port Serial Interface
    Libraries
        4 Port Serial Interface PCB Library. lib
        4 Port Serial Interface Schematic Library. lib
    4 Port Serial Interface Board. pcb
    4 Port Serial Interface. prj
        4 Port UART and Line Drivers. sch
    ISA Bus and Address Decoding. sch
            Address Decoder. pld
```

从上面的层次表文本中，可以看到原理图的层次关系。

习题

1. 练习绘制如图 6-26 ~ 图 6-28 所示的层次原理图。在绘制层次原理图前，可以先绘制子图（分别如图 6-26 和图 6-27 所示），再绘制主原理图（如图 6-28 所示），即采用自上而下的方式。图 6-26 所示的图形保存为 CLOCK. sch，图 6-27 所示的图形保存为 SIN. sch，然后绘制层次原理图。

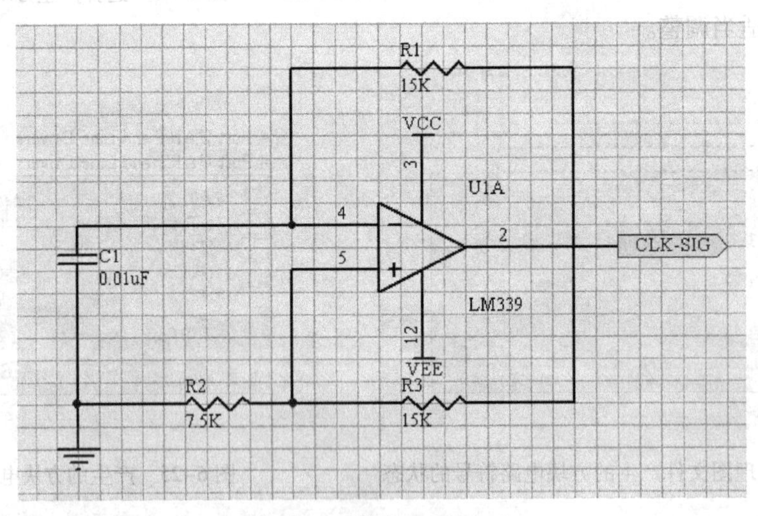

图 6-26　子图 CLOCK. sch

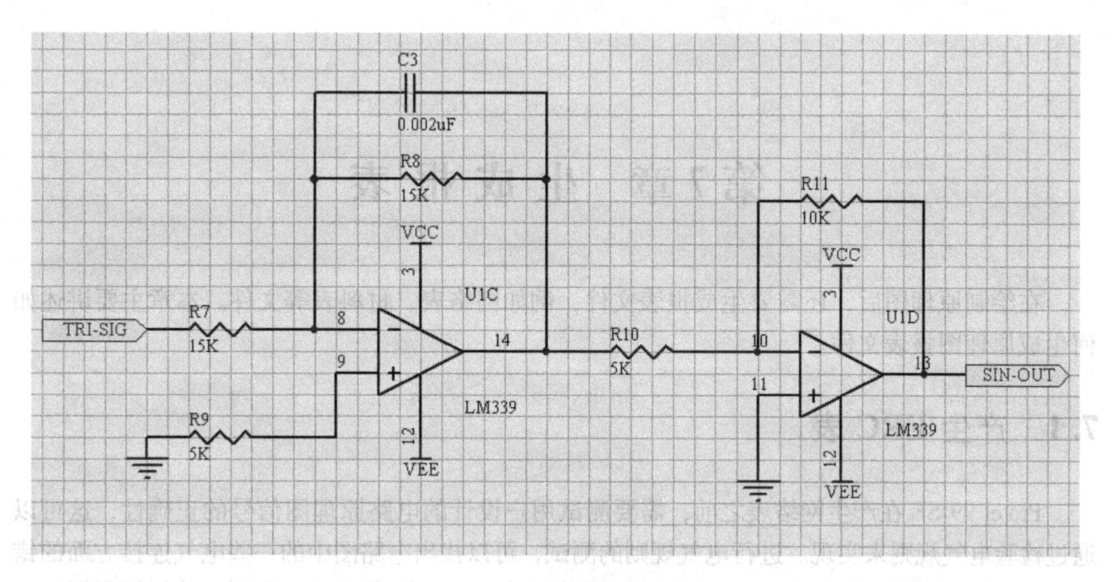

图 6-27　子图 SIN. sch

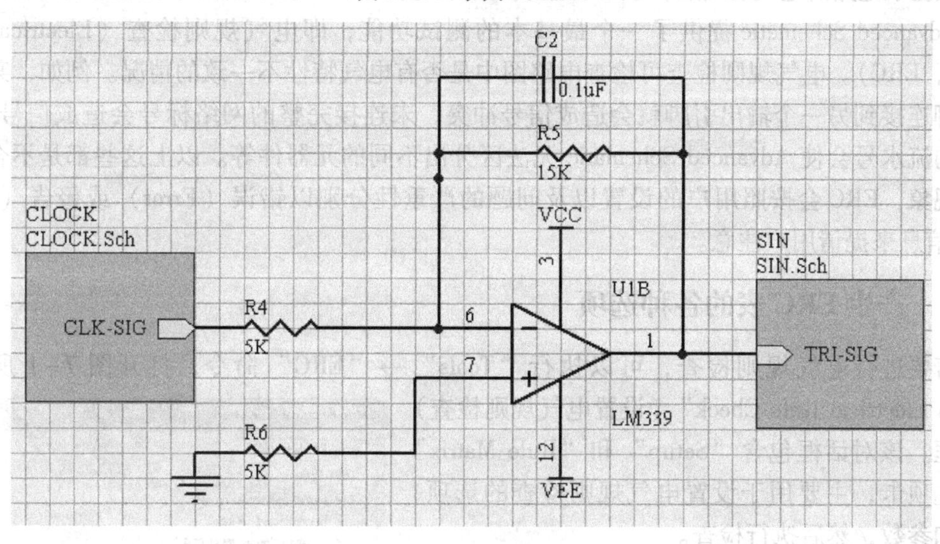

图 6-28　主图 TRI. prj

说明：绘制该层次原理图时，也可以先绘制主层次原理图，再绘制子图，即采用自下而上的方式。

2. 说明层次原理图的主要作用，并体会本书所介绍的几种建立层次原理图的方法。

第7章　生成报表

在绘制原理图后，还需要生成报表文件，例如网络表、材料表等文件。本章主要讲述如何生成原理图报表文件。

7.1　产生 ERC 表

Protel 99 SE 在产生网络表之前，需要测试用户设计的电路原理图信号的正确性，这可以通过检验电气规则来实现。进行电气规则的测试，可以找出电路图中的一些电气连接方面的错误。检验了电路的电气规则后，就可以生成网络表等报表，以便于后面印制电路板的制作。

Advanced Schematic 提供了一个最基本的测试功能，即电气规则检查（Electrical Rule Check，ERC）。电气规则检查可检查电路图中是否有电气特性不一致的情况。例如，某个输出引脚连接到另一个输出引脚就会造成信号冲突，未连接完整的网络标号会造成信号断线，重复的流水号会使 Advanced Schematic 无法区分出不同的元器件等。以上这些都是不合理的电气现象，ERC 会按照用户的设置以及问题的严重性分别以错误（Error）或警告（Warning）信息来提请用户注意。

7.1.1　产生 ERC 表的各种选项

若要进行电气规则检查，可以执行“Tools”→“ERC”命令，打开图 7-1 所示的“Setup Electrical Rule Check”（设置电气规则检查）对话框。该对话框包含“Setup”和“Rule Matrix”两个选项卡，主要用于设置电气规则检查的选项、范围和参数，然后执行检查。

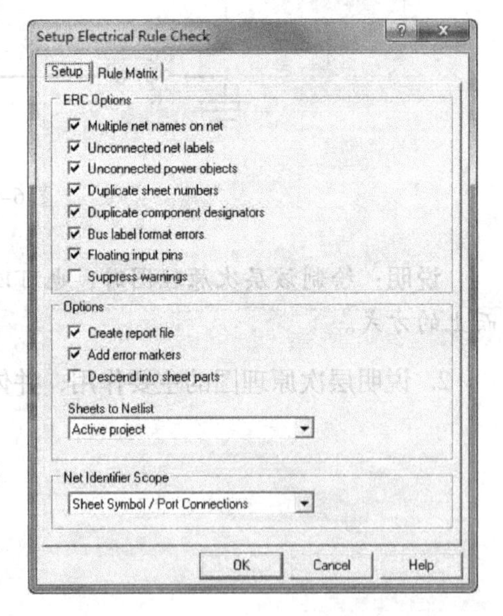

图 7-1　“Setup Electrical Rule Check”（设置电气规则检查）对话框

1）“Setup”选项卡如图 7-1 所示，其各选项含义如下。

- Multiple net names on net：检查同一个网络上是否拥有多个不同名称的网络标号。
- Unconnected net labels：检查绘图页中是否有未连接到其他电气对象的网络标号。
- Unconnected power objects：检查是否有未连接到其他电气对象的电源对象。
- Duplicate sheet numbers：检查项目中是否有号码相同的绘图页。
- Duplicate component designators：检查绘图页中是否有流水号相同的元器件。若没有执行

"Tools" → "Annotate" 命令对所有元器件重新排号，或是没有执行 "Tools" → "Complex to Simple" 命令将一个复杂层次化项目转换成简单的层次化设计，这种情况最常发生。

- Bus label format errors：检查附加在总线上的网络标号的格式是否非法，以至于无法正确地反映出信号的名称与范围。由于总线的逻辑连通性是由放置在总线上的网络标号来指定的，所以总线的网络标号应该能够描述全部的信号。
- Floating input pins：检查是否有未连接到任何其他网络的输入引脚，即出现所谓的浮空（Floating）情形。
- Suppress warnings：设置在执行 ERC 时，忽略警告（Warning）等级的情况，而只对错误（Error）等级的情况进行标识。这种做法主要是为了让设计师省略一部分失误条件以加速 ERC 流程。但是，为了确保电路完美无缺，在作品最后一次进行 ERC 时，千万不要选中这个复选框。
- Create report file：设置列出全部 ERC 信息并产生一个文本报告。
- Add error markers：设置在绘图页上有错误或警告情况的位置上放置错误标记（Error Markers）。这些错误标记可以帮助用户精确地找出有问题的网络连线。
- Descend into sheet parts：要求在执行 ERC 时，同时深入绘图页元器件中进行检查。所谓绘图页元器件（Sheet Parts）就是一个"举止行为"都很像绘图页符号的元器件，它的引脚与其对应的子层绘图页上的输入/输出端口连通。子层的绘图页文件的路径与名称就定义在该元器件的 "Sheet Part path" 数据栏中。
- Net Identifier Scope：设置网络标号的工作范围。网络标号的范围主要是在一个多张绘图页的设计中决定网络连通性的方法。

2）"Rule Matrix" 选项卡如图 7-2 所示。这是一个彩色的正方形区块，称为电气规则矩阵。

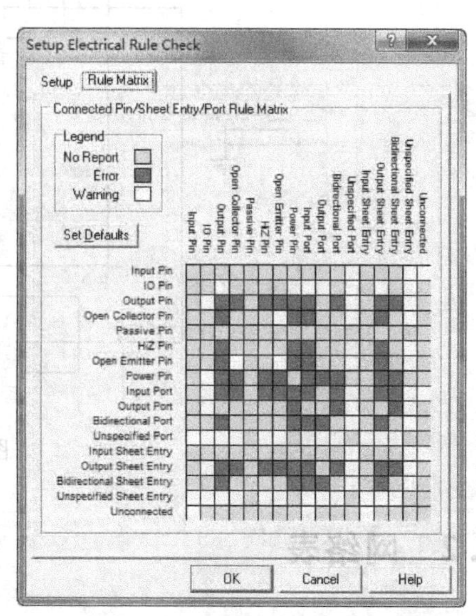

图 7-2 "电气规则矩阵" 选项卡

该选项卡主要用来定义各种引脚、输入/输出端口、绘图页出入端口彼此间的连接状态是否已经构成错误（Error）或警告（Warning）等级的电气冲突。所谓错误情形是指电路中有严重违反电子电路原理的连线情况出现，如 VCC 电源与 GND 接地短路这种情况；所谓警告情形是指某些轻微违反电子电路原理的连线情况（甚至可能是设计者故意的），由于系统不能确定它们是否真正有误，所以就用警告等级的信息来提醒设计者。

这个矩阵是以交叉接触的形式读入的。如要看输入引脚连接到输出引脚的检查条件，就观察矩阵左边的 "Input Pin" 这一行和矩阵上方的 "Output Pin" 这一列之间的交叉处即可（默认为绿色方块）。矩阵中以彩色方块来表示检查结果。绿色方块表示这种连接方式不会产生任何错误或警告信息（如某一输入引脚连接到某一输出引脚），黄色方块表示这种连接方式会产生警告信息（譬如未连接的输入引脚），红色方块则表示这种连接方式会产生错误（譬如两个输出引脚连接在一起）。

电气规则矩阵定义的检查条件可由用户自行加以修改，只需在矩阵方块上单击进行切换即可。切换顺序为绿色（No Report，不产生报表）、黄色（Warning，警告）与红色（Error，错误），然后回到绿色。

7.1.2 ERC 表

生成 ERC 表的步骤如下。

1）打开原理图文件，执行“Tools”→“ERC”命令。

2）执行该命令后，将会出现图 7-1 所示的对话框，用户可以设置有关电气规则检查的选项。

3）设置完电气规则检查选项后，程序自动进入文本编辑器并生成相应的检查报告，如图 7-3 所示。

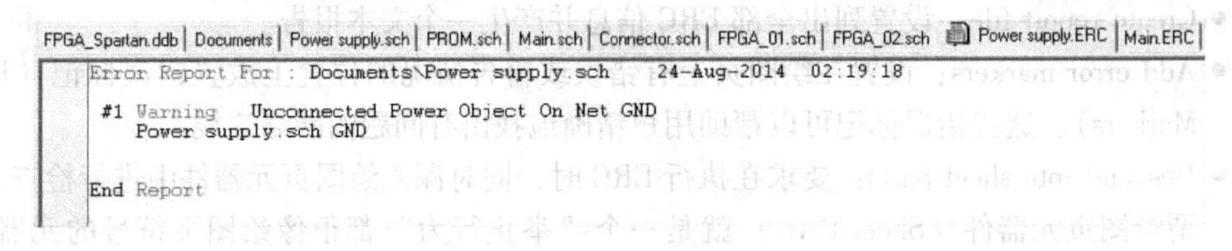

图 7-3 电气规则检查报告

4）系统在发生错误的位置标记红色的符号，提示错误的位置，如图 7-4 所示。

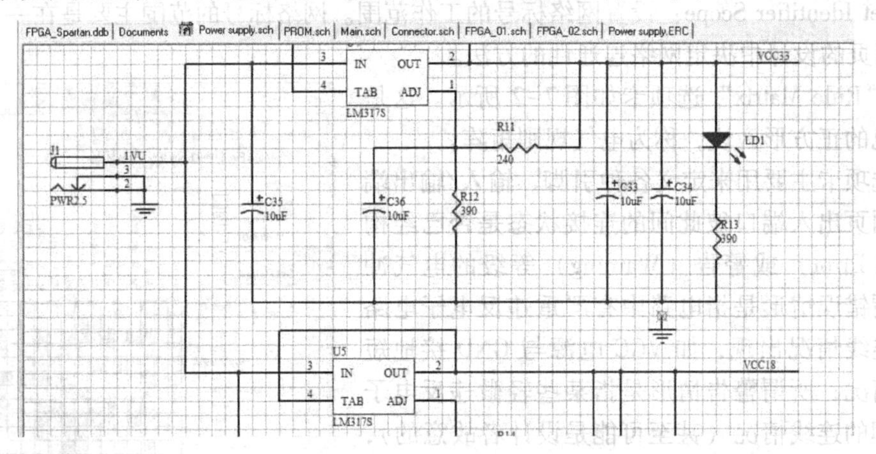

图 7-4 错误标记

7.2 网络表

在 Advanced Schematic 所产生的各种报表中，以网络表（Netlist）最为重要。绘制电路图的最主要的目的就是为了将设计电路转换成一个有效的网络表，以供其他后续处理程序（例如 PCB 程序或仿真程序）使用。由于 Protel 系统高度的集成性，可以在不离开绘图页编辑程序的情况下，直接执行命令产生当前原理图或整个项目的网络表。

在由原理图产生网络表时，使用的是逻辑的连通性原则，而非物理的连通性。也就是说，只要是通过网络标号所连接的网络就被视为有效的连接，而并不需要真正地由连线

（Wire）将网络各端点实际地连接在一起。

网络表有很多种格式，通常为ASCII码文本文件。网络表的内容主要为原理图中各元器件的数据（流水号、元器件类型与包装信息）以及元器件之间网络连接的数据。某些网络表格式可以在一行包括这两种数据，但是Protel中大部分的网络表格式都是将这两种数据分为不同的部分，分别记录在网络表中。有些网络表中还可包含诸如元器件文字（Component Text）或网络文字栏（NetText Fields）等额外的信息，某些仿真程序或PCB程序需要这些信息。

由于网络表是纯文本文件，所以用户可以利用一般的文本编辑程序自行建立或修改已存在的网络表。当用手工方式编辑网络表时，在保存文件时必须以纯文本格式来保存。

7.2.1 产生网络表的各种选项

产生网络表可以通过执行“Design”→“Create Netlist”命令来进行。执行该命令后将打开“Netlist Creation”对话框，该对话框又包含“Preferences”和“Trace Options”两个选项卡，分别如图7-5和图7-6所示。

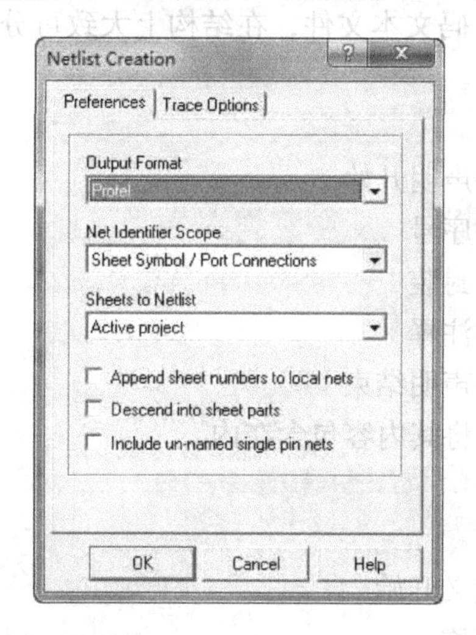

图7-5 “Preferences”选项卡

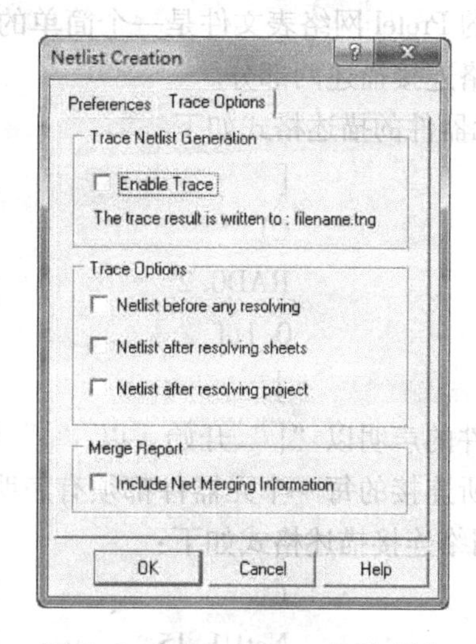

图7-6 “Trace Options”选项卡

（1）“Preferences”选项卡

“Preferences”选项卡中各选项的含义如下。

- Output Format：选择网络表输出的格式。
- Net Identifier Scope：设置网络标签的工作范围。如同ERC表的设置，包括“Net Labels and PortsGlobal”“Only Ports Global”和“Sheet Symbol/Port Connections”3个可选项。
- Append sheet number to local nets：设置在产生网络表时，为每个网络编号附加绘图页号码数据。假如在“Net Identifier Scope”（网络标签范围）下拉列表框中选择“Only Ports Global”项，那么各绘图页中的网络标签为区域性的。也就是说，在不同的绘图页中可能有名称相同的网络标签。通过附加绘图页号码的功能，可以确保在产生的网络表中每个网络的编号都是独一无二的。
- Descend into sheet parts：当使用绘图页元器件时，应该选中这个复选框，从而使产生的网络表将绘图页元器件层次下的绘图页也包含在内。绘图页元器件必须在其

"Part"对话框的"Sheet Path"文本框中标示出其对应的子绘图页文件路径与名称。

- Include un-named single pin nets：设置产生网络表时，也将所有未命名的单边连线都包含在内。所谓单边连线指的是只有一端接到电气对象，而另一端空接（Floating）的连线。

（2）"Trace Options"选项卡

"Trace Options"选项卡中各选项的含义如下。

- Enable Trace：设置将产生网络表的过程记录下来，并存入".tng"跟踪记录文件中。
- Netlist before any resolving：设置在分解电路之前就产生网络表。
- Netlist after resolving sheets：设置在分解打开的绘图页后才产生网络表。
- Netlist after resolving project：设置在分解整个项目后才产生网络表。
- Include Net Merging Information：设置将合并网络的数据也包括到跟踪记录文件中。

7.2.2 Protel 网络表格式

标准的 Protel 网络表文件是一个简单的 ASCII 码文本文件，在结构上大致可分为元器件描述和网络连接描述两部分。

1）元器件的描述格式如下：

[	元器件声明开始
C1	元器件序号
RAD0.2	元器件封装
0.1uf	元器件注释
]	元器件声明结束

元器件的声明以"["开始，以"]"结束，将其内容包含在内。

网络所连接的每一个元器件都须有声明。

2）网络连接描述格式如下：

(	网络定义开始
NetU1_15	网络名称
U1-15	元器件序号及元器件引脚号
U11-9	元器件序号及元器件引脚号
)	网络定义结束

网络定义以"("开始，以")"结束，将其内容包含在内。网络定义首先要定义该网络的各端口。网络定义中必须列出连接网络的各个端口。

7.2.3 生成网络表

以图 7-7 为例，假定在一个 FPGA 应用系统设计中，主电路文件是一个层次原理图，由 5 个原理图文件构成。层次原理图将 5 个原理图文件的电气连接都合并在一起，所以只要生成 Main.sch 文件的网络表即可。下面讲述生成网络表的一般步骤。

1）执行"Design"→"Create Netlist"命令。

2）执行该命令后，会出现图 7-5 所示的对话框，用户可以对对话框进行设置。

3）对话框设置完后，将进入 Protel 99 SE 的记事本程序，并保存为".net"文件，产生如图 7-8 所示的网络表。

Design Explorer - [F:\Protel Examples\FPGA_Spartan\FPGA_Spartan.ddb]
File Edit View Place Design Tools Simulate PLD Reports Window Help
Explorer
Browse Sch
FPGA_Spartan.ddb
Documents
Power supply.sch
PROM.sch
Main.sch
FPGA_01.sch
Connector.sch
FPGA_02.sch
Main.NET
Design Desktop
Active Design Stations
FPGA_Spartan.ddb
Design Team
Recycle Bin
Documents
FPGA_Spartan.lib
FPGA_Spartan.pcb
Main.cfg
Main.ERC
Main.NET
Main.REP
Main.sch
Connector.sch
FPGA_01.sch
FPGA_02.sch
Power supply.s
PROM.sch
Power supply.ERC
FPGA_01
FPGA_01.sch
FPGA_02
FPGA_02.sch
Connector
Connector.sch
Power supply
Power supply.sch
PROM
PROM.sch
X:640 Y:660
Idle state - ready for command

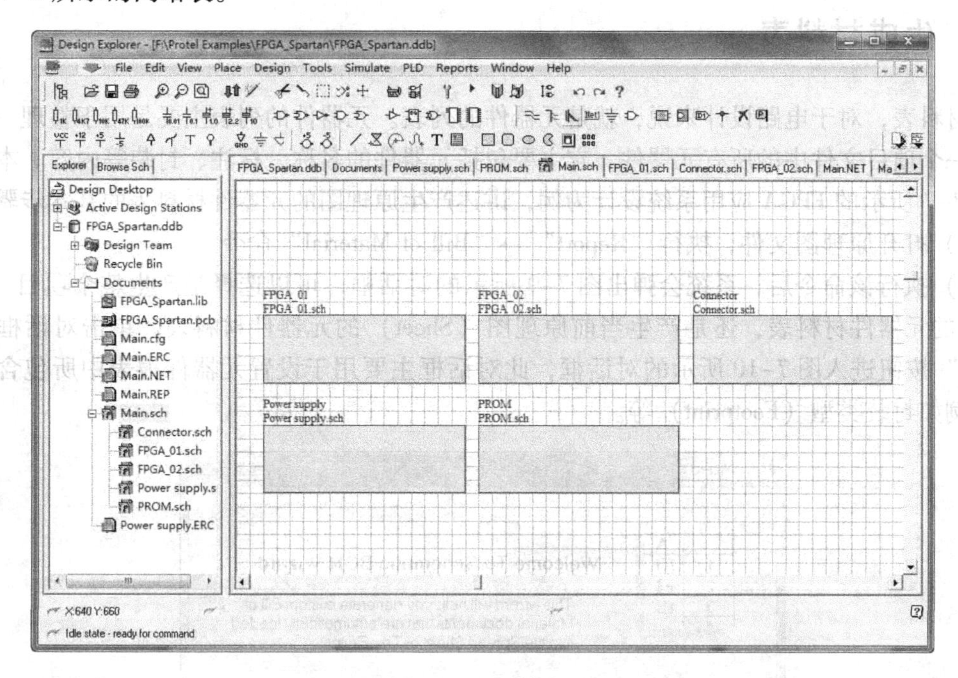

图 7-7　原理图

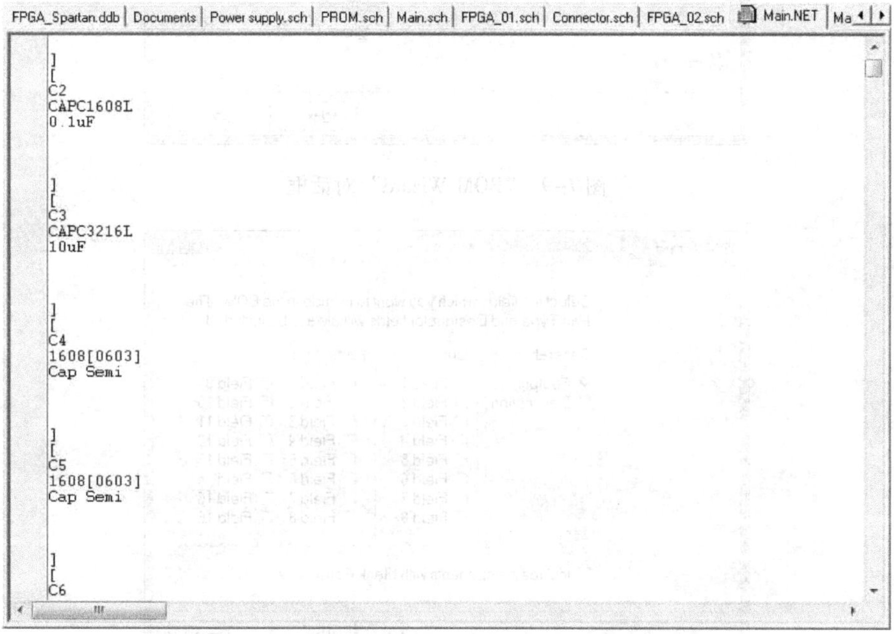

FPGA_Spartan.ddb
Documents
Power supply.sch
PROM.sch
Main.sch
FPGA_01.sch
Connector.sch
FPGA_02.sch
Main.NET
]
[
C2
CAPC1608L
0.1uF
]
[
C3
CAPC3216L
10uF
]
[
C4
1608[0603]
Cap Semi
]
[
C5
1608[0603]
Cap Semi
]
[
C6

图 7-8　网络表文件

注意： 网络表是联系原理图和 PCB 的中间文件，PCB 布线需要网络表文件（.net）。需要知道的是，网络表文件不但可以从原理图获得，而且可以自己按规则编写，同样可以用来建立 PCB。

7.3 生成材料表

材料表，对于电路设计来说，就是元器件的列表。元器件的列表主要是用于整理一个电路或一个项目文件中的所有元器件。它主要包括元器件的名称、标注、封装等内容。本节中以图 7-7 所示的 FPGA 应用系统设计为例，讲述产生原理图的元器件材料表的基本步骤。

1）打开原理图文件，执行“Report”→“Bill of Material”命令。

2）执行该命令后，系统会弹出图 7-9 所示的对话框，可以选择是产生整个项目（Project）的元器件材料表，还是产生当前原理图（Sheet）的元器件材料表。单击对话框中的“Next”按钮进入图 7-10 所示的对话框，此对话框主要用于设置元器件报表中所包含的内容，例如封装类型（Footprint）等。

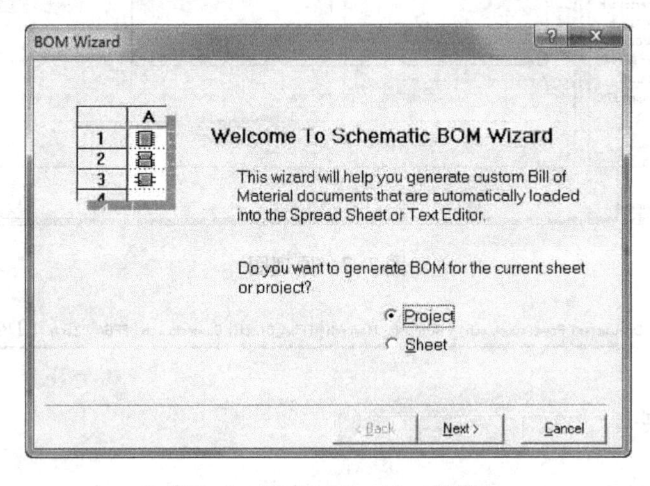

图 7-9 “BOM Wizard”对话框

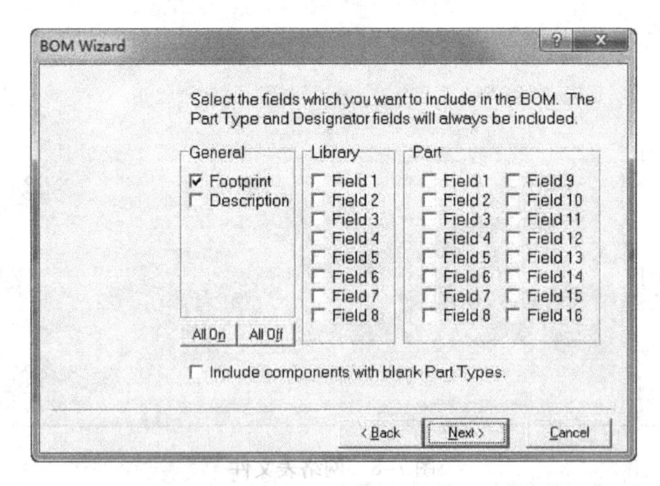

图 7-10 设置元器件报表内容

3）设置完毕后，单击对话框中的“Next”按钮，进入图 7-11 所示的对话框，要求选择需要加入表中的文字栏，然后单击对话框中的“Next”按钮，进入图 7-12 所示的对话框。在该对话框中选择最终的元器件材料表以何种格式产生，系统共提供了 Protel Format、

CSV Format 和 Client Spreadsheet 这三种格式。在此实例中选择“Client Spreadsheet”复选框（即电子表格格式）。

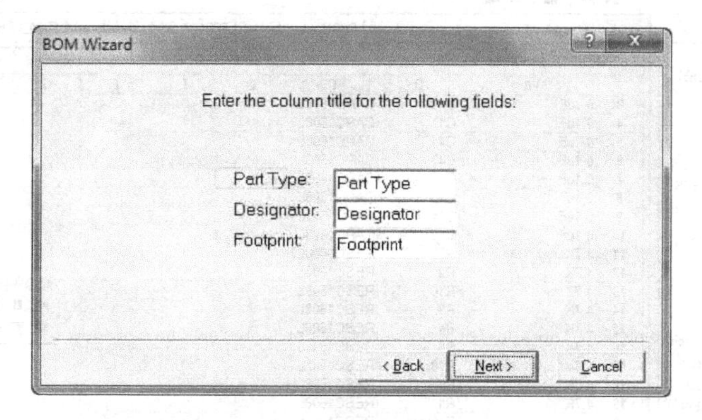

图 7-11　定义元器件材料表和项目名称

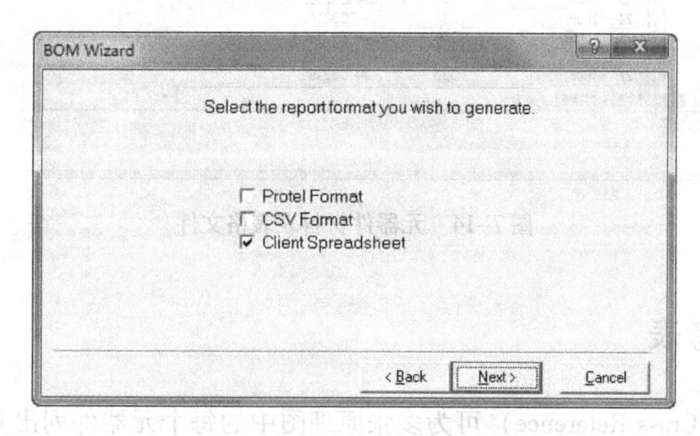

图 7-12　选择产生的元器件材料表的格式

4）选择“Client Spreadsheet”复选框后，单击对话框中的“Next”按钮，进入图 7-13 所示的对话框。然后单击“Finish”按钮，程序会进入表格编辑器，并生成扩展名为“xls”的元器件材料表，如图 7-14 所示。

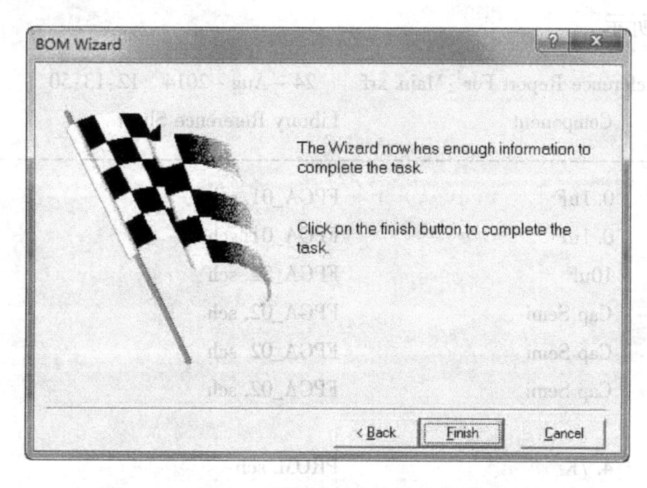

图 7-13　执行元器件材料表产生命令对话框

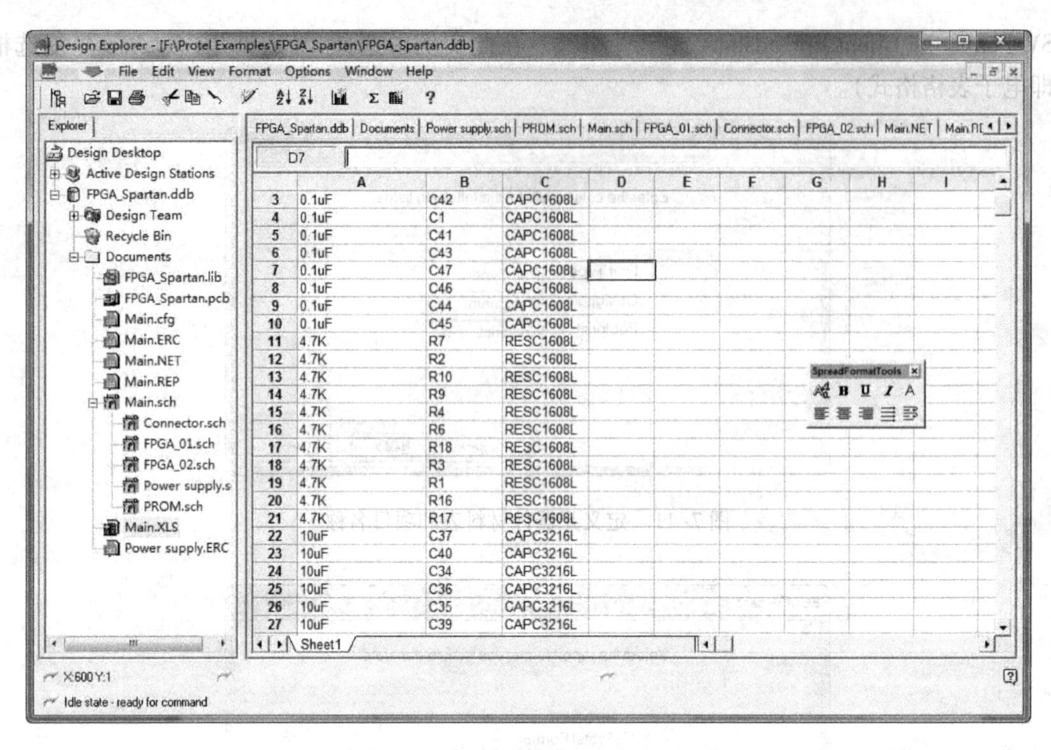

图 7-14　元器件材料表表格文件

7.4　交叉参考表

交叉参考表（Cross Reference）可为多张原理图中的每个元器件列出其元器件类型、流水号和隶属的绘图页文件名称。这是一个 ASCII 码文件，扩展名为“xrf”。建立交叉参考表的步骤如下。

1）执行“Reports”→“Cross Reference”命令。

2）执行该命令后，程序就会进入 Protel 99 SE 的“TextEdit”文本编辑器，并生成相应的报表文件，如下所示。

Part Cross Reference Report For : Main. xrf　　24 - Aug - 2014　12:13:50

Designator	Component	Library Reference Sheet
C1	0. 1uF	FPGA_01. sch
C2	0. 1uF	FPGA_01. sch
C3	10uF	FPGA_02. sch
C4	Cap Semi	FPGA_02. sch
C5	Cap Semi	FPGA_02. sch
C6	Cap Semi	FPGA_02. sch
……		
R16	4. 7K	PROM. sch
R17	4. 7K	PROM. sch

R18	4.7K	PROM.sch
S1	SW - PB	FPGA_01.sch
U1	Oscillator	FPGA_01.sch
U2	Oscillator	FPGA_01.sch
U3A	XC2S300E - 6PQ208C	FPGA_01.sch
U3B	XC2S300E - 6PQ208C	FPGA_01.sch
U3C	XC2S300E - 6PQ208C	FPGA_01.sch
……		

7.5 网络比较表

网络比较表（Netlist Comparison）可比较用户指定的两份网络表，并将两者的差别列成文件。网络比较表是一个 ASCII 码文件，其扩展名为“rep”。通常，当更新电路图版本时，可利用该功能将新版电路的修正部分记录下来存盘备查。

1）执行“Report”→“Netlist Compare”命令。

2）执行该命令后，会出现图 7-15 所示的对话框。用户在对话框中选择参与比较的第一个网络文件。结束后，单击“OK”按钮，会再次弹出图 7-15 所示的对话框，提示用户选择用来进行比较的第二个网络文件。

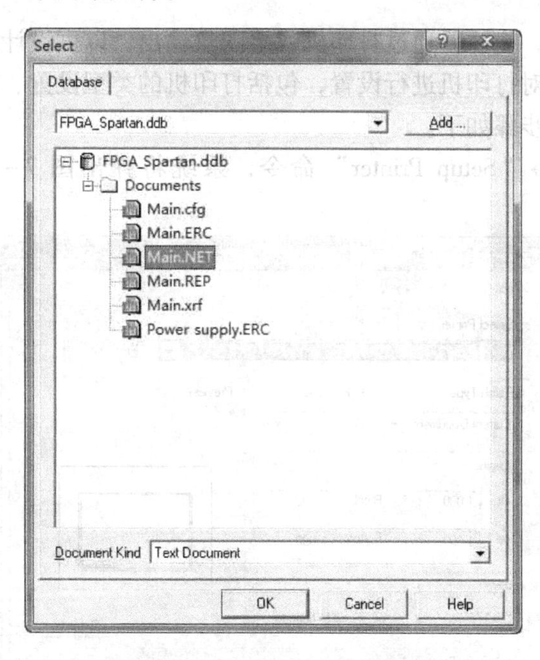

图 7-15　输入第一个网络文件

3）比较后，程序自动进入文本编辑框，并产生如图 7-16 所示的报表文件。这个文件最后将两个网络文件进行了比较，并且告诉设计人员有哪些不同之处，从而便于设计后进行查验。

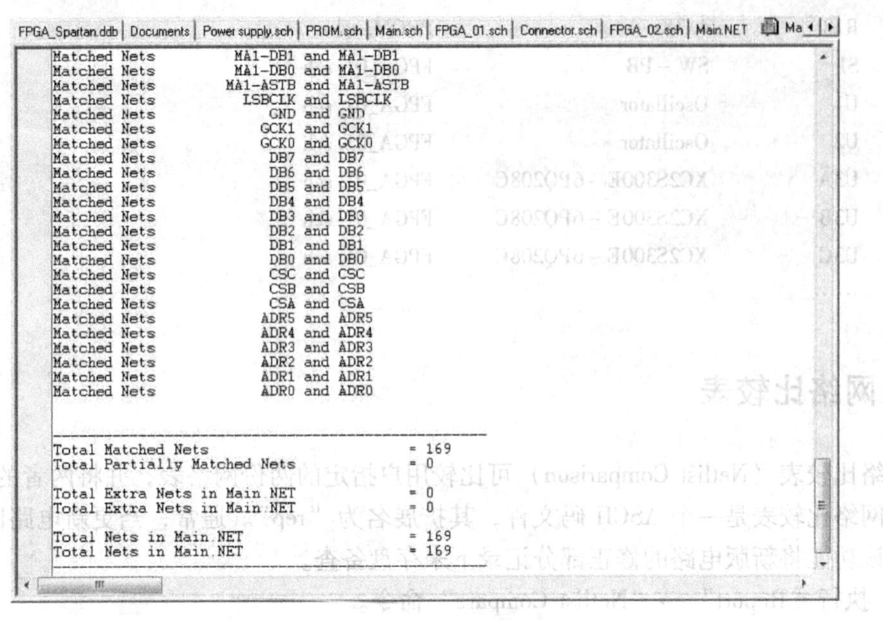

图 7-16 网络比较表文件

7.6 原理图的打印输出

原理图绘制结束后，往往要通过打印机或绘图仪输出，以供设计人员参考、备档。用打印机打印输出，首先要对打印机进行设置，包括打印机的类型设置、纸张大小的设置、原理图纸的设置等，其基本步骤如下。

1）执行“File”→“Setup Printer”命令，系统将弹出图 7-17 所示的“Schematic Printer Setup”对话框。

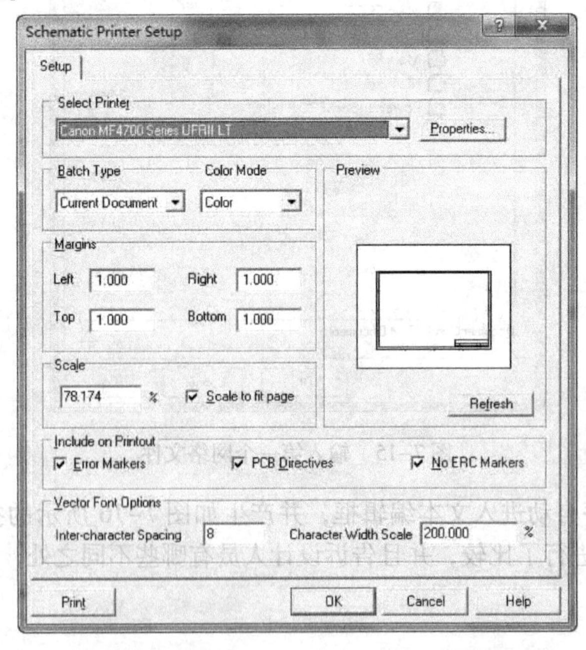

图 7-17 “Schematic Printer Setup”对话框

2）设置各项参数。在这个对话框中需要设置打印机类型，选择目标图形文件类型，设置颜色等。

- Select Printer：选择打印机。用户根据实际的硬件配置来进行设置。
- Batch Type：选择输出的目标图形文件，有两种选择。“Current Document”表示只打印当前正在编辑的图形文件。“All Document”表示打印输出整个项目中的所有文件。
- Color Mode：输出颜色的设置。“Color”表示彩色输出；“Monochrome”表示单色输出。
- Margins：设置页边空白宽度。
- Scale：设置缩放比例。

3）单击图 7-17 中的“Properties”按钮，会出现图 7-18 所示的对话框，可以进行打印机分辨率、纸张的大小、纸张的方向的设置。

图 7-18 “打印设置”对话框

用户只需单击“属性”按钮，即可对打印机属性进行设置。

4）执行“File”→“Print”命令，系统会按照上述设置进行打印。

习题

1. 网络表是否一定要从原理图生成？网络表的主要作用是什么？
2. 绘制图 7-19 所示的直流稳压电源电路原理图，检验其电气规则并生成网络表。
3. 阐述元器件材料表的主要作用，并练习生成元器件材料表的过程。

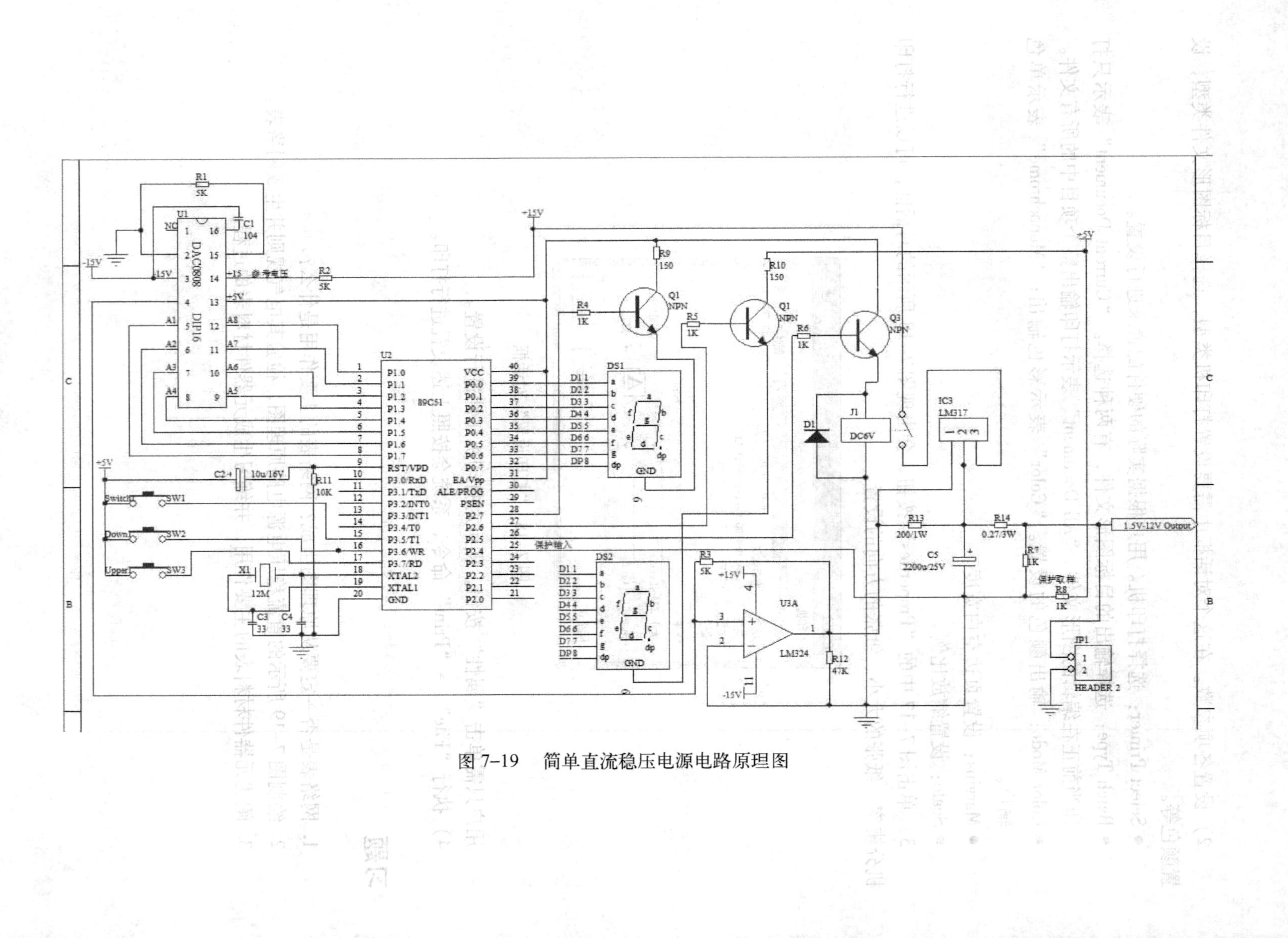

图 7-19　简单直流稳压电源电路原理图

第 8 章　印制电路板基础

在学习使用 Protel 进行电路设计和印制电路板（PCB）制作之前，先讲述 PCB 的基础知识。因为原理图的设计目标主要是进行后续的 PCB 设计，所以在学习具体的原理图设计和 PCB 制作之前，了解基本的 PCB 知识是很重要的。

8.1　印制电路板概述

在学习使用 Protel 进行 PCB 设计前，先了解印制电路板的结构，理解一些基本概念，尤其是涉及布线规则时，这些概念很重要。

8.1.1　印制电路板的分类

印制电路板可以按照板的层数来分类，通常可分为单面板、双面板和多层板 3 种。

（1）单面板

单面板是一种只能在一面布线、另一面只能进行焊接元器件的电路板。通常，包含电路的一侧为焊接面，而另一侧则为元器件面。单面板成本低，只用于简单的电路设计。由于单面板走线只能在一面上进行，因此，它的设计往往比双面板或多层板困难得多。图 8-1 所示即为单面板的结构示例。

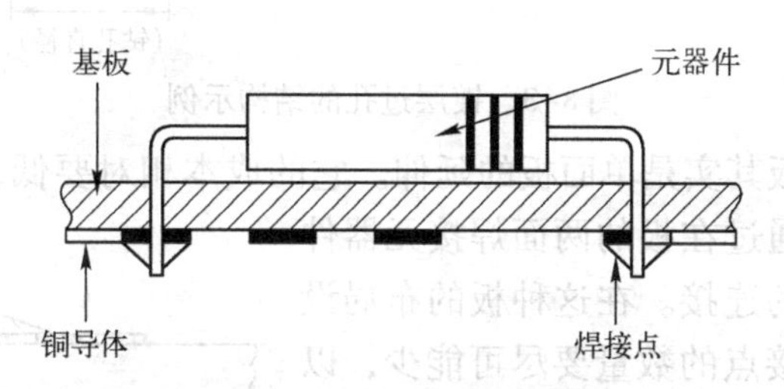

图 8-1　单面板的结构示例

通常，简单的电路元器件可以在单面布线上进行连接，但是如果没法连接的话，那么就需要使用飞线。但是不能使用过多的飞线，这样的话，就可以使用双面板来实现较为复杂的电路 PCB 设计。

（2）双面板

双面板包括顶层（Top Layer）和底层（Bottom Layer）两层，中间为绝缘基板。两层都可以进行电路布线，也就是说，在元器件面和焊接面都具有电路走线。很显然，双面板的元器件密度和走线密度要远高于单面板，所以双面板的电路可以比单面板复杂得多，但布线比较容易，是制作电路板比较理想的选择。通常有两种类型的双面板，即具有镀层过孔的双面板和没有镀层过孔的双面板。图 8-2 所示为两种类型的双面板的结构示例。

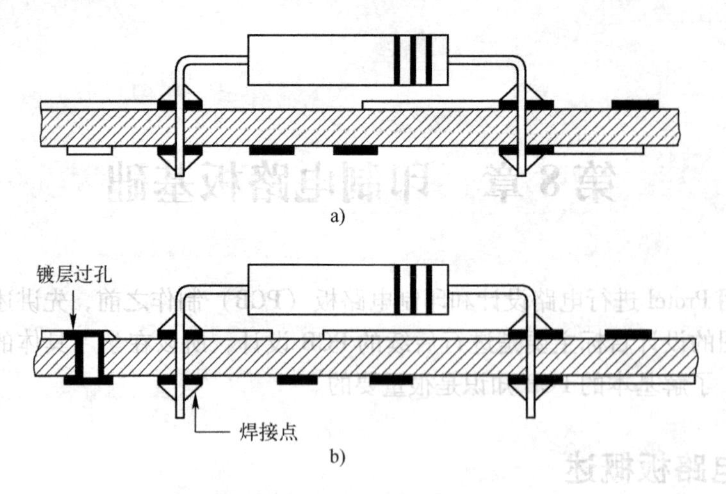

图 8-2　双面板的结构示例

a）无镀层过孔的双面板　b）有镀层过孔的双面板

带镀层过孔的双面板在绝缘基板的两侧都具有电路，两侧的电路通过那些具有金属导体镀层的过孔相连接。这样就可以实现复杂电路的设计，并使布线密度大大提高。图 8-3 所示即为镀层过孔的结构示例。

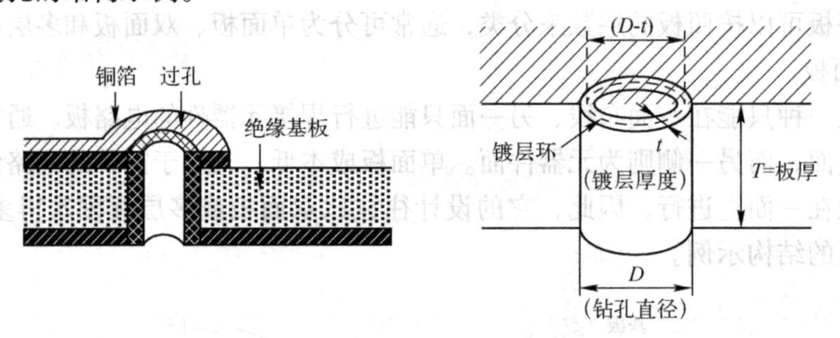

图 8-3　镀层过孔的结构示例

无镀层过孔的双面板其实是单面板的延伸。它的成本相对要低，因为不需要镀层过孔。在这种情况下，就需要通过在板的两面焊接元器件的引脚，从而实现电路的连接。在这种板的布局设计中，在元器件面的焊接点的数量要尽可能少，以便移除元器件。通常，建议在这样的双面板设计时，尽可能将电路连接导线放置在非元器件面。图 8-4 所示即为双面板的无镀层过孔示例，在板的两侧都需要进行焊接。

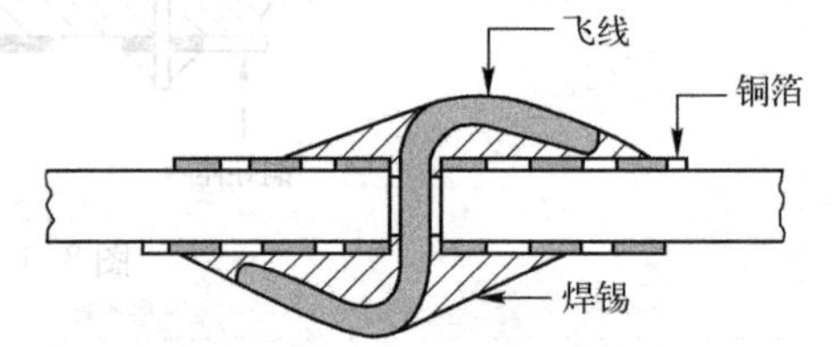

图 8-4　双面板的无镀层过孔示例

（3）多层板

多层或多层印制电路板是由两层以上的导电层（铜层）彼此相互叠加组成的电路板。多层板包含了多个工作层或电源层的电路板，包括顶层、底层以及中间层、内部电源或接地层等。多层板是印制电路板中最复杂的一种类型。由于制造过程的复杂性、较低的生产量和重做的困难，它们的价格相对较高。

随着电子技术的高速发展，电子产品越来越精密，电路板也就越来越复杂，多层电路板的应用也越来越广泛。在高速电路中，多层板也是非常有用的，它们可以为印制电路板的设计者提供多于两层的板面来布设导线，并提供大的接地和电源区域。

由于集成电路封装密度的增加，导致了互连线的高度集中，这使得多层板的使用成为必然趋势。在印制电路板的版面布局中，出现了不可预见的设计问题，如噪声、杂散电容、串扰等。所以，印制电路板设计必须致力于使信号线长度最小以及避免平行路线等。显然，在单面板中，甚至是双面板中，由于可以实现的交叉数量有限，这些需求都不能得到满意的效果。在大量互连和交叉需求的情况下，电路板要达到一个满意的性能，就必须将板层扩展到两层以上，因而出现了多层电路板。因此制造多层电路板的初衷是为复杂的和/或对噪声敏感的电子电路选择合适的布线路径提供更多的自由度。图 8-5 所示即为具有 4 层的多层板断面示意图。

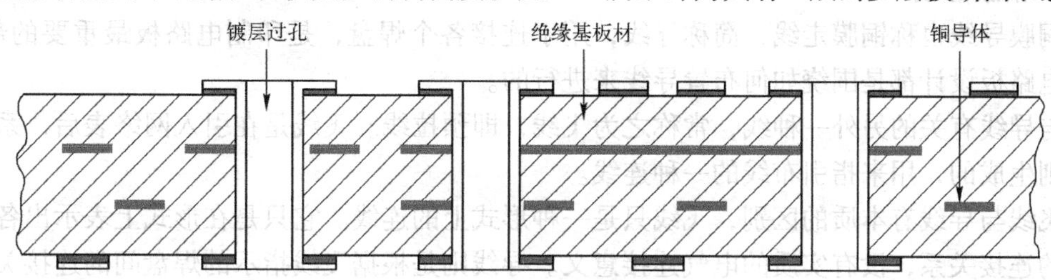

图 8-5　具有 4 层的多层板断面示意图

多层电路板至少有三层导电层，其中两层在外表面，而剩下的一层被合成在绝缘板内。它们之间的电气连接通常是通过电路板横断面上的镀层过孔来实现的。多层板的铜层被树脂层（半固化片）粘接在一起。除非另行说明，多层印制电路板和双面板一样，一般是镀层过孔多层板。

多层板是将两层或更多的电路彼此堆叠在一起制造而成的，它们之间具有可靠的预先设定好的相互连接。由于在所有的层被碾压在一起之前，已经完成了钻孔和电镀，这个技术和传统的制作过程不同。最里面的两层由传统的双面板组成，而外层则不同，它们是由独立的单面板构成的。在碾压之前，内基板将被钻孔、镀层过孔电镀、图形转移、显影以及蚀刻。被钻孔的外层是信号层，它是通过在通孔的内侧边缘形成均衡的铜的圆环这样一种方式被镀通的。随后将各个层碾压在一起形成多层板，该多层板可使用波峰焊接进行（元器件间的）相互连接。

多层板具有三层及其以上的电路层，甚至有些板多达 32 层以上。图 8-6 所示为两种多层板，四层板和八层板。

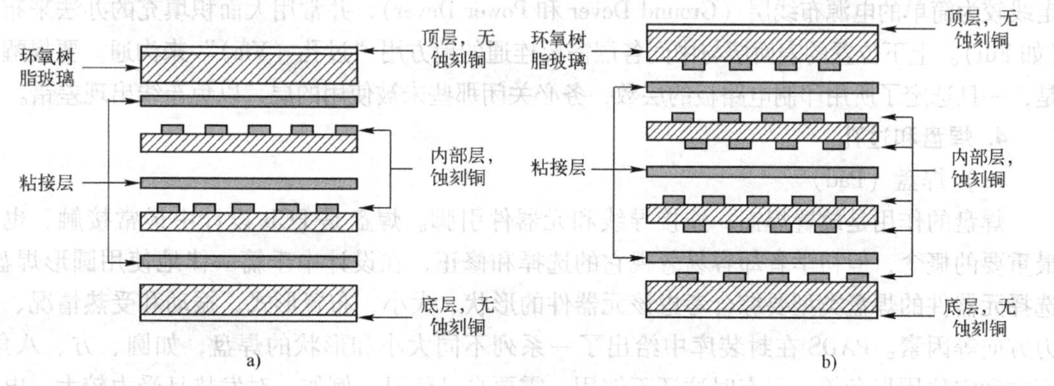

图 8-6　多层板的结构示例
a）四层板　b）八层板

8.1.2 印制电路板的基本构成单元

通常，印制电路板的基本组成单元可分为基板和导体。基板就是一块由绝缘材料做成的薄板，导体和元器件就安装在基板上，并在基板上走线。导体通常就是高纯度的铜箔或铜膜，附着在基板材料上。基板为所有铜箔区域提供机械支撑，所有元器件都连接到铜箔上。完整电路的电气属性取决于基板材料的绝缘属性。铜箔导体不仅提供了元器件间的电气连接，而且为元器件提供了可焊接的连接点。下面为基本的电路板组成单元。

1. 铜膜导线

铜膜导线也称铜膜走线，简称导线，用于连接各个焊盘，是印制电路板最重要的部分。印制电路板设计都是围绕如何布置导线来进行的。

与导线有关的另外一种线，常称之为飞线，即预拉线。飞线是在引入网络表后，系统根据规则生成的，用来指引布线的一种连线。

飞线与导线有本质的区别，飞线只是一种形式上的连线。它只是在形式上表示出各个焊盘间的连接关系，没有实质的电气连接意义。导线则是根据飞线指示的焊盘间的连接关系而布置的，是具有电气连接意义的连接线路。

2. 助焊膜和阻焊膜

各类膜（Mask）不仅是 PCB 制作工艺过程中必不可少的，而且更是元器件焊装的必要条件。按“膜”所处的位置及作用，“膜”可分为元器件面（或焊接面）助焊膜（TOP or Bottom Solder）和元器件面（或焊接面）阻焊膜（TOP or Bottom Paste Mask）两类。助焊膜是涂于焊盘上，提高可焊性能的一层膜，也就是在绿色板子上比焊盘略大的浅色圆。阻焊膜的情况正好相反，为了使制成的板子适应波峰焊等焊接形式，要求板子上非焊盘处的铜箔不能粘锡，因此在焊盘以外的各部位都要涂覆一层涂料，用于阻止这些部位上锡。可见，这两种膜是一种互补关系。

3. 层

PADS 的“层”不是虚拟的，而是印制电路板材料本身实实在在的铜箔层。现今，由于电子线路的元器件密集安装、抗干扰和布线等特殊要求，一些较新的电子产品中所用的印制电路板不仅上下两面可供走线，在板的中间还设有能被特殊加工的夹层铜箔，例如，现在的计算机主板所用的印制电路板材料大多在 4 层以上。这些层因加工相对较难而大多用于设置走线较为简单的电源布线层（Ground Dever 和 Power Dever），并常用大面积填充的办法来布线（如 Fill）。上下位置的表面层与中间各层需要连通的地方用“过孔（Via）”来沟通。要提醒的是，一旦选定了所用印制电路板的层数，务必关闭那些未被使用的层，以免布线出现差错。

4. 焊盘和过孔

（1）焊盘（Pad）

焊盘的作用是放置焊锡、连接导线和元器件引脚。焊盘是 PCB 设计中最常接触、也是最重要的概念，但初学者却容易忽视它的选择和修正，在设计中千篇一律地使用圆形焊盘。选择元器件的焊盘类型要综合考虑该元器件的形状、大小、布置形式、振动和受热情况、受力方向等因素。PADS 在封装库中给出了一系列不同大小和形状的焊盘，如圆、方、八角、圆方和定位用焊盘等，但有时这还不够用，需要自己编辑。例如，对发热且受力较大、电流较大的焊盘，可自行设计成“泪滴状”。一般而言，自行编辑焊盘时除了以上所讲的外，还要考虑以下原则。

- 形状上长短不一致时，要考虑连线宽度与焊盘特定边长的大小差异不能过大。
- 需要在元器件引脚之间走线时，选用长短不对称的焊盘往往事半功倍。
- 各元器件焊盘孔的大小要按元器件引脚粗细分别编辑确定，原则是孔的尺寸比引脚直径大 0.2~0.4 mm。

(2) 过孔（Via）

为连通各层之间的线路，在各层需要连通的导线的交汇处钻一个公共孔，这就是过孔。过孔有 3 种，即从顶层贯通到底层的穿透式过孔、从顶层通到内层或从内层通到底层的盲过孔以及内层间的隐藏过孔。

过孔从上面看上去，有两个尺寸，即通孔直径和过孔直径，如图 8-7 所示。通孔和过孔之间的孔壁，用于连接不同层的导线。

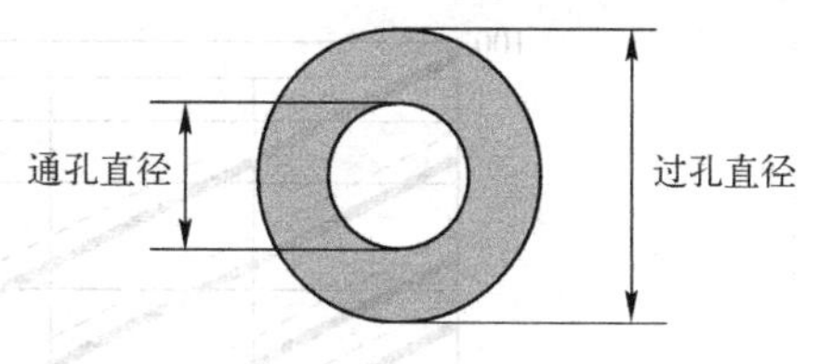

图 8-7　过孔尺寸

一般而言，设计线路时对过孔处理遵循以下原则。

- 尽量少用过孔，一旦选用了过孔，务必处理好它与周边各实体的间隙，特别是容易被忽视的中间各层与过孔不相连的线与过孔的间隙。
- 需要的载流量越大，所需的过孔尺寸越大，如电源层和地层与其他层连接所用的过孔就要大一些。

5. 丝印层

为方便电路的安装和维修，在印制电路板的上、下两表面印上所需要的标志图案和文字代号等，例如元器件标号和标称值、元器件外廓形状和厂家标志、生产日期等，这就称为丝印层（Silkscreen Top/Bottom Overlay）。不少初学者设计丝印层的有关内容时，只注意文字符号放置得整齐美观，而忽略了实际制出的 PCB 效果。在设计出的印制板上，字符不是被元器件挡住就是侵入了助焊区而被抹除，还有的把元器件标号打在相邻元器件上，如此种种的设计都将会给装配和维修带来很大不便。

6. 敷铜

对于抗干扰要求比较高的电路板，常常需要在 PCB 上敷铜。敷铜可以有效地实现电路板的信号屏蔽作用，提高电路板信号的抗电磁干扰的能力。通常有两种敷铜方式，一种是实心填充方式，另一种是网格状填充方式，如图 8-8 所示。在实际应用中，实心式填充方式比网格状填充方式好，建议使用实心式填充方式。

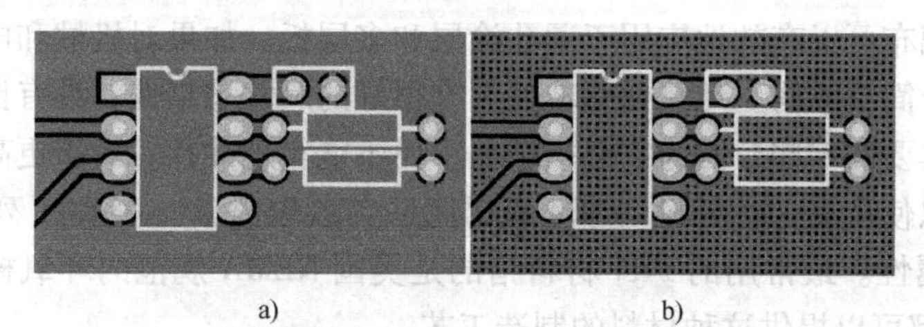

a)　　b)

图 8-8　敷铜的填充方式

a) 实心填充方式　b) 网格状填充方式

注意：建议对抗干扰要求比较高的 PCB 进行敷铜处理。

8.1.3 印制电路板的常用制造材料

PCB 的信号传导层通常使用铜箔，通过加热和压力作用下粘接在衬底层上。铜箔层的厚度通常由其每平方英尺的重量来指定，常用的有 1 oz（1 oz = 28.34952 g）和 2 oz 规格，其他规格的铜箔材料有 0.25 oz、0.5 oz、3 oz 和 4 oz 等类型。1 oz 铜的厚度为 0.035 ± 0.002 mm。选择哪种铜箔主要根据它的电阻系数，图 8-9 所示为不同重量铜的电阻系数和铜箔宽度的关系。

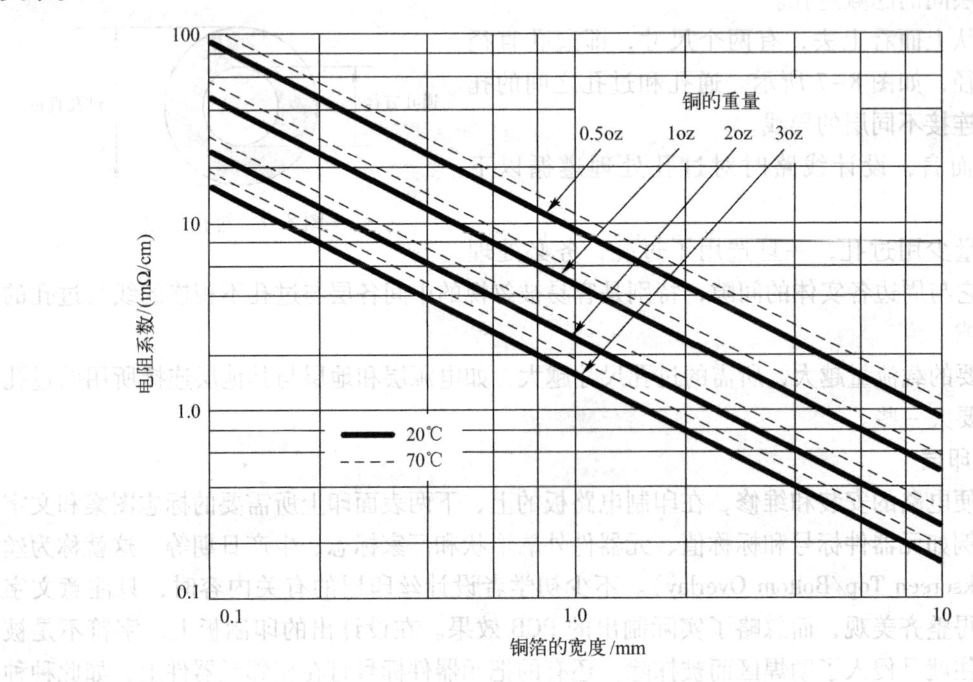

图 8-9 不同重量的铜电阻系数和铜箔宽度的关系

最常用的绝缘层材料为环氧树脂玻璃和酚醛纸。酚醛纸是一种更加便宜的并且容易冲孔的材料，因此它主要应用在高产量的、非关键性的场合。酚醛纸的电气特性比环氧树脂玻璃的要差，机械性能比较脆，工作温度范围较差，很容易吸收水分，并且不适合通孔的涂层结构。

对于低性能要求的场合，可以使用酚醛纸。但是对于一般的或更高要求的应用，一般都是用环氧树脂，比如 RF 电路。

环氧树脂玻璃布可以有效地应用于通孔涂层和多层板。如果对机械和电器特性有较高要求，它也可以用于简单结构。环氧树脂玻璃具有很好的尺寸稳定性，具有比酚醛纸更好的机械特性，但是成本要高一些，因为它必须钻孔，而不能实现冲孔。对于更高密和对尺寸要求更高的 PCB，可以使用另一种材料，即环氧树脂 - 芳族聚酰胺。表 8-1 列出了一些常用的 PCB 绝缘层材料属性。最常用的 FR4 材料指的是美国 NEMA 规范的环氧树脂玻璃材料，大部分 PCB 制造厂都可以提供这种材料的制造工艺。

对于一些特殊的 PCB，比如柔性的 PCB，则基材可以使用聚酯或聚酰亚胺。聚酯比较便宜，但是不容易焊接元器件，因为这种材料的软化温度不高。对于聚酰亚胺材料，元器件容易焊接，但是价格比较贵。

表 8-1　PCB 绝缘层材料属性

材　料	表面电阻/mΩ	相对介电常数 ε_r	绝缘强度/(kV/mil)	温度补偿系数/(ppm/℃)	最高温度/℃
标准的 FR4	最小为 1×10^4	最大为 5.4，典型值 4.6 ~ 4.9	最小为 1.0	13 ~ 16	110 ~ 150
FR408（高质量）	1×10^6	3.8	1.4	13	180
环氧树脂 - 芳族聚酰胺（适用于更小的走线间距离）	5×10^6	3.8	1.6	10	180
聚酰亚胺		3.4	3.8	20	300
聚酯		3.0	3.4	27	105

在进行 PCB 设计时，需要考虑到所选择材料，并且要咨询制造工厂是否具有该材料的制造工艺。不同的材料，布线的设计规则会有所不同，比如 FR408 材料就可以选择比 FR4 材料更小的走线间的距离。

8.2　元器件封装

通常设计完印制电路板后，将它拿到专门制作电路板的单位，制作电路板。取回制好的电路板后，要将元器件焊接上去。那么如何保证取用元器件的引脚和印制电路板上的焊盘一致呢？那就得靠元器件封装了。

元器件封装是指元器件焊接到电路板时的外观和焊盘位置。既然元器件封装只是元器件的外观和焊盘位置，那么纯粹的元器件封装仅仅是空间的概念，因此，不同的元器件可以共用同一个元器件封装；另一方面，同种元器件也可以有不同的封装，比如电阻元器件，它的封装形式可以是针脚式或表面贴装式，所以在取用焊接元器件时，不仅要知道元器件名称，还要知道元器件的封装。元器件的封装可以在设计原理图时指定，也可以在引进网络表时指定。

注意： 通常在放置元器件时，应该参考该元器件生产单位提供的数据手册，选择正确的封装形式，如果 PADS 没有提供这种封装，可以自己按照数据手册绘制。

1. 元器件封装的分类

元器件的封装形式可以分成两大类，即针脚式元器件封装和 SMT（表面贴装技术）元器件封装。针脚式封装元器件焊接时，先要将元器件针脚插入焊盘导通孔，再焊锡。由于针脚式元器件封装的焊盘和过孔贯穿整个电路板，所以其焊盘的属性对话框中，PCB 的层属性必须为 Multi Layer（多层）。SMT 元器件封装的焊盘只限于表面层，在其焊盘的属性对话框中，Layer 层属性必须为单一表面，如 Top layer 或者 Bottom layer。

下面讲述最常见的两种封装，它们分别属于针脚式元器件封装和 SMT（表面贴装式）元器件封装。

(1) DIP 封装

DIP（Dual In - line Package，双列直插封装），属于针脚式元器件封装，如图 8-10 所示。DIP 封装结构具有以下特点：适合 PCB 的穿孔安装、易于对 PCB 布线和操作方便。

DIP 封装结构形式有：多层陶瓷双列直插式 DIP、单层陶瓷双列直插式 DIP 和引线框架式 DIP（含玻璃陶瓷封接式、塑料包封结构式和陶瓷低熔玻璃封装式）。

（2）芯片载体封装

属于 SMT（表面贴装技术）元器件封装。芯片载体封装有 LCCC（Leadless Ceramic Chip Carrier，陶瓷无引线芯片载体）封装（如图 8-11 所示）、PLCC（Plastic Leaded Chip Carrier，塑料有引线芯片载体）封装（如图 8-12 所示，与 LCCC 封装相似）、SOP（Small Outline Package，小尺寸封装）（如图 8-13 所示）、PQFP（Plastic Quad Flat Package，塑料四边引出扁平封装）封装（如图 8-14 所示）和 BGA（Ball Grid Array，球栅阵列）封装（如图 8-15 所示）。与 PLCC 或 PQFP 封装相比，BGA 封装更加节省电路板面积。

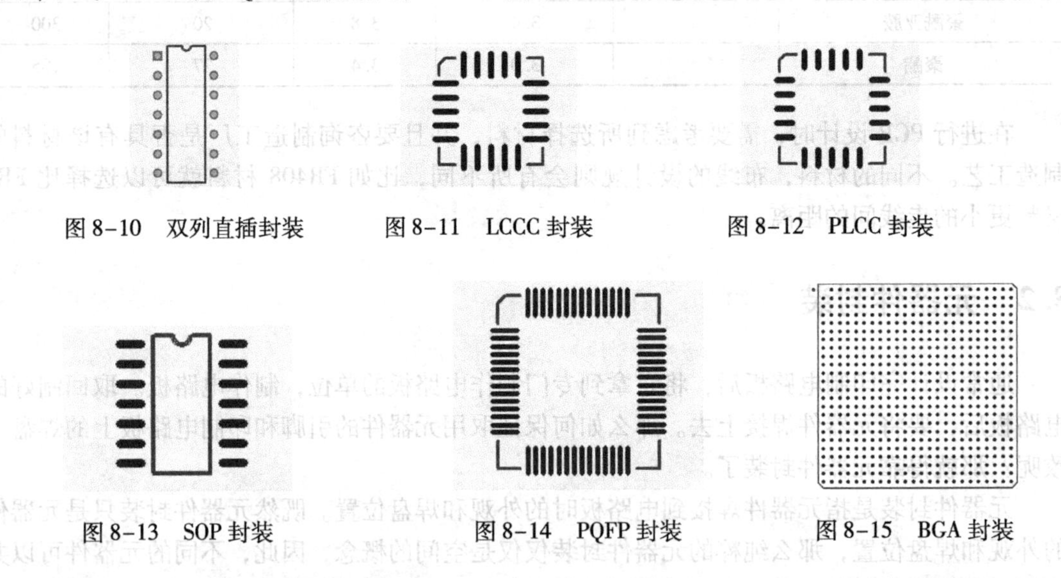

图 8-10　双列直插封装　　图 8-11　LCCC 封装　　图 8-12　PLCC 封装

图 8-13　SOP 封装　　图 8-14　PQFP 封装　　图 8-15　BGA 封装

说明： SOP 封装和 PQFP 封装一般采用 SMT 表面封装技术。

2. 元器件封装的编号

元器件封装的编号一般为元器件类型 + 焊盘距离（焊盘数）+ 元器件外形尺寸。可以根据元器件封装编号来判别元器件封装的规格。如 RES1206 表示此元器件封装为表贴元器件，两焊盘的几何尺寸为 1206；DIP16 表示双排引脚的元器件封装，两排共 16 个引脚。

说明： Protel 可以使用两种单位，即英制和公制。英制单位为 in（英寸），在 Protel 中一般使用 mil，即微英寸，1 mil = 1/1000 in。公制单位一般为 mm（毫米），1 in 为 25.4 mm，而 1 mil 为 0.0254 mm。本书中可能会出现 mil 和 mm 两种单位，请注意换算。

8.3　PCB 设计流程

PCB 的设计就是将设计的电路在一块板上实现。一块 PCB 上不但要包含所有必需的电路，而且应该具有合适的元器件选择、元器件的信号速度、材料、温度范围、电源的电压范围以及制造公差等信息。一块设计出来的 PCB 必须能够制造出来，所以 PCB 的设计除了满足功能要求外，还要求满足制造工艺要求以及装配要求。为了有效地实现这些设计目标，需要遵循一定的设计过程和规范。

图 8-16 所示为一个完整的 PCB 项目设计的基本流程图，包含了从设计功能要求开始直到产品的制造以及文档的形成整个过程。这个过程充分利用计算机辅助工具，从而可以确保设计的顺利进行。

1）产生设计要求和规范。通常，一个新的设计要从新的系统规范和功能要求开始。产生了设计的系统规范和功能要求等说明后，就可以进行功能分析，并且产生成本目标、开发计划、开发成本、需要应用的相关技术以及各种必须的要求。例如，一个电机控制系统的开发项目，它的设计要求和规范可能包括控制电机的类型（永磁同步电机，PMSM）、电机的功率（100 W）、电压和电流的要求（24 V，5 A）、控制精度要求、平均无故障时间（MTBF）、通信接口的要求、应用环境等。这些设计规范将是整个设计的起点，后续的设计过程将要严格满足这些规范要求。

2）生成系统的组成结构框图。一旦获得了系统的设计规范，那么就可以产生为实现该系统所要求的主要功能的结构框图。这个系统组成的结构框图描述了所设计的系统是如何进行功能分解的，各个功能模块之间的关系如何。

3）功能分解。主要功能确定后，就可以按照可应用的技术，将实现的电路分解到 PCB 模块中，在一个 PCB 中的功能必须可以有效地实现。各个 PCB 之间可以通过数据总线或其他通信模式进行连接。很多情况下，是通过背板上的总线将各个子 PCB 连接起来，比如 PLC 系统的背板和数据采集子卡之间的连接。再如计算机的主板和内存条、显示驱动、硬盘控制器以及 PCMCIA 卡的接口。

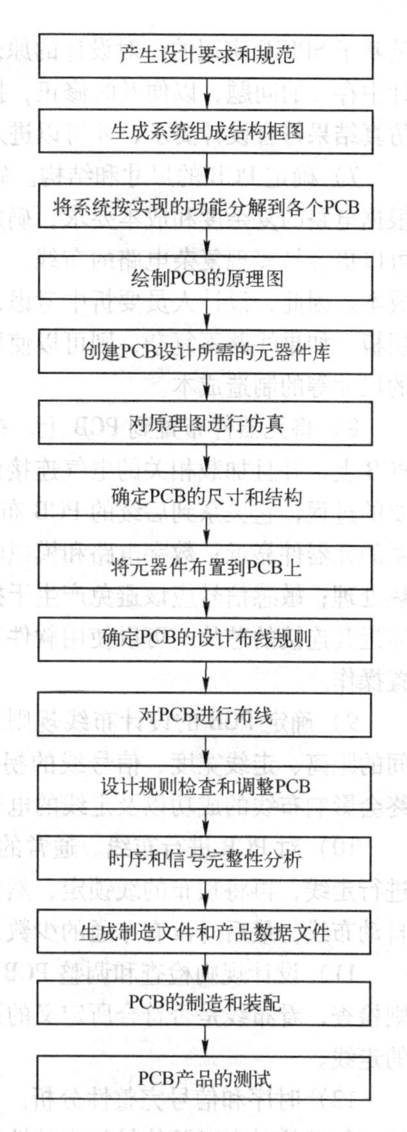

图 8-16 PCB 项目的设计流程

4）绘制 PCB 的原理图。根据各个 PCB 的功能模块，绘制 PCB 实现的电路原理图，从而在原理上实现其功能。在这个过程中，需要选择 PCB 实现所需要的合适元器件以及元器件之间的连接方式。

5）创建 PCB 设计所需的元器件库。在设计 PCB 时，必须具有电气特性的元器件，用来实现线路的连接。通常需要根据设计要求，创建 PCB 设计所需要的元器件库。这些元器件库需要包含以下的属性。

- 封装类型，比如 DIP、SOP、QEP 等。
- 元器件的尺寸、引脚的大小、引脚间距以及引脚序号。
- 定义引脚的功能，如输入、输出或电源引脚等。
- 每个引脚的电气属性，如容性、输出阻抗等。

6）对原理图进行仿真。目前 EDA 工具软件一般都具有仿真的功能，最常用的仿真模型是基于 SPICE 实现的。对设计的原理图进行仿真是 PCB 设计的重要一步，它有助于发现设计中存在的问题，以便及时修正，提高设计效率和产品的开发速度，降低设计成本。只有当仿真结果符合设计要求，才可以进入 PCB 的设计和布线环节。

7）确定 PCB 的尺寸和结构。确定了原理图的仿真符合要求后，就可以规划 PCB。可以根据电路的复杂度和成本要求，确定 PCB 的大小。PCB 的大小和层数也有关系。增加板层可以更容易实现复杂电路的布线，从而可以减小 PCB 的尺寸。但是板层的增加会增加板的成本。因此，设计人员要折中考虑，如果板的信号要求比较高，而且线路复杂，可以考虑多层板。如果线路不复杂，则可以使用双面板。具体设计时应该参考多层板和双面板，以及板的尺寸等的制造成本。

8）将元器件布置到 PCB 上。在确定了 PCB 的尺寸和结构后，就可以将元器件布置到 PCB 上，并且加载相关的电气连接信息，即网络表。将元器件布置到 PCB 上是一个非常重要的过程，它关系到后续的 PCB 布线的成功。在放置元器件时，应该尽可能将具有相互关系的元器件靠近；数字电路和模拟电路应该分放在不同的区域；对发热的元器件应该进行散热处理；敏感信号应该避免产生干扰或被干扰，比如时钟信号，应该引线尽可能短，所以要靠近其连接的芯片。可以使用软件工具的自动放置功能，然后进行手动调整进行元器件的放置操作。

9）确定 PCB 的设计布线规则。在 PCB 布线前，应该确定布线的规则，比如信号线之间的距离、走线宽度、信号线的拐角、走线的最长长度等规则的设置。PCB 的布线规则最终会影响布线的成功以及走线的电气特性，是一个非常重要的步骤。

10）对 PCB 进行布线。通常的做法是先手动对重要的信号进行布线，以及对电源和地进行走线，再将预布的线锁定，然后使用软件工具的自动布线功能对剩下的 PCB 连接进行自动布线，最后对没有布通的少数走线进行手动布线。

11）设计规则检查和调整 PCB。在完成了布线后，还需要对布线后的 PCB 进行设计规则检查，看布线是否符合所定义的设计规则的电气要求。根据检查的结果可以手动调整 PCB 的走线。

12）时序和信号完整性分析。一个优秀的 PCB 设计，其时序应该满足设计要求。为了检查信号的时序以及信号的完整性，需要对布线后的 PCB 进行时序分析和信号完整性分析。对于时序分析，通常对一个关键信号的时序和信号完整性进行分析，比如总线、时钟等信号。

13）生成制造文件和产品数据文件。根据制造的要求，生成制造文件和产品数据文件，比如 NC 钻孔文件、Gerber 光绘文件以及元器件报表等。

14）PCB 的制造和装配。PCB 的制造，是设计完整表现在一块实际的 PCB 上，包括所有的信号连线、封装及层等，最后将芯片焊接装配到 PCB 上，这样就完成了 PCB 的设计和制造。

15）PCB 产品的测试。根据设计规范，对 PCB 进行现场测试，以便评估设计是否达到设计规范的要求。

以上是 PCB 设计的一般过程，在通常的设计中，都可以遵循这个设计流程。但是随着 EDA 软件的快速发展，虚拟的设计环境将来可能在软件平台中实现，这将更加有效地实现设计的仿真以及信号的虚拟分析，有助于设计的成功实现及产品的快速开发。

8.4 印制电路板设计的基本原则

印制电路板（PCB）设计的好坏对电路板抗干扰能力影响很大。因此，在进行 PCB 设计时，必须遵守 PCB 设计的一般原则，并应符合抗干扰设计的要求。要使电子电路获得最佳性能，元器件的布局及导线的布设是很重要的。为了设计出质量好、造价低的 PCB，应遵循下面讲述的一般原则。

8.4.1 布局

首先，要考虑 PCB 的尺寸。PCB 尺寸过大时，印制线路长，阻抗增加，抗噪声能力下降，成本也增加；PCB 尺寸过小，则散热不好，且邻近线条易受干扰。在确定 PCB 尺寸后，再确定特殊元器件的位置。最后，根据电路的功能单元，对电路的全部元器件进行布局。

1）在确定特殊元器件的位置时要遵守以下原则。

- 尽可能缩短高频元器件之间的连线，设法减少它们的分布参数和相互间的电磁干扰。易受干扰的元器件不能挨得太近，输入元器件和输出元器件应尽量远离。
- 某些元器件或导线之间可能有较高的电位差，应加大它们之间的距离，以免放电引出意外短路。带强电的元器件应尽量布置在调试时手不易触及的地方。
- 重量超过 15 g 的元器件，应当用支架加以固定，然后焊接。那些又大又重、发热量多的元器件，不宜装在印制电路板上，而应装在整机的机箱底板上，且应考虑散热问题。热敏元器件应远离发热元器件。
- 对于电位器、可调电感线圈、可变电容器、微动开关等可调元器件的布局应考虑整机的结构要求。若是机内调节，应放在印制电路板上方便于调节的地方；若是机外调节，其位置要与调节旋钮在机箱面板上的位置相适应。
- 应留出印制电路板的定位孔和固定支架所占用的位置。

2）根据电路的功能单元对电路的全部元器件进行布局时，要符合以下原则。

- 按照电路的流程安排各个功能电路单元的位置，使布局便于信号流通，并使信号尽可能保持一致的方向。
- 以每个功能电路的核心元器件为中心，围绕它来进行布局。元器件应均匀、整齐、紧凑地排列在 PCB 上，尽量减少和缩短各元器件之间的引线和连接。
- 在高频下工作的电路，要考虑元器件之间的分布参数。一般电路应尽可能使元器件平行排列。这样，不但美观，而且焊接容易，易于批量生产。
- 位于电路板边缘的元器件，离电路板边缘一般不小于 2 mm。电路板的最佳形状为矩形，长宽比为3∶2 或4∶3。电路板面尺寸大于200 mm × 150 mm 时，应考虑板所受的机械强度。

另外，板厚也可以按照推荐指定。对于 FR4 材料来说，一般标准的板厚为 0.062"（1.575 mm）。其他典型的板厚有 0.010"（0.254 mm）、0.020"（0.508 mm）、0.031"（0.787 mm）和 0.092"（2.337 mm）。

8.4.2 布线

布线的方法以及布线的结果对 PCB 的性能影响也很大。一般，布线要遵循以下原则。

1）输入端和输出端的导线应避免相邻平行。最好添加线间地线，以免发生反馈耦合。

2）印制电路板导线的最小宽度主要由导线与绝缘基板间的黏附强度和流过它们的电流值决定。导线宽度应以能满足电气性能要求而又便于生产为宜，它的最小值由承受的电流大小而定，但最小不宜小于0.2 mm（8 mil）。在高密度、高精度的印制线路中，导线宽度和间距一般可取0.3 mm；导线宽度在大电流情况下还要考虑其温升，单面板实验表明，当铜箔厚度为50 μm、导线宽度为1～1.5 mm、通过电流为2 A时，温升很小，因此，一般选用1～1.5 mm宽度导线就可能满足设计要求而不致引起温升；印制导线的公共地线应尽可能粗，可能的话，使用2～3 mm的导线，这点在带有微处理器的电路中尤为重要，因为当地线过细时，由于流过的电流的变化，地电位变动，微处理器定时信号的电平不稳，会使噪声容限劣化；在DIP封装的IC引脚间走线，可应用10-10与12-12原则，即当两脚间通过2根线时，焊盘直径可设为50 mil（1 mil=0.0254 mm），线宽与线距都为10 mil；当两脚间只通过1根线时，焊盘直径可设为64 mil，线宽与线距都为12 mil。

表8-2列出了线宽和流过电流大小之间的关系。读者可以在后面学习PCB布线时参考。

表8-2　线宽和流过电流大小之间的关系

电流/A	1oz 铜的线宽/mil	2oz 铜的线宽/mil	电阻/（mΩ/in）
1	10	5	52
2	30	15	17.2
3	50	25	10.3
4	80	40	6.4
5	110	55	4.7
6	150	75	3.4
7	180	90	2.9
8	220	110	2.3
9	260	130	2.0
10	300	150	1.7

3）印制电路板导线拐弯一般取圆弧形或45°拐角，而直角或夹角在高频电路中会影响电气性能。此外，应尽量避免使用大面积铜箔，否则长时间受热，易发生铜箔膨胀和脱落现象。必须用大面积铜箔时，最好用栅格状。这样有利于排除铜箔与基板间黏合剂受热产生的挥发性气体。

4）印制导线的间距。相邻导线之间的间距必须能满足电气安全要求，而且为了便于操作和生产，间距也应尽量宽些，只要工艺允许，可使间距小于0.5 mm。最小间距至少要能适合承受的电压，这个电压一般包括工作电压、附加波动电压以及其他原因引起的峰值电压。如果有关技术条件允许导线之间存在某种程度的金属残粒，则其间距就会减小。因此设计者在考虑电压时应把这种因素考虑进去。在布线密度较低时，信号线的间距可适当地加大，对高、低电平悬殊的信号线应尽可能短且加大间距。

表8-3列出了推荐的导线以及导体之间的间距，根据电压和导线所在位置的不同，其间距也不同。

表 8-3　推荐的导线以及导体之间的间距

电压（DC 或 AC 峰值）	PCB 内部	PCB 外部（<3050 m）	PCB 外部（>3050 m）
0 ~ 15 V	0.05 mm	0.1 mm	0.1 mm
16 ~ 30 V	0.05 mm	0.1 mm	0.1 mm
31 ~ 50 V	0.1 mm	0.6 mm	0.6 mm
51 ~ 100 V	0.1 mm	0.6 mm	1.5 mm
101 ~ 150 V	0.2 mm	0.6 mm	3.2 mm
151 ~ 170 V	0.2 mm	1.25 mm	3.2 mm
171 ~ 250 V	0.2 mm	1.25 mm	6.4 mm
251 ~ 300 V	0.2 mm	1.25 mm	12.5 mm
301 ~ 500 V	0.25 mm	2.5 mm	12.5 mm

8.4.3　焊盘大小

焊盘的内孔尺寸必须从元器件引线直径和公差尺寸以及焊锡层厚度、孔径公差、孔金属电镀层厚度等方面考虑，焊盘的内孔一般不小于0.6 mm，因为小于0.6 mm 的孔开模冲孔时不易加工，通常情况下以金属引脚直径值加上0.2 mm 作为焊盘内孔直径，如电阻的金属引脚直径为0.5 mm 时，其焊盘内孔直径对应为0.7 mm，焊盘直径取决于内孔直径。

1）当焊盘直径为1.5 mm 时，为了增加焊盘抗剥强度，可采用长不小于1.5 mm，宽为1.5 mm 的长圆形焊盘，此种焊盘在集成电路引脚焊盘中最常见。对于超出上述范围的焊盘直径可用下列公式选取：

- 直径小于0.4 mm 的孔：$D/d=0.5\sim3$（D——焊盘直径；d——内孔直径）。
- 直径大于2 mm 的孔：$D/d=1.5\sim2$（D——焊盘直径；d——内孔直径）。

2）有关焊盘的其他注意事项如下。

- 焊盘内孔边缘到印制电路板边的距离要大于1 mm，这样可以避免加工时焊盘缺损。
- 有些器件是在经过波峰焊后补焊的，但由于经过波峰焊后焊盘内孔被锡封住，使器件无法插下去，解决办法是在印制电路板加工时对该焊盘开一个小口，这样波峰焊时内孔就不会被封住，而且也不会影响正常的焊接。
- 当与焊盘连接的走线较细时，要将焊盘与走线之间的连接设计成水滴状，这样的好处是焊盘不容易起皮，而使走线与焊盘不易断开。
- 相邻的焊盘要避免成锐角或大面积的铜箔，成锐角会造成波峰焊困难，而且有桥接的危险，大面积铜箔因散热过快会导致不易焊接。

8.4.4　印制电路板电路的抗干扰措施

印制电路板的抗干扰设计与具体电路有着密切的关系，这里仅就 PCB 抗干扰设计的几项常用措施做一些说明。

1）电源线设计。根据印制电路板电流的大小，尽量加粗电源线宽度，减少环路电阻。同时，使电源线、地线的走向和数据传递的方向一致，这样有助于增强抗噪声能力。

2）地线设计。地线设计的原则如下。

- 数字地与模拟地分开。若电路板上既有逻辑电路又有线性电路，应尽量使它们分开。

低频电路的地应尽量采用单点并联接地，实际布线有困难时，可部分串联后再并联接地。高频电路宜采用多点串联接地，地线应短而粗，高频元器件周围尽量用栅格状的大面积铜箔。

- 接地线应尽量加粗。若接地线用很细的线条，则接地电位随电流的变化而变化，使抗噪声性能降低。因此应将接地线加粗，使它能通过三倍于印制电路板上的允许电流。如有可能，接地线线宽应在3 mm以上。
- 接地线构成闭环路。只由数字电路组成的印制电路板，其接地电路构成闭环能提高抗噪声能力。

3）大面积敷铜。印制电路板上的大面积敷铜具有两种作用：一为散热；二为可以减小地线阻抗，并且屏蔽电路板的信号交叉干扰以提高电路系统的抗干扰能力。注意：初学者设计印制电路板时常犯的一个错误是大面积敷铜上不开窗口；而由于印制电路板板材的基板与铜箔间的黏合剂在浸焊或长时间受热时，会产生挥发性气体无法排除，热量不易散发，以致产生铜箔膨胀、脱落现象。因此使用大面积敷铜时，应将其开窗口设计成栅格状。

8.4.5 去耦电容配置

PCB设计的常规做法之一是在印制电路板的各个关键部位配置适当的去耦电容。去耦电容的一般配置原则如下。

1）电源输入端跨接10 ~ 100 μF的电解电容器。如有可能，接100 μF以上的更好。

2）原则上，每个集成电路芯片都应布置一个0.01 pF的瓷片电容，如遇到印制电路板空隙不够的情况，可每4 ~ 8个芯片布置一个1 ~ 10 pF的钽电容。

3）对于抗噪能力弱、关断时电源变化大的元器件，如RAM、ROM存储元器件，应在芯片的电源线和地线之间直接接入去耦电容。

4）电容引线不能太长，尤其是高频旁路电容不能有引线。

5）在印制电路板中有接触器、继电器、按钮等元器件时，操作它们时均会产生较大火花放电，必须采用RC电路来吸收放电电流。一般 R 取1 ~ 2 kΩ，C 取2.2 ~ 47 μF。

6）CMOS的输入阻抗很高，且易受干扰，因此在使用时对不使用的端口要接地或接正电源。

8.4.6 各元器件之间的接线

按照原理图，将各个元器件位置初步确定下来，然后经过不断调整使布局更加合理，最后就需要对印制电路板中的各元器件进行接线。元器件之间的接线安排方式如下。

1）印制电路中不允许有交叉电路，对于可能交叉的线条，可以用“钻”和“绕”两种办法解决。即让某引线从别的电阻、电容、晶体管脚下的空隙处“钻”过去，或从可能交叉的某条引线的一端“绕”过去。在特殊情况下，如果电路很复杂，为简化设计，也允许用导线跨接，解决交叉电路问题。

2）电阻、二极管、管状电容器等元器件有“立式”和“卧式”两种安装方式。立式指的是元器件体垂直于电路板安装、焊接，其优点是节省空间；卧式指的是元器件体平行并紧贴于电路板安装、焊接，其优点是元器件安装的机械强度较好。采用这两种不同的安装方式时，印制电路板上的元器件孔距是不一样的。

3）同一级电路的接地点应尽量靠近，并且本级电路的电源滤波电容也应接在该级接地点上。特别是本级晶体管基极、发射极的接地不能离得太远，否则因两个接地间的铜箔太长会引起干扰与自激，采用这样“一点接地法”的电路，工作较稳定，不易自激。

4）总地线必须严格按高频——中频——低频逐级按弱电到强电的顺序排列原则，切不可随便翻来覆去乱接，宁可级间接线长点，也要遵守这一规定。特别是变频头、再生头、调频头的接地线安排要求更为严格，如有不当，就会产生自激以致无法工作。调频头等高频电路常采用大面积包围式地线，以保证有良好的屏蔽效果。

5）强电流引线（公共地线、功放电源引线等）应尽可能宽些，以降低布线电阻及其电压降，可减小寄生耦合而产生的自激。

6）阻抗高的走线尽量短，阻抗低的走线可长一些，因为阻抗高的走线容易发射和吸收信号，引起电路不稳定。电源线、地线、无反馈元器件的基极走线、发射极引线等均属低阻抗走线。

7）电位器安放位置应当满足整机结构安装及面板布局的要求，因此应尽可能放在板的边缘，旋转柄朝外。

8）设计印制电路板图时，在使用IC座的场合下，一定要特别注意IC座上定位槽放置的方位是否正确，并注意各个IC脚位置是否正确，例如第1脚只能位于IC座的右下角或者左上角，而且紧靠定位槽（从焊接面看）。

9）在对进出接线端布置时，相关联的两引线端的距离不要太大，一般为0.2~0.3 in较合适。进出接线端尽可能集中在1~2个侧面，不要过于分散。

10）在保证电路性能要求的前提下，设计时应力求合理走线，少用外接跨线，并按一定顺序要求走线，力求直观，便于安装和检修。

11）设计应按一定顺序方向进行，例如可以按由左往右和由上而下的顺序进行。

8.5 PCB的结构

前面简单介绍了PCB的材料，下面了解一下PCB的基本结构。一个普通的PCB由镀铜的树脂玻璃材料或一层铜箔与树脂材料粘接在一起，如图8-17所示。

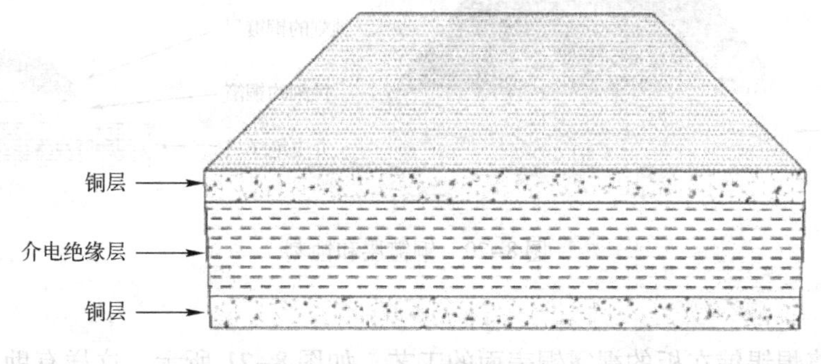

图8-17　PCB的结构示例

对于一个多层板（具有两铜层以上的板），在铜核心层之间有一层介电绝缘填充材料（如图8-18所示）和多个铜层一起形成实体的PCB，如图8-17所示。介电绝缘填充材料可以和铜层粘接在一起。板的铜层和介电填充材料可以参考前面的介绍。

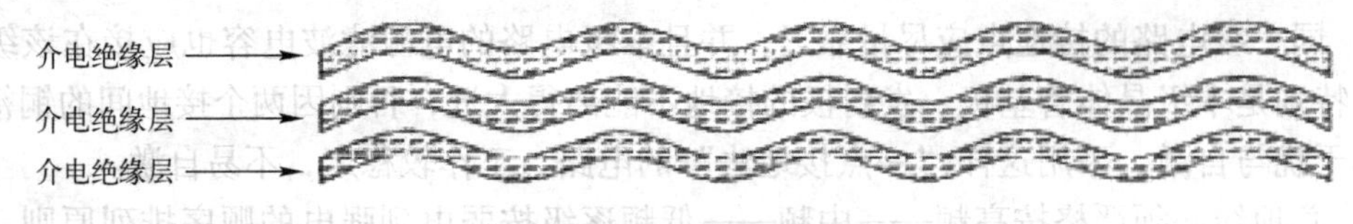

图 8-18　PCB 介电材料层

1. 铜箔

铜箔是一薄层的铜（如图 8-19 所示），放置在介电填充材料之间，并且和介电填充材料粘接在一起。这些材料的厚度对应其铜重的标准如下。

- 1/2 oz(.0007"[0.01778 mm])
- 1 oz(.0014"[0.03556 mm])
- 2 oz(.0028"[0.07112 mm])

图 8-19　铜箔层

2. 铜镀层

铜镀层主要用于板的外层，并且当对板上的钻孔的孔壁进行镀铜层时，也为板上的铜提供了额外的铜层。

钻孔的孔壁镀层是铜镀层的主要目的，但是这样仍然会增加板的总厚度。镀层的平均厚度大约为 0.0014"[0.0356 mm]。

通常，在钻孔后进行板外层的镀层，然后进行铜蚀刻工艺操作，从而留下信号传输用的走线，如图 8-20 所示。

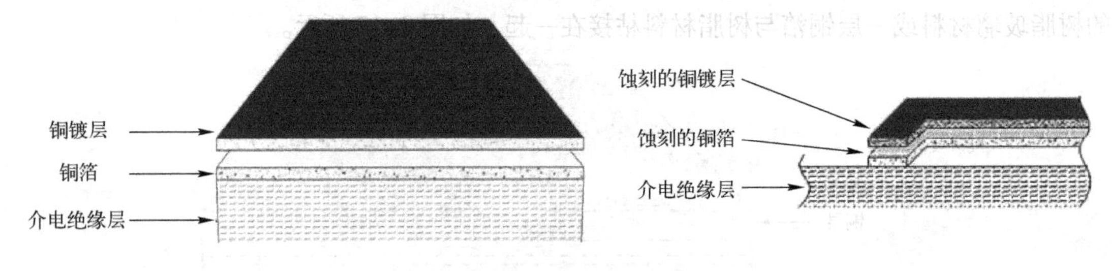

图 8-20　铜镀层和蚀刻

3. 焊锡流

焊锡流是将焊锡铺在板的裸露铜表面的工艺，如图 8-21 所示。这样有助于后面装配元器件时的焊接，并保护铜防止被氧化。在整个板表面裸露的铜上都可以进行焊锡流处理，或进行名为 SMOBC（Solder Mask Over Bare Copper，裸露铜上的阻焊镀层）工艺处理。SMOBC 工艺就是在板表面上的裸露铜（通常为焊盘或要焊接的区域）铺上焊锡流，而在其他区域则铺上一层阻焊层。

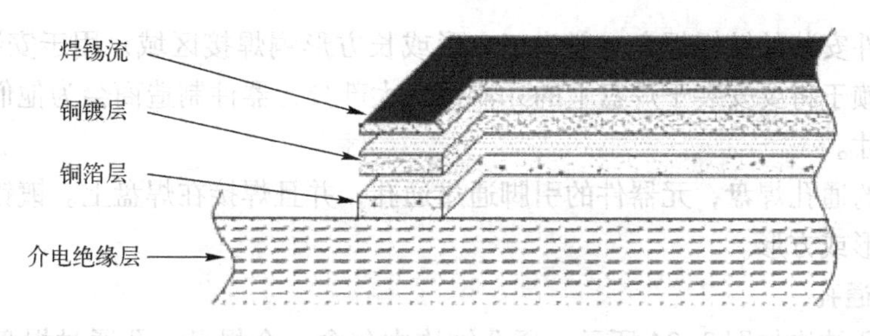

图 8-21　具有焊锡流的 PCB 铜层结构

4. 阻焊层

阻焊层可以防止焊锡附着在上面（如图 8-22 所示），但是可以保护铜层防止被氧化。阻焊层可以起绝缘作用，即铺了阻焊层的走线与外界可以实现绝缘。另外，阻焊层还可以防止焊接时出现焊锡桥的情况，以防止短路。阻焊层还可以保护板子不会被板上元器件产生的热所破坏。不过，有些标准并不把阻焊层看作是足够有效的绝缘体。

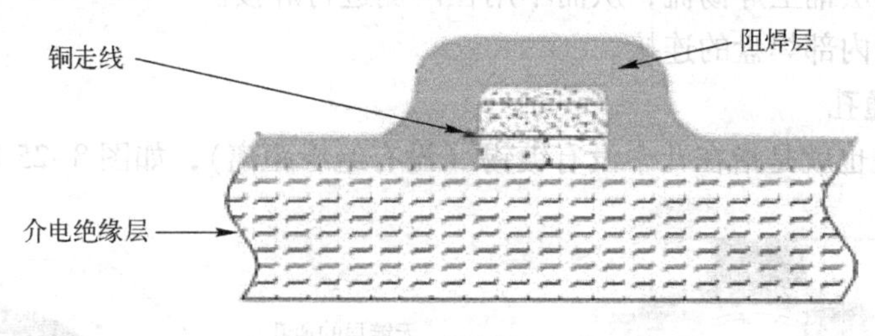

图 8-22　具有阻焊层的 PCB 结构

5. 走线

PCB 上的走线实际上就是信号导线。它提供了相同的传输电信号的功能，它的两端一般与 PCB 上的元器件的引脚相连接。PCB 上的走线是通过对铜层进行蚀刻，去掉不需要的部分，而留下的部分就是走线或者焊盘。

走线的宽度是 PCB 设计中的重要参数，它与走线所能承受的电流大小相关。

6. 焊盘

一个焊盘可以有几种不同的形状和类型，最常用的两种焊盘类型为表贴元器件安装的镀锡焊盘和通孔镀锡焊盘，图 8-23 所示即为通孔镀锡焊盘。

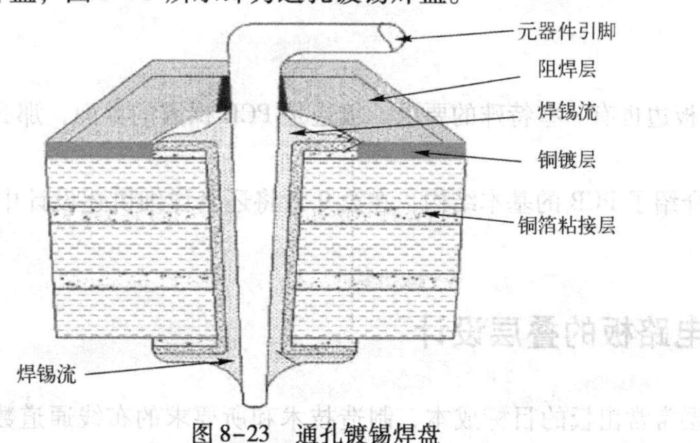

图 8-23　通孔镀锡焊盘

表贴元器件安装的镀锡焊盘一般为正方形或长方形铜焊接区域，用于安装表贴元器件。尺寸和形状依赖于将要安装于焊盘上的元器件。大部分元器件制造商会为他们的元器件提供焊盘的推荐尺寸。

对于镀锡的通孔焊盘，元器件的引脚通过通孔，并且焊接在焊盘上。镀锡的通孔焊盘的形状一般为圆形或方形。

7. 镀锡的通孔

镀锡的通孔结构如图 8-24 所示，通孔结构中包含一个焊盘，孔通过焊盘而成为一个通孔。孔壁可以为光面或镀铜，在某些情况下，可以为镀焊锡或其他保护镀层。孔的镀层从外层直到孔的内表面，对整个孔壁实现镀层。使用镀锡通孔主要有如下几个作用。

- 增强外层焊盘的强度，从而可以使用较小尺寸的焊盘。
- 焊接时可以散热，从而焊盘可以较小。
- 连接顶层和底层的信号。
- 从顶层到底层铺上焊锡流，从而不用在两侧进行焊接。
- 多层板实现内部焊盘的连接。

8. 无镀层的通孔

无镀层的通孔也就是指在孔中没有镀锡（没有绝缘距离），如图 8-25 所示。

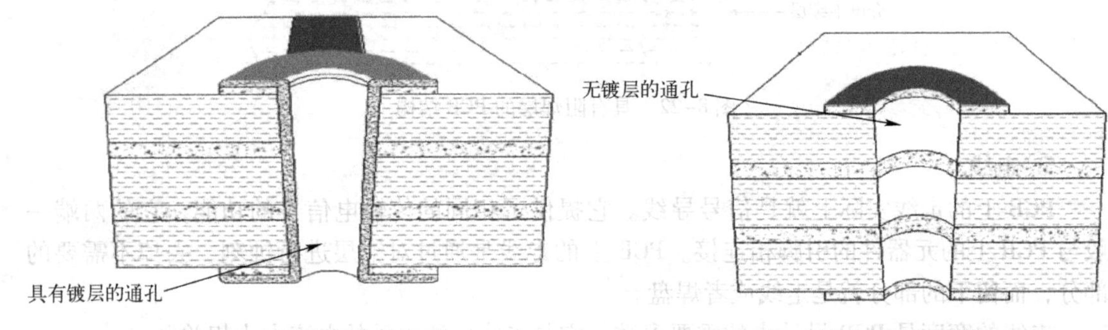

图 8-24　镀锡的通孔结构　　图 8-25　无镀层的通孔结构

无镀层的通孔可以具有与内部铜层之间绝缘的距离（类似于板边），也可以没有这样的绝缘距离。对于具有绝缘距离的无镀层通孔，可以防止任何穿过通孔的元器件发生与板内层的短路。

9. 板边

对 PCB 的板边也有一些特殊的要求。板边是 PCB 裸露的界面，那么它必须和外界有绝缘安全距离。

本节主要介绍了 PCB 的基本结构，在第 9 章将还会详细讲述设计中与 PCB 结构相关的知识。

8.6　印制电路板的叠层设计

PCB 的叠层常常由板的目标成本、制造技术和所要求的布线通道数所决定。对于大部分工程设计，存在许多相互冲突的要求，最后的设计策略通常是在考虑各方面后的折中决定。PCB 可以是最低成本的 1 层或高性能系统所要求的 30 层或更多层。

8.6.1 多层板

具有许多层的 PCB 常常用于高速、高性能的系统。其中多层用于 DC 电源或地参考平面。这些平面通常是没有任何分割的实体平面，因为具有足够的层用作电源或地层，因此没有必要将不同的 DC 电压置于一层上。无论一个层的名称是什么（例如“Ground”、+5 V、VCC 或 Digital power 等），该平面都将会用作与它们相邻的传输线上信号的返回电流通路。构造一个好的低阻抗的返回电流通路是这些平面层的最重要电磁兼容性目标。

信号层分布在实体参考平面层之间，可以是对称的带状线或非对称的带状线。在大部分设计中，会使用到这些配置的组合。

下面以一个 12 层板为例来说明多层板的结构和布局。图 8-26 所示为一个流行的 12 层 PCB 结构，其分层结构为 T-P-S-P-S-P-S-P-S-S-P-B，这里“T”为顶层；“P”为参考平面层；“S”为信号层；“B”为底层。顶层和底层用作元器件焊盘，信号在顶层和底层不会传输太长的距离，以便减少来自走线的直接辐射。该设计考虑可以用于其他任何叠层配置的设计。

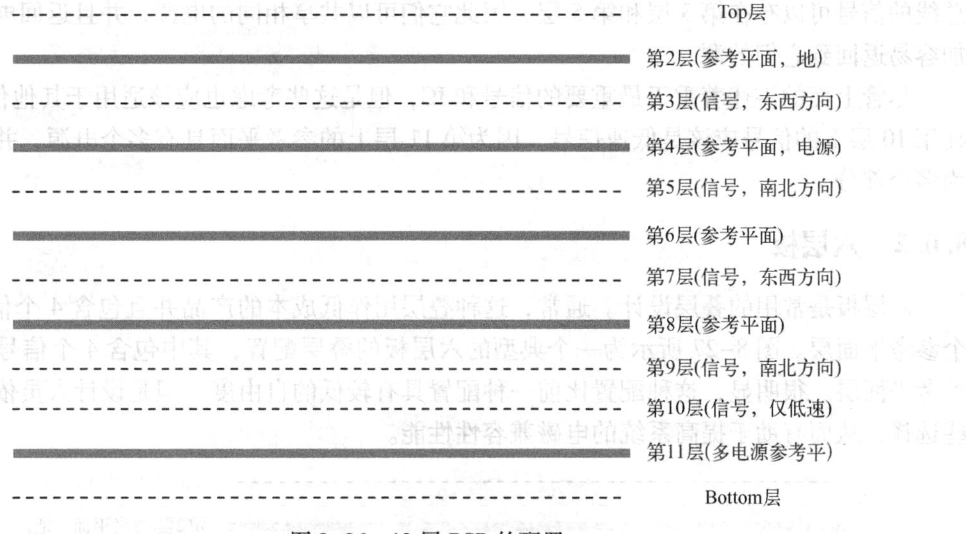

图 8-26 12 层 PCB 的配置

下一个考虑就是确定哪个参考平面层将必须包含用于不同的 DC 电压的多个电源区。对于这个实例，假设第 11 层具有多个 DC 电压。这就意味着设计者必须将高速信号尽可能远离第 10 层和底层，因为返回电流不能流过第 10 层以上的参考平面，并且需要使用缝合电容（Stitching Capacitor）。在该实例中，第 3、5、7 和 9 层分别为高速信号的信号层。

然后就要规划最重要信号的布线。在大多数设计场合中，走线尽可能以一个方向进行布局，以便优化层上可能的布线通道数。第 3 层和第 7 层可以设定为“东西”走线，而第 5 层和第 9 层设置为“南北”走线。走线布在哪一层上要根据其目的和方向决定。

一个重要的考虑就是高速信号的走线时层的变化，并且哪些不同的层将用于一个独立的走线。另一个重要的考虑就是确保返回电流可以从一个参考平面流到需要流过的新参考平面。实际上，最好的设计并不要求返回电流改变参考平面，而是简单地从参考平面的一侧改变到另一侧。例如，下面信号层的组合可以一起用作信号层对：第3层和第5层；第5层和第7层；第7层和第9层。这就允许一个东西方向和一个南北方向的形成一个布线组合。但是像第3层和第9层这样的组合就不应该使用，因为这会要求一个返回电流从第4层流到第8层。尽管可以在过孔附近放置一个去耦电容，但是在高频时，由于存在引线和过孔电感而使电容失去作用。这种增加电容的布线策略也会增加元器件的数量和产品的成本。

另一个重要的考虑就是为参考平面层选定DC电压。假设该实例中，一个处理器因为内部信号处理的高速特性，所以在电源/地参考引脚上存在大量的噪声。因此，在为处理器提供的相同DC电压上使用去耦电容非常重要，并且尽可能有效地使用去耦电容。降低这些元器件的电感的最好方法就是使连接走线尽可能短和宽，并且尽可能使过孔短而粗。如果第2层分配为“Ground”并且第4层分配为处理器的电源，则过孔离放置处理器和去耦电容的顶层的距离应该尽可能短。延伸到板的底层的过孔剩余部分不包含任何重要的电流，并且非常短从而不会具有天线作用。图8-26所示就是这种叠层设计的描述，如果将一个电容放置在板的底层，则会产生更长的过孔，从而比放置电容在顶层产生更大的电感。

另外，如果将高速信号布在第3层和第5层，则建议使一个有效元器件所驱动的信号走线所具有的相同电源作为参考平面。也就是说，来自处理器例如存储单元的总线和其他高速总线的信号可以布在第3层和第5层，因此它们可以共享相同的电源，并且返回电流可以更加容易返回到它们的源。

尽管上面的讲述着重于最重要的信号和IC，但是这些考虑也应该适用于其他信号和IC。在第10层上的信号应该是低速信号，因为第11层上的参考平面具有多个电源，并且被切分为多个部分。

8.6.2 六层板

六层板是常用的叠层设计。通常，这种叠层用作低成本的产品并且包含4个信号层和2个参考平面层。图8-27所示为一个典型的六层板的叠层配置，其中包含4个信号层和2个参考平面层。很明显，这种配置比前一种配置具有较低的自由度。但是设计人员依然拥有一些选择，从而有助于提高系统的电磁兼容性性能。

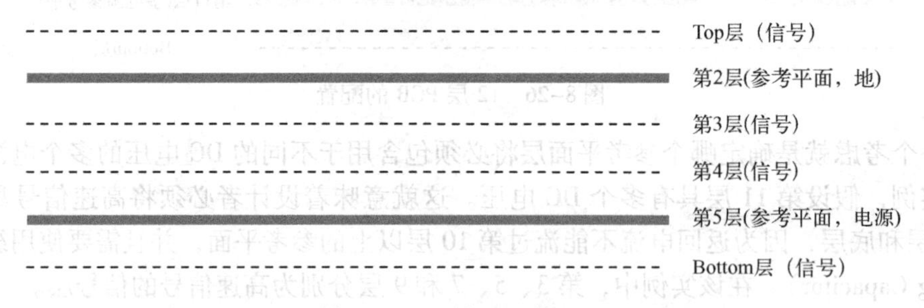

图8-27　六层PCB的配置

与前面的12层配置一样，可以使用一个东西方向和一个南北方向的布线。另外，建议使用不要求返回电流改变参考平面的布线层对。在这种情况下，可以选择第1层和第3层作为布线层对，第4层和第6层作为另一个布线层对。顶层和底层必须用作信号布线。为了得到一个好的电磁兼容性性能，建议将返回电流置于一个参考平面上，而不要将信号埋于两个参考平面之间。因此，第3层和第4层不能用于高速信号的布线层对。

第2层和第5层为电源和地参考平面层。通常，在PCB上会有多个不同的DC电压，因此电源平面有可能会分割为许多个电源岛。如果第2层被用作地参考平面层，而设计人员必须保证所有高速信号布在第1层和第3层上，以便它们不会跨过分割的参考平面。当然，如果一个特定的信号通路不会跨过电源参考平面的分割区，则也可以把这些信号布在第4层和第6层上。

8.6.3 四层板

四层板通常用于低成本的系统。通常，四层板只有两个信号层和两个参考平面层。图8-28描述了四层板的叠层配置。

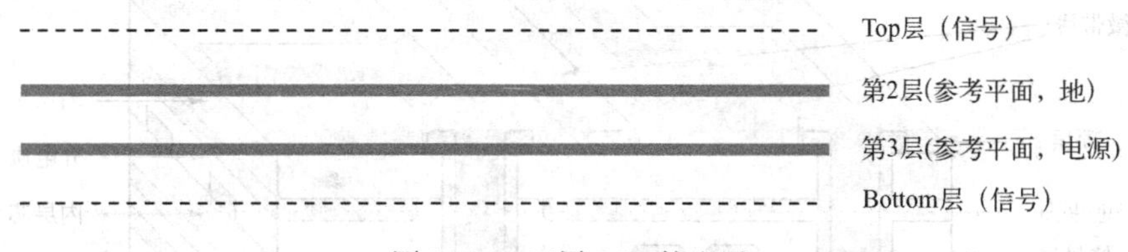

图8-28 四层PCB的配置

布线通道数量的优化对于四层板来说是至关重要的，因为可以使用东西方向和南北方向的布线策略。无论如何，在此时欲为返回电流保持相同的参考平面是不可能的。必须在过孔附近放置一个去耦电容，以便提供一个返回电流通路。连接电容焊盘和过孔的走线必须尽可能短并且尽可能宽，以便使电感/阻抗最小化。

参考平面一般分配为地参考和电源。同样，电源参考也可能会分割为许多个不同的电压参考区。当电源参考平面用作走线的信号参考时，则需要着重考虑的就是将走线布在实体参考区上，从而使走线不会跨过那些分割区。如果必须跨过分割区，则需要在靠近走线跨过分割区的地方放置一个缝合电容（Stitching Capacitor）。

8.6.4 叠层设计布局快速参考

表8-4列出了叠层设计布局的参考配置，包括最常用的叠层配置。

表8-4 叠层设计布局的参考配置

叠层	1	2	3	4	5	6	7	8	9	10
2层	S1和地	S2和电源								
4层	S1	地	电源	S2						
4层	地	S1	S2	电源						
6层	S1	S2	地	电源	S3	S4				
6层	S1	地	S2	S3	电源	S4				
6层	S1	电源	地	S2	地	S3				
8层	S1	S2	地	S3	S4	电源	S5	S6		
8层	S1	地	S2	地	电源	S3	地	S4		

（续）

叠层	1	2	3	4	5	6	7	8	9	10
10 层	S1	地	S2	S3	地	电源	S4	S5	地	S6
10 层	S1	S2	电源	地	S3	S4	地	电源	S5	S6

8.7 PCB 的布线配置

设计 PCB 时，有两种基本的布线配置：微带线（Microstrip）和带状线（Stripline）。图 8-29 描述了这两种布线的结构。

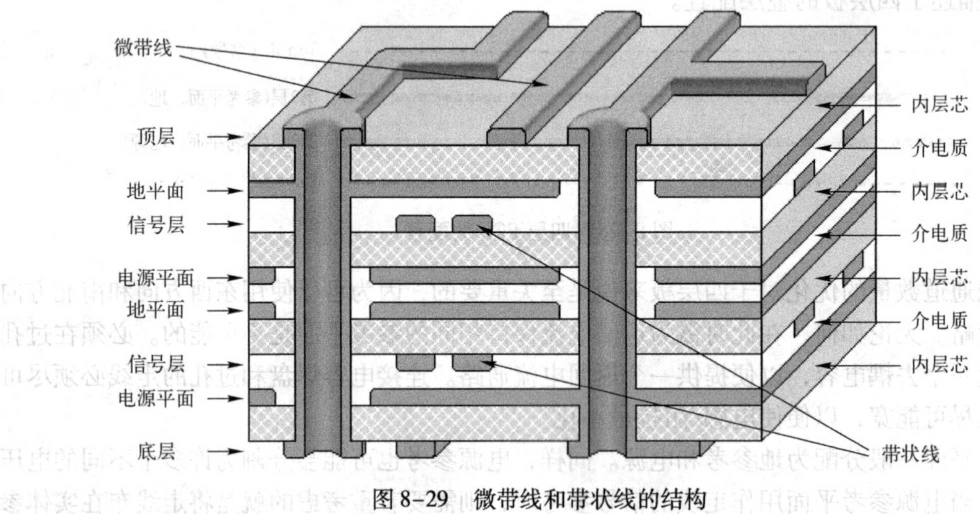

图 8-29　微带线和带状线的结构

8.7.1 微带线

微带线指的是只有一面具有参考平面的 PCB 走线。微带线为 PCB 提供了对 RF 的抑制作用，同时也容许比带状线更快的时钟或逻辑信号。因为较小的耦合电容及源和负载之间的较低的空载传输延迟，因此容许更快的信号。电容有时候用于时钟信号以减缓数字信号的边沿变化。由于两个实体平面之间的较小的电容耦合，因此信号可传输得更快。使用微带线的缺点是 PCB 外部信号层会辐射 RF 能量进入环境中，除非此层上下具有金属屏蔽。

8.7.2 带状线

带状线指两边都有参考平面的传输线。带状线可以达到较好地抑制 RF 辐射，但只能用于较低的传输速度，因为信号层介于两个参考平面之间，两个平面会存在电容耦合，导致降低告诉信号的边沿变化速度。在边沿变化速度快于 1ns 的情况下，带状线的电容耦合效应更为显著。使用带状线的主要效果是对内部走线的 RF 进行完全屏蔽，因为对射频辐射具有较好的抑制能力。

图 8-30 所示为微带线和带状线在 PCB 中的布局结构。微带线可分为表面微带线和埋入式微带线。带状线可分为对称式的带状线和非对称式的带状线。

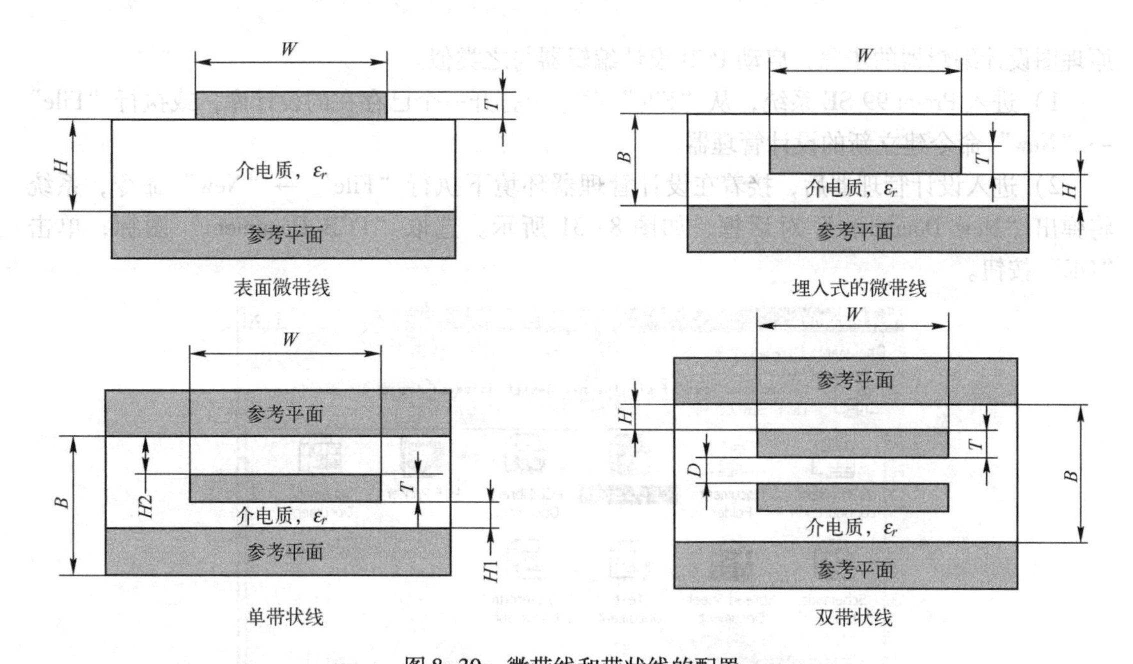

图 8-30　微带线和带状线的配置

① 对称带状线：$H1=H2$；不对称带状线：$H1\neq H2$。② W：走线的宽度，H：走线离参考平面的高度，T：走线的宽度，B：全部介电质的厚度，D：两条带状线之间的距离。③ 参考平面也称为镜像平面。

一个 PCB 通常是一个具有内部布线和外部布线的介电质结构，允许元器件相互实现机械和电气连接。除了实现元器件之间的连接之外，一个 PCB 也为元器件提供布局空间。PCB 实际上是由具有多层结构的有机和无机介电材料组成的，层之间的内部连接通过过孔来实现。这些过孔镀上或填充金属就可以实现层之间的电信号导通，实体参考平面结构为元器件提供了电源和地。在设计 PCB 时需要着重考虑的是被传输信号的传输延迟和电路之间的串扰问题。

在电路的电磁兼容性设计中，PCB 的材料已经不再仅仅为元器件提供支持。用于电路的材料、尺寸和走线空间都会影响电路的电磁兼容性特性。特别是高频 PCB 设计中，信号走线成为电路的一部分，因为在高于 500MHz 频率情况下，走线具有电阻、电容和电感特性。在更高频率的工作情况下，传输线的尺寸将对电路的特性具有很大的影响，改变任何尺寸都可能会显著影响 PCB 的性能。

值得注意的是，辐射依然会从其他元器件产生。尽管内部的走线不会再产生辐射，其他元器件之间的连线（如端部接线、元器件引脚、插座、内部连线以其他各种情况）仍然会产生这些辐射问题。由于内部连接存在阻抗，因此阻抗不匹配就会存在于传输线中。这种阻抗不匹配会使 RF 能量由内部的走线通过辐射或导通方式（包括串绕），耦合到其他电路或自由空间中。使元器件的引脚电感最小就可以降低这种辐射现象。

8.8　PCB 设计编辑器

进入 PCB 设计系统，实际上就是启动 Protel 99 SE 的 PCB 设计编辑器。前面介绍过启动原理图设计编辑器的步骤，启动 PCB 设计编辑器与之类似。

1）进入 Protel 99 SE 系统，从“File”菜单中打开一个已存在的设计库，或执行“File”→“New”命令建立新的设计管理器。

2）进入设计管理器后，接着在设计管理器环境下执行“File”→“New”命令，系统将弹出“New Document”对话框，如图 8-31 所示。选取“PCB Document”图标，单击“OK”按钮。

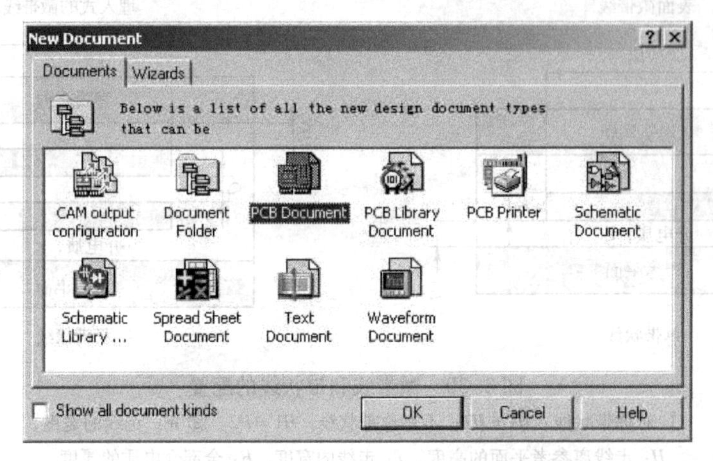

图 8-31 “New Document”对话框

3）新建立的文件将包含在当前的设计库中，可以在设计管理器中更改文件的文件名。单击此文件，系统将进入印制电路板编辑器，如图 8-32 所示。

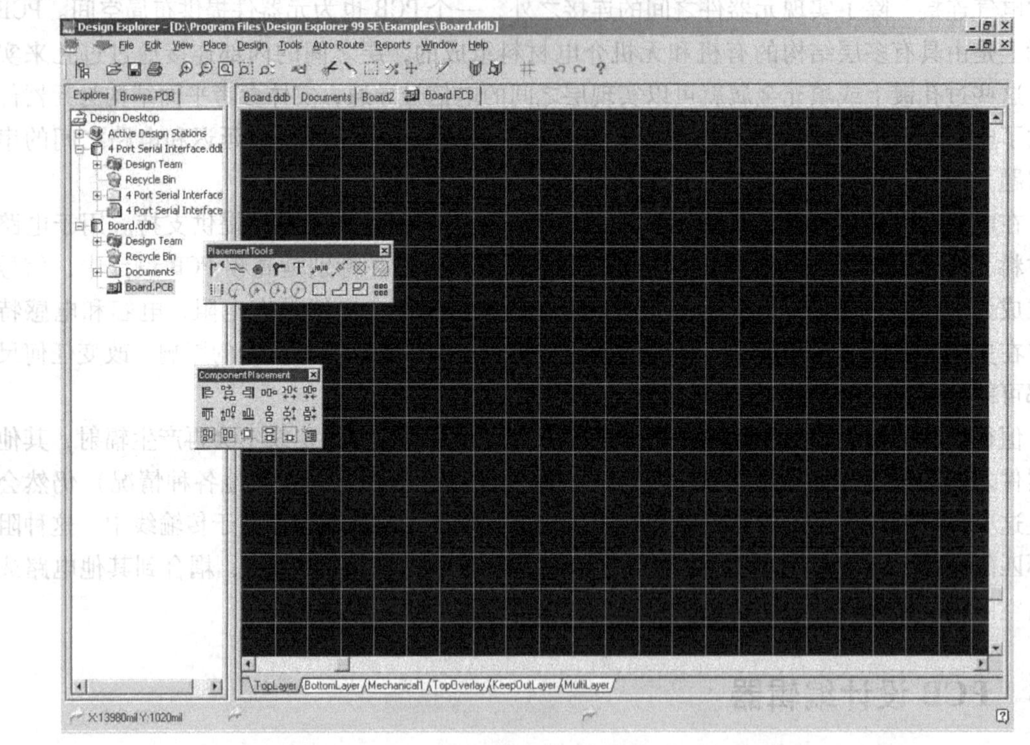

图 8-32 印制电路编辑器界面

8.8.1　PCB编辑器界面缩放

设计工作人员在设计线路图时，往往需要对编辑区的工作画面进行缩放或局部显示等，以方便设计者编辑、调整。实现的方法比较灵活，可以执行菜单命令，也可以单击主工具栏里的按钮，还可以使用快捷键。

1. 命令状态下的缩放

当系统处于其他命令状态下时，鼠标无法移出工作区去执行一般的命令。此时要缩/放显示状态，必须用快捷键来完成此项工作。

1）放大，按〈PageUp〉键，编辑区会放大显示状态。

2）缩小，按〈PageDown〉键，编辑区会缩小显示状态。

3）更新，如果显示画面出现杂点或变形，按〈End〉键后，程序会更新画面，恢复正确的显示图形。

2. 空闲状态下的缩/放命令

当系统未执行其他命令而处于空闲状态时，可以执行菜单命令或单击主工具栏里的按钮，也可以使用快捷键。

1）放大，单击主工具栏的按钮或执行“View”→“Zoom In”命令，如图8-33所示。

2）缩小，单击主工具栏的按钮或执行“View”→“Zoom Out”命令。

3）采用上次的显示比例显示，执行“View”→“Zoom Last”命令。

4）执行“View”→“Fit Document”命令，可以缩放工作界面，使整个图面置于编辑区中。如果电路板边框外还有图形的话，也一并显示于编辑区。

5）执行“View”→“Fit Board”命令可以缩放工作界面，使整个图面置于编辑区中，但不显示电路板边框外的图形。

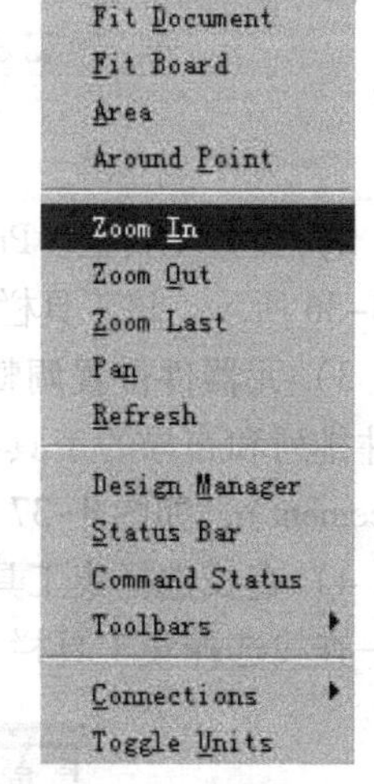

图8-33　View菜单

6）移动显示位置。在设计电路时，需要经常查看各个部分的电路，所以需要移动显示位置。方法是：在执行命令之前，先将光标移动到目标点，然后执行“View”→“Pan”命令，目标点就会移到工作区的中心位置显示。也就是说，以该目标点为屏幕中心显示整个电路图。

7）更新画面。在设计中，经常碰到由于移动元器件等操作而使画面显示出现问题，虽然这不影响电路的正确性，但不美观。这时，可以执行“View”→“Refresh”命令来更新画面，如图8-33所示。

8）利用菜单命令“View”→“Area”放大显示用户设置的选择框区域，这种方式是通过确定用户选定区域中对角线上的两个角的位置来确定放大的区域。方法如下：首先执行“View”→“Area”命令，其次移动十字光标到目标的左上角位置，然后拖动鼠标，将光标移动到目标的右下适当位置，再单击加以确认，即可放大所选中的区域。

9）利用菜单命令“View”→“Around Point”放大显示用户设置的选择框区域，这种方式是通过确定用户选定区域的中心位置和选定区域的一个角的位置，来确定需要进行放大的区域。方法如下：首先执行“View”→“Around Point”命令，其次移动十字光标到目标区的中心单击，然后将光标移动到目标区的右下角，再单击加以确认，即可放大选定区域中的图形。

8.8.2 工具栏的使用

与原理图设计系统一样，PCB也提供了各种工具栏。在实际工作过程中往往要根据需要将这些工具栏打开或者关闭，常用工具栏、状态栏、管理器的打开和关闭方法与原理图设计系统的基本相同，Protel 99 SE为PCB设计提供了4个工具栏，包括主工具栏（Main Toolbar）、放置工具栏（Placement Tools）、元器件位置调整工具栏（Component Placement）和查找选择集工具栏（Find Selections）。打开各工具栏可通过图8-34所示的菜单实现。

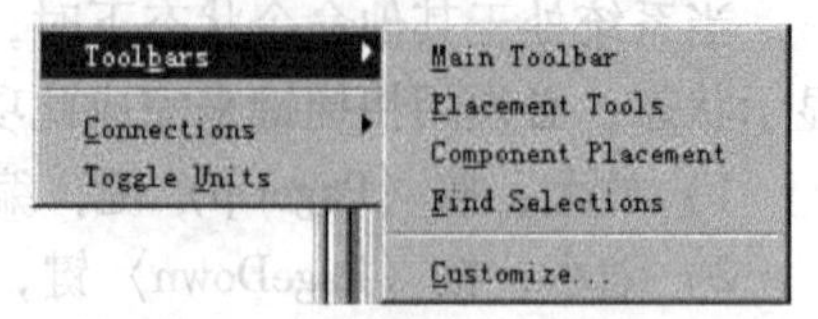

图8-34 “Toolbars”子菜单

1）主工具栏。主工具栏如图8-35所示，该工具栏为用户提供了缩放、选取对象等命令按钮。

图8-35 主工具栏

2）放置工具栏。Protel 99 SE放置工具栏（Placement Tools）如图8-36所示。该工具栏主要为用户提供了图形绘制以及布线命令。

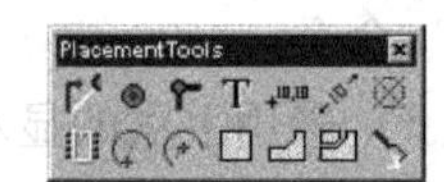

图8-36 “放置”工具栏

3）元器件位置调整工具栏，Protel 99 SE为用户提供了方便元器件排列和布局的工具栏——元器件位置调整工具栏（Component Placement），如图8-37所示。

4）查找选择集工具栏。Protel 99 SE为用户提供了方便选择原来所选择的对象的工具栏——查找选择集工具栏（Find Selections），如图8-38所示。

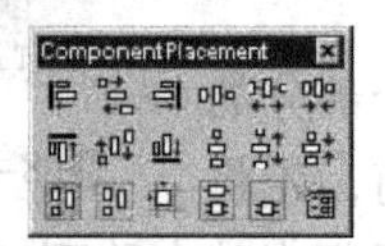

图8-37 “元器件位置调整”工具栏

图8-38 “查找选择集”工具栏

工具栏上的按钮允许从一个选择物体以向前或向后的方向走向下一个。这种方式是有用的，用户既能在选择的属性中查找，也能在选择的元器件中查找。

8.9 设置电路板工作层

在进行电路板设计时，首先需要设置电路板的工作层，即所设计的电路和布线需要布在多少层的电路板上，电路板各层应该如何进行配置，以满足电路设计的需要。下面将详细讲述Protel的电路板工作层的设置。

8.9.1 层的管理

Protel 99 SE 现已扩展到 32 个信号层，16 个内层电源/接地层，16 个机械层。在层堆栈管理器中，用户可定义层的结构，可以看到层堆栈的立体效果。对电路板工作层的管理可以选择“Design”→“Layer Stack Manager”命令，执行该命令后，系统将弹出图 8-39 所示的“Layer Stack Manager”（层堆栈管理器）对话框。

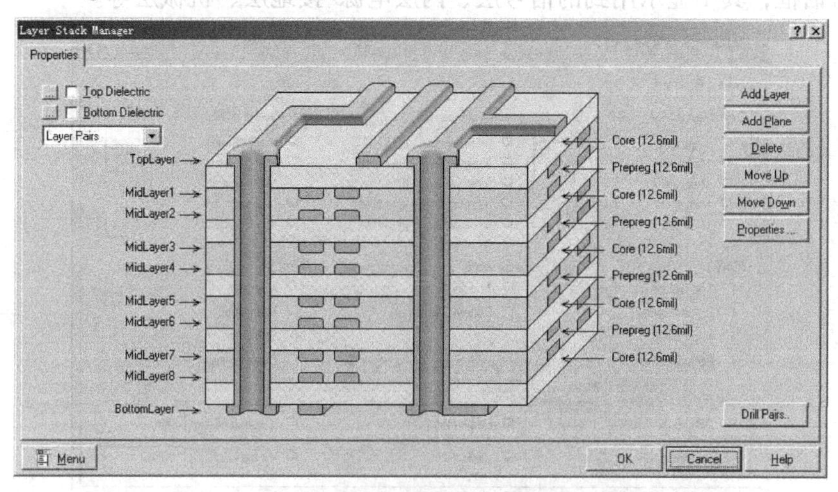

图 8-39 “Layer Stack Manager”（层堆栈管理器）对话框

- 单击“Add Layer”按钮可以添加信号层。
- 单击“Add Plane”按钮可添加内层电源/接地层，不过添加信号层前，应该首先使用鼠标单击信号层添加位置处，然后再设置。
- 如果选中“Top Dielectric”复选框，则在顶层添加绝缘层。
- 如果选中“Bottom Dielectric”复选框，则在底层添加绝缘层。
- 如果用户需要设置中心层的厚度，则可以在“Core”处编辑厚度。
- 如果用户想重新排列中间的信号层，可以使用“Move Up”和“Move Down”按钮来操作。
- 如果用户需要设置某一层的厚度，则可以选中该层，然后单击“Properties”按钮，系统将弹出图 8-40 所示的对话框设置信号层的厚度，还可以设置层名。

系统还提供了一些多层板实例样板给用户选择使用，要使用该功能设置多层板，可以在 PCB 层堆栈管理器（Layer Stack Manager）中右击，在弹出的快捷菜单中选择“Example Layer Stack”命令，如图 8-41 所示，通过它可以选择设置多层板。

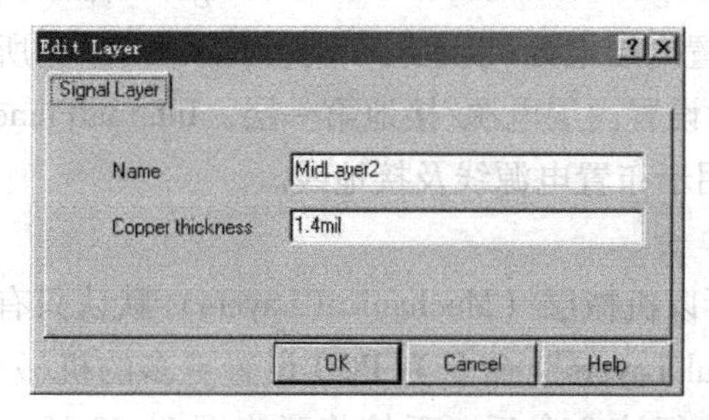

图 8-40 Edit Layer（层设置）对话框

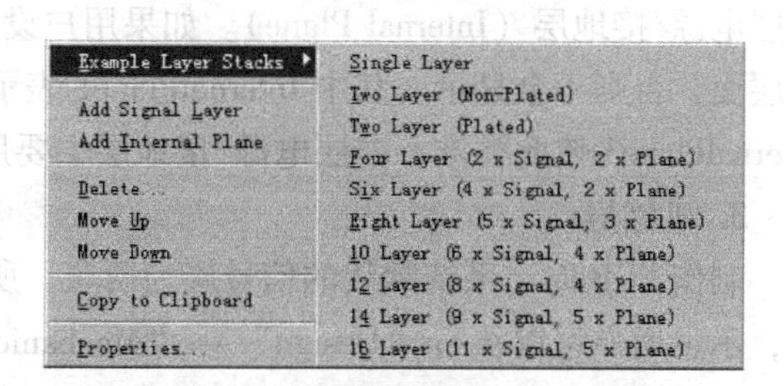

图 8-41 PCB 层堆栈管理器快捷菜单

8.9.2 工作层的类型

在设计印制电路板时，往往会碰到工作层选择的问题。Protel 99 SE 提供了多个工作层供用户选择，用户可以在不同的工作层上进行不同的操作。当进行工作层设置时，应该执行 PCB 设计管理器的“Design”→“Options”命令，系统将弹出图 8-42 所示的“Document Options”对话框，其中显示用到的信号层、内层电源/接地层、机械层等。

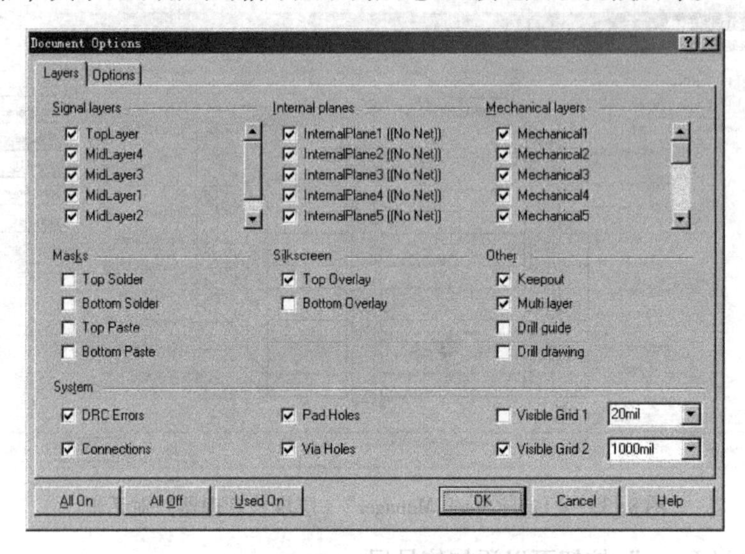

图 8-42 “Document Options”对话框

Protel 99 SE 提供的工作层在图 8-42 的“Layers”选项卡中设置，主要有以下几种。

1. 信号层

Protel 99 SE 可以绘制多层板，如果当前板是多层板，则在信号层（Signal Layers）可以全部显示出来，用户可以选择其中的层面，主要有 TopLayer、BottomLayer、MidLayer1、MidLayer2……，如果用户没有设置 MidLayer 层，则这些层不会显示在该对话框中。用户可以执行“Design”→“Layer Stack Manager”命令设置信号层。执行该命令后，系统弹出图 8-39 所示的对话框。此时用户可以设置多层板。

信号层主要用于放置与信号有关的电气元素，如 TopLayer 为顶层，用于放置元器件面；BottomLayer 为底层，用作焊锡面；MidLayer 层为中间工作层，用于布置信号线。

2. 内层电源/接地层

如果用户绘制的是多层板，则可以执行“Design”→“Layer Stack Manager”命令设置内层电源/接地层（Internal Plane）。如果用户设置内层电源/接地层，则会显示图 8-39 所示的层面，否则不会显示。其中 InternalPlane1 表示设置内层电源/接地第一层，InternalPlane2、InternalPlane3 依此类推。内层电源/接地层主要用于布置电源线及接地线。

3. 机械层

制作 PCB 时，系统默认的信号层为两层，所以机械层（Mechanical Layers）默认只有一层，不过用户可以执行“Design”→“Mechanical Layers”命令为 PCB 设置更多的机械层，在 Protel 99 SE 中最多可以设置 16 个机械层。执行该命令后，系统将弹出图 8-43 所示的

"Setup Mechanical Layers"（设置机械层）对话框。

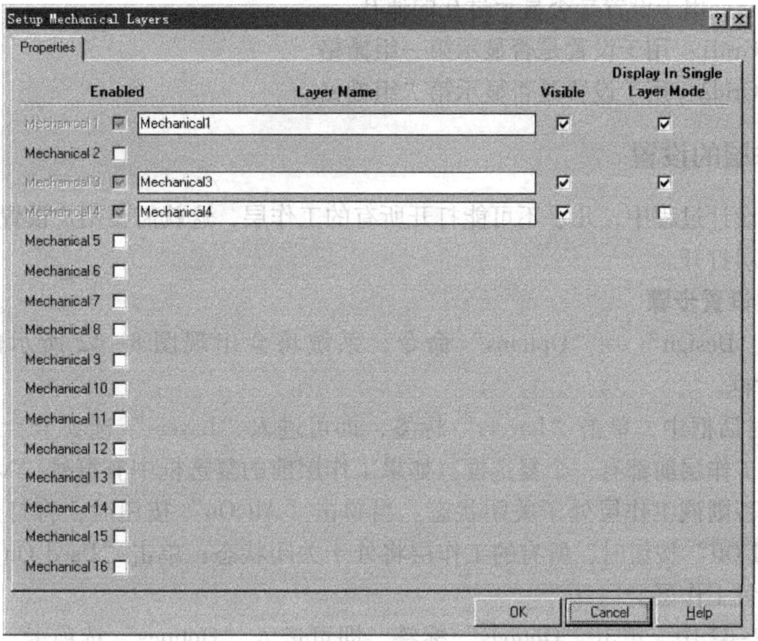

图 8-43 "Setup Mechanical Layers"（设置机械层）对话框

通过该对话框可以选定使用哪一个机械层，"Visible"复选框用来确定可见方式，"Display In Single Layer Mode"复选框用来授权是否可以在单层显示时放到各个层上。

4. 助焊膜及阻焊膜

Protel 99 SE 提供的关于助焊膜及阻焊膜（Solder Mask & Paste Mask）的选项有："Top Solder"设置顶层助焊膜，"Bottom Solder"复选框用于设置底层助焊膜，"Top Paste"复选框用于设置顶层阻焊膜，"Bottom Paste"复选框用于设置底层阻焊膜。

5. 丝印层

丝印层（Silksreen）主要用于在印制电路板的上、下两表面印刷上所需要的标志图案和文字代号等，主要包括顶层丝印层（Top）和底层丝印层（Bottom）两种。

6. 其他工作层

Protel 99 SE 除了提供以上的工作层以外，还提供了以下的工作层（Others），共有 4 个复选框，各复选框的意义如下。

- Keep Out：用于设置是否禁止布线层，用于设定电气边界，此边界外不会布线。
- Multi Layer：用于设置是否显示复合层，如果不选择此项，过孔就无法显示出来。
- Drill guide：主要用来选择绘制钻孔导引层。
- Drill drawing：主要用来选择绘制钻孔图层。

7. 系统设置

用户还可以在"System"选项组中设置 PCB 设计系统参数，各选项的意义如下。

- Connections：用于设置是否显示飞线，在绝大多数情况下都要显示飞线。
- DRC Error：用于设置是否显示自动布线以检查错误信息。

- Pad Holes：用于设置是否显示焊盘通孔。
- Via Holes：用于设置是否显示过孔的通孔。
- Visible Grid1：用于设置是否显示第一组栅格。
- Visible Grid2：用于设置是否显示第二组栅格。

8.9.3 工作层的设置

在实际的设计过程中，几乎不可能打开所有的工作层，这就需要用户设置工作层，将自己需要的工作层打开。

1. 工作层设置步骤

1）执行“Design”→“Options”命令，系统将会出现图 8-42 所示的“Document Options”对话框。

2）在该对话框中，单击“Layers”标签，即可进入“Layers”选项卡。从对话框中可以发现每一个工作层前都有一个复选框。如果工作层前的复选框中有符号“√”，则表明工作层被打开，否则该工作层处于关闭状态。当单击“All On”按钮时，将打开所有的工作层；单击“All Off”按钮时，所有的工作层将处于关闭状态；单击“Used On”按钮时，则可以由用户设置工作层。

3）在图 8-42 中，单击“Options”标签，即可进入“Options”选项卡，如图 8-44 所示。“Options”选项卡中包括栅格设置（Snap）、电气栅格设置（Electrical Crid）、计量单位设置等选项。

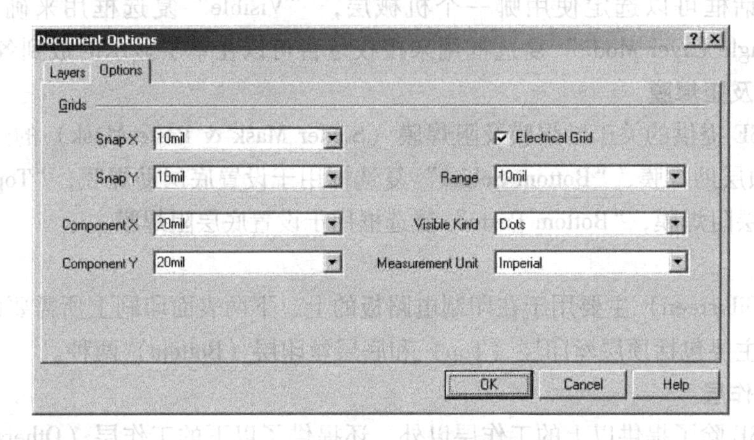

图 8-44 “Options”选项卡

2. 设置参数

在图 8-44 中可以进行相关参数设置。

1）栅格的设置包括移动栅格的设置和可视栅格的设置。移动栅格主要用于控制工作空间的对象移动栅格的间距。光标移动的间距由在“Snap X”及“Snap Y”组合框中输入的尺寸确定，用户可以分别设置 X、Y 向的栅格间距。

如果用户已经在设计 PCB 的工作界面中，则可以使用〈CTRL + G〉快捷键打开“Document Options”对话框来操作。

2）“Component X”/“Component Y”组合框用来设置控制元器件移动的间距。

- Component X：用于设置 X 向栅格间距。
- Component Y：用于设置 Y 向栅格间距。
- Visible kind：用于设置显示栅格的类型。系统提供了两种栅格类型，即 Lines（线状）和 Dots（点状）。

3）电气栅格设置主要用于设置电气栅格的属性。它的含义与原理图中的电气栅格的含义相同。选中“Electrical Grid”复选框表示具有自动捕捉焊盘的功能。“Range”（范围）用于设置捕捉半径。在布置导线时，系统会以当前光标为中心，以“Range”设置值为半径捕捉焊盘，一旦捕捉到焊盘，光标会自动加到该焊盘上。

4）“Measurement Unit”（度量单位）下拉列表框用于设置系统度量单位。系统提供了两种度量单位，即 Imperial（英制）和 Metric（公制），系统默认为英制。

技巧： 工作层的选择也可直接单击图样下方的标签，如图 8-45 所示。

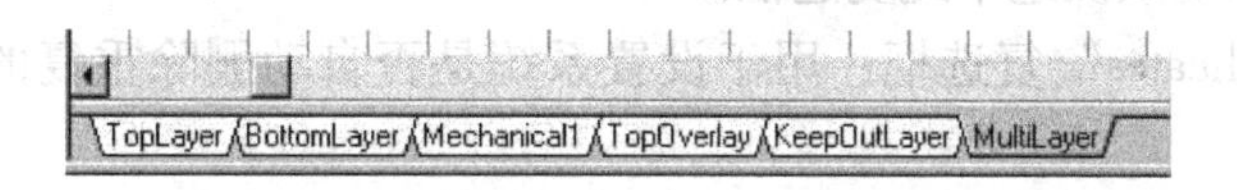

图 8-45　工作层标签

8.10　PCB 电路参数设置

设置系统参数是电路板设计过程中非常重要的一步。系统参数包括光标显示、层颜色、系统默认设置、PCB 设置等。许多系统参数因此一旦设定，将成为用户个性化的设计环境。

执行“Tools”→“Preference”命令，系统将弹出图 8-46 所示的“Preferences”对话框。它共有 6 个选项卡，即“Options”选项卡、“Display”选项卡、“Colors”选项卡、“Show/Hide”选项卡、“Defaults”选项卡和“Signal Integrity”选项卡。下面就具体讲述各个选项卡的设置。

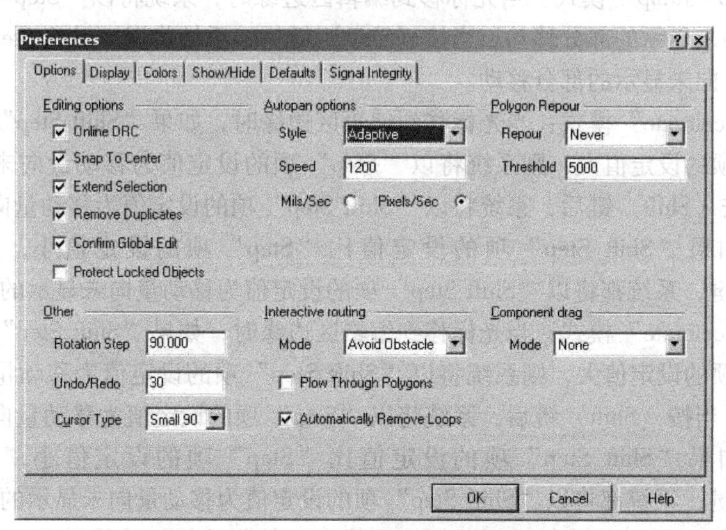

图 8-46　“Preferences”对话框

1. “Options”选项卡的设置

单击“Options”标签即可进入“Options”选项卡，如图 8-46 所示。“Options”选项卡用于设置一些特殊的功能。它包含“Editing options”“Autopan options”“Polygon Repour”和“Other”等选项组。

1）“Editing options”选项组用于设置编辑操作时的一些特性，包括如下选项。

- “Online DRC”复选框：用于设置在线设计规则检查。选中此复选框后，在布线过程中，系统自动根据设定的设计规则进行检查。
- “Snap To Center”复选框：用于设置当移动元器件封装或字符串时，光标是否自动移动到元器件封装或字符串参考点。系统默认选中此复选框。
- “Extend Selection”复选框：用于设置当选取电路板组件时，是否取消原来选取的组件。若选中此复选框，则系统不会取消原来选取的组件，连同新选取的组件一起处于选取状态。系统默认选中此复选框。
- “Remove Duplicates”复选框：用于设置系统是否自动删除重复的组件。系统默认选中此复选框。
- “Confirm Global Edit”复选框：用于设置在进行整体修改时，系统是否出现整体修改结果提示对话框。系统默认选中此复选框。
- “Protect Locked Objects”复选框：用于保护锁定的对象，选中该复选框时启用保护功能。

2）“Autopan options”选项组用于设置自动移动功能。“Style”下拉列表框用于设置移动模式，系统共提供了 7 种移动模式，具体如下。

- “Adaptive”模式：自适应模式，系统将会根据当前图形的位置自适应选择移动方式。
- “Disable”模式：取消移动功能。
- “Re - Center”模式：当光标移到编辑区边缘时，系统将光标所在的位置设置为新的编辑区中心。
- “Fixed Size Jump”模式：当光标移到编辑区边缘时，系统将以“Step”项的设定值为移动量向未显示的部分移动。当按〈Shift〉键后，系统将以“Shift Step”项的设定值为移动量向未显示的部分移动。
- “Shift Accelerate”模式：当光标移到编辑区边缘时，如果“Shift Step”项的设定值比“Step”项的设定值大，则系统将以“Step”项的设定值为移动量向未显示的部分移动。当按〈Shift〉键后，系统将以“Shift Step”项的设定值为移动量向未显示的部分移动。如果“Shift Step”项的设定值比“Step”项的设定值小，则不管按不按〈Shift〉键，系统都将以“Shift Step”项的设定值为移动量向未显示的部分移动。
- “Shift Decelerate”模式：当光标移到编辑区边缘时，如果“Shift Step”项的设定值比“Step”项的设定值大，则系统将以“Shift Step”项的设定值为移动量向未显示的部分移动。当按〈Shift〉键后，系统将以“Step”项的设定值为移动量向未显示的部分移动。如果“Shift Step”项的设定值比“Step”项的设定值小，则不管按不按〈Shift〉键，系统都将以“Shift Step”项的设定值为移动量向未显示的部分移动。
- “Ballistic”模式：当光标移到编辑区边缘时，越往编辑区边缘移动，移动速度越快。系统默认移动模式为“Fixed Size Jump”模式。

3）“Polygon Repour”选项组用于设置交互布线中的避免障碍和推挤布线方式。如果“Repour”下拉列表框设置为“Always”，则可以在已敷铜的PCB中修改走线，敷铜会自动重铺。

4）“Other”选项组中包含以下3项。

- “Rotation Step”文本框：用于设置旋转角度。在放置组件时，按一次〈Space〉键，组件会旋转一个角度，这个旋转角度就是在此设置的。系统默认值为90°，即按一次〈Space〉键，组件会旋转90°。
- “Cursor Types”下拉列表框：用于设置光标类型。系统提供了3种光标类型，即Small 90（小的90°光标）、Large 90（大的90°光标）和Small 45（小的45°光标）。
- “Undo/Redo”文本框：用于设置撤销操作/重复操作的步数。

5）“Interactive routing”选项组用来设置交互布线模式，用户可以选择3种方式：“Ignore Obstacle”（忽略障碍）、“Avoid Obstacle”（避开障碍）和“Push Obstacle”（移开障碍）。

- “Plow Through Polygons”复选框：如果选中该复选框，则布线时使用多边形来检测布线障碍。
- “Automatically Remove Loops”复选框：用于设置自动回路删除。若选中该复选框，则在绘制一条导线后，如果发现存在另一条回路，则系统将自动删除原来的回路。

6）“Component drag”选项组的“Mode”下拉列表框中共有两个选项，即“Component Tracks”和“None”。选择“Component Tracks”项，执行“Edit”→“Move/Drag”命令移动组件时，与组件连接的铜膜导线会随着组件一起伸缩，不会和组件断开；选择“None”项，在执行“Edit”→“Move/Drag”命令移动组件时，与组件连接的铜膜导线会和组件断开，此时执行“Edit”→“Move/Drag”命令和“Edit”→“Move/Move”命令没有区别。

2.“Display”选项卡的设置

单击“Display”标签即可进入“Display”选项卡，如图8-47所示。“Display”选项卡用于设置屏幕显示和元器件显示模式，其中主要可以设置如下选项。

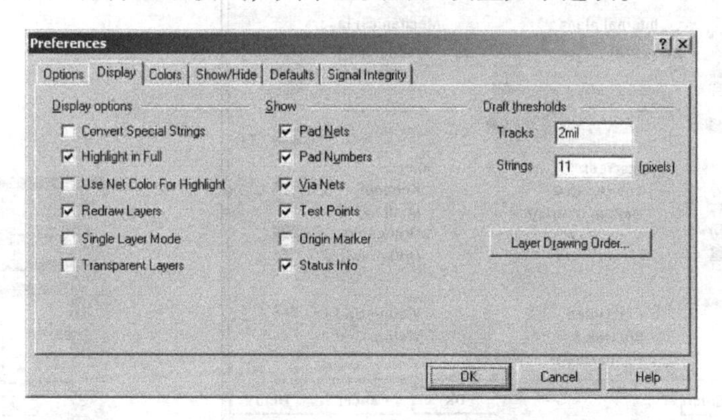

图8-47 “Display”选项卡

1）屏幕显示可以通过“Display options”选项组的选项设置。

- “Convert Special Strings”复选框：用于设置是否将特殊字符串转化成它所代表的文字。
- “Highlight in Full”复选框：用于使所选网络亮显。
- “Use Net Color For Highlight”复选框：对于选中的网络，设置是否仍然使用网络的颜色，还是一律采用黄色。

• “Redraw Layers”复选框：用于设置当重画电路板时，系统将一层一层地重画。当前的层最后才会重画，所以最清楚。

• “Single Layer Mode” 复选框：用于设置只显示当前编辑的层，其他层不被显示。

• “Transparent Layers”复选框：用于设置所有的层都为透明状，选择此复选框后，所有的导线、焊盘都变成了透明色。

2）PCB 显示设置可以通过“Show” 选项组的选项设置。

• “Pan Nets”复选框：用于设置是否显示焊盘的网络名称。

• “Pad Numbers”复选框：用于设置是否显示焊盘序号。

• “Test Points” 复选框：选中后，可显示测试点。

• “Origin Marker” 复选框：用于设置是否显示指示绝对坐标的黑色带叉圆圈。

3）显示模式可以通过“Draft thresholds”选项组设置。其中，“Tracks”文本框设置的数目为导线显示极限，如果导线数不大于该值，则以实际轮廓显示，否则只以简单直线显示；“Strings” 文本框设置的数目为字符显示极限，如果像素大于该值的字符，则以文本显示，否则只以框显示。

3. “Colors”选项卡的设置

单击“Colors”选项即可进入“Colors”选项卡，如图 8-48 所示，该选项卡用于设置层的颜色。

设置层颜色时，单击层右边的颜色块即可打开图 8-49 所示的“Choose Color” 对话框。“Preferences” 对话框中有一个“Default Colors” 按钮。单击该按钮，层颜色被恢复成系统默认的颜色。另外，单击“Classic Colors” 按钮，系统会将层颜色指定为传统的设置颜色，即 DOS 中采用的黑底设计界面。

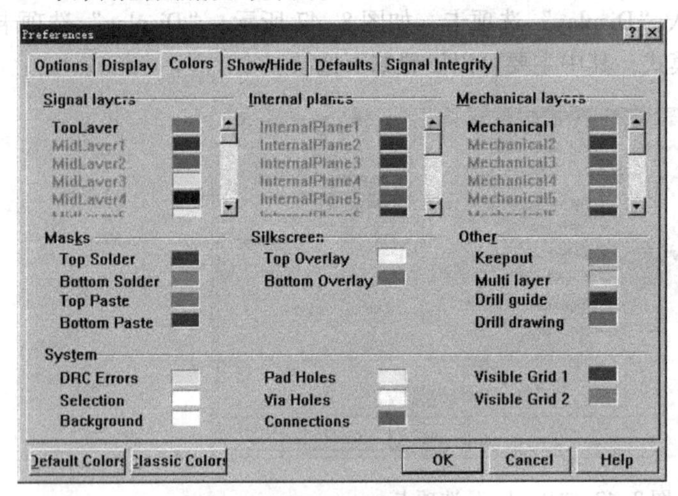

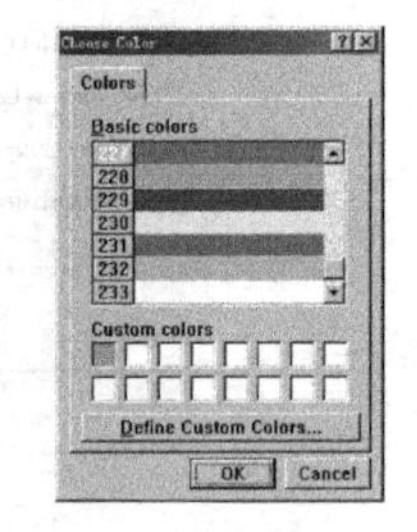

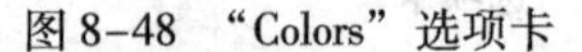

图 8-48 “Colors” 选项卡　　　　图 8-49 “Choose Color” 对话框

4. “Show/Hide” 选项卡的设置

单击“Show/Hide” 标签即可进入“Show/Hide” 选项卡，如图 8-50 所示。“Show/Hide” 选项卡用于设置各种图形的显示模式。

选项卡中每一项，都有相同的 3 种显示模式，即 Final（精细）显示模式、Draft（简易）显示模式和 Hidden（不显示模式）。

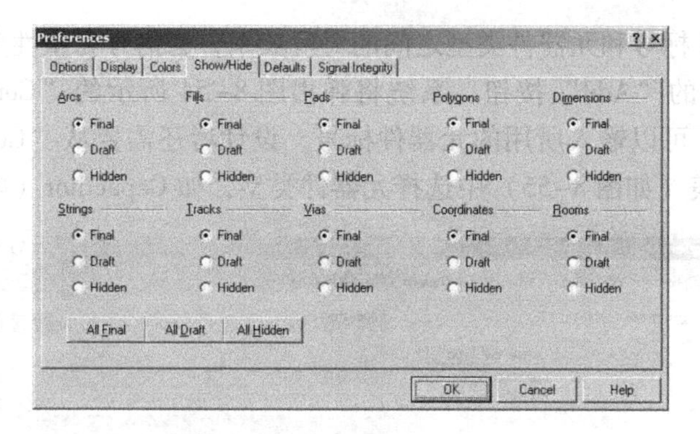

图 8-50 “Show/Hide”选项卡

在该选项卡中，用户可以分别设置 PCB 的几何对象的显示模式。

5. “Defaults”选项卡的设置

单击“Defaults”标签即可进入“Defaults”选项卡，如图 8-51 所示。

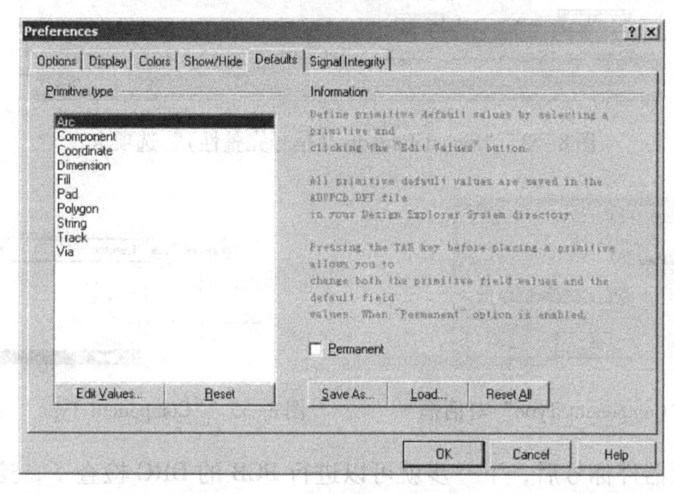

图 8-51 “Defaults”选项卡

“Defaults”选项卡用于设置各个组件的系统默认设置。组件包括 Arc（圆弧）、Component（元器件封装）、Coordinate（坐标）、Dimension（尺寸）、Fill（金属填充）、Pad（焊盘）、Polygon（敷铜）、String（字符串）、Track（铜膜导线）和 Via（过孔）。要将系统恢复为默认设置的话，在图 8-51 所示的对话框中选中组件，单击“Edit Values”按钮即可进入编辑系统默认值的对话框。

假设选中了元器件封装组件（Component），则单击“Edit Values”按钮即可进入编辑元器件封装的系统默认值的“Component”对话框，如图 8-52 所示。各项的修改会在取用元器件封装时反映出来。

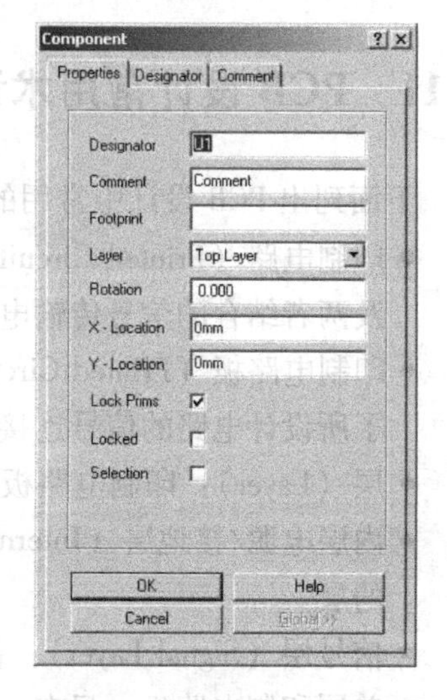

图 8-52 “Component”对话框

6. “Signal Integrity”选项卡的设置

“Signal Integrity”选项卡如图 8-53 所示，通过该选

项卡可以设置元器件标号和元器件类型之间的对应关系，为信号完整性分析提供信息。

单击图 8-53 中的“Add”按钮，系统将弹出图 8-54 所示的“Component Type”对话框。在该对话框中，可以输入所用的元器件标号，设计者还需要从“Component Type”（元器件类型）下拉列表（如图 8-55）中选择元器件类型，如 Capactitor（电容）。

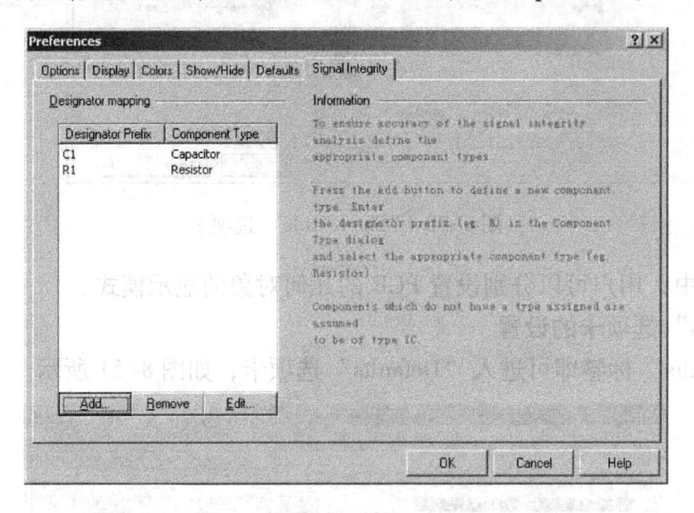

图 8-53 “Signal Integrity（信号完整性）”选项卡

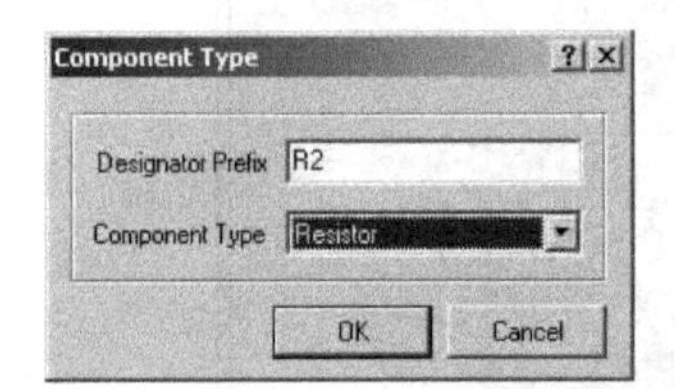

图 8-54 “Component Type”对话框

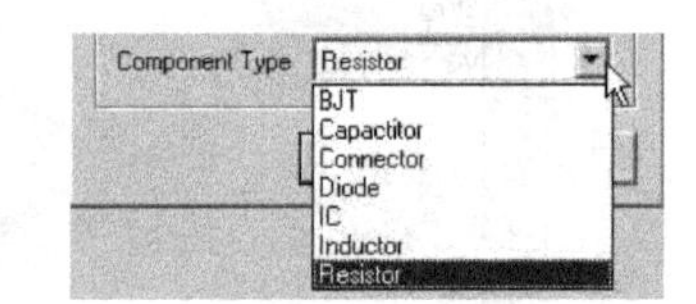

图 8-55 “Component Type”下拉列表

在此添加完元器件标号后，下一步就可以进行 PCB 的 DRC 检查了，这将在后面有关章节讲解。

8.11 PCB 设计常用术语

下面列出 PCB 设计中常用的术语。

- 印制电路（Printed Circuit）：在绝缘基材上，按设计生成的印制元器件或印制线路以及两者结合的信号传输电路。
- 印制电路板（Printed Circuit Board）：由导电材料和绝缘基材一起组成的印制板，实现了所设计电路的信号连接，并且装配电路所需的所有元器件。
- 层（Layer）：印制电路板上由铜箔组成的导电层，包括传输信号的层和电源或地层。
- 内层电源/接地层（Internal Layer）：电源层是 PCB 的一种负片层，主要用作电源或地的层。
- 信号层（Signal Layer）：信号层是 PCB 的一种正片层，主要用作信号的传输和走线。
- 单层印制电路板：只在一面上进行信号走线的印制板。

- 双面印制电路板：两面都进行信号走线的印制板。
- 多层印制电路板：由许多层导电走线层和绝缘材料层粘接而成，层间的信号走线可以实现互连的印制板。
- 母板（Mother Board）：可以安装一块或多块印制电路板组件的主印制电路板。
- 背板（Backplane）：一面提供了多个连接器插座，用于点间电气互连的印制电路板。点间电气互连可以是印制电路。
- 元器件：指的是实现电路功能的基本单元，比如电容、电感、电阻、集成电路芯片等，可以统称为元器件。
- 元器件封装（Footprint）：元器件封装是指元器件焊接到电路板时所指的外观和焊盘位置。既然元器件封装只是元器件的外观和焊盘位置，那么纯粹的元器件封装仅仅是空间的概念，因此，不同的元器件可以共用同一个元器件封装。
- 焊盘（Pad）：用于连接元器件引脚和印制电路板上走线的电气焊接点，通常由铜层、镀铜和焊锡流组成，在其周围还会有阻焊层。
- 过孔（Via）：为连通各层之间的线路，在各层需要连通的导线的交汇处钻上一个公共孔。
- 盲孔（Blind Via）：从中间层延伸到印制电路板一个表面层的过孔。
- 埋孔（Buried Via）：从一个中间到另一个中间之间的过孔，不会延伸到印制电路板的表面层。
- 安全距离（Clearance）：防止信号之间出现短路的最小距离，使 PCB 走线的重要设置参数。
- 布局（Layout）：根据设计要求以及电路的特性，将元器件恰当地放置在印制电路板上的操作。它是实现布线的一个重要步骤，好的布局可以有效地实现印制电路板所有信号的布通。
- 网络表（Net List）：就是表示印制电路板上元器件引脚之间的连接关系的数据表。它描述了 PCB 上所有的电气连接。
- 布线（Routing）：在布局完成后，根据网络表和设计要求，将所有电气连接用实际的走线连接起来的操作。通常使用人工干预的自动布线来进行 PCB 的设计。

习题

1. 简述一般的布线流程。
2. 简述焊盘与过孔的区别、助焊膜和阻焊膜的区别。
3. 简述有哪几种常用的元器件封装方式。
4. 简述 PCB 设计的基本原则。
5. 简述 PCB 各层的意义。
6. 新建一块电路板，并设定其为四层板。

第9章　制作印制电路板

本章将结合实例讲述如何使用 Protel 99 SE 制作 PCB（印制电路板），以及制作 PCB 所需的绘图工具和布线知识。

9.1　PCB 绘图工具

PCB 设计服务器提供了放置工具栏“Placement Tools”，如图 9-1 所示。可以通过执行“View”→“Toolbars”→“Placement Tools”命令来实现放置工具栏的打开与关闭，工具栏中每一项都与“Place”命令下的各项对应。

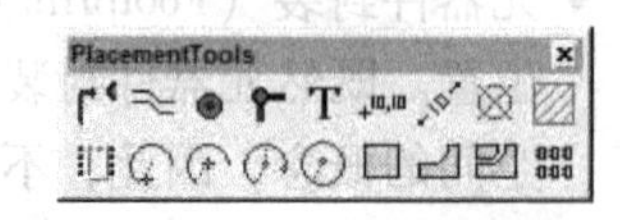

图 9-1　“Placement Tools”工具栏

9.1.1　绘制导线

一般可通过“Place”→“Keepout”→“Track”命令或单击放置工具栏中的按钮来绘制导线。执行绘制导线命令后，光标变成了十字形状，将光标移到所需的位置后单击，确定导线的起点，然后将光标移到导线的终点再单击，即可绘制出一条导线，如图 9-2 所示。在放置导线的同时，可以按〈Tab〉键打开“Track”对话框，设置导线的参数。

将光标移到新的位置，按照上述步骤，再绘制其他导线。双击，光标变成箭头后，退出该命令状态。

绘制了导线后，还可以对导线进行编辑处理，并设置导线的属性。

双击已布的导线，或者在进入绘制导线状态时按〈Tab〉键，或者选中导线后右击并从弹出的快捷菜单中选择“Properties”命令，系统将弹出图 9-3 所示的“Track”对话框，对话框中的各个选项说明如下。

图 9-2　绘制一根导线

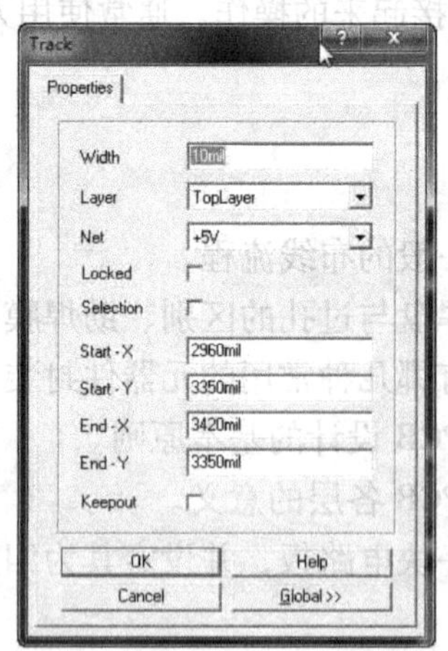

图 9-3　“Track”对话框

- Width：设置导线宽度。
- Layer：设置导线所在的层。
- Net：设置导线所在的网络。
- Locked：设置导线位置是否锁定。
- Selection：设置导线是否处于选取状态。
- Start－X：设置导线起点的 X 轴坐标。
- Start－Y：设置导线起点的 Y 轴坐标。
- End－X：设置导线终点的 X 轴坐标。
- End－Y：设置导线终点的 Y 轴坐标。
- Keepout：若选中该复选框，则此导线具有电气边界特性。

9.1.2 放置焊盘

1. 放置焊盘的步骤

1）单击放置工具栏中的放置焊盘命令按钮，或执行“Place”→“Pad”命令。

2）执行该命令后，光标变成了十字形状，将光标移到所需的位置后单击，即可将一个焊盘放置在该处。

3）将光标移到新的位置，按照上述步骤，再放置其他焊盘。图 9-4 所示为放置了多个焊盘的电路板。双击，光标变成箭头后，退出该命令状态。

4）用户还可以在此命令状态下按〈Tab〉键，进入图 9-5 所示的“Pad”对话框，作进一步的修改。

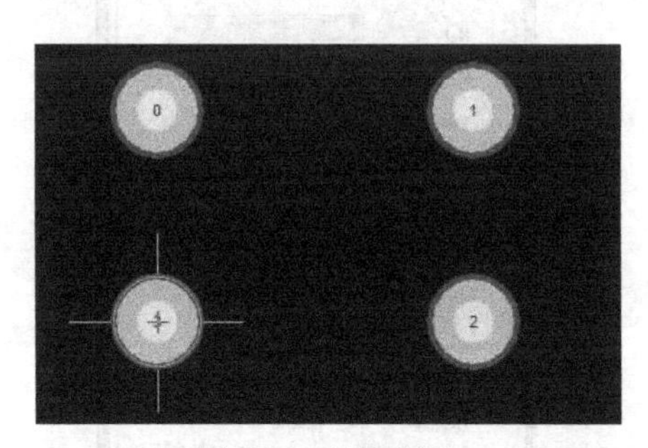

图 9-4　放置焊盘

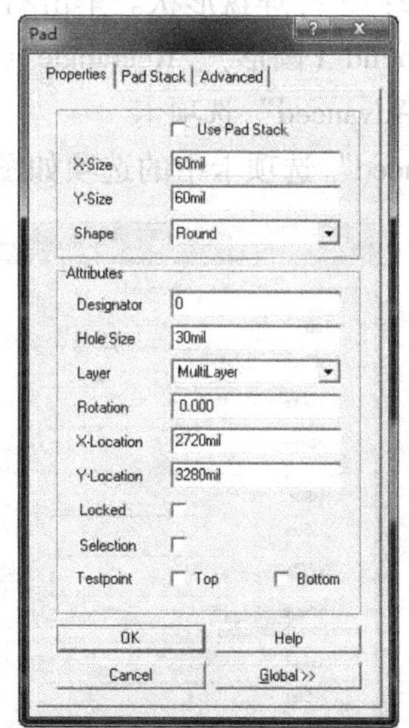

图 9-5　“Pad”对话框

2. 焊盘属性设置

在放置焊盘的状态下按〈Tab〉键或在已放置的焊盘上双击，都可以打开图 9-5 所示的对话框，对话框中包括三个选项卡，分别如下所述。

（1）“Properties”选项卡

- Use Pad Stack：设置是否采用特殊焊盘，若选择此复选框，则本选项卡将不可设置。

- X－Size：设置焊盘 X 轴尺寸。
- Y－Size：设置焊盘 Y 轴尺寸。
- Shape：选择焊盘形状。单击右侧的下拉按钮，即可选择焊盘形状，这里共有 3 种焊盘形状，即 Round（圆形）、Rectangle（正方形）和 Octagonal（八角形）。
- Designator：设置焊盘序号。
- Hole Size：设置焊盘通孔直径。
- Layer：设置焊盘所在层。通常，多层电路板焊盘层为 MultiLayer。
- Rotation：设置焊盘旋转角度，对圆形焊盘没有意义。
- X－Location：设置焊盘的 X 轴坐标。
- Y－Location：设置焊盘的 Y 轴坐标。
- Testpoint：有两个选项，即"Top"和"Bottom"，如果选择了这两个复选框，则可以分别设置该焊盘的顶层或底层为测试点。设置测试点属性后，在焊盘上会显示 Top & Bottom Test－point 文本，并且"Locked"复选框同时也被自动选中，使该焊盘被锁定。

（2）"Pad Stack"选项卡

"Pad Stack"选项卡中共有三个选项组，即"Top""Middle"和"Bottom"，如图 9-6 所示。3 个选项组分别用于指定焊盘在顶层、中间层和底层的大小和形状。每个选项组里的选项都具有相同的 3 个选项。

- X－Size：设置焊盘 X 轴尺寸。
- Y－Size：设置焊盘 Y 轴尺寸。
- Shape：选择焊盘形状。单击右侧的下拉按钮，即可选择焊盘形状。焊盘形状有三种，即 Round（圆形）、Rectangle（正方形）和 Octagonal（八角形）。

（3）"Advanced"选项卡

"Advanced"选项卡中的选项如图 9-7 所示。

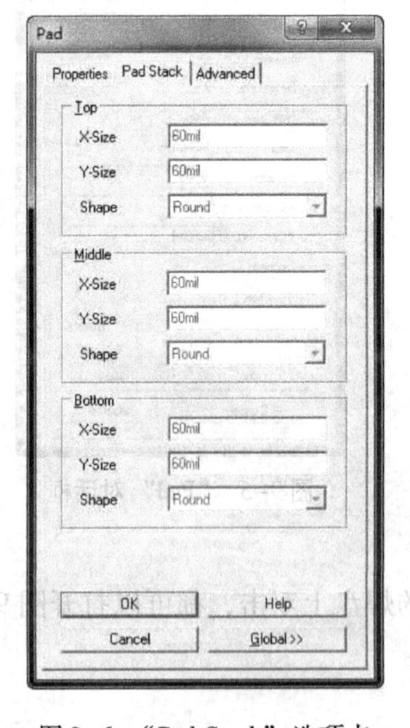

图 9-6 "Pad Stack"选项卡

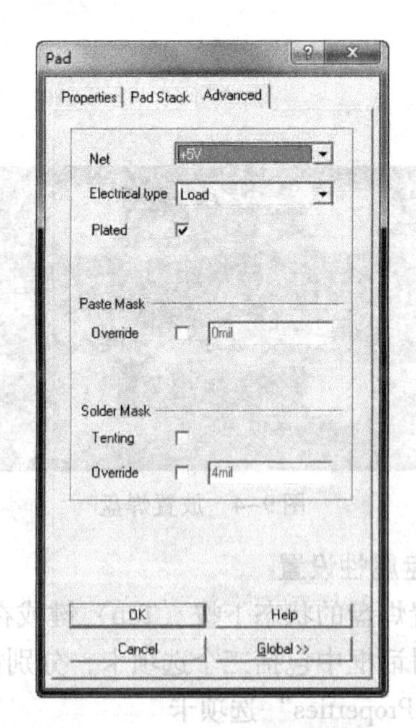

图 9-7 "Advanced"选项卡

- Net：设置焊盘所在网络。
- Electrical type：指定焊盘在网络中的电气属性，它包括 Load（中间点）、Source（起点）和 Terminator（终点）。
- Plated：设置是否将焊盘的通孔孔壁加以电镀。
- Paste Mask：设置焊盘阻焊膜的属性，可以修改“Override”阻焊延伸值。
- Solder Mask：设置焊盘的助焊膜属性。若选择“Override”复选框，则可设置助焊延伸值，这对于设置 SMT（贴片封装）式的焊点非常有用。如果选择“Tenting”复选框，则助焊膜是一个隆起，此时不能设置助焊延伸值。

9.1.3 放置过孔

1. 放置过孔

1）单击放置工具栏中的按钮，或执行“Place”→“Via”命令。

2）执行命令后，光标变成了十字形状，将光标移到所需的位置单击，即可将一个过孔放置在该处。

3）将光标移到新的位置，按照上述步骤，再放置其他过孔，图 9-8 所示为放置了多个过孔后的图形。

4）双击，光标变成箭头后，退出该命令状态。

2. 过孔属性设置

在放置过孔时按〈Tab〉键或者在电路板上双击过孔，系统将会弹出图 9-9 所示的“Via”对话框。

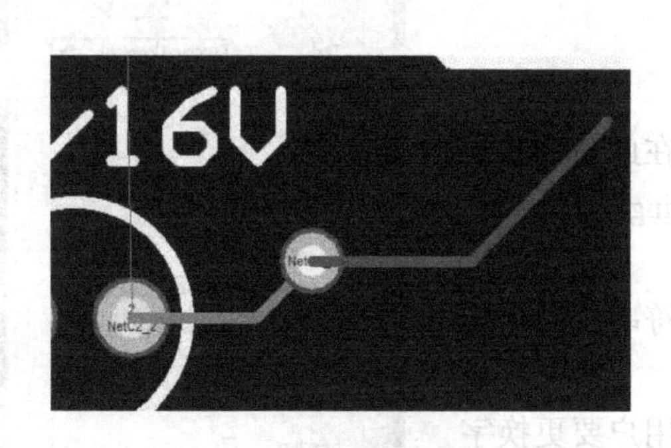

图 9-8 放置多个过孔

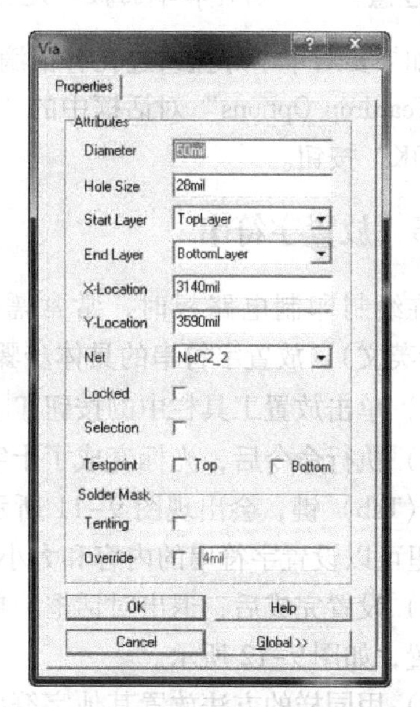

图 9-9 “Via”对话框

如图 9-9 所示，“Properties”选项卡中各选项的意义如下。

- Diameter：设置过孔直径。
- Hole Size：设置过孔的通孔直径。

- Start Layer：设置过孔穿过的开始层，设计者可以分别选择 Top（顶层）和 Bottom（底层）。
- End Layer：设置过孔穿过的结束层，设计者也可以分别选择 Top（顶层）和 Bottom（底层）。
- Net：将会显示该过孔是否与 PCB 的网络相连。
- Testpoint：该选项与“Pad”对话框中相应的选项意义一致。
- Solder Mask：此项为设置过孔的助焊膜属性，用户可以选择“Override”复选框设置助焊延伸值。如果选择“Tenting”复选框，则助焊膜是一个隆起，此时不能设置助焊延伸值。

如果设计者想设置过孔的更多属性，可以单击“Global”按钮，系统将会打开过孔属性全局对话框，用户可以设置其他属性。

9.1.4 补泪滴设置

焊盘和过孔等可以进行补泪滴设置。泪滴焊盘和过孔形状可以定义为弧形或线性，可以对选中的实体，也可以对所有过孔或焊盘进行设置。选择“Tools”→“Teardrop Options”命令后，系统将弹出图 9-10 所示的“Teardrop Options”对话框。

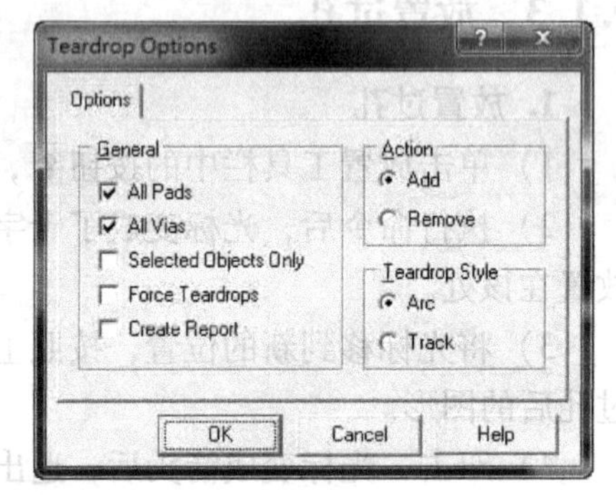

图 9-10 “Teardrop Options”对话框

注意：对于贴片和单面板一定要对过孔和焊盘补泪滴。

如果要对单个焊盘或过孔补泪滴，可以先双击焊盘或过孔，使其处于选中状态，然后选择“Teardrop Options”对话框中的“All Pads”或“Selected Objects Only”复选框，最后单击“OK”按钮。

9.1.5 放置字符串

在绘制印制电路板时，常常需要在板上放置字符串（仅为英文）。放置字符串的具体步骤如下。

1）单击放置工具栏中的按钮 T。

2）执行命令后，光标变成了十字形状，在此命令状态下按〈Tab〉键，会出现图 9-11 所示的“String”对话框，在这里可以设置字符串的内容和大小。

3）设置完成后，退出对话框，单击把字符串放到相应的位置，如图 9-12 所示。

4）用同样的方法放置其他字符串标注。用户要更换字符串标注的方向，只需按〈Space〉键即可进行调整，或在图 9-11 中的“Rotation”文本框中输入字符串旋转角度。

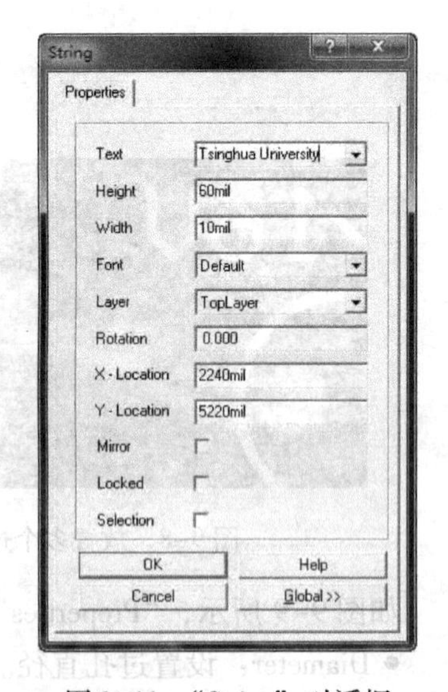

图 9-11 “String”对话框

当放置了字符串后，如果需要对其进行编辑，则可选中字符串，然后右击，从快捷菜单中选取“Properties”命令，或者双击字符串，系统也将会弹出图 9-11 所示的字符串属性编辑对话框。

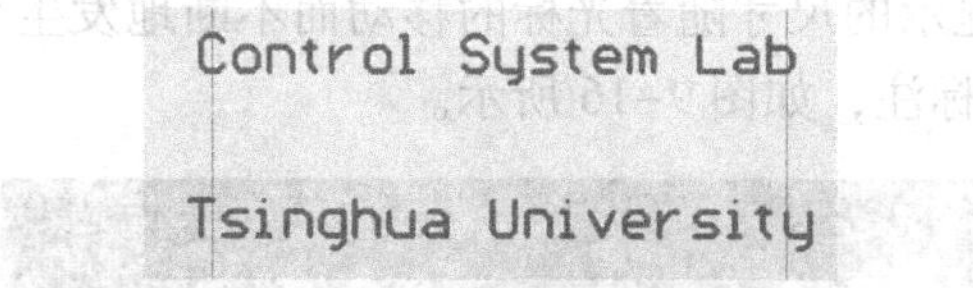

图 9-12　放置多个字符串

“String” 对话框中部分选项的含义如下。

- Text：用来设置字符串内容。
- Height：用来设置字符串的高度。
- Width：用来设置字符串的宽度。
- Mirror：若选择该复选框，则字符串以镜像方式放置。

9.1.6　放置坐标

此命令是将当前鼠标所处位置的坐标放置在工作平面上，其具体步骤如下。

1）单击放置工具栏中的按钮。

2）执行命令后，光标变成了十字形状，在此命令状态下按〈Tab〉键，会出现图 9-13 所示的 “Coordinate” 对话框。按要求设置该对话框。

3）设置完成后，退出对话框，单击把坐标放到相应的位置，如图 9-14 所示。

4）用同样的方法放置其他坐标。

当放置了坐标后，如果需要对其进行编辑，则可选中坐标，然后右击，从快捷菜单中选取 “Properties” 命令，或者双击坐标，系统也将会弹出图 9-13 所示的 “Coordinate” 对话框。

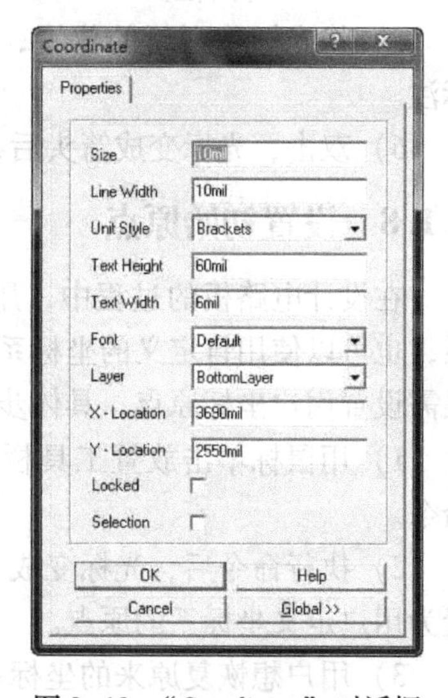

图 9-13　“Coordinate” 对话框

图 9-14　放置一个坐标

9.1.7　放置尺寸标注

在设计印制电路板时，有时需要标注某些尺寸的大小，以方便印制电路板的制造。放置尺寸标注的具体步骤如下。

1）单击放置工具栏中的按钮，系统出现图 9-15 所示的状态。

图 9-15　执行尺寸标注命令后的状态

2）移动光标到尺寸的起点单击，即可确定标注尺寸的起始位置。

3）移动光标，中间显示的尺寸随着光标的移动而不断地发生变化，到合适的位置单击加以确认，即可完成尺寸标注，如图9-16所示。

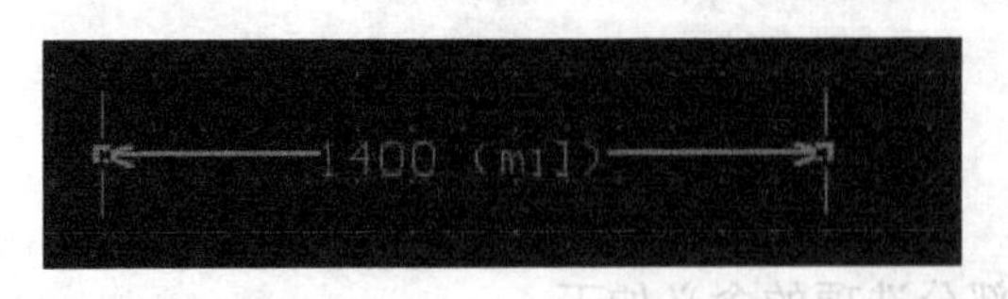

图9-16　完成的一个尺寸标注

4）用户还可以在放置尺寸标注命令状态下按〈Tab〉键，进入图9-17所示的“Dimension”对话框，作进一步的修改。

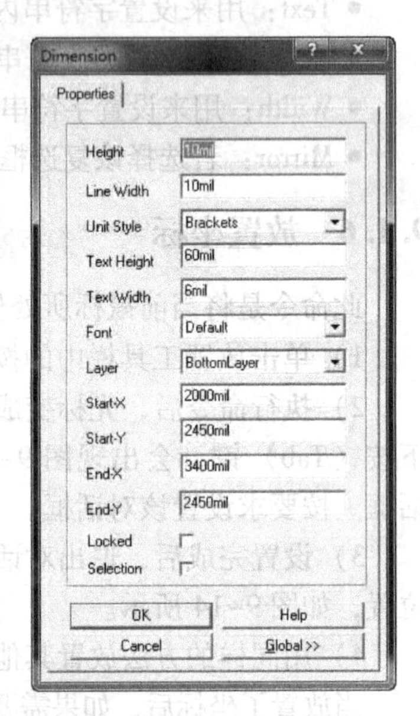

图9-17　“Dimension”对话框

当放置了尺寸标注后，如果需要对其进行编辑，则可选中尺寸标注，然后右击并从快捷菜单中选取“Properties”命令，或者双击尺寸标注，系统也将会弹出图9-17所示的“Dimension”对话框。

5）将光标移到新的位置，按照上述步骤，再放置其他标注。

6）双击，光标变成箭头后，退出该命令状态。

9.1.8　设置初始原点

在设计电路板的过程中，用户可以使用程序提供的坐标系，也可以使用自定义的坐标系。如果用户自己定义坐标系，只需设置用户坐标原点，具体步骤如下。

1）用鼠标单击放置工具栏中的按钮，或者选择执行“Edit”→“Origin”→“Set”命令。

2）执行命令后，光标变成了十字形状，将光标移到所需的位置后单击，即可将该点设置为用户定义坐标系的原点。

3）用户想恢复原来的坐标系，执行“Edit”→“Origin”→“Reset”命令即可。

9.1.9　绘制圆弧或圆

Protel 99 SE提供了3种绘制圆弧的方法：边缘法、中心法和角度旋转法。

1. 边缘法

边缘法就是通过圆弧上的两点（即起点与终点）来确定圆弧的大小，其绘制过程如下。

1）单击放置工具栏中的按钮，或执行“Place”→“Arc（Edge）”命令。

2）执行该命令后，光标变成了十字形状，将光标移到所需的位置后单击，确定圆弧的起点。然后移动鼠标到适当位置单击，确定圆弧的终点。

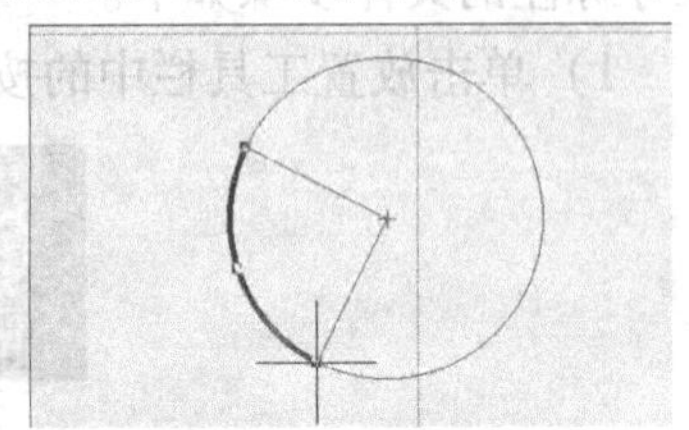

图9-18　边缘法绘制圆弧

3）单击确认，即得到一个圆弧，图9-18所示为使用边缘法绘制的圆弧。

2. 中心法

中心法绘制圆弧就是通过确定圆弧中心、圆弧的起点和终点来确定一个圆弧。

1）单击放置工具栏中的按钮，或执行“Place”→“Arc （Center)”命令。

2）执行命令后，光标变成了十字形状，将光标移到所需的位置后单击，确定圆弧的中心。

3）将光标移到所需的位置后单击，确定圆弧的起点，再移动鼠标到适当位置单击，确定圆弧的终点。

4）单击确认，即可得到一个圆弧，图 9-19 所示为使用中心法绘制的圆弧。

3. 角度旋转法

1）单击放置工具栏中的按钮，或执行“Place”→“Arc （Any Angle)”命令。

2）执行该命令后，光标变成了十字形状，将光标移到所需的位置后单击，确定圆弧的起点。再移动鼠标到适当位置单击，确定圆弧的圆心，最后单击确定圆弧终点。

3）单击加以确认，即可得到一个圆弧。

4. 绘制圆

1）单击放置工具栏中的按钮，或执行“Place”→“Full Circle”命令。

2）执行该命令后，光标变成了十字形状，将光标移到所需的位置后单击，确定圆的圆心，然后再单击确定圆的大小。

3）单击加以确认，即可得到一个圆，如图 9-20 所示。

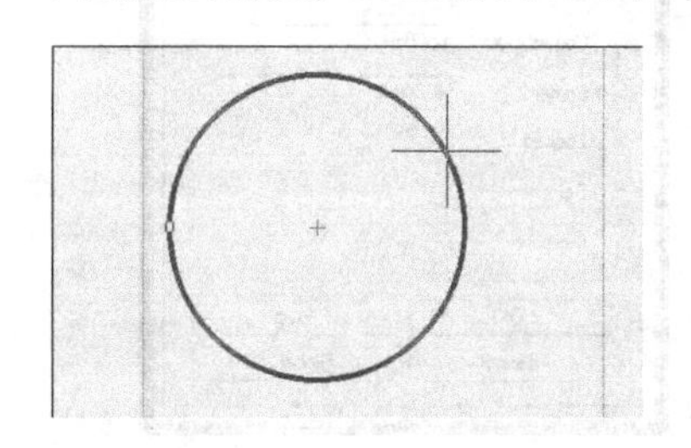

图 9-19　中心法绘制圆弧

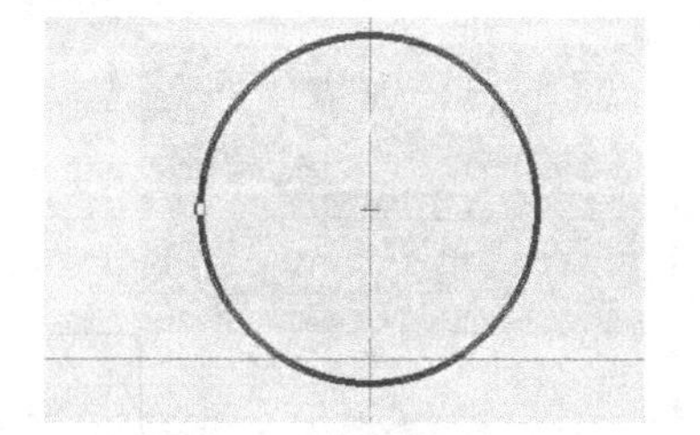

图 9-20　绘制的圆

5. 编辑圆弧

当绘制好圆弧后，如果需要对其进行编辑，则可选中圆弧，然后右击并从快捷菜单中选取“Properties”命令，或者双击圆弧，系统也将会弹出图 9-21 所示的“Arc”对话框。在绘制圆弧状态下，也可以按〈Tab〉键，先编辑对象，再绘制圆弧。

- Width：用来设置圆弧的宽度。
- Layer：用来选择圆弧所放置的层。
- Net：用来设置圆弧的网络层。
- X - Center 和 Y - Center：用来设置圆弧的圆心位置。
- Radius：用来设置圆弧的半径。
- Start Angle：用来设置圆弧的起始角。
- End Angle：用来设置圆弧的终止角。

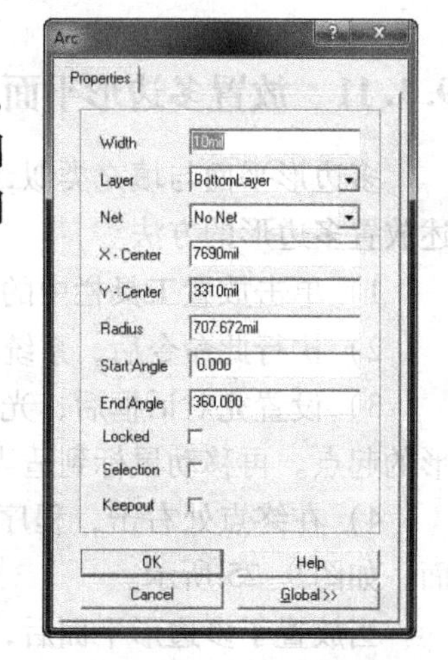

图 9-21　“Arc”对话框

● Locked：用来设置是否锁定圆弧。

9.1.10 放置填充

填充一般用于制作 PCB 插件的接触面或者用于增强系统的抗干扰性而设置的大面积电源或地。在制作电路板的接触面时，放置填充的部分在实际制作的电路板上是外露的敷铜区。填充通常放置在 PCB 的顶层、底层或内部的电源和接地层上。放置填充的一般操作方法如下。

1）单击放置工具栏中的按钮，或执行“Place”→“Keepout”→“Fill”命令。

2）执行该命令后，用户只需确定矩形块的左上角和右下角位置即可，如图 9-22 所示为放置的填充。

当放置了填充后，如果需要对其进行编辑，则可选中填充，然后右击并从快捷菜单中选取“Properties”命令，或者双击填充，系统也将会弹出图 9-23 所示的“Fill”对话框。在放置填充状态下，也可以按〈Tab〉键，先编辑对象，再放置填充。

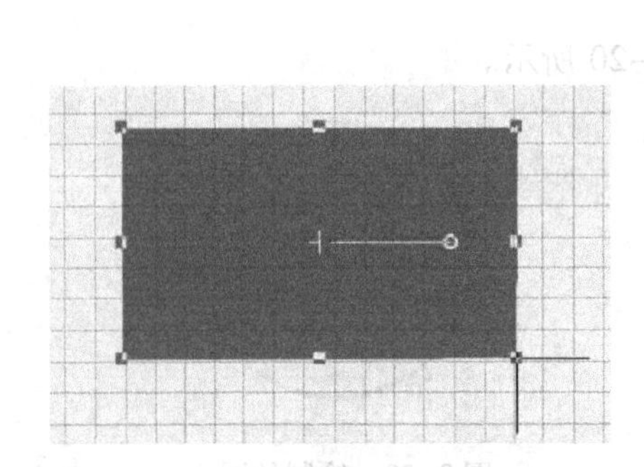

图 9-22 放置的填充

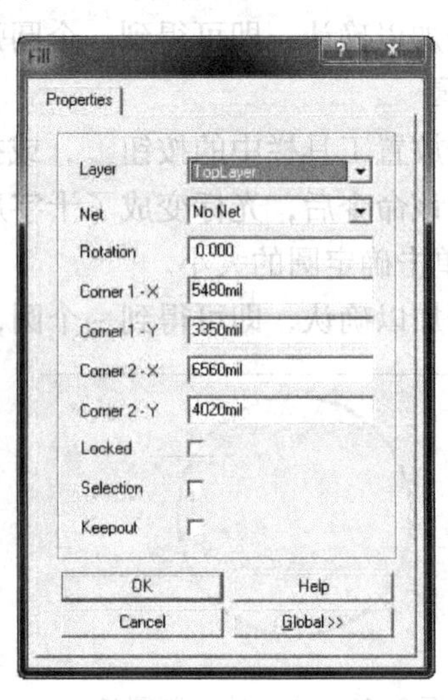

图 9-23 “Fill”对话框

9.1.11 放置多边形平面

多边形平面与填充类似，经常用于大面积电源或接地，以增强系统的抗干扰性。下面讲述放置多边形的方法。

1）单击放置工具栏中的按钮，或执行“Place”→“Polygon Plane”命令。

2）执行此命令后，系统将会弹出图 9-24 所示的“Polygon Plane”对话框。

3）设置完对话框后，光标变成了十字形状，将光标移到所需的位置后单击，确定多边形的起点。再移动鼠标到适当位置单击，确定多边形的中间点。

4）在终点处右击，程序会自动将终点和起点连接在一起，形成一个封闭的多边形平面，如图 9-25 所示。

当放置了多边形平面后，如果需要对其进行编辑，则可选中多边形平面，然后右击并从快捷菜单中选择“Properties”命令，或者双击多边形平面，系统也将会弹出图 9-24 所示的

"Polygon Plane"对话框。

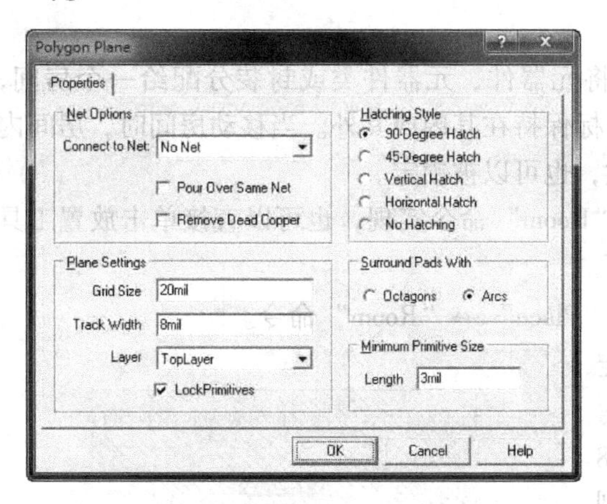

图 9-24 "Polygon Plane"对话框

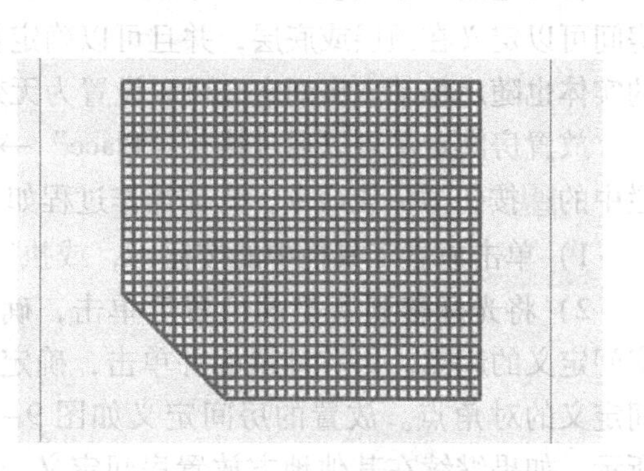

图 9-25 多边形平面填充

9.1.12 放置切分多边形

切分多边形与多边形类似，不过它是用来切分内部电源层（Internal Plane）或接地层的。下面讲述放置切分多边形的方法。

1）单击放置工具栏中的按钮，或执行"Place"→"Split Plane"命令。

2）执行此命令后，系统将会弹出图 9-26 所示的"Split Plane"对话框。

3）设置完对话框后，光标变成了十字形状，将光标移到所需的位置后单击，确定多边形的起点。再移动鼠标并单击，确定多边形的中间点。

4）在终点处右击，程序会自动将终点和起点连接在一起，形成一个封闭的切分多边形，如图 9-27 所示。

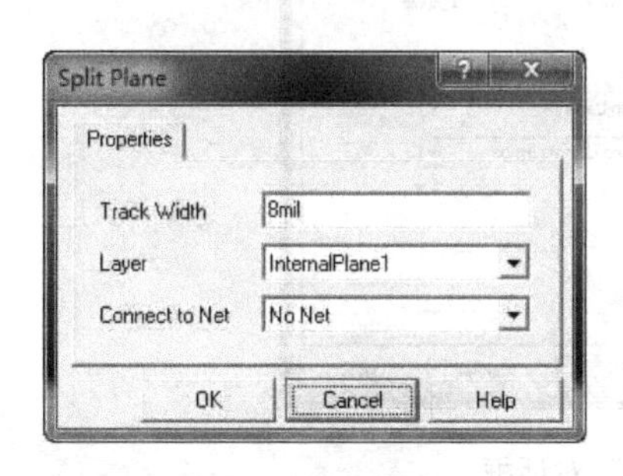

图 9-26 "Split Plane"对话框

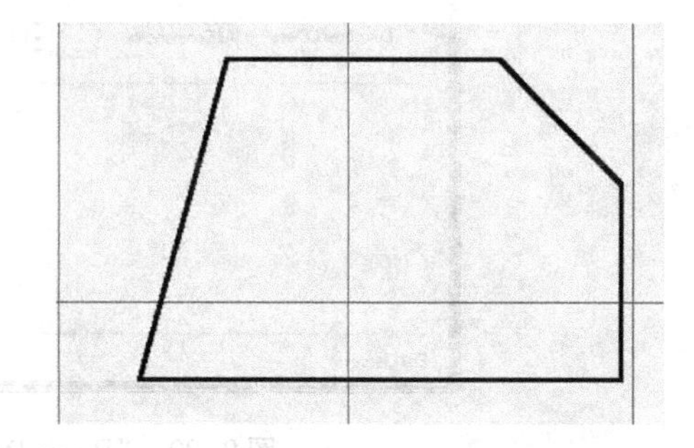

图 9-27 切分多边形填充

当放置了切分多边形后，如果需要对其进行编辑，则可选中切分多边形，然后右击并从快捷菜单中选择"Properties"命令，或者双击坐标，系统也将会弹出图 9-26 所示的"Split Plane"对话框。

注意：要设置切分多边形填充，必须先设置内部电源（Internal Plane）或接地层，否则该命令不起作用。

9.1.13 放置房间定义

在对电路图布线获取 PCB 图形时，可以将元器件、元器件类或封装分配给一个房间，房间可以定义在顶层或底层，并且可以确定目标保持在其内或其外。当移动房间时，房间内的实体也随之移动。房间定义可以设置为无效，也可以被锁定。

放置房间定义可以通过执行“Place”→“Room”命令实现，也可以直接单击放置工具栏中的按钮激活该命令，具体操作过程如下。

1）单击放置工具栏中的按钮，或执行“Place”→“Room”命令。

2）将光标移到所需的位置后单击，确定房间定义的起点。再移动鼠标并单击，确定房间定义的对角点。放置的房间定义如图 9-28 所示。如果继续在其他地方放置房间定义，则“Room Definition”会自动增加序列，用户也可以修改为自己需要的名称，这需要在“Room Definition”对话框中实现。

图 9-28 放置的房间定义

当放置了房间定义后，如果需要对其进行编辑，则可选中房间定义，然后右击并从快捷菜单中选取“Properties”命令，或者双击房间定义，系统也将会弹出图 9-29 所示的“Room Definition”对话框。

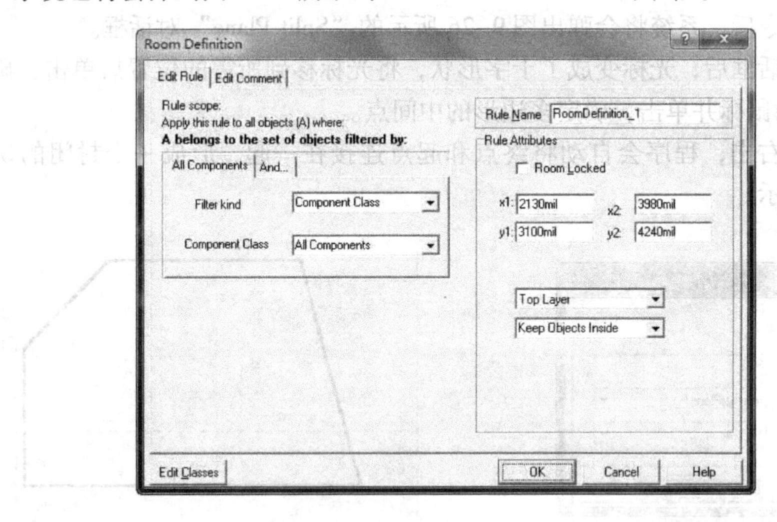

图 9-29 “Room Definition”对话框

- Rule Name：用户可以设置该房间定义所应用的规则名，也可以输入自己定义的名称。
- Room Locked：该复选框选中后，该房间定义被锁定。
- x1/y1/x2/y2：这 4 个文本框用来设定房间定义的对角点坐标，以确定房间定义大小。

用户可以选择房间定义的位置是 PCB 的顶层（Top Layer）还是底层（Bottom Layer），也可以选择房间内部是否允许存在对象（选择“Keep Objects Inside”或“Keep Objects Outside”）。

用户还可以设置房间定义所应用的范围，这可以通过“Filter kind”（筛选种类）下拉列表框设置，并可选择所筛选类别的子类（Class）。

9.2 准备原理图和网络表

下面以图 9-30 所示的电路原理图（文件保存为 Power Regulator. sch）为例讲述如何制作一块印制电路板，该原理图和第 7 章复习题中的稍微不同。要制作印制电路板，需要有原理图和网络表，这是制作印制电路板的前提。

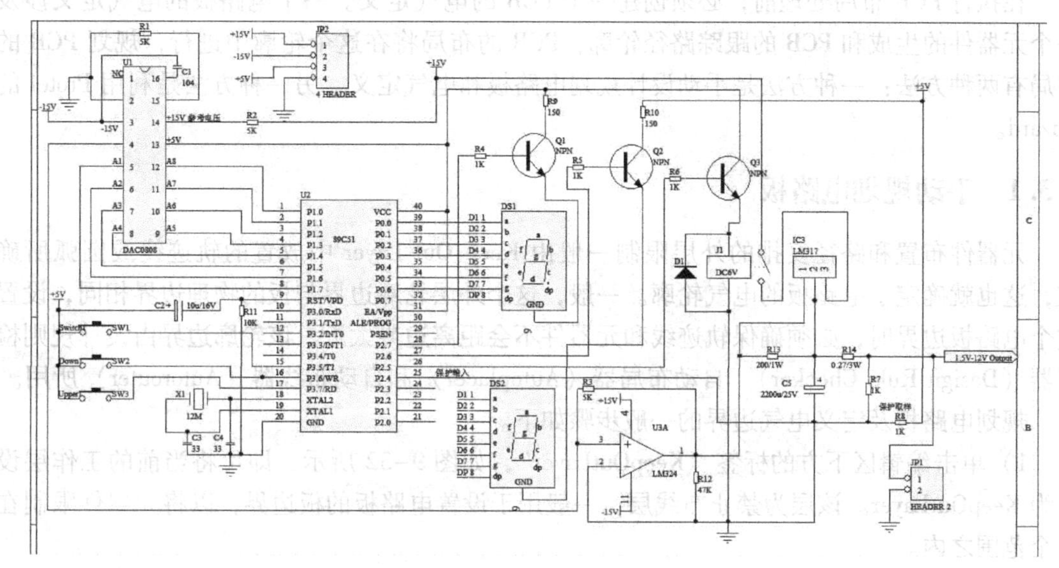

图 9-30 电路原理图

执行“Design”→“Create Netlist”命令，系统将生成一个对应于该电路原理图的网络表。该电路原理图生成的网络表如图 9-31 所示。

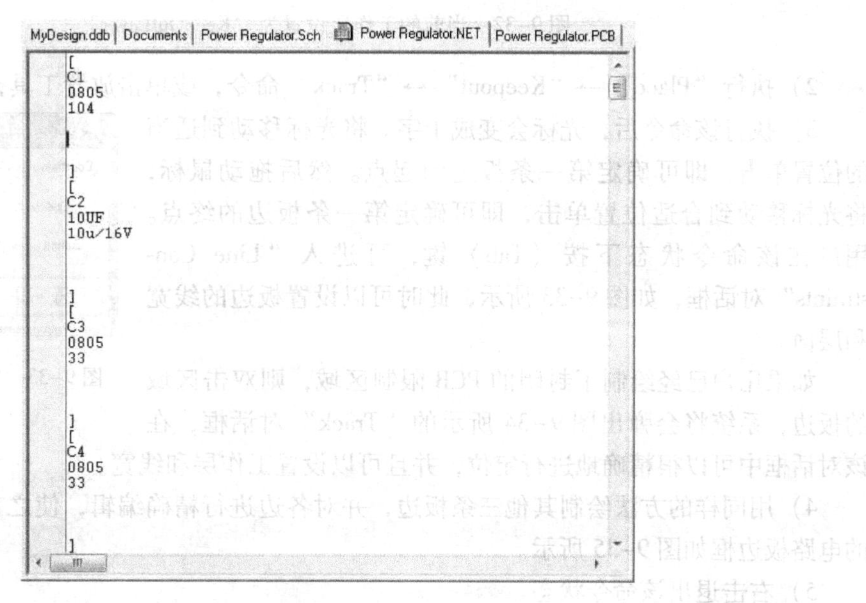

图 9-31 生成的电路原理图网络表

该网络表文件名为 Power Regulator. Net，将要在后面生成 PCB 时使用。

9.3 规划电路板和电气定义

对于要设计的电子产品，需要设计人员首先确定其电路板的尺寸。因此首要的工作就是电路板的规划，也就是电路板板边的确定，并且确定电路板的电气边界。

在执行 PCB 布局处理前，必须创建一个 PCB 的电气定义。一个电路板的电气定义涉及一个元器件的生成和 PCB 的跟踪路径轮廓，PCB 的布局将在这个轮廓中进行，规划 PCB 的布局有两种方法：一种方法是手动设计规划电路板和电气定义，另一种方法是利用 Protel 的 Wizard。

9.3.1 手动规划电路板

元器件布置和路径安排的外层限制一般由 Keep Out Layer 中放置的轨迹线或圆弧所确定，这也就确定了电路板的电气轮廓。一般，这个外层轮廓边界与板的物理边界相同，设置这个电路板边界时，必须确保轨迹线和元器件不会距离边界太近，该轮廓边界由设计规则检查器（Design Rule Checker）、自动布局器（Autoplacer）和自动布线器（Autorouter）所用。

规划电路板及定义电气边界的一般步骤如下。

1）单击编辑区下方的标签“KeepOutLayer”，如图 9-32 所示，即可将当前的工作层设置为 KeepOutLayer。该层为禁止布线层，一般用于设置电路板的板边界，以将元器件限制在这个范围之内。

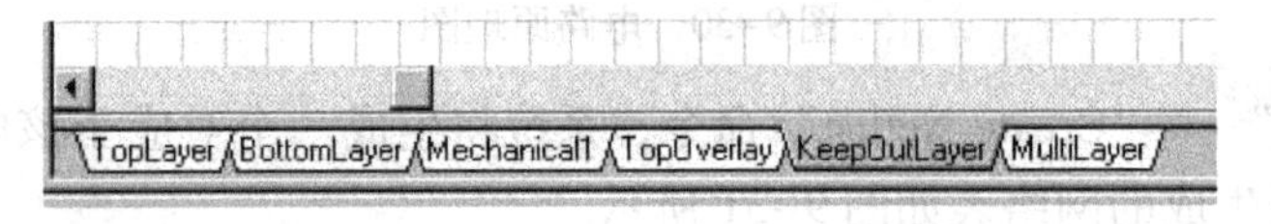

图 9-32 当前的工作层设置为“KeepOutLayer”

2）执行“Place”→“Keepout”→“Track”命令，或单击放置工具栏中的按钮。

3）执行该命令后，光标会变成十字。将光标移动到适当的位置单击，即可确定第一条板边的起点。然后拖动鼠标，将光标移动到合适位置单击，即可确定第一条板边的终点。用户在该命令状态下按〈Tab〉键，可进入“Line Constraints”对话框，如图 9-33 所示，此时可以设置板边的线宽和层面。

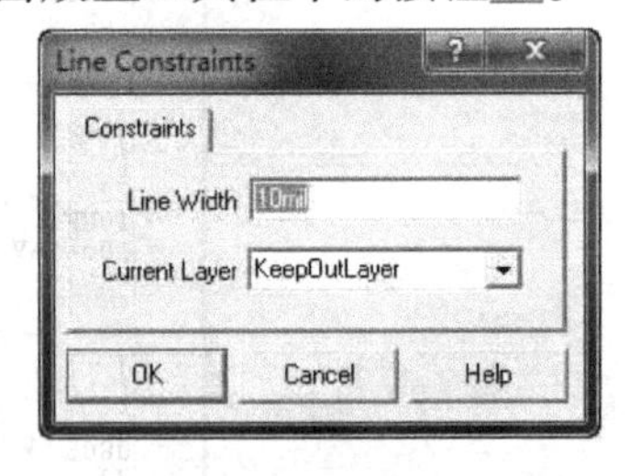

图 9-33 “Line Constraints”对话框

如果用户已经绘制了封闭的 PCB 限制区域，则双击区域的板边，系统将会弹出图 9-34 所示的“Track”对话框，在该对话框中可以很精确地进行定位，并且可以设置工作层和线宽。

4）用同样的方法绘制其他三条板边，并对各边进行精确编辑，使之首尾相连。绘制完的电路板边框如图 9-35 所示。

5）右击退出该命令状态。

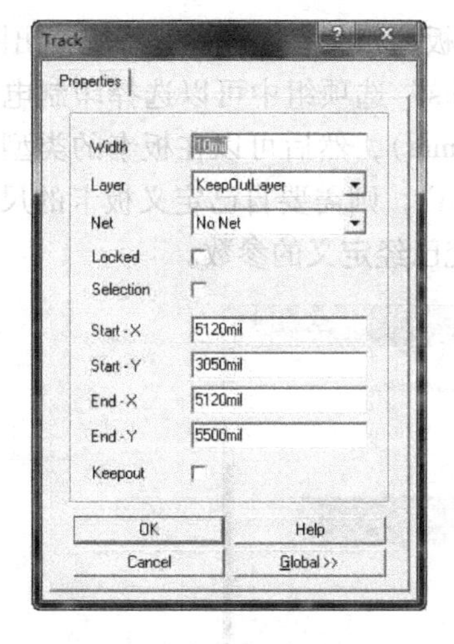

图 9-34 “Track”属性对话框

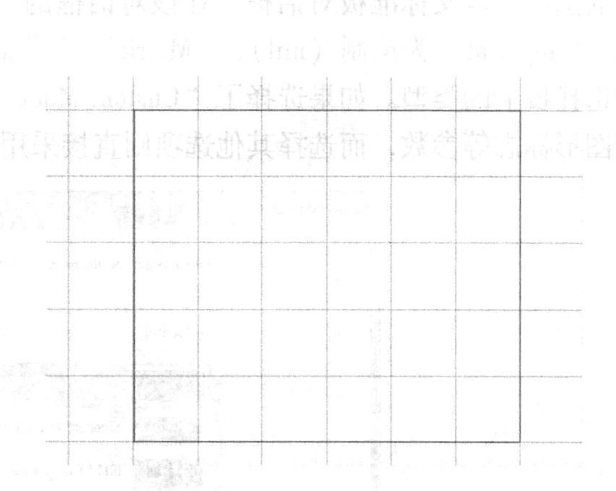

图 9-35 绘制完的电路板边框

9.3.2 使用向导生成电路板

另一种设计规划电路板的方法是利用 Protel 的 Wizard，具体操作过程如下。

1）执行“File”→“New”命令，在弹出的对话框中选择“Wizards”选项卡，如图 9-36 所示。

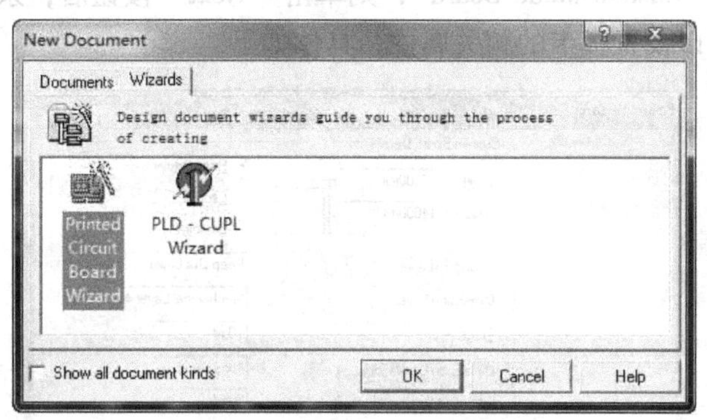

图 9-36 “Wizards”选项卡

2）选择“Printed Circuit Board Wizard”（印制板向导）图标，单击“OK”按钮，系统将弹出图 9-37 所示的对话框。

图 9-37 生成印制板向导

3）单击“Next”按钮，就可以开始设置印制电路板的相关参数，此时系统弹出图9-38所示的选择预定义标准板对话框。在该对话框的“Units”选项组中可以选择印制电路板的单位，“Imperial”为英制（mil），“Metric”为公制（mm），然后可以在板卡的类型下拉列表中选择板卡的类型。如果选择了“Custom Made Board”，则需要自己定义板卡的尺寸、边界和图形标志等参数，而选择其他选项则直接采用系统已经定义的参数。

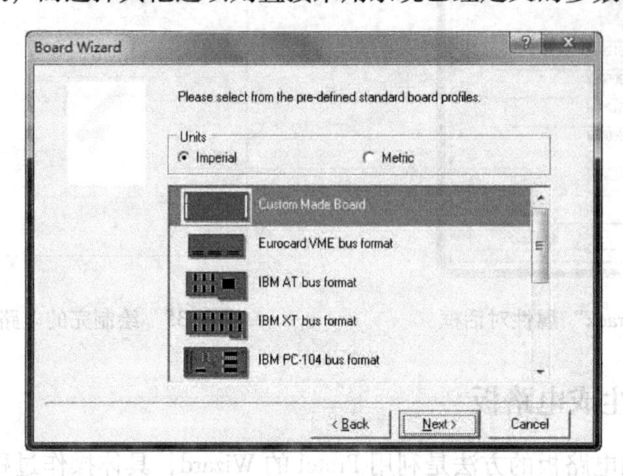

图9-38　选择预定义标准板

4）如果选择了“Custom Made Board”，则单击“Next”按钮后，系统将弹出图9-39所示的对话框，用户可以设置板卡的相关属性，具体如下。

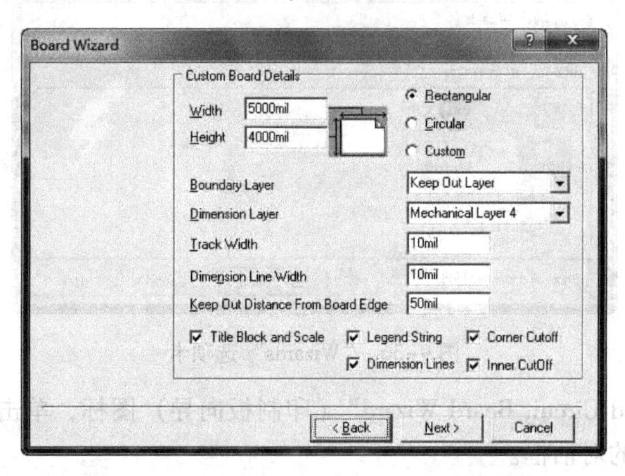

图9-39　自定义板卡的参数设置

- Width：设置板卡的宽度。
- Height：设置板卡的高度。
- Rectangular：设置板卡是否为矩形（若选择该项，就可以设置前面的宽和高）。
- Circular：设置板卡为圆形（若选择该项，则需要设置的几何参数为Radius，即半径）。
- Custom：用户自定义板卡形状。
- Boundary Layer：设置板卡边界所在的层，一般选择“Keep Out Layer”。
- Dimension Layer：设置板卡的尺寸所在的层，一般选择“Mechanical Layer”（机械层）。

- Track Width：设置导线宽度。
- Dimension Line Width：设置尺寸线宽。
- Title Block and Scale：设置是否生成标题块和比例。
- Legend String：设置是否生成图例和字符。
- Dimension Lines：设置是否生成尺寸线。
- Corner Cutoff：设置是否角位置开口。
- Inner Cutoff：设置是否内部开一个口。

设置完毕后，单击“Next”按钮系统将弹出设置板卡几何参数的对话框。设置完毕后，系统将弹出图9-40所示的对话框，此时可以设置板卡的一些相关信息。

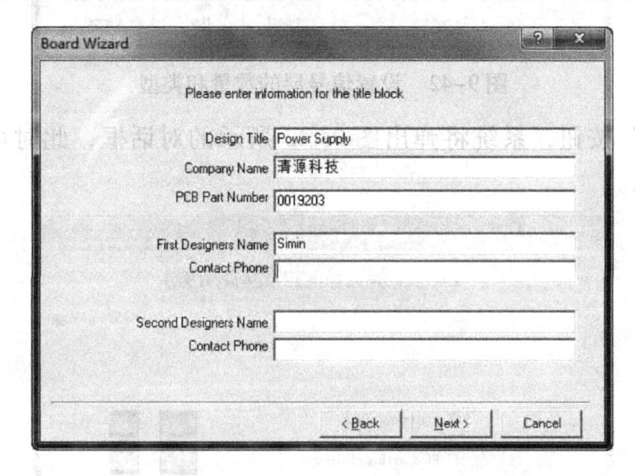

图9-40　板卡相关信息设置对话框

如果第3）步选择的是标准板，则单击“Next”按钮后系统会弹出图9-41所示的对话框，此时可以选择自己需要的板卡类型。单击“Next”按钮，也弹出图9-40所示的对话框。

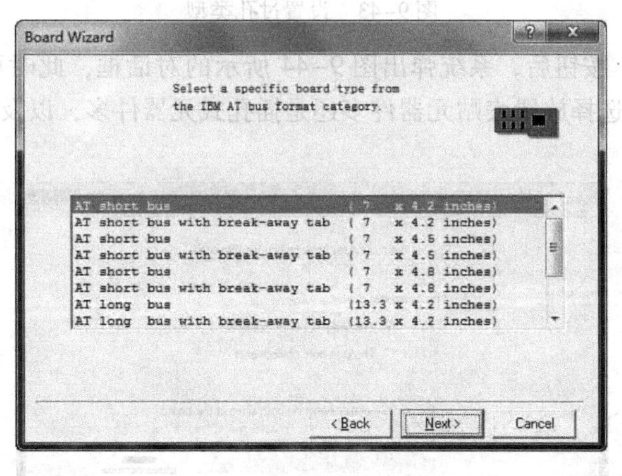

图9-41　选择板卡类别对话框

5）单击“Next”按钮后，系统弹出图9-42所示的对话框，此时可以设置信号层的数量和类型。

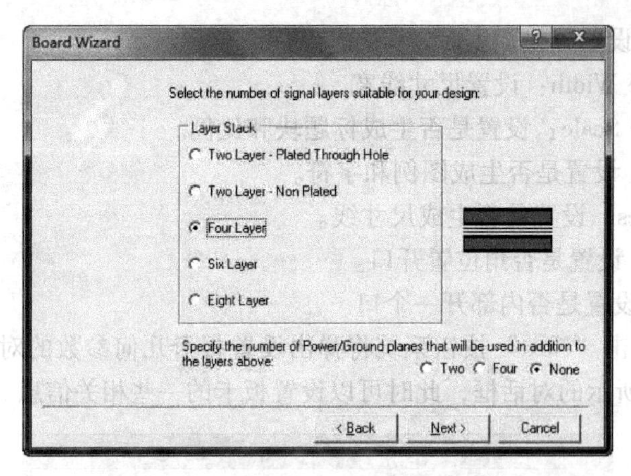

图 9-42　设置信号层的数量和类型

6）单击“Next”按钮，系统将弹出图 9-43 所示的对话框，此时可以设置过孔类型，是通孔、盲孔或埋孔。

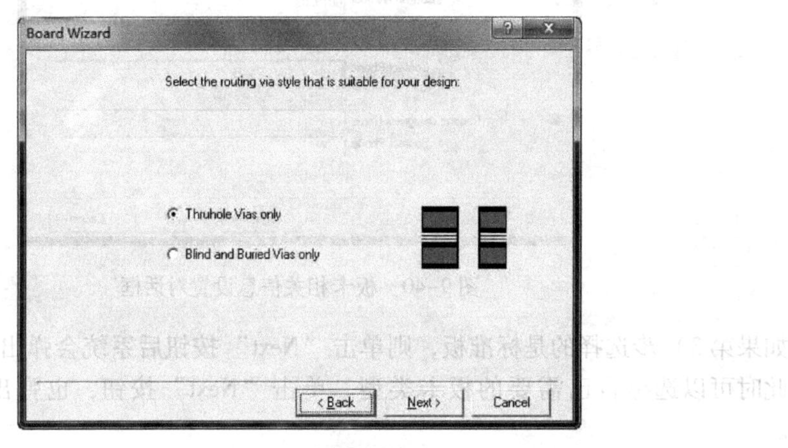

图 9-43　设置过孔类型

7）单击“Next”按钮后，系统弹出图 9-44 所示的对话框，此时可以设置将要使用的布线技术，用户可以选择放置表贴元器件多还是插孔式元器件多，以及元器件是否放置在板的两面。

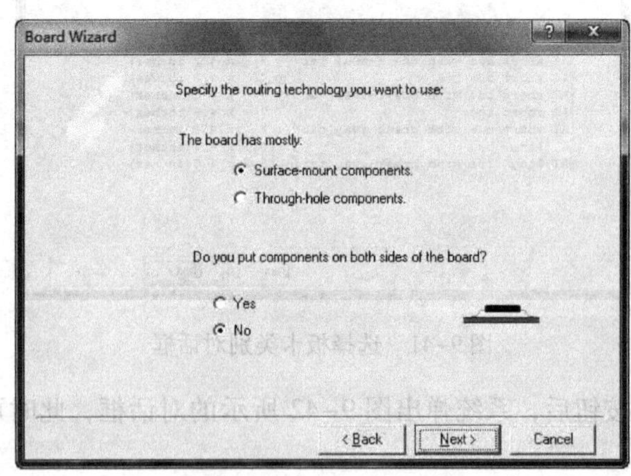

图 9-44　设置使用的布线技术

8）单击“Next”按钮，系统将弹出图9-45所示的对话框，此时可以设置最小的导线尺寸、过孔尺寸和导线间的距离。

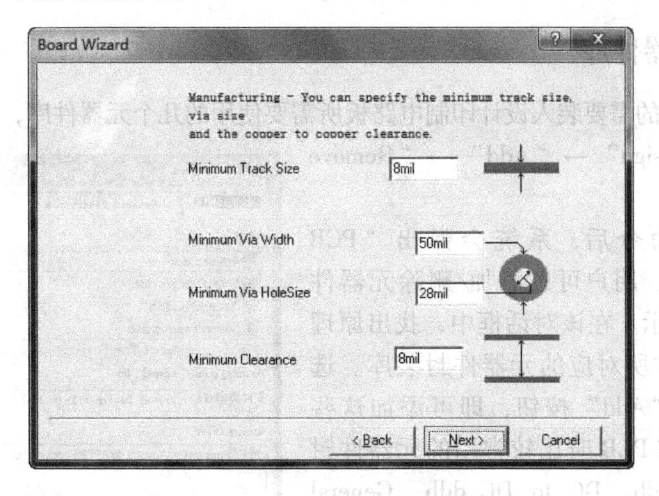

图9-45 设置最小的尺寸限制

- Minimum Track Size：设置最小的导线尺寸。
- Minimum Via Width：设置最小的过孔宽度。
- Minimum Via HoleSize：设置过孔的孔尺寸。
- Minimum Clearance：设置最小的线间距。

9）单击“Next”按钮，再在弹出的对话框中单击“Finish”按钮完成生成印制电路板的过程，如图9-46所示。该印制电路板为已经规划好的板，可以直接在上面放置网络和元器件。

图9-46 新生成的印制电路板

技巧：对于初学者来说，建议使用向导来规划电路板，这样Protel会以上面的各步骤指导用户完成PCB的规划。

9.4 网络表与元器件的装入

电路板规划好后，接下来的任务就是装入网络表和元器件封装。在装入网络表和元器件封装之前，必须装入所需的元器件封装库。如果没有装入元器件封装库，在装入网络表及元器件的过程中程序将会提示找不到元器件封装，从而导致装入过程失败。

9.4.1 装入元器件库

下面根据设计的需要装入设计印制电路板所需要使用的几个元器件库，其基本步骤如下。

1）执行“Design”→“Add”→“Remove Library”命令。

2）执行该命令后，系统会弹出“PCB Libraries”对话框，用户可以添加/删除元器件库，如图9-47所示。在该对话框中，找出原理图中的所有元器件所对应的元器件封装库。选中这些库，单击“Add”按钮，即可添加这些元器件库。在制作PCB时比较常用的元器件封装库有Advpcb.ddb、DC to DC.ddb、General IC.ddb等，用户还可以选择一些自己设计所需的元器件库。

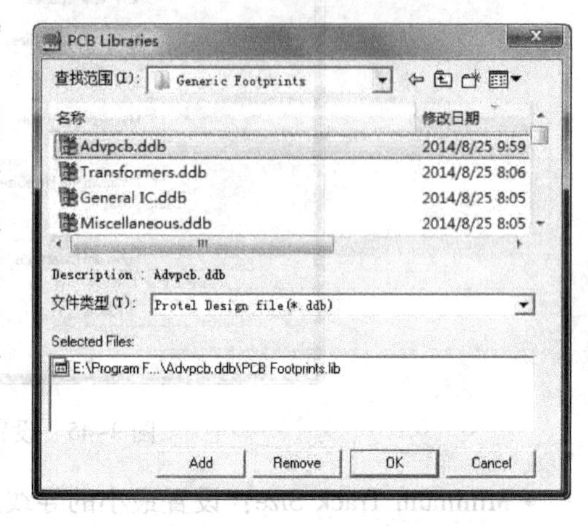

图9-47 “PCB Libraries”对话框

3）添加完所有需要的元器件封装库，然后单击“OK”按钮完成该操作，程序即可将所选中的元器件库装入。

注意：在Windows 7环境下，元器件封装库无法通过上述方式添加到当前工作项目中，此时需要通过如下的方式进行操作。

1）用文本文档打开（C:\windows）下的AdvPCB99SE文件，找到：

File0 = D > MSACCESS: $RP > C:\Program Files1\Design Explorer 99 SE\Library\Pcb\Generic Footprints $RN > Advpcb.ddb $OP > $ON > PCB Footprints.lib $ID > -1 $ATTR > 0 $E > PCBLIB $STF >

在该行的下面一行添加：

File1 = D > MSACCESS: $RP > C:\Program Files1\Design Explorer 99 SE\Library\Pcb\Generic Footprints $RN > Advpcb.ddb $OP > $ON > IC封装库.lib $ID > -1 $ATTR > 0 $E > PCBLIB $STF >

File2 = D > MSACCESS: $RP > C:\Program Files1\Design Explorer 99 SE\Library\Pcb\Generic Footprints $RN > Advpcb.ddb $OP > $ON > 电阻封装库.lib $ID > -1 $ATTR > 0 $E > PCBLIB $STF >

最后修改“File0 = D > MSACCES”的Count属性，由于上面有三个，因此把它的值改为3，Count = 3

2）另外也可以在Protel的PCB设计环境下，直接打开所需要添加的封装库，然后将需要加载的封装库文件中的所有库复制到已经添加的封装库中。

9.4.2 浏览元器件库

当装入元器件库后，可以对装入的元器件库进行浏览，查看是否满足设计要求。因为 Protel 99 SE 为用户提供了大量的 PCB 库元器件，所以进行电路板设计制作时，也常需要浏览元器件库，选择自己需要的元器件。浏览元器件库的具体操作方法如下。

1）执行“Design”→“Browse Components”命令，系统会弹出“Browse Libraries”对话框，如图 9-48 所示。

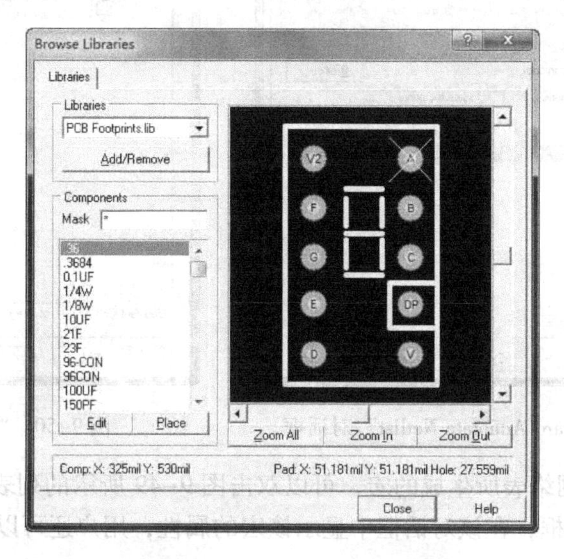

图 9-48 “Browse Libraries”对话框

2）在该对话框中可以查看元器件的类别和形状等。用户还可以单击“Edit”按钮对选中的元器件进行编辑。也可以单击“Place”按钮将选中的元器件放置到电路板上。

9.4.3 网络表与元器件的装入

装入元器件库以后，就可以装入网络表与元器件了。网络表与元器件的装入过程实际上是将原理图设计的数据装入印制电路板设计系统的过程。印制电路板设计系统中数据的所有变化，都可以通过网络宏（Netlist Macro）来完成。通过分析网络表文件和印制电路板设计系统内部的数据，可以自动生成网络宏。

如果用户是第一次装入网络表文件，则网络宏是为整个网络表文件生成的。如果用户不是首次装入网络表文件，而是在原有网络表的基础上进行修改、添加，则网络宏仅是针对修改、添加的那一部分设计而言的。用户可以通过修改、添加或删除网络宏来更改原先的设计。

如果确定所需元器件库已经装入程序，那么用户就可以按照下面的步骤将网络表与元器件装入。

1. 网络表与元器件的装入步骤

1）打开已经创建的 PCB 文件，本实例的 PCB 文件如图 9-46 所示。

2）执行“Design”→“Load Nets”命令。

3）执行该命令后，系统会弹出图 9-49 所示的“Load/Forward Annotate Netlist”对话框。

4）在“Netlist File”文本框中，输入网络表文件名。

如果不知道网络表文件所在位置，可以单击对话框中的“Browse”按钮，则系统将弹出图 9-50 所示的“Select”对话框。在该对话框中，用户可以选取网络表目标文件。

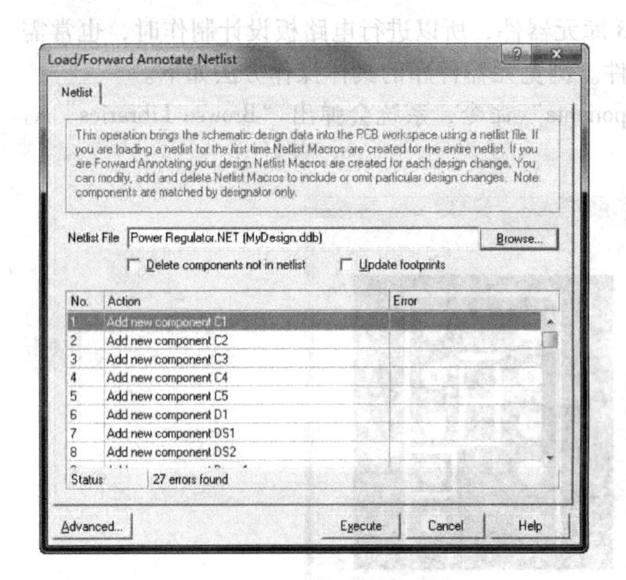

图 9-49 “Load/Forward Annotate Netlist”对话框

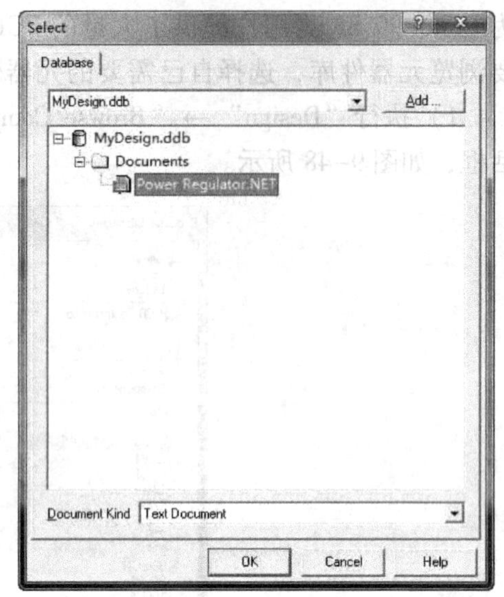

图 9-50 “Select”对话框

如果用户想查看网络表所生成的宏，可以双击图 9-49 所示的列表中的对象，系统将弹出图 9-51 所示的对话框，在该对话框中显示该宏的属性，用户还可以修改宏。

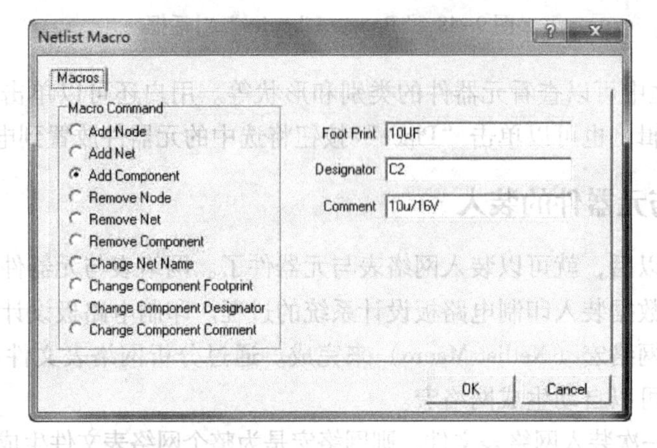

图 9-51 “Netlist Macro”对话框

如果用户单击“Advanced”按钮，则可以打开网络表管理器，实现对网络表的管理和操作，这将在后续章节介绍。

注意：每个元器件都必须具有管脚的封装形式，对于电路原理图中从元器件库中装载的元器件，一般均具有封装形式，但是如果是用户自己创建的元器件库或从“Digital Tools”工具栏上选择装载的元器件，则应该设置其封装形式（即属性 Footprint），例如，电阻管脚封装可设为 AXIAL0.4。

如果没有设置封装形式，或者封装形式不匹配，则在装入网络表时，会在列表框中显示某些宏是错误的，这将不能正确加载该元器件。用户应该返回电路原理图，修改该元器件的属性或电路连接，再重新生成网络表，然后切换到 PCB 文件中进行操作。

5）单击“Execute”按钮，即可实现装入网络表与元器件，结果如图 9-52 所示。

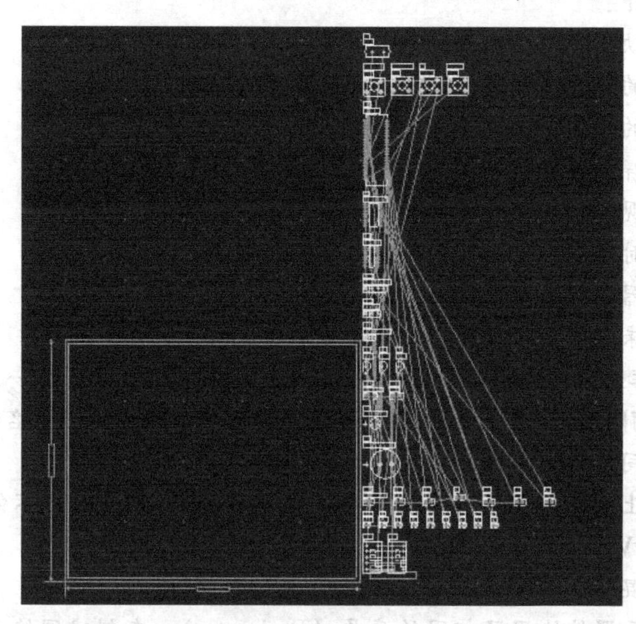

图 9-52　装入的网络表与元器件

2. “Load/Forward Annotate Netlist”对话框说明

1）“Netlist File”文本框下面有两个复选框，即“Delete components not in netlist”和“Update footprints”。

- 如果选中“Delete components not in netlist”复选框，则系统将删除没有连线的元器件。
- 如果选中“Update footprints”复选框，则允许用户遇到不同的元器件封装时进行元器件封装的更新。

2）引入网络表后，文件名出现在“Netlist File”文本框里，并且引入的网络表以网络宏的形式出现在下方的表格中。网络宏其实就是将外部网络表转化为 PCB 内部网络表时需要执行的操作。

表格中包括三列，即“No.”列、“Action”列和“Error”列。

- “No.”列用于显示转换网络表的步骤编号。
- “Action”列用于显示转换网络表时将要执行的操作内容。
- “Error”列用于显示网络表中出现的错误。

3）表格的下部还有一个网络表状态栏，用于显示网络表是否有错误。如果有错误，将显示错误的个数；如果没有错误，状态栏将显示“All macros validated”字样，警告信息不会在状态栏显示。

注意：在 PCB 文件中加载网络表时，如果弹出对话框提示“Can not execute all net list to macros. Do you want to continue anyway?”，即提示用户无法执行所有的网络宏，是否强行装入网络表，说明原理图中存在错误，创建的网络表内容不全，虽然可以从原理图与网络表文件中检查错误，但也不妨选择“Yes”，在强行装入网络表的 PCB 文件中检查错误更直观，更便于有针对性地解决问题。

常见的问题如下：

- PCB 文件中缺少了某些文件。
- 某些元器件的焊盘上没有预拉线，成为孤立元器件。
- 某些元器件的个别焊盘上没有预拉线。
- 不该连接的焊盘连在了一起等。

上述问题的常见原因与解决方法如下。

- 编辑原理图时没有正确指定元器件的封装形式。
- 原理图中元器件引脚虚接。
- PCB 文件中未预先装入含有指定封装的全部正确的库文件。
- Sch 元器件库元器件引脚与指定封装 PCB 元器件焊盘名称不统一，如 Sch 元器件库中二极管的引脚名称为 1、2，而 PCB 元器件库中二极管的焊盘名称却是 A、B。
- 原理图中相同网络的网络标号不一致。
- 放置两个以上电源与接地符号时使用了自定义的 Protel 99 SE 不能默认的字符，如 +12 V 与 12 V、+VCC 与 VCC 等，且符号图形具有不同的含义，编辑时应避免电源与接地相互混淆。
- 两个以上的元器件使用了相同的序号（Designator），在创建网络表时只认定了其中的一个元器件，致使 PCB 文件上丢失了相同序号的其他元器件。

9.5 元器件封装

前面已经讲述了 PCB 制作的一些重要知识，在进行具体布局和布线之前，先讲述元器件的封装概念以及放置元器件的操作。

1. 常用元器件的封装

1）电阻元器件常用的引脚封装形式如图 9-53 所示，其封装系列名称为 AXIALxxx，xxx 表示为数字，后缀数字越大，则形状越大。图形中的 45°叉为封装的基准位置。

2）串并口是计算机及各种控制电路中不可缺少的元器件，其引脚封装形式如图 9-54 所示，其封装系列名称为 DBxxx，后面的数字 xxx 表示针数。

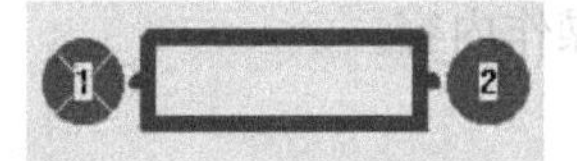

图 9-53 电阻引脚封装形式

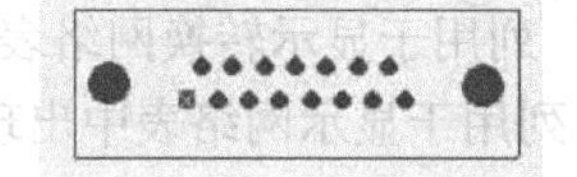

图 9-54 15 针串口引脚封装形式

3）二极管（DIODE）的常用引脚封装形式如图 9-55 所示，其封装系列名称为 DIODExxx，后面的数字 xxx 表示功率，数字越大，则功率越大。

4）熔丝（FUSE）的引脚封装形式如图 9-56 所示，其封装系列名称为 Fuse。

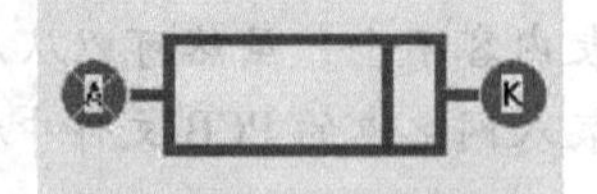

图 9-55 二极管引脚封装形式

图 9-56 熔丝引脚封装形式

5）双列直插式元器件的引脚封装形式如图 9-57 所示，其封装系列名称为 DIPxxx，后缀 xxx 表示引脚数。

6）电位器元器件的引脚封装形式如图 9-58 所示，其封装系列名称为 VRxxx，后缀 xxx 表示引脚形状。

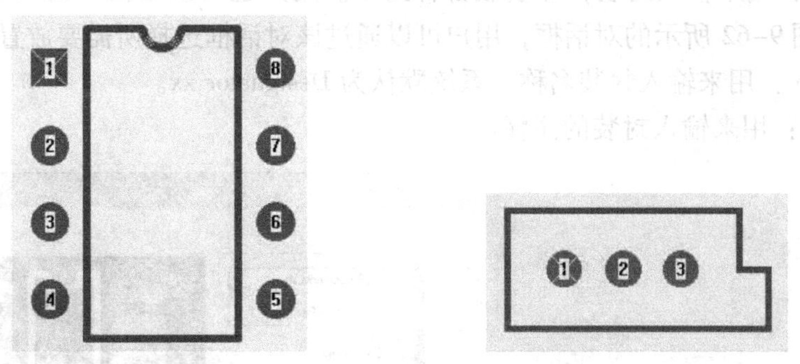

图 9-57　双列直插式元器件引脚封装形式　图 9-58　电位器元器件引脚封装形式

7）电容元器件的引脚封装形式如图 9-59 所示，其封装系列名称为 RADxxx 或 RBxxx，后缀 xxx 表示电容量，数值越大，电容量越大。

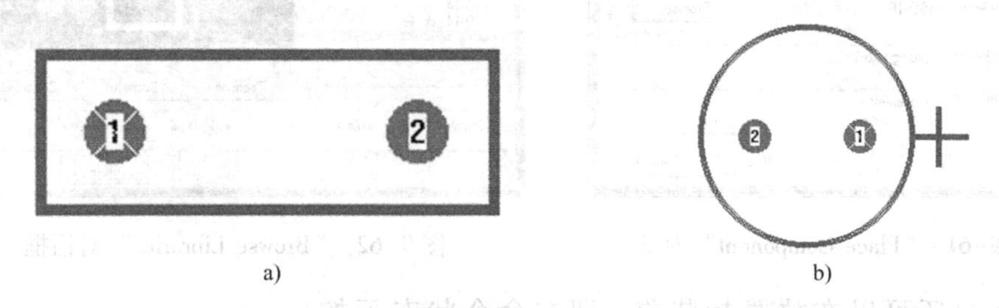

图 9-59　电容元器件引脚封装形式
a）RADxxx 系列电容引脚封装　b）RBxxx 系列电容引脚封装

8）晶体管元器件的引脚封装形式如图 9-60 所示，其封装系列名称为 TOxxx，后缀 xxx 表示晶体管的类型，包括一般晶体管、大功率管等。

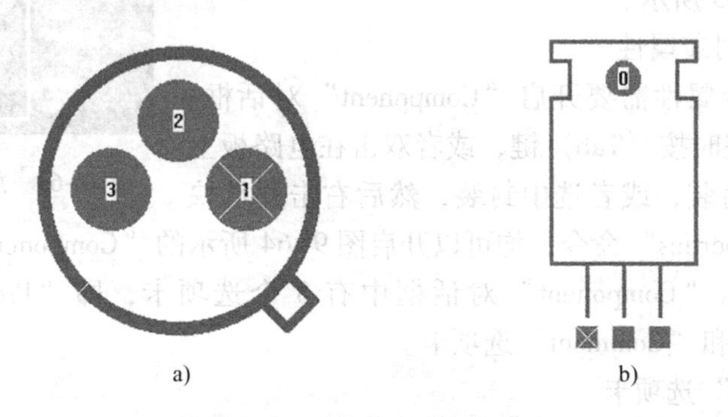

图 9-60　晶体管引脚封装形式
a）TO－18 晶体管引脚封装形式　b）TO－220 晶体管引脚封装形式

2. 放置元器件封装的操作步骤

当进行 PCB 布局时，需要在板上放置相应的元器件封装，再进行连线，才能生成 PCB。放置元器件封装的操作步骤如下。

1）单击放置工具栏中的按钮，或者执行“Place”→“Component”命令。

2）执行此命令后，系统会弹出图9-61所示的对话框。用户可以在该对话框中输入元器件的封装、标号、注释等参数。

- Footprint：用来输入封装，即装载哪种封装。用户也可以单击“Browse”按钮，系统将弹出图9-62所示的对话框，用户可以通过该对话框选择所需要放置的封装。
- Designator：用来输入封装名称，系统默认为Designator xx。
- Comment：用来输入封装的注释。

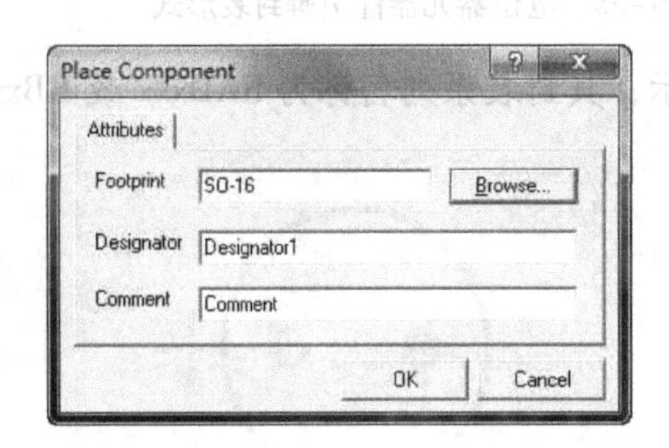

图9-61 “Place Component”对话框

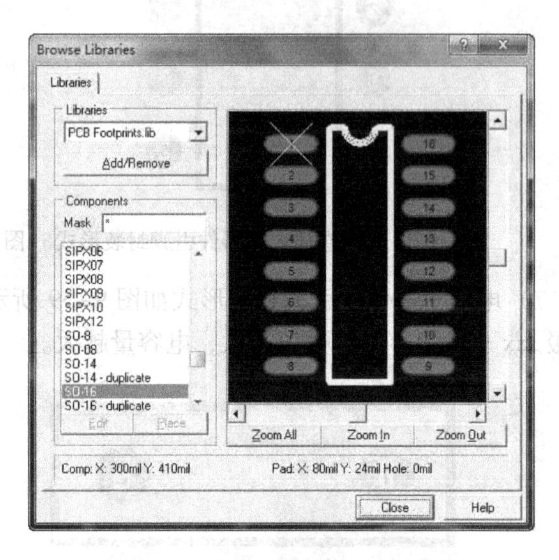

图9-62 “Browse Libraries”对话框

3）用户还可以在放置封装前，即在命令状态下按〈Tab〉键，进入“Component”对话框，进行封装属性的设置。

4）用户可以根据实际需要设置参数，把元器件放置到工作区中，如图9-63所示。

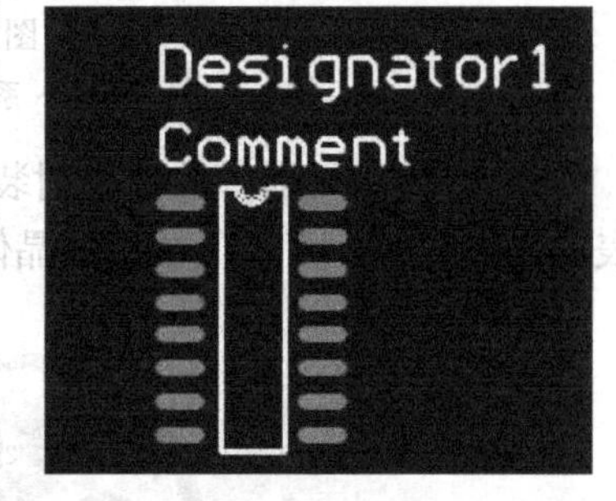

图9-63 放置的元器件封装

3. 设置元器件封装属性

设置元器件封装属性需要开启“Component”对话框。当在放置元器件封装时按〈Tab〉键，或者双击在电路板上已经放置的元器件封装，或者选中封装，然后右击并从快捷菜单中选取“Properties”命令，均可以开启图9-64所示的“Component”对话框。

图9-64所示的“Component”对话框中有3个选项卡，即“Properties”选项卡、“Designator”选项卡和“Comment”选项卡。

（1）“Properties”选项卡

单击“Properties”标签即可进入图9-64所示的“Properties”选项卡。

- Designator：设置元器件封装的序号。
- Comment：设置元器件包装的名称或标注元器件封装。
- Footprint：设置元器件封装。
- Layer：设置元器件封装所在的层。

- Rotation：设置元器件封装旋转角度。
- X－Location：设置元器件封装 *X* 轴坐标。
- Y－Location：设置元器件封装 *Y* 轴坐标。
- Lock Prims：设置是否锁定元器件封装结构。
- Locked：设置是否锁定元器件封装的位置。
- Selection：设置元器件封装是否处于选择状态。

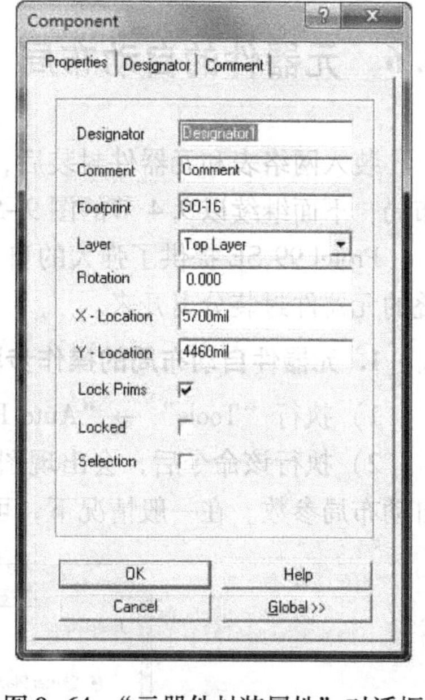

图 9-64 “元器件封装属性”对话框

（2）“Designator”选项卡

单击“Designator”标签，即可进入图 9-65 所示的“Designstor”选项卡。

- Text：设置元器件封装的序号。
- Height：设置元器件封装序号文字的高度。
- Width：设置元器件封装序号文字的线宽。
- Layer：设置元器件封装序号文字所在的层。
- Rotation：设置元器件封装序号旋转角度。
- Font：设置元器件封装序号文字的字体。
- Hide：设置元器件封装序号是否隐藏。
- Mirror：设置元器件封装序号是否翻转。

（3）“Comment”选项卡

单击“Comment”标签，即可进入图 9-66 所示的“Comment”选项卡，各选项的意义与“Designator”选项卡的意义一样。

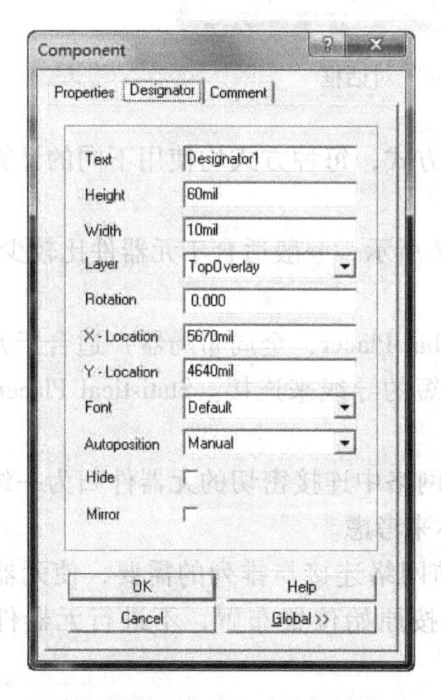

图 9-65 “Designator”选项卡

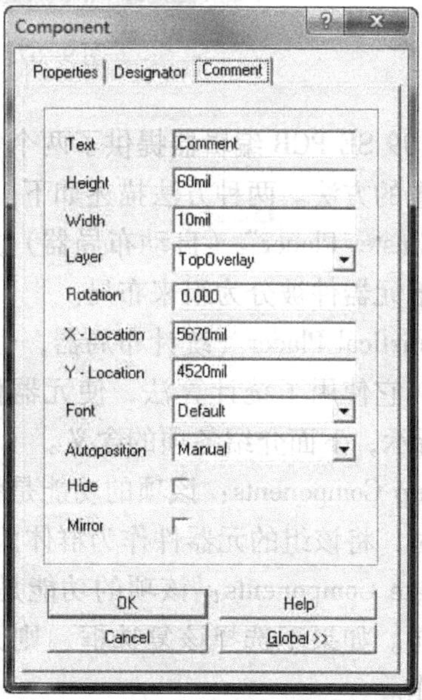

图 9-66 “Comment”选项卡

用户还可以对文本和引脚进行编辑，当单独编辑它们时，只需双击文本或引脚（焊盘）即可进入相应的属性对话框中进行编辑调整，具体可以参考 9.1 节的有关讲解。

9.6 元器件的自动布局

装入网络表和元器件封装后，要把元器件封装放入工作区，这就需要对元器件封装进行布局，下面继续以9.4节的图9-52为例进行讲解。

Protel 99 SE提供了强大的自动布局功能，用户只要定义好规则，Protel 99 SE可以将重叠的元器件封装分离开来。

1. 元器件自动布局的操作步骤

1）执行“Tools”→“Auto Placement”命令。

2）执行该命令后，会出现图9-67所示的对话框。用户可以在该对话框中设置有关的自动布局参数。在一般情况下，可以直接利用系统的默认值。

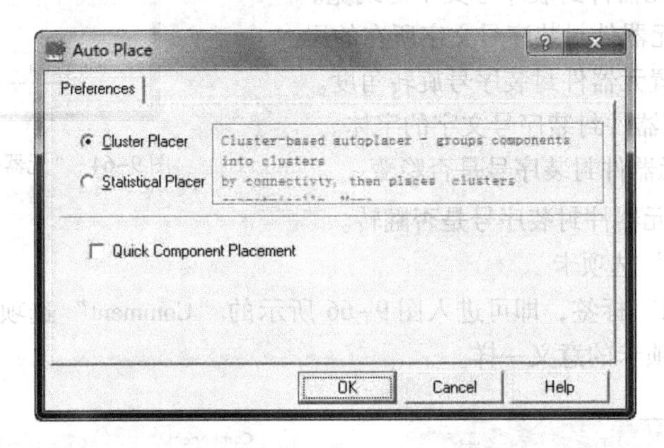

图9-67 “Auto Place”对话框

Protel 99 SE PCB编辑器提供了两个自动布线方式，每种方式均使用不同的计算和优化元器件位置的方法。两种方法描述如下。

①“Cluster Placer”（自动布局器）如图9-67所示，一般适合于元器件比较少的情况，这种情况下元器件被分为组来布局。

② Statistical Placer（统计布局器，也称为Global Placer，全局布局器）适合于元器件较多的情况，它使用了统计算法，使元器件间用最短的导线来连接。Statistical Placer选项如图9-68所示，下面介绍各项的含义。

- Group Components：该项的功能是将在当前网络中连接密切的元器件归为一组。在排列时，将该组的元器件作为群体而不是个体来考虑。
- Rotate Components：该项的功能是依据当前网络连接与排列的需要，使元器件重组转向。如果不选择该复选框，则元器件将按原始位置布置，不进行元器件的转向动作。
- Power Nets：定义电源网络名称。
- Ground Nets：定义接地网络名称。
- Grid Size：设置元器件自动布局时的栅格间距的大小。

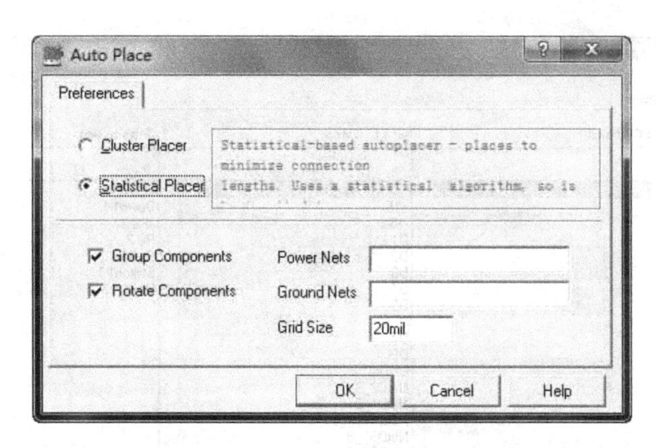

图 9-68　Statistical Placer 布局选项

选择 Statistical Placer 布局方式，然后单击“OK”按钮，系统出现图 9-69 所示的画面。该图为元器件自动布局完成后的状态，系统自动生成另一个 PCB 文件。将当前结果保存在此文件中，本实例保存为 Power Regulator. pcb 文件，如图 9-69 所示。

注意：在执行自动布局前，应确保已经定义了一个 PCB 的电气边界，并确保电气边界的属性为 Keep out（参考 9.4 节）。

在执行一个自动布局前，应该将当前原点设置为系统默认的绝对原点位置（可以执行“Edit”→“Origin”→“Reset”命令），因为自动布局使用绝对原点为参考点。

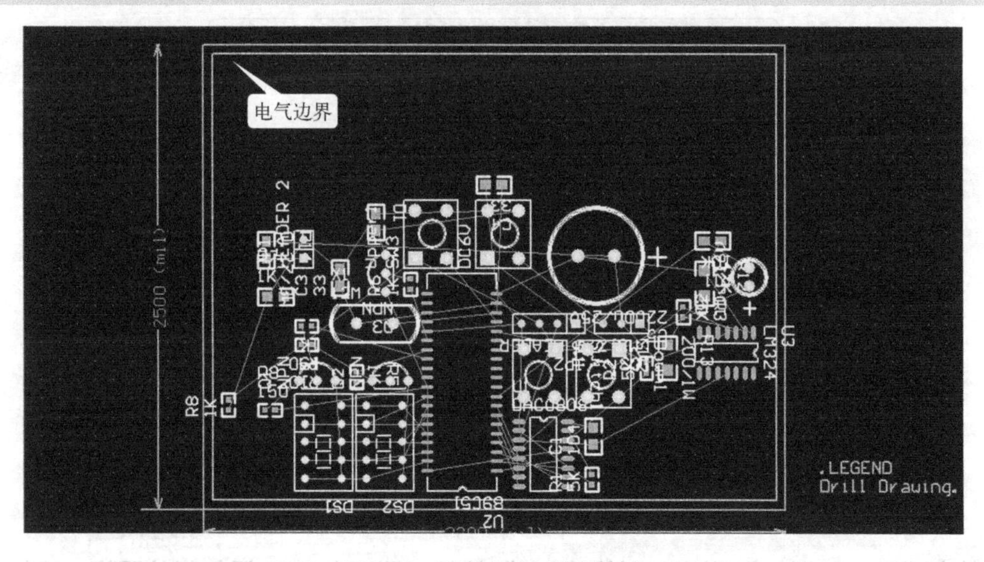

图 9-69　元器件自动布局状态

9.7　添加网络连接

当在 PCB 中装载了网络表后，一般还有些网络需要用户自行添加，比如与总线的连接，与电源的连接等。本节将详细讲述如何在 PCB 中添加网络连接，具体操作步骤如下。

1）在打开的 PCB 文件（已装载网络表文件）中执行“Design”→“Netlist Manager”命令，系统将弹出如图 9-70 所示的“Netlist Manager”对话框。

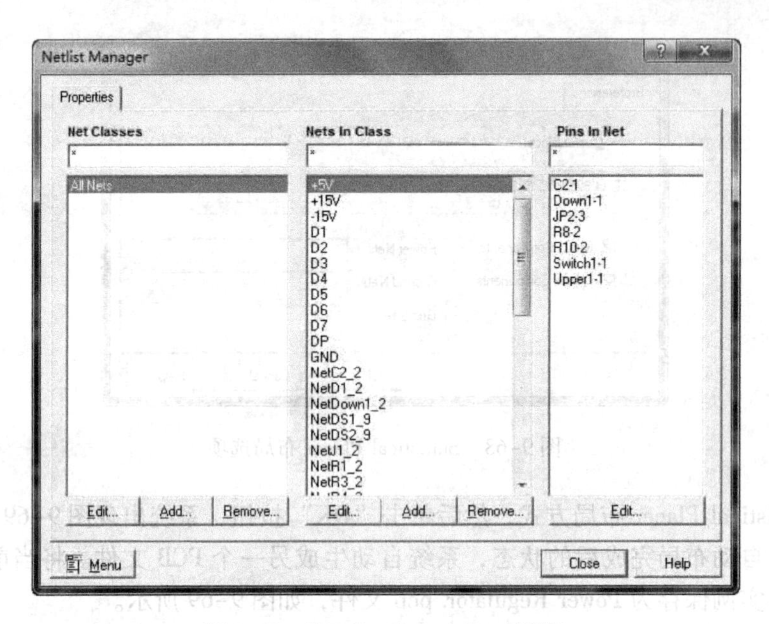

图 9-70 “Netlist Manager”对话框

2）此时，可以在“Nets in Class”列表中选择需要连接的网络，例如 GND，然后双击该网络名或者单击下面的“Edit”按钮，系统将弹出图 9-71 所示的“Edit Net”对话框，此时可以选择添加连接该网络的元器件引脚，如 Down1 - 4。

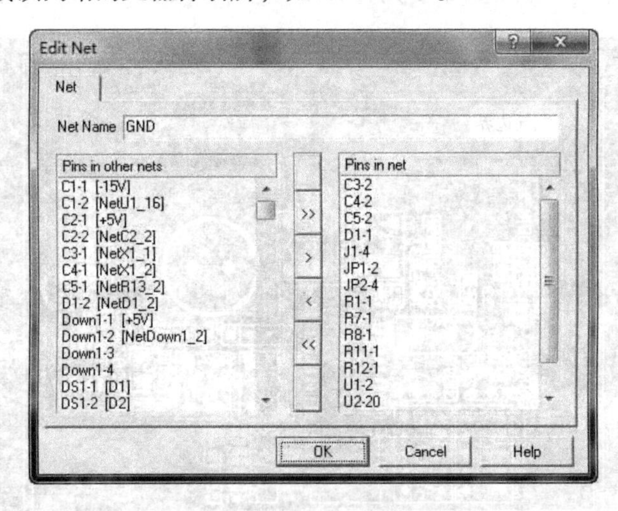

图 9-71 “Edit Net”对话框

单击“Nets in Class”列表下面的“Add”按钮，可以向 PCB 添加新的网络，系统弹出的对话框与图 9-71 一样。可以在“Net Name”文本框中输入新的网络名，并可以分别添加该网络的连接。

单击“Nets in Class”列表下面的“Remove”按钮，可以从 PCB 移去已有的网络。

技巧： 网络连接也可以直接在“Pad”对话框中修改或添加。如果新放置了一个焊盘，那么可以直接打开“Pad”对话框，如图 9-72 所示。进入“Advanced”选项卡，在“Net”下拉列表框中选择该焊盘的网络连接。

3）添加了网络连接后，可以重新执行“Tools”→“Auto Placement”→“Auto Placer”命令，进行重新布局。

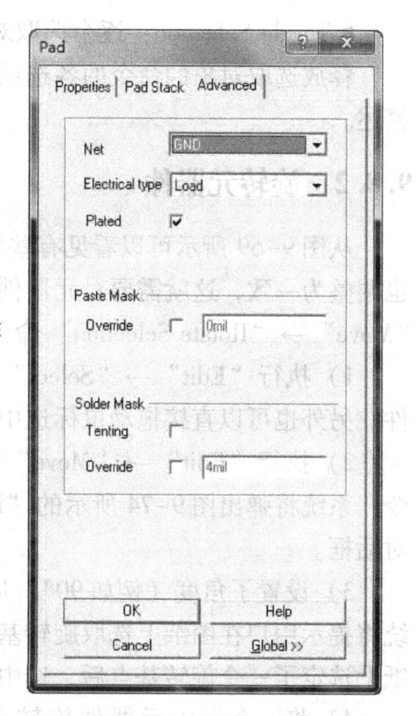

图 9-72 “Pad”对话框

9.8 手动编辑调整元器件的布局

程序对元器件的自动布局一般以寻找最短布线路径为目标，因此元器件的自动布局往往不太理想，需要用户手动调整。以图 9-69 为例，元器件虽然已经布置好了，但元器件排列得还不够整齐，因此必须重新调整某些元器件的位置。

进行位置调整，实际上就是对元器件进行排列、移动和旋转等操作。下面以图 9-69 为例，讲述如何手动调整元器件的布局。

9.8.1 选取元器件

手工调整元器件的布局前，必须先选中元器件，然后才能进行元器件的移动、旋转、翻转等编辑操作。选中元器件的最简单的方法是拖动鼠标，直接将元器件放在一个鼠标所包含的矩形框中。系统也提供了专门的选取对象和释放对象的命令，选取对象的菜单命令为“Edit”→“Select”。如果用户想释放元器件的选择，可以选择“Edit”→“Deselect”子菜单中的命令来实现。

“Edit”→“Select”子菜单有如下多项命令。

- Inside Area：将鼠标拖动的矩形区域中的所有元器件选中。
- Outside Area：将鼠标拖动的矩形区域外的所有元器件选中。
- All：将所有元器件选中。
- Net：将组成某网络的元器件选中。
- Connected Copper：通过敷铜的对象来选定相应网络中的对象。当执行该命令后，如果选中某条走线或焊盘，则该走线或者焊盘所在的网络对象上的所有元器件均被选中。
- Physical Connection：表示通过物理连接来选中对象。
- All on Layer：选定当前工作层上的所有对象。
- Free Objects：选中所有自由对象，即不与电路相连的任何对象。
- All Locked：选中所有锁定的对象。
- Off Grid Pads：选中图中的所有焊盘。
- Hole Size：选中内孔直径满足定制条件的焊盘和过孔。执行该命令后，系统将弹出图 9-73 所示的对话框，用户可以定义孔直径。

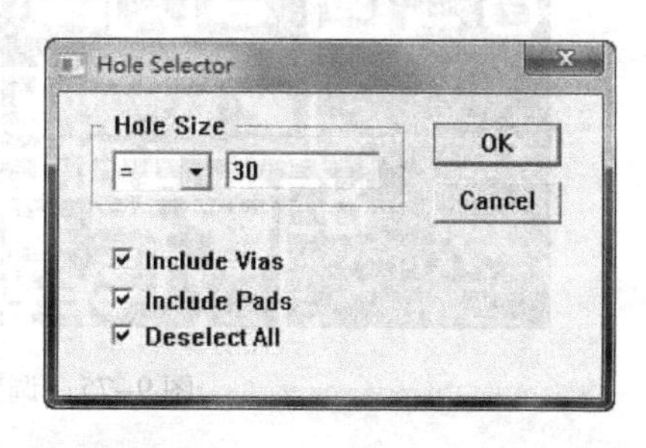

图 9-73 “Hole Selector”对话框

其中有 3 个复选框：“Include Vias”表示选中所有满足条件的过孔；“Include Pads”表示包括所有焊盘；“Deselect All”表示选定对象之前，先释放所有已选定的对象。

• Toggle Selection：逐个选取对象，最后构成一个由所选中的元器件组成的集合。

释放选取对象的命令的各选项与对应的选择对象命令的功能相反，操作一样，这里不再赘述。

9.8.2 旋转元器件

从图 9-69 所示可以看见有些元器件的排列方向还不一致，需要将各元器件的排列方向也调整为一致，这就需要对元器件进行旋转操作。系统提供相应的旋转操作，即“Edit”→“Move”→“Rotate Selection”命令，旋转元器件的具体操作过程如下。

1）执行“Edit”→“Select”→“Inside all”命令，然后拖动鼠标选中需要旋转的元器件。另外也可以直接拖动鼠标选中元器件对象。

2）执行“Edit”→“Move”→“Rotate Seclection”命令，系统将弹出图 9-74 所示的“Rotation Angle（Degrees）”对话框。

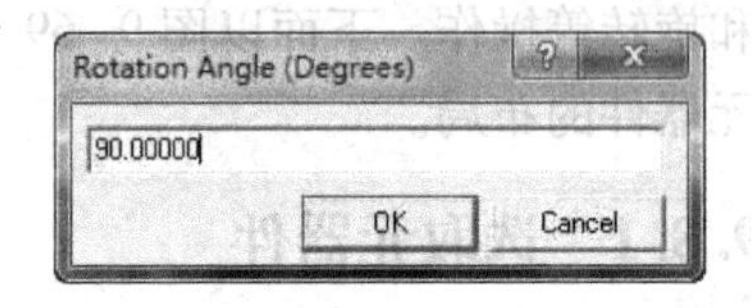

图 9-74 “Rotation Angle（Degrees）”对话框

3）设置了角度（例如 90°）后，单击“OK”按钮，系统将提示用户在图纸上选取旋转基准点。当用户用鼠标在图纸上选定了一个旋转基点后，选中的元器件就实现了旋转。

4）将一个集成元器件旋转 180° 后的 PCB 布局图如图 9-75 所示，旋转的元器件为 74LS126。

技巧： 用户也可以使用一种简单的操作方法实现对象旋转，直接双击需要旋转的元器件，然后在其属性对话框中设置旋转角度。

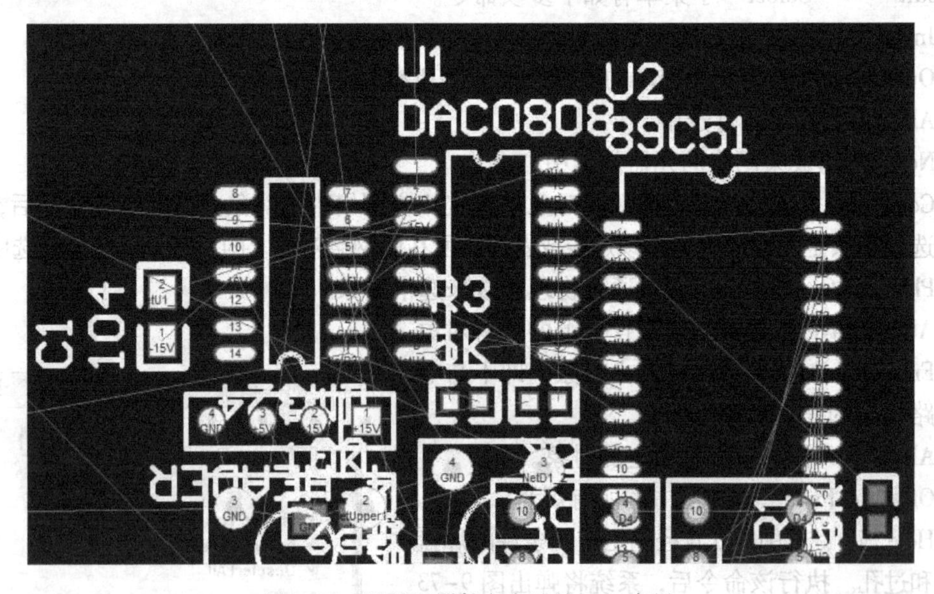

图 9-75 调整元器件方向后的 PCB 布局

9.8.3 移动元器件

Protel 99 SE 中，可以使用命令来实现元器件的移动，当选择了元器件后，执行移动命令就可以实现移动操作。元器件移动的命令在菜单“Edit”→“Move”中，其子菜单如图 9-76 所示。子菜单“Edit”→“Move”中各个移动命令的功能如下所述。

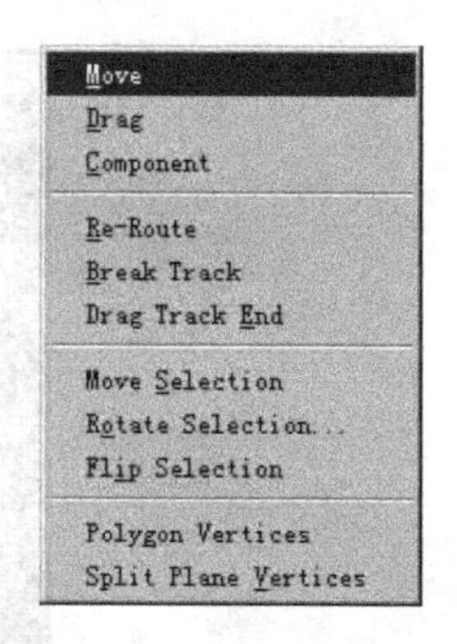

图 9-76 “Edit”→“Move”子菜单

- Move：用于移动元器件。当选中元器件后，选择该命令，用户就可以拖动鼠标，将元器件移动到合适的位置，这种移动方法不够精确，但很方便。当然，在使用该命令时，也可以不先选中元器件，在执行命令后选择元器件。
- Drag：这也是一个很有用的命令，启动该命令前，可以先选中元器件，也可以不选中元器件。启动该命令后，光标变成十字状。在需要拖动的元器件上单击，元器件就会跟着光标一起移动，将元器件移到合适的位置后再单击即可完成此元器件的重新定位。
- Component：与上述两个命令的功能一样，该命令也实现元器件的移动，操作方法类似。

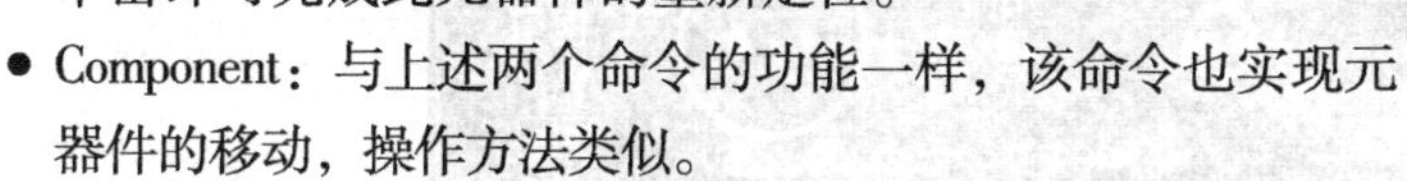

- Re - Route：用来对移动后的元器件重生成布线。

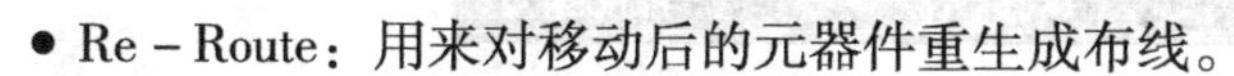

- Break Track：用来打断某些导线。
- Drag Track End：用来选取导线的端点为基准移动元器件对象。
- Move Selection：用来将选中的多个元器件移动到目标位置，该命令只有在选中了元器件（可以选中多个）后才有效。
- Rotate Selection：用来旋转选中的对象，该命令只有在选中元器件后才有效。
- Flip Selection：用来将所选的对象翻转 180°，与旋转不同。

下面以图 9-75 为例来讲述移动元器件的操作步骤。

1）执行“Edit”→“Select”→“Inside all”命令，然后拖动鼠标选中需要移动的元器件，图 9-77 所示为选中了将要移动的元器件对象。另外，用户也可以直接拖动鼠标选中元器件对象。

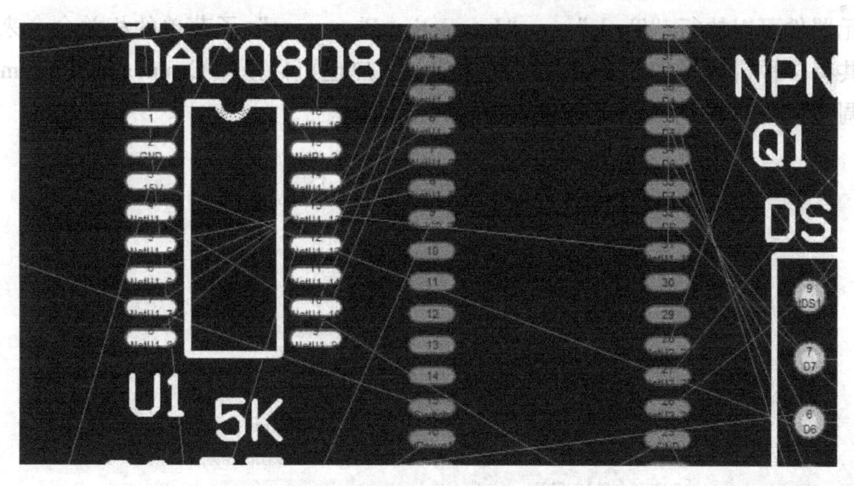

图 9-77　DAC0808 即为选中的元器件

2）执行“Edit”→“Move”命令或其他相关的移动对象命令，对选定的对象实现移动操作。用户也可以在选中元器件后直接拖动鼠标移动对象。经过移动调整后，PCB 布局图如图 9-78 所示。

在进行手动移动元器件期间，按〈N〉键可以使网络飞线暂时消失，当移动到指定位置后，网络飞线自动恢复。

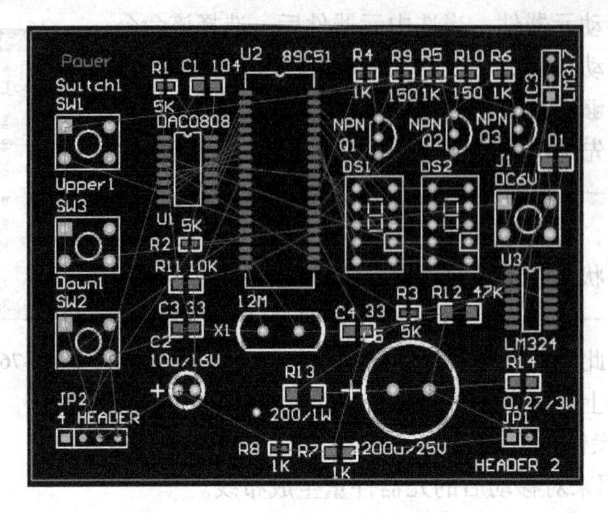

图 9-78　元器件移动后的布局

技巧：用户也可以使用一种简单的操作方法，具体方法如下。

1）单击需要移动的元器件，并按住左键不放，此时光标变为十字，表明已选中要移动的元器件了。

2）按住左键不放，然后拖动鼠标，则十字光标会带动被选中的元器件进行移动，将元器件移动到适当的位置后，松开鼠标左键即可。

9.8.4　排列元器件

排列元器件可以执行“Tools”→“Interactive Placement”子菜单的相关命令来实现，该子菜单一共有多种排列方式，如图 9-79 所示。用户也可以从“Component Placement”（元器件位置调整）工具栏选取相应命令来排列元器件。

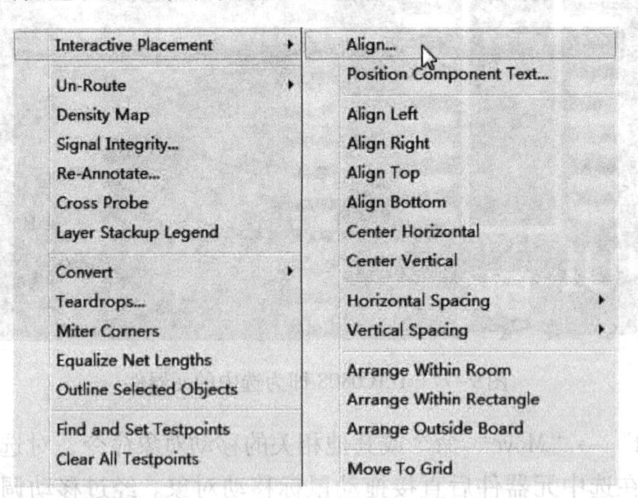

图 9-79　“Interactive Placement”子菜单

1. 子菜单中的主要命令和功能

1）Align：选取该菜单将弹出“Align Components”对话框。该对话框列出了多种对齐的方式，如图 9-80 所示。该命令也可以通过在工具栏（如图 9-81 所示）上单击按钮来激活。

- Left：将选取的元器件向最左边的元器件对齐。
- Right：将选取的元器件向最右边的元器件对齐。
- Center（Horizontal）：将选取的元器件按元器件的水平中心线对齐。
- Space equally（Horizontal）：将选取的元器件水平平铺，相应的工具栏按钮为。
- Top：将选取的元器件向最上面的元器件对齐。
- Bottom：将选取的元器件向最下面的元器件对齐。
- Center（Vertical）：将选取的元器件按元器件的垂直中心线对齐。
- Space equally（Vertical）：将选取的元器件垂直平铺，相应的工具栏按钮为。

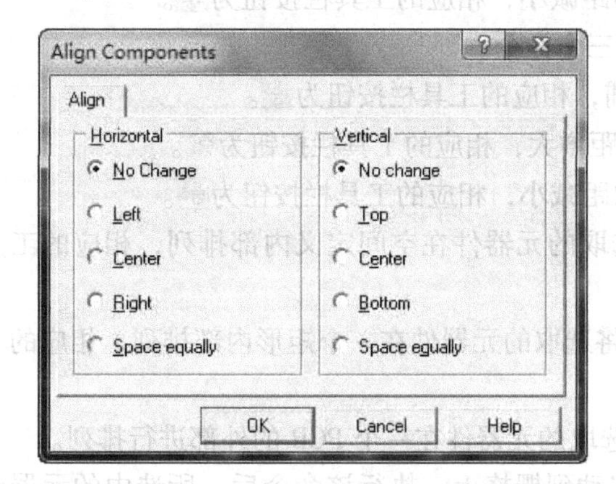

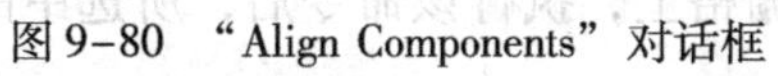

图 9-80 “Align Components”对话框

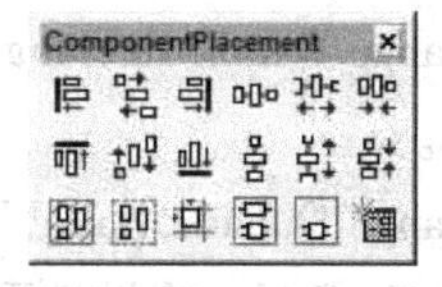

图 9-81 “Component Placement”工具栏

2）Position Component Text：执行该命令后，系统弹出图 9-82 所示的“Component Text Position”对话框，可以在该对话框中设置元器件文本的位置，也可以直接手动调整文本位置。

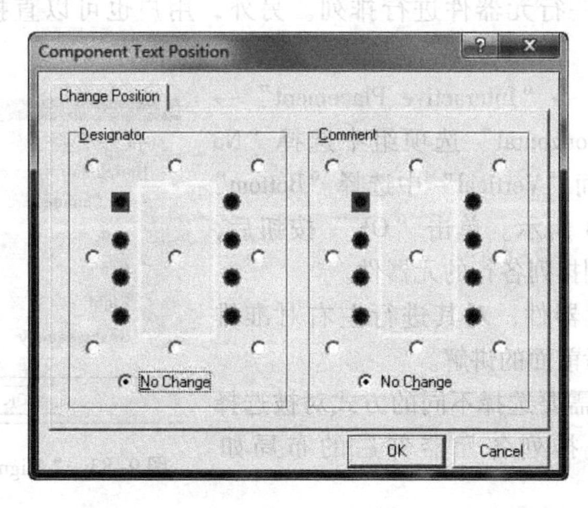

图 9-82 “Component Text Position”对话框

3）Align Left：将选取的元器件向最左边的元器件对齐，相应的工具栏按钮为。

4）Align Right：将选取的元器件向最右边的元器件对齐，相应的工具栏按钮为。

5）Align Top：将选取的元器件向最顶部的元器件对齐，相应的工具栏按钮为。

6）Align Bottom：将选取的元器件向最底部的元器件对齐，相应的工具栏按钮为。

7）Center Horizontal：将选取的元器件按元器件的水平中心线对齐，相应的工具栏按钮为。

8）Center Vertical：将选取的元器件按元器件的垂直中心线对齐，相应的工具栏按钮为。

9）“Horizontal Spacing”子菜单中有如下三个命令。

- Make Equal：将选取的元器件水平平铺，相应的工具栏按钮为。
- Increase：使选取的元器件间的水平间距增大，相应的工具栏按钮为。
- Decrease：使选取的元器件间的水平间距减小，相应的工具栏按钮为。

10）“Vertical Spacing”子菜单中有如下三个命令。

- Make Equal：将选取的元器件垂直平铺，相应的工具栏按钮为。
- Increase：使选取的元器件间的垂直间距增大，相应的工具栏按钮为。
- Decrease：使选取的元器件间的垂直间距减小，相应的工具栏按钮为。

11）“Arrange Within Room”命令为将选取的元器件在空间定义内部排列，相应的工具栏按钮为。

12）“Arrange Within Rectangle”命令为将选取的元器件在一个矩形内部排列，相应的工具栏按钮为。

13）“Arrange Outside Board”命令为将选取的元器件在一个PCB的外部进行排列。

14）Move To Grid：将被选取的元器件移动到栅格上，执行该命令后，所选中的元器件会移动到最近的栅格。

2. 排列元器件的操作步骤

1）执行“Edit”→“Select”→“Inside all”命令，然后拖动鼠标选中需要移动的元器件，这里先对每一行元器件进行排列。另外，用户也可以直接拖动鼠标选中元器件对象。

2）执行“Tools”→“Interactive Placement”→“Align”命令，在“Horizontal”选项组中选择“No Changed”单选按钮，而“Vertical”中选择“Bottom”单选按钮，如图9-83所示。单击“OK”按钮后，系统则按上述操作分别排列各行的元器件。

3）选中各列的元器件，对其进行左右对准排列，操作过程可以参考前面的讲解。

4）用户可以根据需要选择不同的方式对被选择的元器件进行排列，排列各元器件后的布局如图9-84所示。

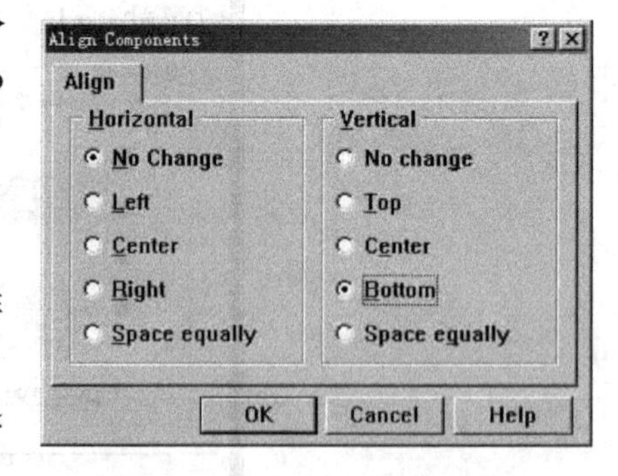

图9-83 “Align Components”对话框

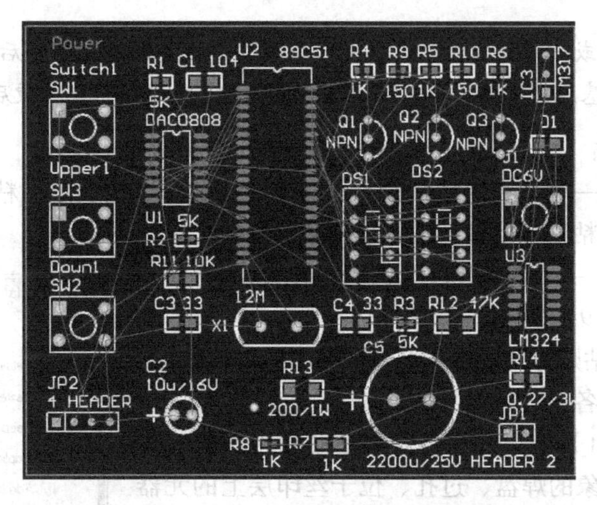

图 9-84 排列元器件后的 PCB 布局

9.8.5 调整元器件标注

虽然元器件标注不合适不会影响电路的正确性，但是对于一个有经验的电路设计人员来说，电路板的版面的美观也是很重要的。因此，用户可按如下步骤对元器件标注加以调整。

1）选中字符串，然后右击并从快捷菜单中选取“Properties”命令，或者双击字符串，系统也将会弹出图 9-85 所示的“Designator”对话框，此时可以设置文字标注属性。

2）通过该对话框，可以设置文字标注。

9.8.6 复制元器件

1. 一般性的粘贴

当需要复制或剪切元器件时，可以使用 Protel 99 SE 提供的复制、剪切和粘贴元器件的命令。

1）复制，执行“Edit”→“Copy”命令，将选取的元器件作为副本，放入剪贴板中。

2）剪切，执行“Edit”→“Cut”命令，将选取的元器件直接移入剪贴板中，同时电路图上的被选元器件被删除。

3）粘贴，执行“Edit”→“Paste”命令，将剪贴板里的内容作为副本，复制到电路图中。

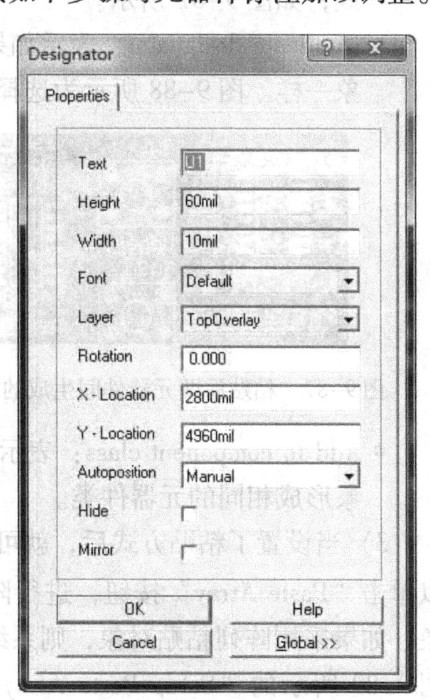

图 9-85 “Designator”对话框

这些命令也可以在主工具栏中选择执行。另外，系统还提供了快捷键来实现剪切、粘贴、复制操作。

- “Copy”命令：〈Ctrl + Insert〉键。
- “Cut”命令：〈Shift + Delete〉键。
- “Paste”命令：〈Shift + Insert〉键。

注意： 复制一个或一组元器件时，当用户选择了需要复制的元器件后，系统还要求用户选择一个复制基点，该基点很重要，用户应该选择合适基点，这样可以方便后面的粘贴操作。

2. 选择性的粘贴

选择性的粘贴是一种特别的粘贴方式，选择性粘贴可以按设定的粘贴方式复制元器件，也可以采用阵列方式粘贴元器件。选择性粘贴的操作步骤如下。

1）执行“Edit”→“Paste Special”命令，启动阵列式粘贴，系统将弹出图 9-86 所示的对话框。

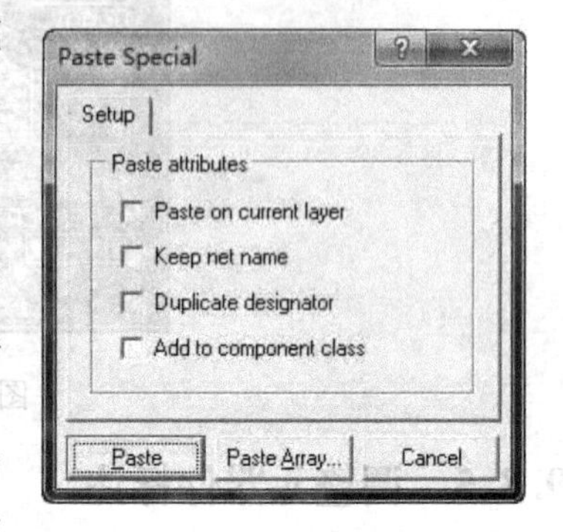

图 9-86 “Paste Special”对话框

2）设置选择性粘贴方式。在图 9-86 所示的对话框中，可以设置粘贴方式，各选项的意义如下。

- Paste on current layer：表示将对象粘贴到当前的工作层上，但是对象的焊盘、过孔、位于丝印层上的元器件标号、形状和注释保留在原来的工作层上。
- Keep net name：表示如果元器件粘贴在同一个文档中，则相同的复制对象会保持电气网络连接。执行粘贴操作后，相同对象会保持同性质的电气网络连接线，如图 9-87 所示。
- Duplicate designator：表示如果对象被粘贴在同一文档中时，被粘贴的对象名称与原对象一样。图 9-88 所示为选择“Duplicate designator”复选框后粘贴的对象。

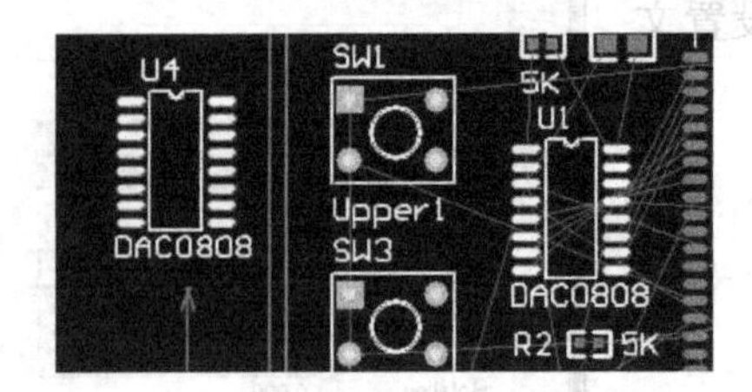

图 9-87 粘贴后两元器件间生成的网络连接

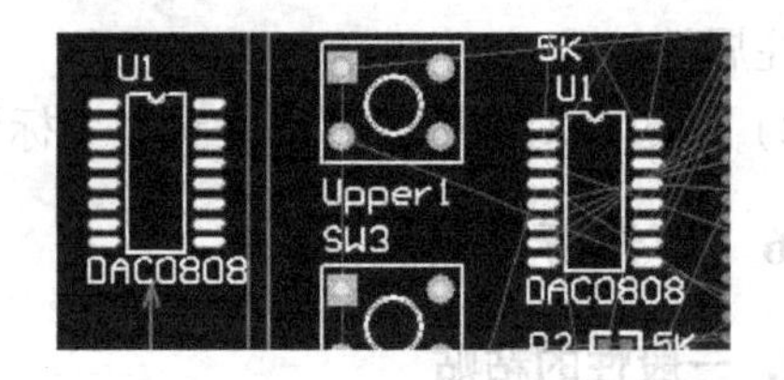

图 9-88 粘贴的对象与原对象同名

- Add to component class：表示如果将对象粘贴在同一文档中，被粘贴的对象将与源对象形成相同的元器件类。

3）当设置了粘贴方式后，就可以单击“Paste”按钮直接将对象粘贴到目标位置，也可以单击“Paste Array”按钮，进行阵列粘贴对象。如果采用阵列粘贴对象，则系统将会弹出图 9-89 所示的“Setup Paste Array”对话框。该功能也可以从放置工具栏单击按钮▦来执行。

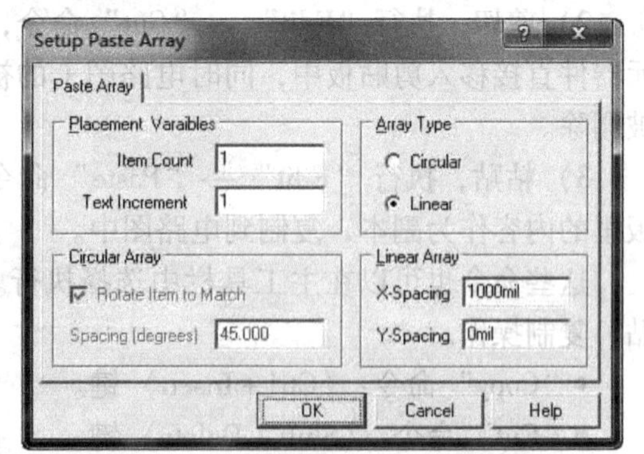

图 9-89 “Setup Paste Array”对话框

该对话框中的各选项功能如下。

- Placement Varaibles：其中有两个文本框，“Item Count”文本框用于设置所要粘贴的元器件个数；“Text Increment”文本框用于设置所要粘贴元器件序号的增量值。如果将该值设为1，且元器件序号为R1，则重复放置的元器件中，序号分别为R2、R3、R4……。

- Array Type：用来设置阵列复制类型，“Circular”单选按钮为周向阵列复制；“Linear”单选按钮为沿直线阵列复制。
- Circular Array：在选择了“Circular”单选按钮时，“Rotate Item to Match”复选框选中，表示适当旋转对象以匹配放置的位置；“Spacing (degrees)”文本框用来设置周向阵列的间距（角度）。
- Linear Array：在选择了“Linear”单选按钮时，“X - Spacing”文本框用来设置 *X* 向的间距；“Y - Spacing”文本框用来设置 *Y* 向的间距。

9.8.7 删除元器件

1. 一般元器件的删除

当图形中的某个元器件不需要时，可以对其进行删除。删除元器件可以使用“Edit”菜单中的两个删除命令，即“Clear”和“Delete”命令。

“Clear”命令的功能是删除已选取的元器件。启动“Clear”命令之前需要选取元器件，启动“Clear”命令之后，已选取的元器件立刻被删除。

“Delete”命令的功能也是删除元器件，只是启动“Delete”命令之前不需要选取元器件，启动“Delete”命令后，光标变成十字状，将光标移到所要删除的元器件上单击，即可删除元器件。

2. 导线删除

选中导线后，按〈Delete〉键即可将选中的对象删除。下面为各种导线段的删除方法。

- 导线段的删除。删除导线段时，可以选中所要删除的导线段（在所要删除的导线段上单击），然后按〈Delete〉按钮，即可实现导线段的删除。

另外，还有一个很好用的命令。执行“Edit”→“Delete”命令，光标变成十字状，将光标移到任意一段导线段上，光标上出现小圆点，单击即可删除该导线段。

- 两个焊盘间导线的删除。执行“Edit”→“Select”→“Physical Connection”命令，光标变成十字状。将光标移到连接两个焊盘的任意一段导线段上，光标上出现小圆点，单击可将两个焊盘间所有的导线段选中，然后按〈Ctrl + Delete〉键，即可将两个焊盘间的导线删除。
- 删除相连接的导线。执行“Edit”→“Select”→“Connected Copper”命令，光标变成十字状。将光标移到其中一段导线段上，光标上出现小圆点，单击可将所有有连接关系的导线选中，然后按〈Ctrl + Delete〉键，即可删除连接的导线。
- 删除同一网络中的所有导线。执行“Edit”→“Select”→“Net”命令，光标变成十字状。将光标移到网络上的任意一段导线段上，光标上出现小圆点，单击可将网络上所有导线选中，然后按〈Ctrl + Delete〉键，即可删除网络的所有导线。

9.9 自动布线

在印制电路板布局结束后，便进入电路板的布线过程。一般说来，用户先对电路板布线提出某些要求，然后按照这些要求来预置布线设计规则。预置布线设计规则设定得是否合理将直接影响布线的质量和成功率。设置完布线规则后，程序将依据这些规则进行自动布线。因此。自动布线之前，首先要进行参数设置。

9.9.1 自动布线设计规则的设定

1. 布线基本知识

下面将结合本章的实例，讲述布线的基本知识。

(1) 工作层

- 信号层（Signal Layer）：对于双面板而言，信号层必须有两个，即顶层（Top Layer）和底层（Bottom Layer），这两个工作层必须设置为打开状态，而信号层的其他层面均可以处于关闭状态。
- 丝印层（Silkscreen Layer）：对于双面板而言，只需打开顶层丝印层。
- 其他层面（Others）：根据实际需要，还需要打开禁止布线层（Keep Out Layer）和多层（Multi - Layer）。它们主要用于放置电路板板边和文字标注等。

(2) 布线规则

- 安全间距允许值（Clearance Constraint）：在布线之前，需要定义同一个层面上两个图元之间所允许的最小间距，即安全间距。根据经验并结合本例的具体情况，可以设置为10mil。
- 布线拐角模式：根据电路板的需要，将电路板上的布线拐角模式设置为45°的角模式。
- 布线层的确定：对于双面板而言，一般将顶层布线设置为沿垂直方向，将底层布线设置为沿水平方向。
- 布线优先级（Routing Priority）：在这里布线优先级设置为2。
- 布线原则（Routing Topology）：一般说来，确定一条网络的布线方式是以布线的总线长为最短作为设计原则。
- 过孔的类型（Routing Via Style）：对于过孔类型，应该与电源/接地线以及信号线区别对待。在这里设置为通孔（Through Hole）。对电源/接地线的过孔要求的孔径参数为：孔径（Hole Size）为20 mil，宽度（Width）为50 mil。对于一般信号类型的过孔，孔径为20 mil，宽度为40 mil。
- 对走线宽度的要求：根据电路的抗干扰性和实际电流的大小，将电源和接地的线宽确定为20 mil，其他的走线宽度为10 mil。

2. 工作层的设置

进行布线前，还应该设置工作层，以便在布线时可以合理安排线路的布局。工作层的设置步骤如下。

1）执行“Design”→“Options”命令。

2）执行该命令后，系统将会弹出“Document Options”对话框，用户可以设置工作层，如图9-90所示。

3）在对话框中进行工作层的设置，双面板需要选定信号层的“Top Layer”和“Bottom Layer”复选框，其他选取系统的默认值即可。

该对话框各选项的意义和设置可以参考8.9节的讲解，这里不再重述。

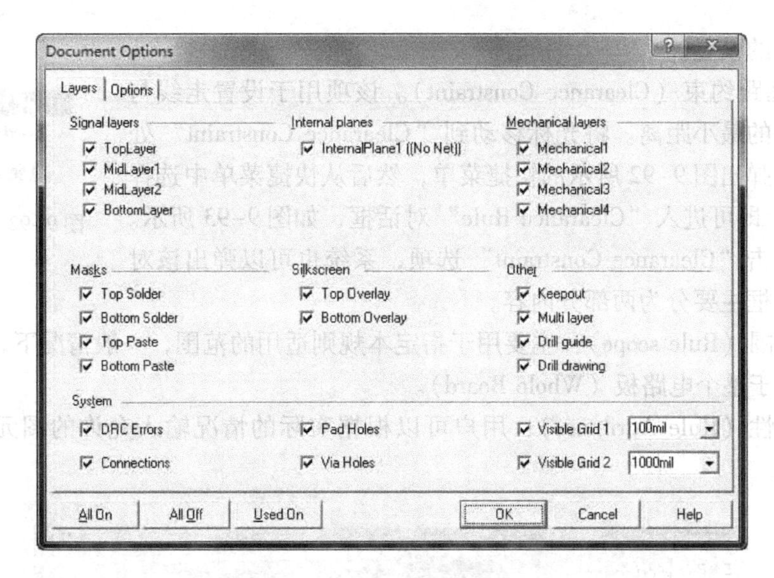

图 9-90　“设置工作层”对话框

3. 自动布线参数的设置

Protel 99 SE 为用户提供了自动布线的功能，可以用来进行自动布线。在自动布线之前，必须先进行参数的设置，下面讲述自动布线参数的设置过程。

1）执行“Design”→“Rules”命令，系统将会弹出图 9-91 所示的对话框，在此对话框中可以设置布线参数。

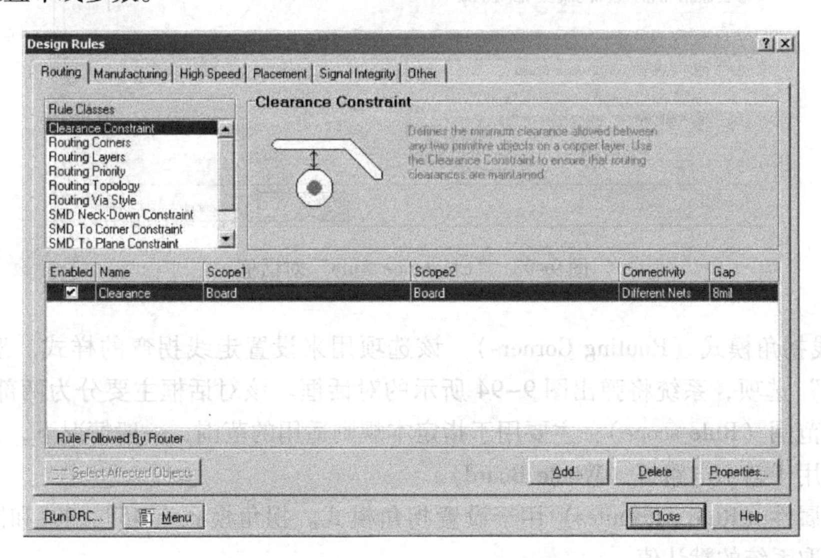

图 9-91　“Design Rules”对话框

2）单击图 9-91 中的“Routing”选项卡，即可进行布线参数的设置。布线规则一般都集中在规则类（Rule Classes）中。在该选项卡中可以设置：走线间距约束（Clearance Constraint）、布线拐角模式（Routing Corners）、布线工作层（Routing Layers）、布线优先级（Routing Priority）、布线的拓扑结构（Routing Topology）、过孔的类型（Routing Via Style）、走线拐弯处表贴约束（SMD To Corner Constraint）、走线宽度（Width Constraint）。下面分别

讲述这些选项的设置。

① 走线间距约束（Clearance Constraint）。该项用于设置走线与其他对象之间的最小距离。将光标移动到“Clearance Constraint”处右击，系统会弹出图9-92所示的快捷菜单，然后从快捷菜单中选择“Add”命令，即可进入“Clearance Rule”对话框，如图9-93所示。用户也可以双击“Clearance Constraint”选项，系统也可以弹出该对话框。该对话框主要分为两部分内容。

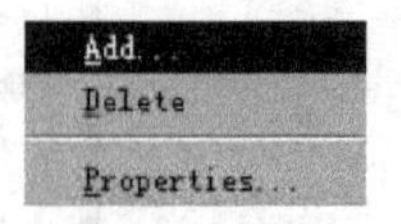

图9-92　快捷菜单

- 规则范围（Rule scope）：主要用于指定本规则适用的范围，一般情况下，指定为该规则适用于整个电路板（Whole Board）。
- 规则属性（Rule Attributes）：用户可以根据实际的情况输入允许的图元之间的最小间距。

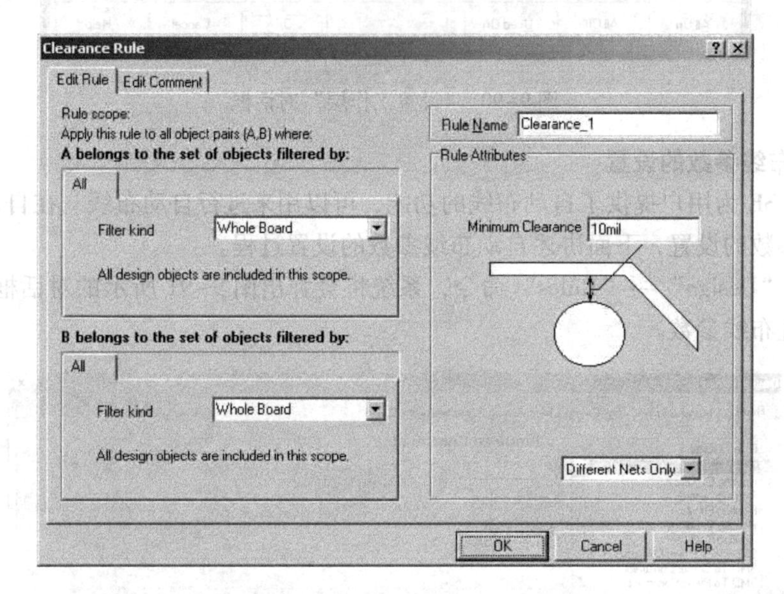

图9-93　“Clearance Rule”对话框

② 布线拐角模式（Routing Corners）。该选项用来设置走线拐弯的样式。双击“Routing Corners”选项，系统将弹出图9-94所示的对话框。该对话框主要分为两部分内容。

- 规则范围（Rule scope）：主要用于指定本规则适用的范围，一般情况下，指定为该规则适用于整个电路板（Whole Board）。
- 规则属性（Rule Attributes）用于设置拐角模式。拐角模式有45°、90°和圆弧等，这里均取系统的默认值。

③ 布线工作层（Routing Layers）。该选项用来设置在自动布线过程中哪些信号层可以使用。双击“Routing Layers”选项，系统将会弹出图9-95所示的“Routing Layers Rule”对话框。该对话框中用“T”代表顶层（Top Layer），数字1～14代表中间层，字母“B”代表底层（Bottom Layer），各项一般可以设置为“Horizontal”（水平）或“Vertical”（垂直），“Horizontal”（水平）表示该工作层布线以水平为主，“Vertical”（垂直）表示该工作层以垂直为主。

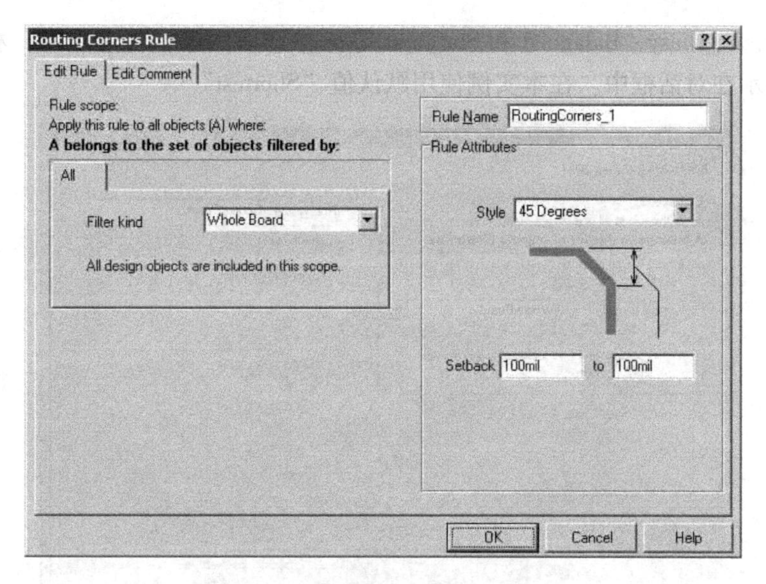

图 9-94 “布线拐角模式”对话框

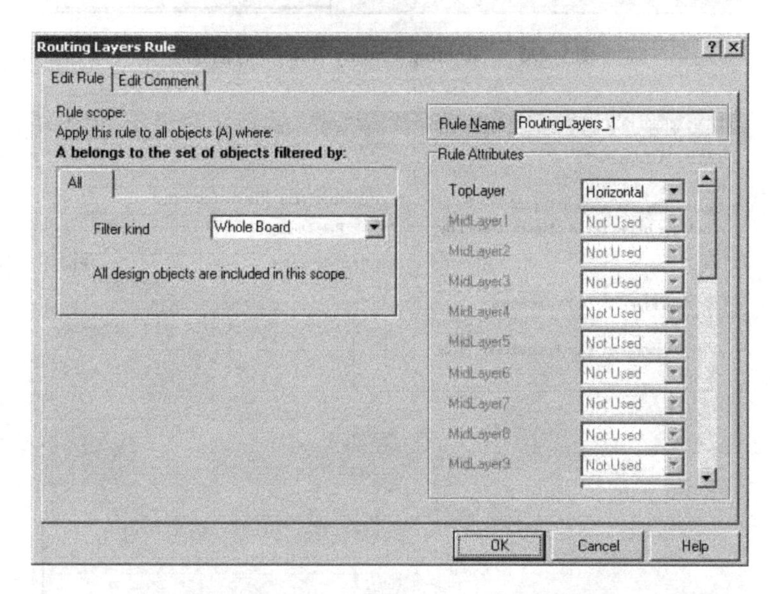

图 9-95 “Routing Layers Rule”对话框

④ 布线优先级（Routing Priority）。该选项可以设置布线的优先级，即布线的先后顺序。先布线的网络的优先级比后布线的网络的优先级要高。Protel 提供了 0 ~ 100 个优先级，数字 0 代表的优先级最低，数字 100 代表的优先级最高。双击“Routing Priority”选项，系统将会弹出图 9-96 所示的“Routing Priority Rule””对话框。用户也可以将光标移动到“Routing Priority”处右击，然后选择快捷菜单中的“Properties”命令，也可进入该对话框。

⑤ 布线拓扑结构（Routing Topology）。该选项用来设置布线的拓扑结构。双击该选项后，系统将会弹出图 9-97 所示的“Routing Topology Rule”对话框。通常，系统在自动布线时以整个布线的线长最短为目标。用户也可以选择 Horizontal、Vertical、Daisy - Simple、

Diasy – MidDriven、Diasy – Balanced 和 Starburst 等拓扑选项，选中各选项时，相应的拓扑结构示意图会显示在对话框中。在本实例使用默认值“Shortest”。

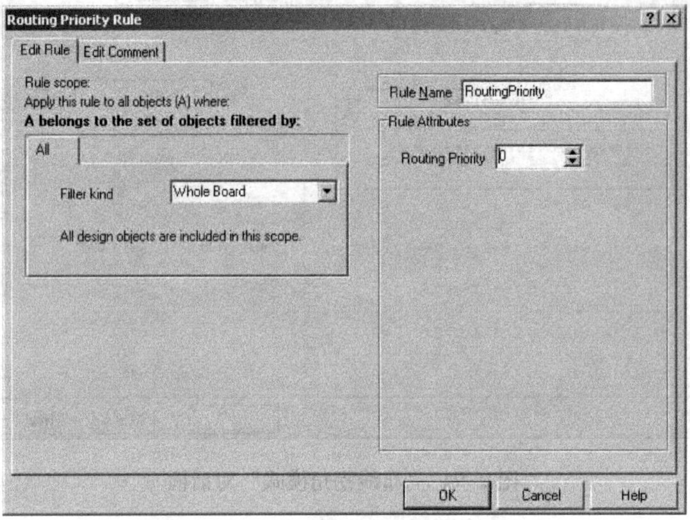

图 9-96 “Routing Priority Rule”对话框

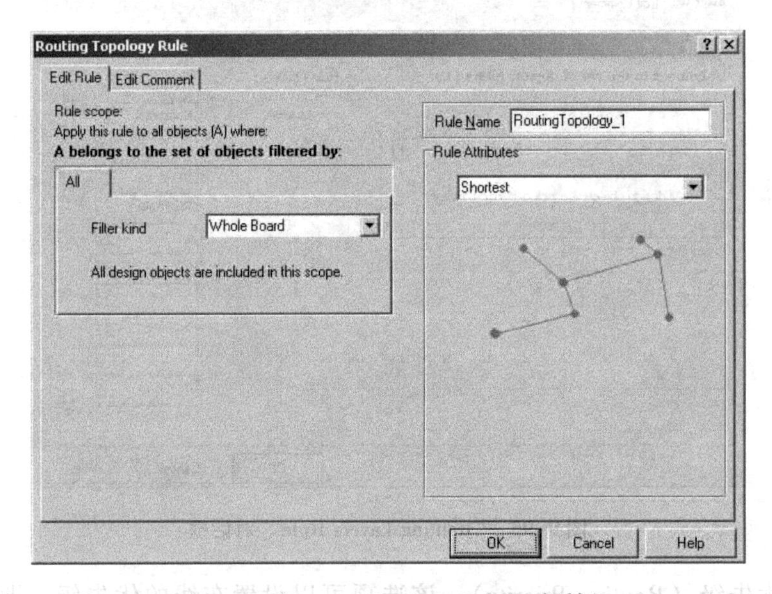

图 9-97 “Routing Topology Rule”对话框

⑥ 过孔的类型（Routing Via Style）。该选项用来设置自动布线过程中使用的过孔的样式。双击“Routing Via Style”选项，系统将会弹出图 9-98 所示的“Routing Via – Style Rule”对话框。用户也可以将光标移动到“Routing Via Style”处右击，然后选择快捷菜单的“Properties”命令，也可进入该对话框。

通常，过孔类型包括通孔（Through Hole）、层附近隐藏式盲孔（Blind Buried [Adjacent Layer]）和任何层对的隐藏式盲孔（Blind Buried [Any Layer Pair]）。层附近隐藏式盲孔只穿透相邻的两个工作层；任何层对的隐藏式盲孔可以穿透指定工作层对之间的任何工作层。

本实例中选择通孔（Through Hole）。

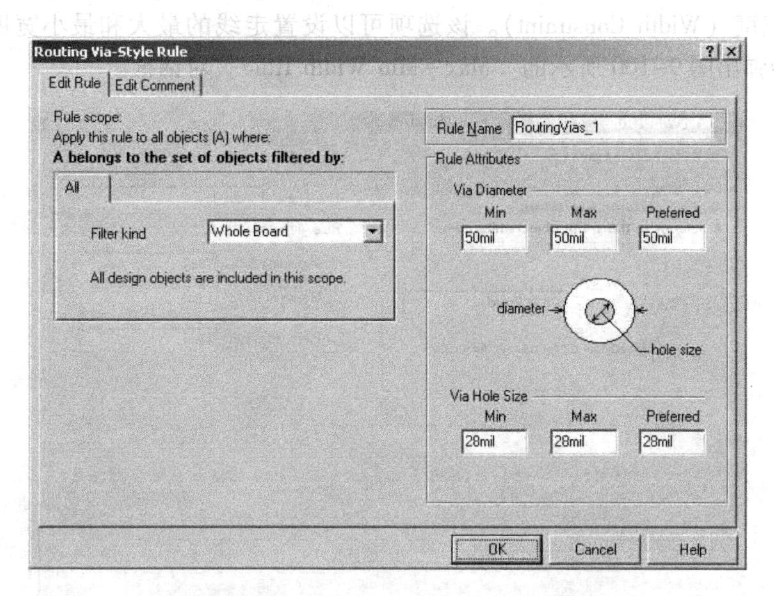

图 9-98 "Routing Via - Style Rule" 对话框

⑦ SMD 的瓶颈限制（SMD Neck - Down Constraint）。该选项定义 SMD 的瓶颈限制，即 SMD 的焊盘宽度与引出导线宽度的百分比。双击"SMD Neck - Down Constraint"选项后，系统将会弹出图 9-99 所示的"SMD Neck - Down rule"对话框。

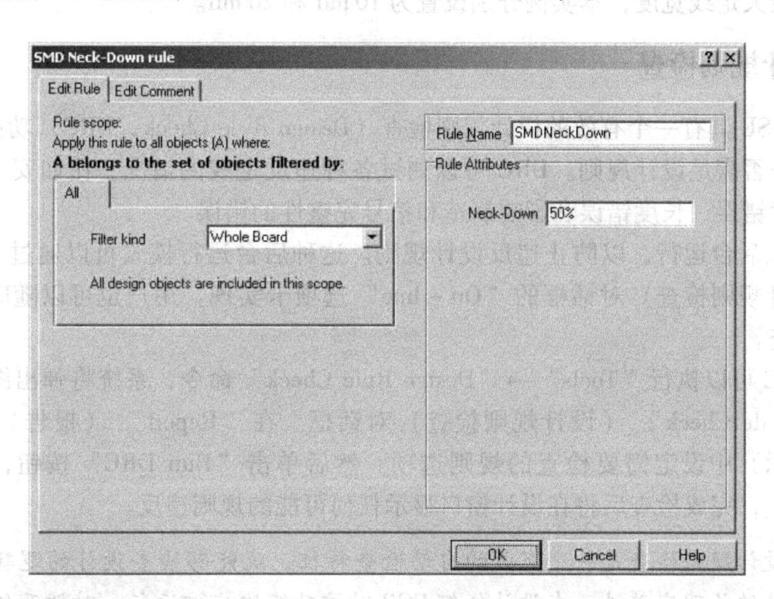

图 9-99 "SMD Neck - Down rule"对话框

⑧ SMD 焊盘走线拐弯处的约束距离（SMD To Corner Constraint）。该选项用来设置 SMD 焊盘走线拐弯处的约束距离。

⑨ SMD 到地电层的距离限制（SMD To Plane Constraint）。该选项定义 SMD 到地电层的

距离限制。

⑩ 走线宽度（Width Constraint）。该选项可以设置走线的最大和最小宽度。双击该选项，系统将会弹出图 9-100 所示的“Max - Min Width Rule”对话框。

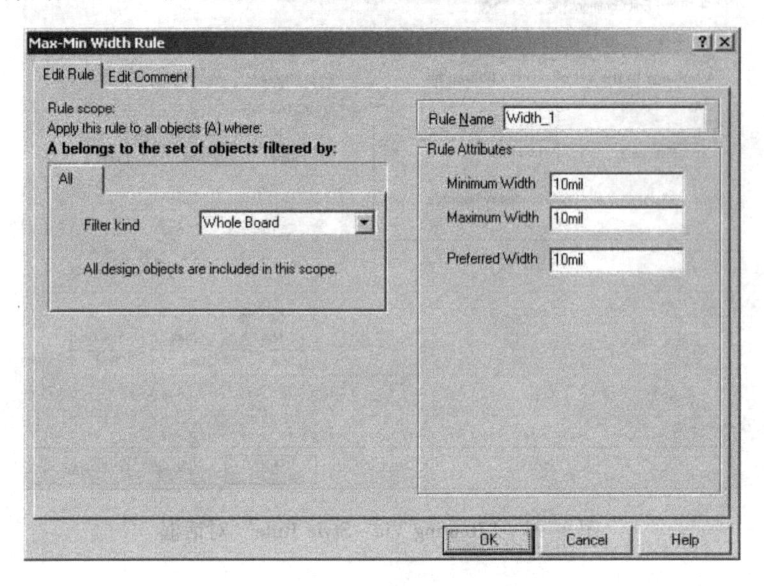

图 9-100 “Max - Min Width Rule”对话框

用户可以在“Minimum Width”文本框中设置最小走线宽度，在“Maximum Width”文本框中设置最大走线宽度，本实例分别设置为 10 mil 和 20 mil。

9.9.2 设计规则检查

Protel 99 SE 具有一个有效的设计规则检查（Design Rule Check，DRC）功能，该功能可以确认设计是否满足设计规则。DRC 可以测试各种违反走线的情况，比如安全错误、未走线网络、宽度错误、长度错误和影响制造和信号完整性的错误。

DRC 可以后台运行，以防止违反设计规则。这种后台运行模式可以通过“Design Rule Check”（设计规则检查）对话框的“On - line”选项卡实现。用户也可以随时手动进行来设计规则检查。

运行 DRC 可以执行“Tools”→“Design Rule Check”命令，系统将弹出图 9-101 所示的“Design Rule Check”（设计规则检查）对话框。在“Report”（报告）选项卡（如图 9-101 所示）中设定需要检查的规则选项。然后单击“Run DRC”按钮，就可以启动 DRC 运行模式，完成检查后将在设计窗口显示任何可能的规则违反。

注意： 设计规则检查是一个有效的自动检查特征，既能够检查设计的逻辑完整性，又可以检查设计的物理完整性。在设计任何 PCB 时该功能均应该运行，对涉及的规则进行检查，以确保设计符合安全规则，并且没有违反任何规则。

当用户想在线运行 DRC 时，可以单击图 9-101 所示对话框的“On - line”标签，进入“On - line”选项卡，如图 9-102 所示。在该选项卡中，用户可以设置在线规则检查选项，然后单击“Run DRC”按钮，即可进行后台检查。

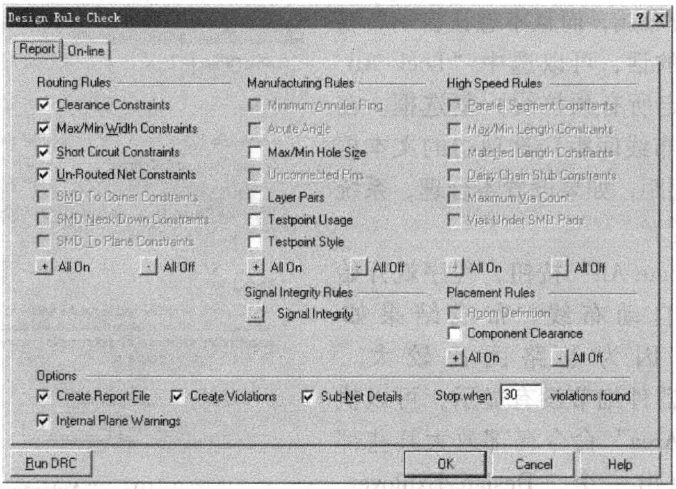

图 9-101 “Design Rule Check”（设计规则检查）对话框

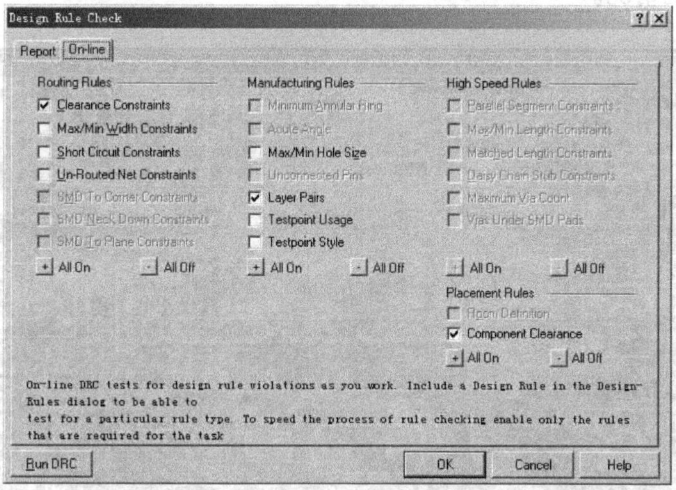

图 9-102 “On－line” 选项卡

9.9.3 自动布线

布线参数设置好后，就可以利用 Protel 99 SE 提供的具有世界一流技术的布线器进行自动布线了。执行自动布线的方法主要有以下几种。

1. 全局布线

1）执行 “Auto Route” → “All” 命令，对整个电路板进行布线。

2）执行该命令后，系统将弹出图 9-103 所示的 “Autorouter Setup”（自动布线设置）对话框。

通常，用户采用对话框中的默认设置，就可以实现 PCB 的自动布线。但是如果用户需要设置某些项，可以通过对话框的各选项实现。用户可以分别设置 “Router Passes”（走线通过）选项组中的各选项和 “Manufacturing Passes”（制造通过）选项组中的各选项。如果用户需要设置测试点，则可以选中 “Add Testpoints”（添加测试点）复选框；如果用户已经手动实现了一部分布线，而且不想让自动布线处理这部分布线的话，可以选中“Lock All Pre－routes”（锁定所有预拉线）复选框。在“Routing Grid”（布线间距）选项组的文本框中可以设置布线间距，如果设置不合理，系统会分析并通知设计者。

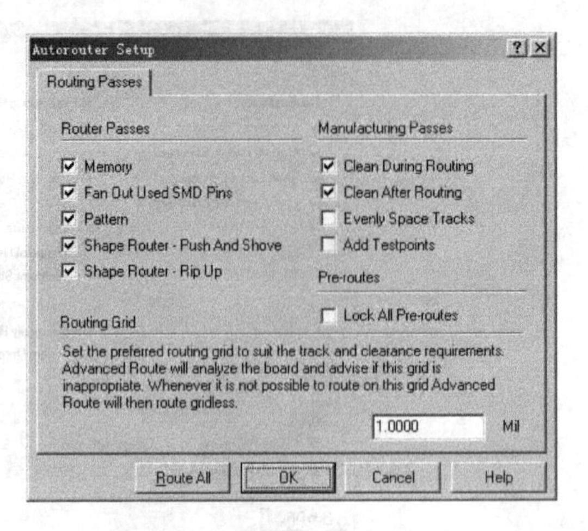

图 9-103　“Autorouter Setup”（自动布线设置）对话框

3）单击“Route All”按钮，程序就开始对电路板进行自动布线。布线结果如图 9-104 所示。因为电路图比较大，图 9-104 中的元器件细节没有显示，可以执行“View”→“Area”命令局部放大某些部分。最后系统弹出一个“Design Explover Information”对话框，如图 9-105 所示，用户可以了解到布线的情况。

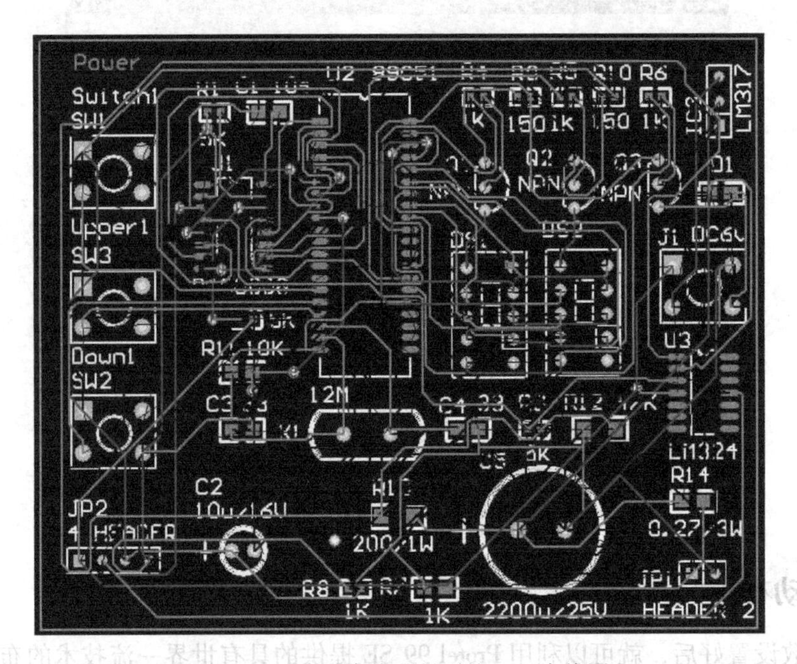
图 9-104　自动布线所得到的 PCB 布线图

2. 对选定网络进行布线

用户首先定义需要自动布线的网络，然后执行“Auto Route”→“Net”命令，由程序对选定的网络进行布线工作。

1）执行“Auto Route”→“Net”命令。

2）执行该命令后，光标变为十字形状，用户可以选取需要进行布线的网络。当用户单击的地方靠近焊盘时，系统可能会弹出图 9-106 所示的菜单（该菜单可能因焊盘不同而不同），一般应该选择“Pad”和“Connection”打头的命令，而不选择“Component”打头的命令，因为“Component”打头的命令仅仅是局限于当前元器件的布线，如下例选择 GND 连接。

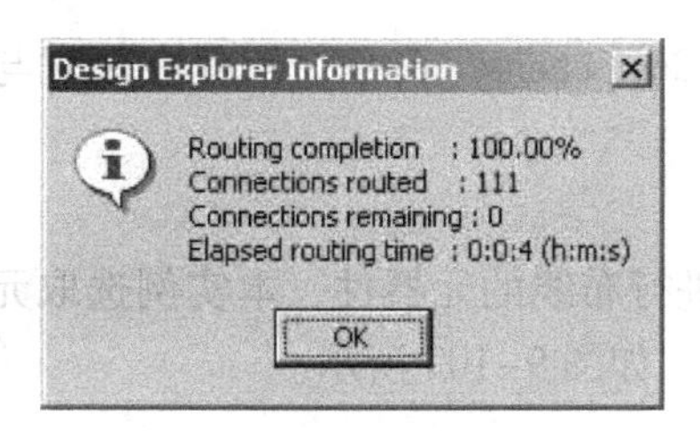

图 9-105 “Design Explorer Information”对话框

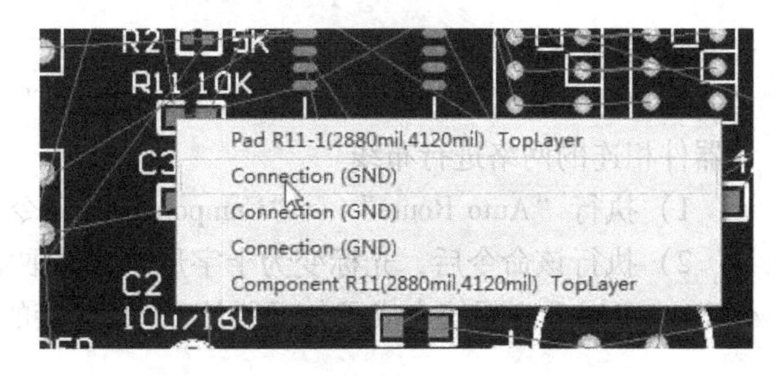

图 9-106 “网络布线方式”选项菜单

技巧：在元器件排列比较紧密的情况下，用户选择元器件时，也会弹出类似的菜单，用户可以通过这种菜单选择元器件。

本实例选取 GND 网络，则所有连接 GND 的飞线均被自动布线。由图 9-107 可以看到与这些飞线相连的网络都已被自动布线。

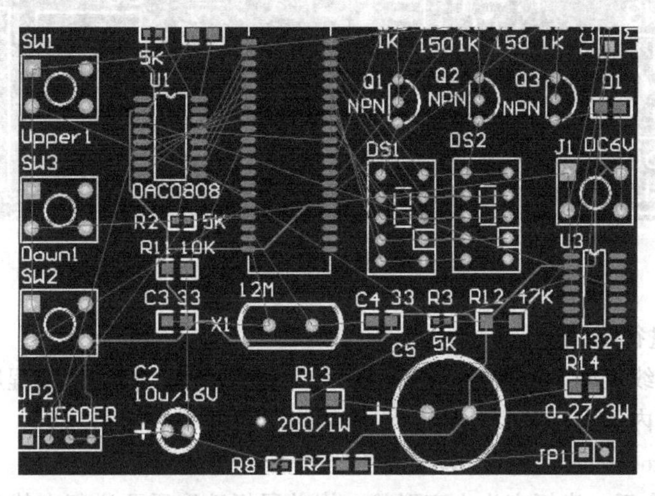

图 9-107 选定网络进行布线

注意：一般以“Net”命令进行布线时，若选中某网络连线，则与该网络连线相连接的所有网络线均被布线，图 9-107 所示的布线即实现了所有 GND 网络的布线。

3. 对两连接点进行布线

用户可以定义某条连线，然后执行“Auto Routing”→“Connection”命令，使程序仅对该条连线进行自动布线，也就是在两连接点之间进行布线。

1）执行“Auto Routing”→“Connection”命令。

2）执行该命令后，光标变为十字形状，用户可以选取需要进行布线的一条连线，对部分连接点布线后的结果如图 9-108 所示。

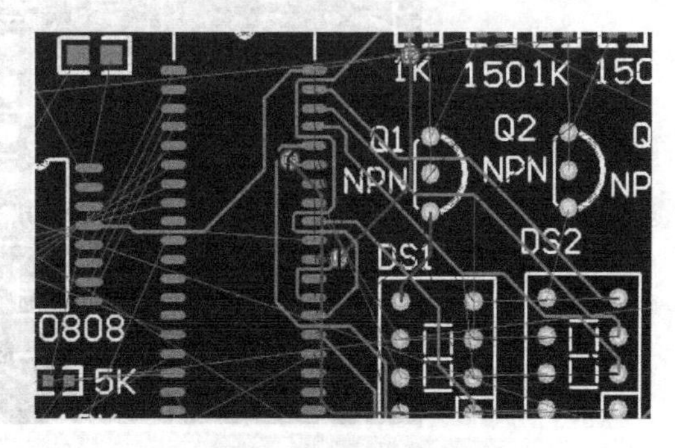

图 9-108 对两连接点进行布线

4. 指定元器件布线

用户定义某元器件，然后执行“Auto Route”→“Component”命令，使程序仅对与该元器件相连的网络进行布线。

1）执行“Auto Route”→“Component”命令。

2）执行该命令后，光标变为十字形状，选取需要进行布线的元器件，本实例选取元器件 U1，可以看到系统完成了与元器件 U1 相连接的布线，如图 9-109 所示。

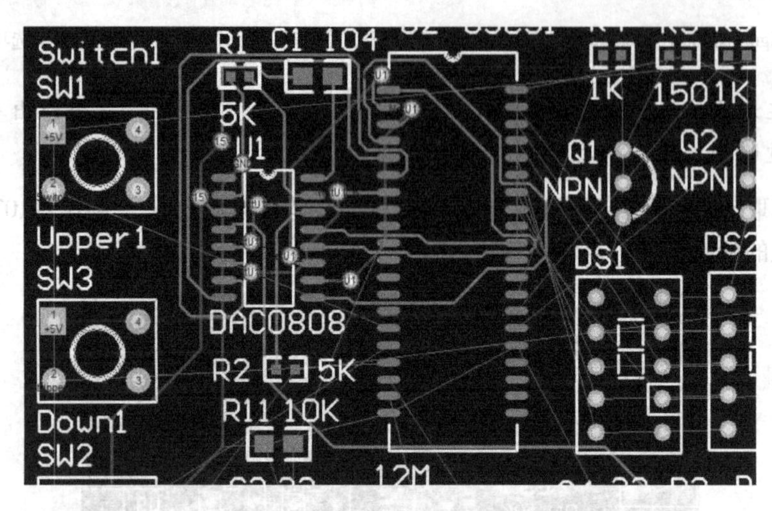

图 9-109　指定 U1 元器件布线

5. 指定区域进行布线

用户自定义布线区域后，执行“Auto Route”→“Area”命令，使程序的自动布线范围仅限于该定义区域内。

1）执行“Auto Route”→“Area”命令。

2）执行该命令后，光标变为十字形状，拖动鼠标选取需要进行布线的区域，该区域包含 DS1、DS2、C4、R3 和 R12 等元器件，系统将会对此区域进行自动布线，如图 9-110 所示，可以看出与上述所选元器件没有连线关系的地方没有布线。

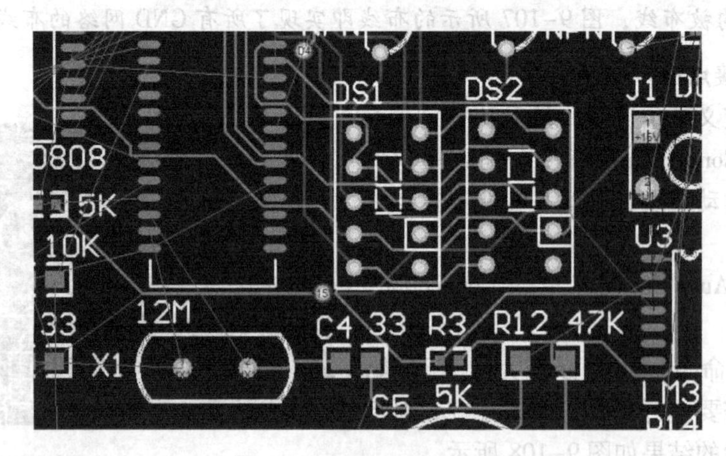

图 9-110　指定区域进行布线

6. 其他布线命令

还有其他与自动布线相关的命令，各命令的功能与操作如下。

- Stop：终止自动布线过程。
- Reset：对终止自动布线进行复位。
- Pause：暂停自动布线过程。
- Restart：重新开始暂停的自动布线过程。

7. 自动布线设置

当用户执行“Auto Route”→“Setup”命令后，系统会弹出图 9-103 所示的“Autovouter Setup”（自动布线设置）对话框。用户可以设置一些规则和测试点的特性。

9.10 手动调整布线

Protel 99 SE 的自动布线功能虽然非常强大，但是布线结果多少也会存在一些令人不满意的地方。而一个设计美观的印制电路板往往都在自动布线的基础上进行多次修改才能尽善尽美，下面讲述如何进行手动调整。

9.10.1 调整布线

在“Tools”→“Un-Route”菜单下提供了几个常用于手工调整布线的命令，这些命令可以分别用来进行不同方式的布线调整。

- All：拆除所有布线，进行手动调整。
- Net：拆除所选布线网络，进行手动调整。
- Connection：拆除所选的一条连线，进行手动调整。
- Component：拆除与所选的元器件相连的导线，进行手动调整。

下面以“Connection”命令为例来介绍调整布线的操作步骤。图 9-111 所示为待调整的布线。

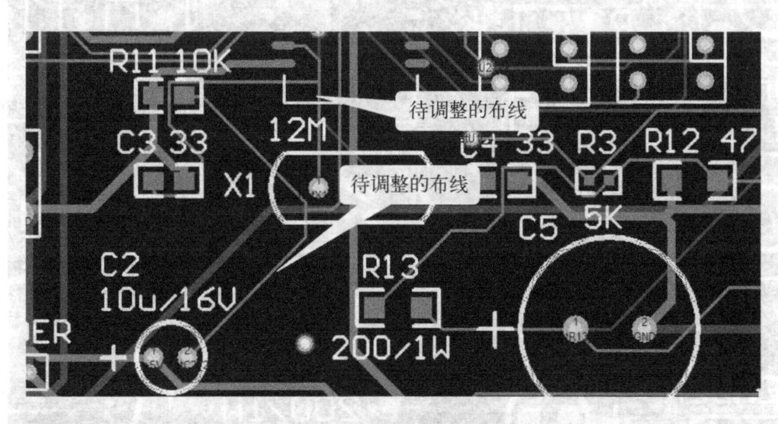

图 9-111 待调整的布线

1）选择工作层，将工作层切换到顶层（Top Layer），使顶层为当前活动的工作层。

2）执行“Tools”→“Un-Route”→“Connection”命令。

3）光标变为十字，移动光标到要拆除的网络上，单击确定。此时发现原先的连线会消失，如图 9-112 所示。

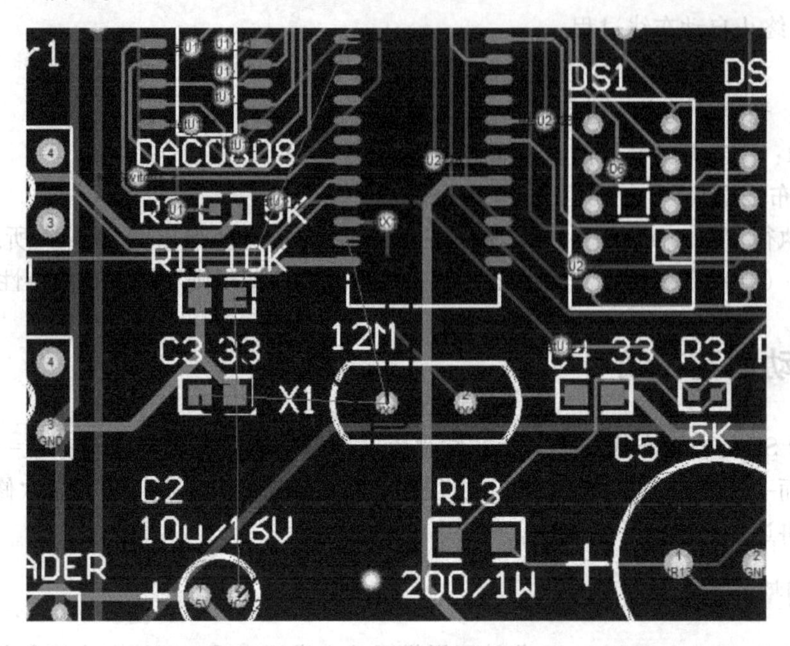

图 9-112　拆线后的结果

4）进入“Top”工作层，执行“Place”→“Interactive Routing”命令，将上述已拆除的飞线重新走线。重新走线后的布线如图 9-113 所示。

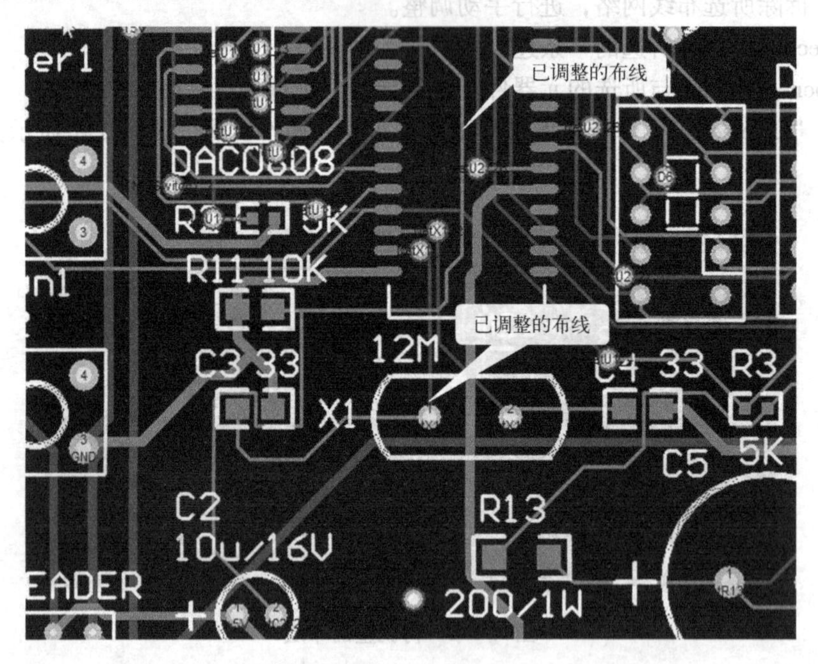

图 9-113　重新布线后的 PCB 电路图

9.10.2　电源/接地线的加宽

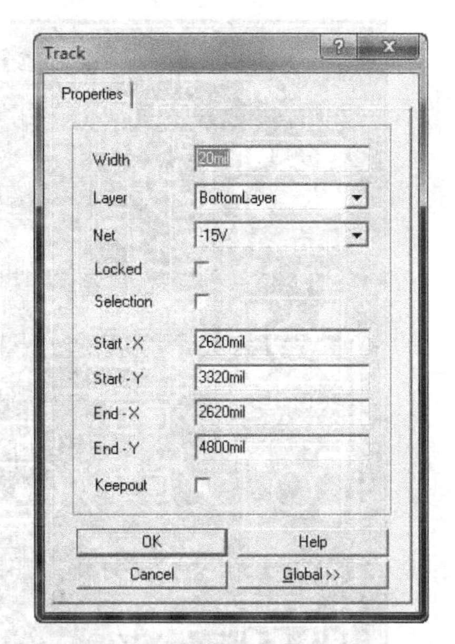

图 9-114　“Track”对话框

为了提高抗干扰能力，增加系统的可靠性，往往需要将电源/接地线和一些过电流较大的线加宽。

1）移动光标，将光标指向需要加宽的电源/接地线或其他线。

2）双击，出现图 9-114 所示的“Track”对话框。

3）在对话框中的“Width”文本框中输入实际需要的宽度值即可。电源/接地线被加宽后的结果如图 9-115 所示。如果要加宽其他线，也可按同样的方法进行操作。

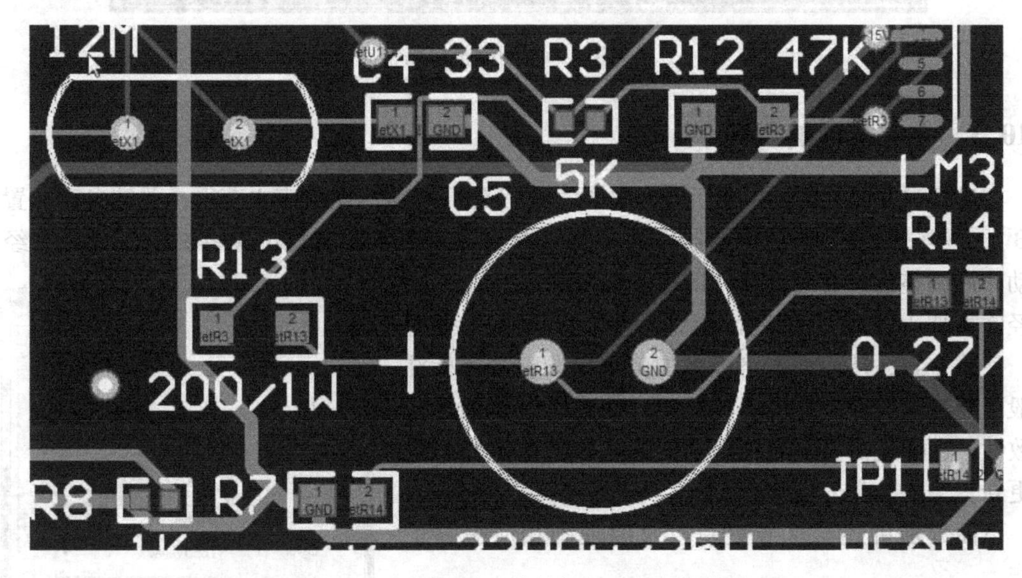

图 9-115　电源/接地线被加宽后的布线结果

对电源和接地线的加宽，通常在布线的起始阶段进行。首先执行“Design”→“Rules”命令，然后设置布线的宽度约束，可以设置布线宽度为 30 mil，然后执行“Auto Route”→“Net”命令，对电源和接地分别进行布线。

然后将这些预布的线锁定，再在布线规则中修改布线宽度为 10 mil，然后布其他的连线。先对电源和接地布线，再布其他线的印制电路板如图 9-116 所示，可以看出图 9-116 和图 9-104 自动布线不一样，电源和接地的布线都加宽了。

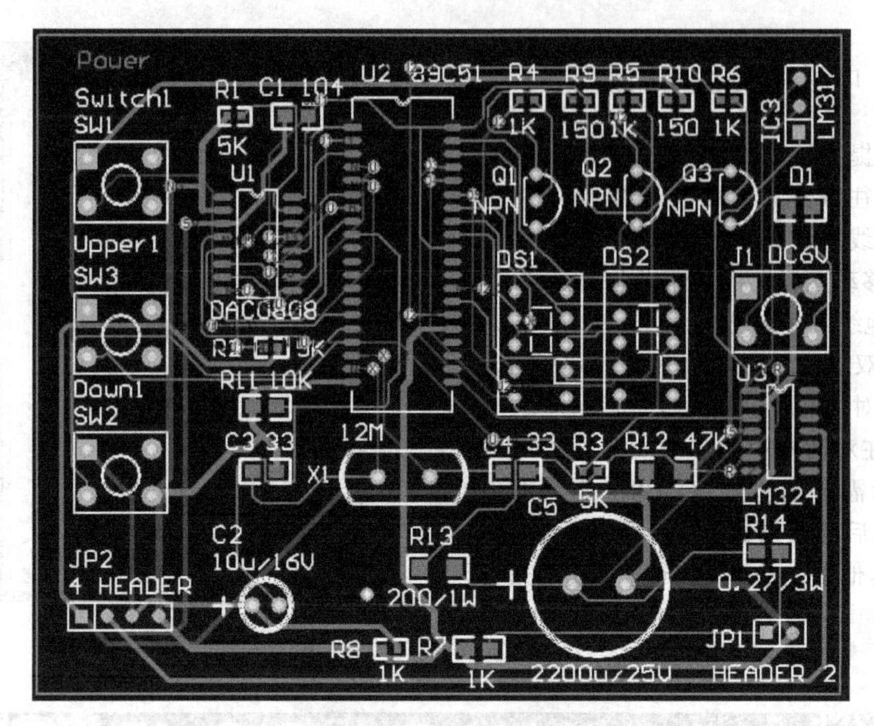

图 9-116　印制板电路

9.10.3　文字标注的调整

在进行自动布局时，一般元器件的标号以及注释等将从网络表中获得，并被自动放置到PCB上。经过自动布局后，元器件的相对位置与原理图中的相对位置将发生变化，在经过手动布局调整后，有时元器件的序号会变得很杂乱，所以经常需要对文字标注进行调整，使文字标注排列整齐，字体一致，从而使电路板更加美观。调整文字标注一般可以对元器件进行流水号更新，使流水号排列保持一致性，这样就需要对原理图相应的元器件流水号也进行更新。

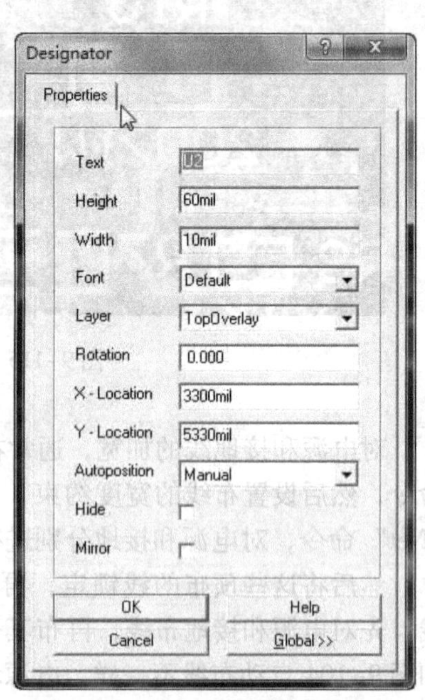

图 9-117　"Designator"对话框

下面分别讲述流水号更新以及原理图相应更新的操作。

1. 手动更新流水号

1）移动光标，将光标指向需要调整的文字标注。

2）双击文字标注，出现图 9-117 所示的"Designator"对话框。

3）此时用户可以修改流水号，也可根据需要，修改对话框中文字标注的内容、字体、大小、位置及放置方向等。

2. 自动更新流水号

1）执行"Tools"→"Re - Annotate"命令，系统

将弹出图 9-118 所示的“Positional Re - Annotate”对话框。

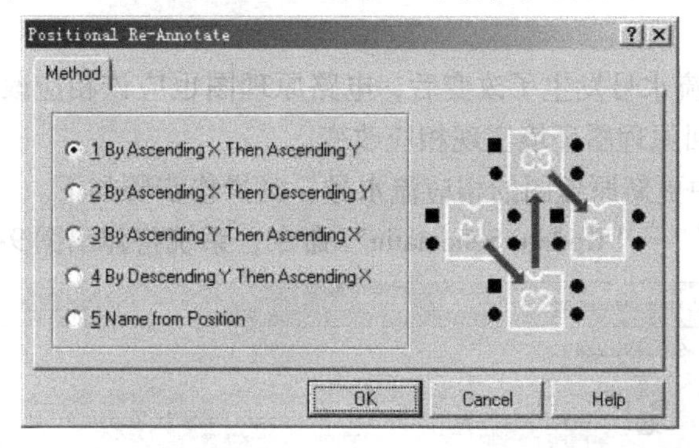

图 9-118 “Postional Re - Annotate”对话框

系统提供了 5 种更新方式，下面分别说明。

- By Ascending X Then Ascending Y：表示先按横坐标从左到右，再按纵坐标从下到上编号，如图 9-119 所示。
- By Ascending X Then Descending Y：表示先按横坐标从左到右，再按纵坐标从上到下编号，如图 9-120 所示。

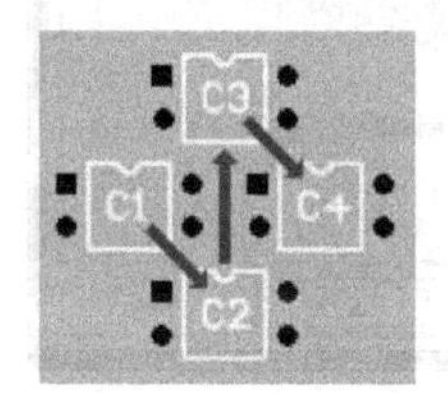

图 9-119 “By Ascending X Then Ascending Y”方式

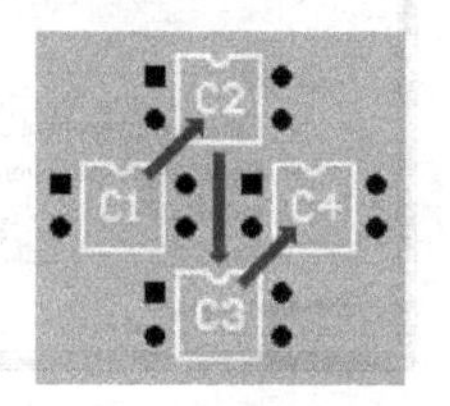

图 9-120 “By Ascending X Then Descending Y”方式

- By Ascending Y Then Ascending X：表示先按纵坐标从下到上，再按横坐标从左到右编号，如图 9-121 所示。
- By Descending Y Then Ascending X：表示先按纵坐标从上到下，再按横坐标从左到右编号，如图 9-122 所示。

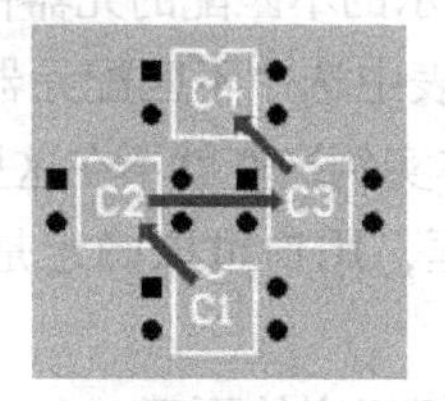

图 9-121 “By Ascending Y Then Ascending X”方式

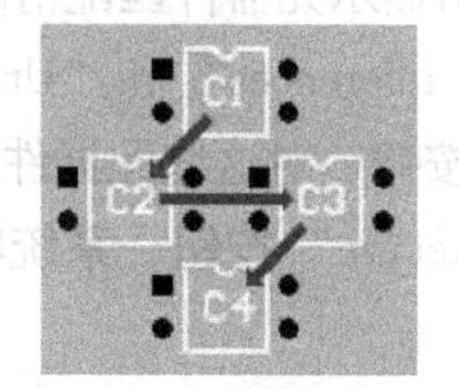

图 9-122 “By Descending Y Then Ascending X”方式

- Name from Position：表示根据坐标位置进行编号。

2）当完成方式选择后，单击“OK”按钮，系统将按照设置的方式对元器件流水号重新编号。这里选择第一种方式进行流水号排列。

元器件重新编号后，系统将同时生成一个 . WAS 文件，记录了元器件编号的变化情况。

3. 更新原理图

当 PCB 的元器件流水号发生了改变后，电路原理图也应该相应改变，这可以在 PCB 环境下实现，也可以返回原理图环境实现相应改变。

1）在 PCB 环境中更新原理图的相应流水号，其操作步骤如下。

① 执行“Design”→“Update Schematic”命令，系统将弹出图 9-123 所示的对话框。

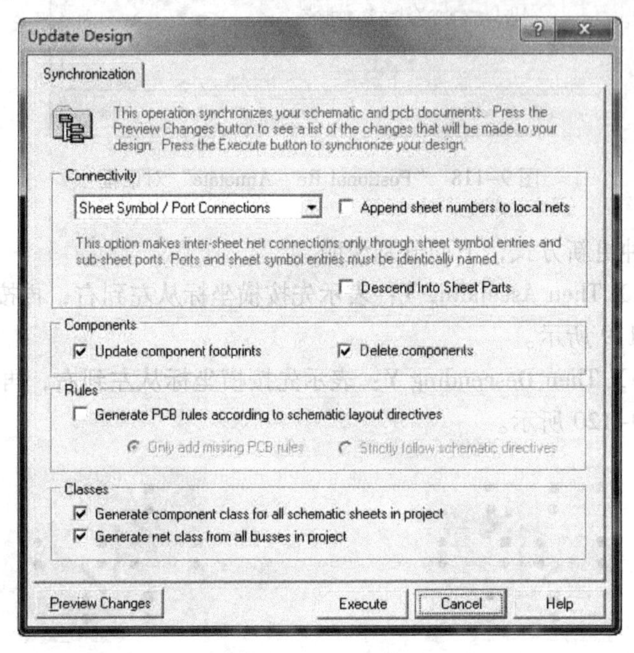

图 9-123 “Update Design”（更新设计）对话框

在该对话框中，用户可以在“Connectivity”选项组中选择原理图的元器件的网络连接方式。“Components”选项组用来设置是否更新元器件的引脚（“Update component footprints”）或删除元器件（“Delete components”），这里不选择“Delete components”复选框。“Rules”选项组用来设置是否根据原理图生成 PCB 规则。

② 单击“Execute”按钮，系统就可以对原理图进行更新。如果 PCB 和原理图存在不匹配，则系统会弹出显示元器件匹配情况的对话框。对于显示的不匹配的元器件，可以分别在左边的“Unmatched references”和“Unmatched targets”列表中选中不匹配元器件，然后单击对话框中的“ > ”按钮，对这些元器件进行匹配操作。具体实例操作就不在这里详细介绍。

③ 单击“Execute”按钮，系统将会弹出确认提示框，用户可以确定是否将这些修改应用到原理图上。

④ 单击“Yes”按钮确认以后，系统将对原理图进行相应的更新。

2）在原理图环境下实现元器件序号相应更新，具体操作步骤如下。

① 将生成的 . WAS 文件导出并保存为一个独立的文件，本例为 Power Regulator. WAS。导出方法为在设计管理器中，将光标放置于 Power Regulator. WAS 文件图标处，然后右击，并从系统弹出的快捷菜单中选择“Export”命令，将该文件导出，导出的目标文件为 Power Regulator. WAS。

② 打开 Power Regulator. Sch 文档，并切换到原理图管理器环境。

③ 执行“Tools”→“Back Annotate”命令，系统将弹出图 9-124 所示的对话框。在该对话框中选择前面的 Power Regulator. WAS 文件，最后单击“OK”按钮，即可实现对原理图的元器件流水号进行更新。

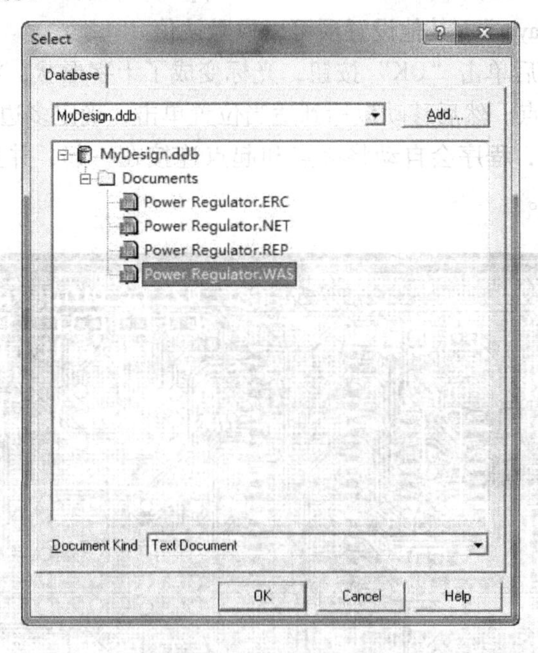

图 9-124 “Select”对话框

9.10.4 敷铜处理

对于 PCB 来说，为了提高电路板的抗干扰能力，通常可以采取敷铜的方式来实现。下面讲述如何在已经布线的电路板上进行敷铜。

（1）执行“Place”→“Polygon Plane”命令，或单击绘图工具栏中的按钮，系统弹出图 9-125 所示的“Polygon Plane”对话框。在该对话框中，可以设置放置的敷铜与哪个网

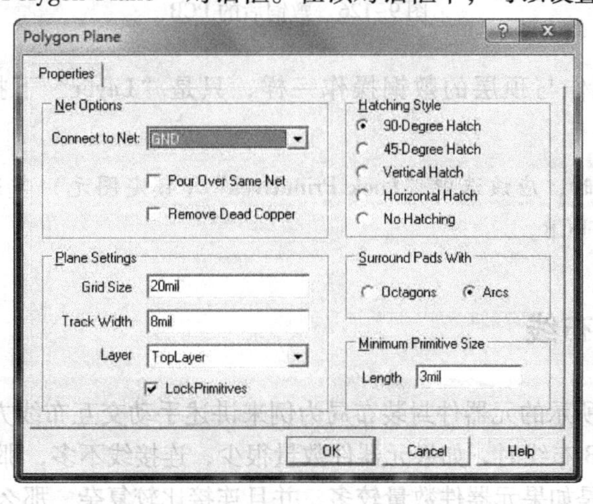

图 9-125 “Polygon Plane”对话框

络相连。通常，敷铜时，顶层和底层的敷铜均与 GND 相连，这样可以提高 PCB 的抗干扰能力。

此时在“Connect to Net”下拉列表中选中“GND”，然后分别选中“Pour Over Same Net”（相同的网络连接一起）和“Remove Dead Copper”（去掉死铜）复选框，在“Layer”下拉列表中选择“TopLayer”，其他设置项可以取默认值。

（2）设置完对话框后单击“OK”按钮，光标变成了十字形状，将光标移到所需的位置单击，确定多边形的起点。然后移动鼠标到适当位置单击，确定多边形的中间点。

（3）在终点处右击，程序会自动将终点和起点连接在一起，并且去除死铜，形成板上敷铜，如图 9-126 所示。

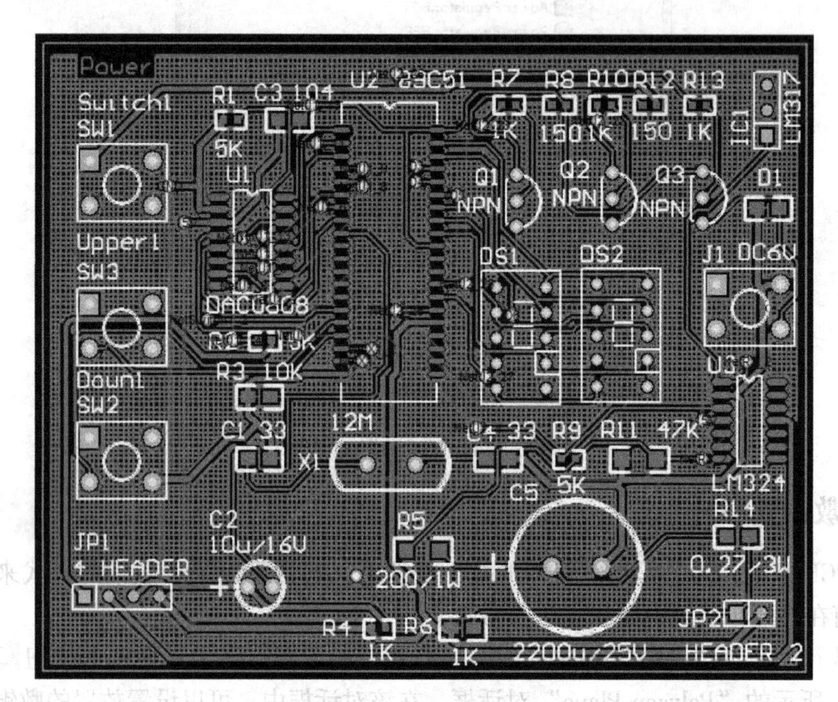

图 9-126　敷铜后的 PCB

对底层的敷铜操作与顶层的敷铜操作一样，只是“Layer”下拉列表框选择“BottomLayer”。

注意：敷铜操作时，应该选中“Lock Primitives”（锁定图元）复选框，这样敷铜时不会影响到原来布线的 PCB。

9.11　手动交互布线

下面以图 9-127 所示的元器件封装布局为例来讲述手动交互布线方法，文件名为 Power Regulator. pcb。在 PCB 布线时，如果元器件数量很少，连接线不多，那么使用自动布线可以获得较好的效果。但是如果元器件数量较多，并且连接比较复杂，那么使用自动布线的效果并不好，有时还可能会布不通。此时，一般使用手动交互布线方法。

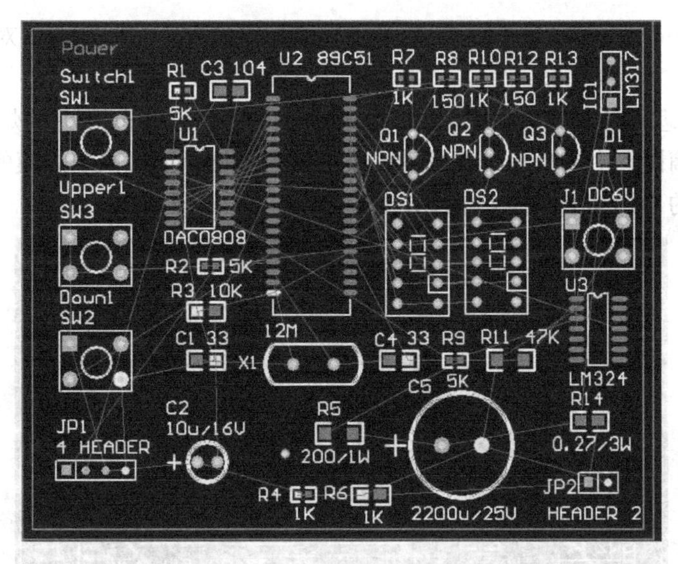

图 9-127　未布线的封装布局

1）对电源和接地进行预布线。通常，电源和接地需要的线宽比普通导线要宽，因为它们需要承载较大的电流。

首先执行“Design”→“Rules”命令，然后设置布线的宽度约束（Width Constraint），可以设置 +15 V、GND、-15 V、+5 V 的布线宽度为 20 mil，然后执行“Auto Route”→“Net”命令，对电源（+15 V、-15 V 和 +5V）和接地（GND）分别进行布线。对电源和接地布线后的元器件封装布局如图 9-128 所示。

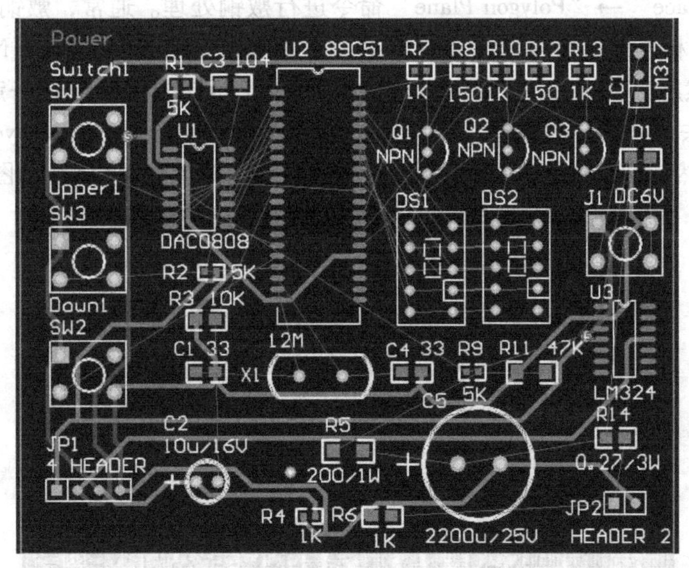

图 9-128　对电源和接地布线后的 PCB

2）执行“Auto Route”→“Setup”命令，从弹出的对话框（如图 9-103 所示）中，选中“Lock All Pre-routes”复选框。

3）执行“Design”→“Rules”命令，然后设置布线的宽度约束（Width Constraint），可以设置布线宽度为 10 mil（普通导线宽度）。

4）执行“Auto Route”→“Net”命令或其他相应的交互布线命令，对逐条连接线进行布线处理。

5）补泪滴处理。执行“Tools”→“Teardrops”命令，对PCB上的焊盘和过孔进行补泪滴设置。补泪滴设置主要是为了提高助焊膜的助焊性能，而提高阻焊膜的阻焊性能。设置补泪滴并布线后的PCB如图9-129所示。

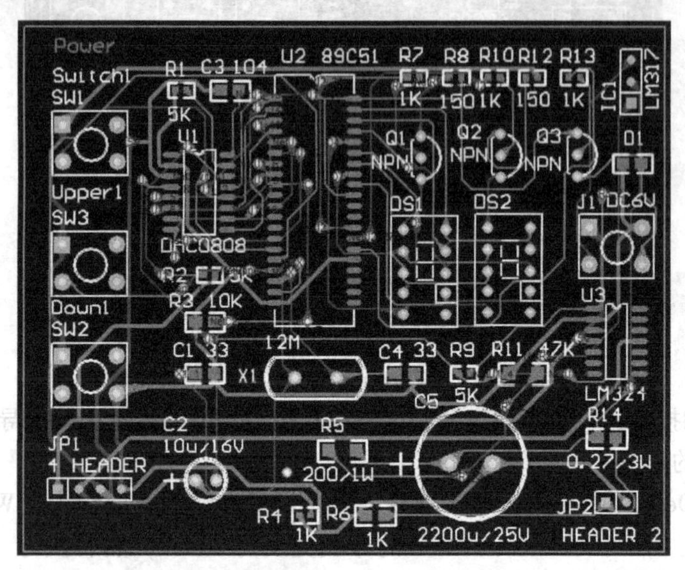

图9-129　设置补泪滴并布线后的PCB

6）执行“Place”→“Polygon Plane”命令进行敷铜处理。通常，敷铜时，顶层和底层的敷铜均与GND相连，这样可以提高PCB的抗干扰能力。在“Connect to Net”下拉列表中选中“GND”，然后分别选中“Pour Over Same Net”（相同的网络连接一起）和“Remove Dead Copper”（去掉死铜）复选框，在“Layer”下拉列表中选择“Top Layer”，其他设置项可以取默认值。然后切换到“Bottom”层进行敷铜处理。敷铜后的PCB如图9-130所示。

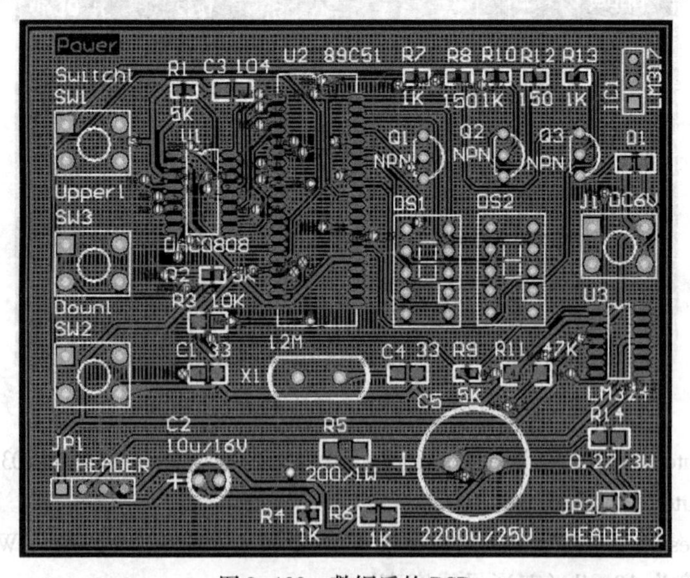

图9-130　敷铜后的PCB

9.12 PCB 的 3D 显示

Protel 99 SE 增加了 3D 显示功能。使用该功能可以显示清晰的 PCB 的三维立体效果，不用附加高度信息，元器件、丝网、铜箔均可以被隐藏。并且用户可以随意旋转、缩放，改变背景颜色等。PCB 的 3D 显示可以通过执行“View”→“Board in 3D”命令来实现。图 9-131 所示为 PCB 的三维效果图。

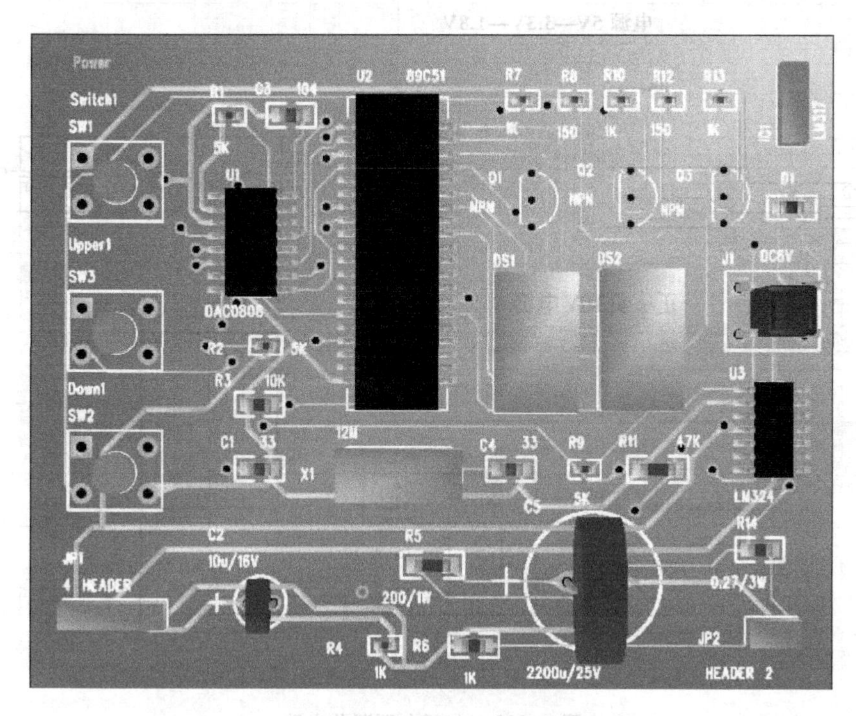

图 9-131　PCB 的三维效果图

习题

1. 请简述补泪滴在设计 PCB 时的重要作用。
2. 请简述单面板、双面板和多面板的不同，以及在布局和布线时的注意事项。
3. 请简述网络连接的电气意义，以及如何在已有的 PCB 上添加网络连接。
4. 请简述 PCB 从装载网络表到生成 PCB 的操作过程。
5. 请绘制图 9-132 所示的电源电压调节电路原理图，并制作其 PCB。制作 PCB 时，建议采用向导（Wizard）。

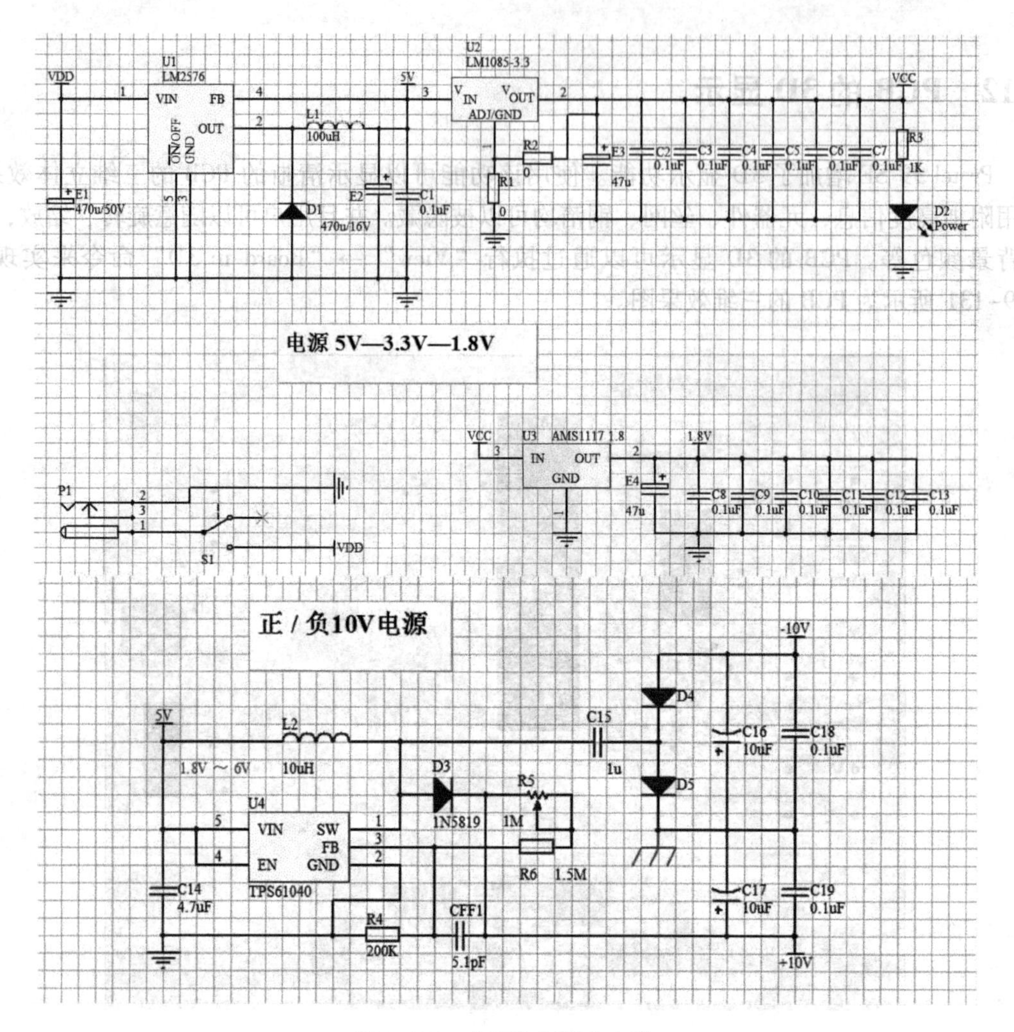

图 9-132　电源电压调节电路

第 10 章　制作元器件封装

在前面介绍元器件封装时，都是使用 Protel 系统自带的元器件封装。但是对于经常使用而元器件封装库里又找不到的元器件封装，就需要使用元器件封装编辑器来生成新的元器件封装。在本章中，主要介绍使用 PCBLIB 制作元器件封装的两种方法，即手动方法和利用向导（Wizard）的方法。

10.1　启动元器件封装编辑器

Protel 99 SE 元器件封装编辑器的启动步骤如下。

1）执行“File”→“New”命令，显示“New Document”对话框，如图 10-1 所示。

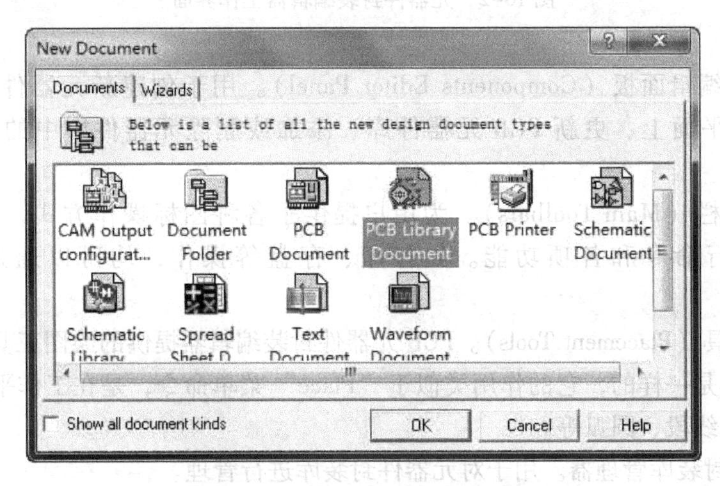

图 10-1　“New Document”对话框

2）双击“PCB Library Document”图标或者选中图标后单击“OK”按钮，就可以建立元器件封装编辑文档，此时用户可以修改文档名。

3）双击设计管理器中的元器件封装文档图标，就可以进入元器件封装编辑器工作界面（下一节将详细介绍）。

10.2　元器件封装编辑器介绍

PCB 元器件封装编辑器的界面和 PCB 编辑器比较类似。如图 10-2 所示是 PCB 元器件封装编辑器的工作界面，从该图中可以看出，整个编辑器可以分为以下几个部分。

1）主菜单。给设计人员提供编辑、绘图命令，以便于创建一个新元器件。

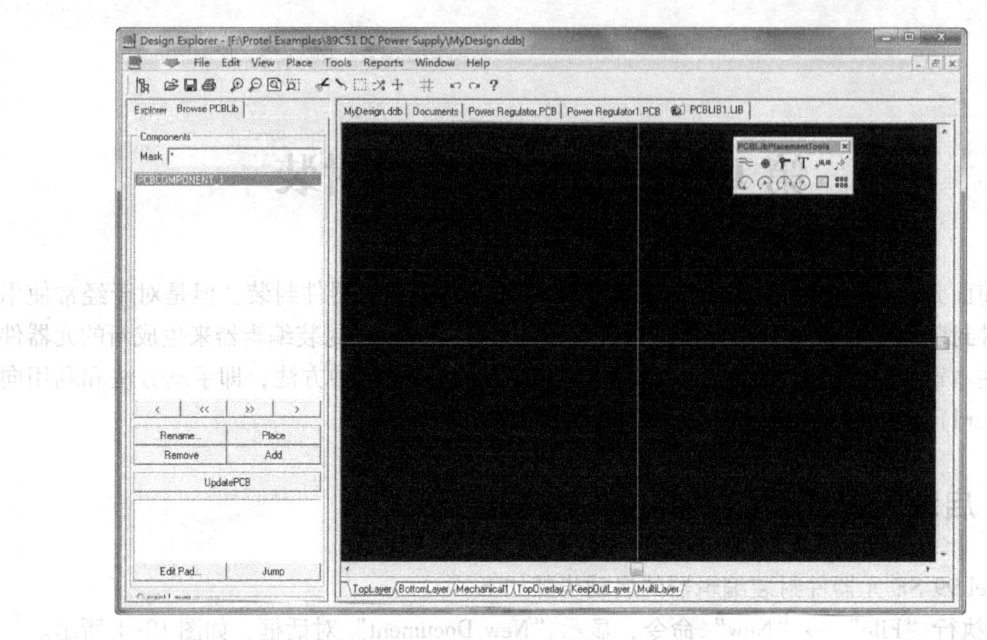

图 10-2　元器件封装编辑器工作界面

2）元器件编辑面板（Components Editor Panel）。用于创建新元器件、将元器件放置到 PCB 工作平面上、更新 PCB 元器件库、添加或删除元器件库中的元器件等各项操作。

3）主工具栏（Main Toolbars）。为用户提供了各种图标操作方式，可以让用户方便、快捷地执行命令和各项功能。如打印、存盘等操作，均可以通过主工具栏来实现。

4）绘图工具（Placement Tools）。PCB 元器件封装编辑器提供的绘图工具，同前面所接触到的绘图工具是一样的，它的作用类似于“Place”菜单命令，是在工作平面上放置各种图元，如焊点、线段、圆弧等。

5）元器件封装库管理器。用于对元器件封装库进行管理。

6）状态栏与命令行。在屏幕最下方为状态栏和命令行，它们用于提示用户当前系统所处的状态和正在执行的命令。

同前面章节所述一样，PCB 元器件封装编辑器也提供了画面管理功能，包括画面的放大、缩小，各种管理器、工具栏的打开与关闭。画面的放大、缩小处理可以通过“View”菜单进行，如执行“View”→“Zoom In”命令或“View”→“Zoom out”命令等。用户也可以通过单击主工具栏上的放大按钮和缩小按钮，来实现画面的放大与缩小。

10.3　创建新的元器件封装

下面讲述如何创建一个新的 PCB 元器件封装。假设要建立一个新的元器件封装库，作为用户自己的专用库。元器件库的文件名为 PCBlib1. lib，并将要创建的新元器件封装放置到该元器件库中。

下面以图 10-3 所示的实例，来介绍如何手动创建元器件封装。手动创建元器件封装，实际上就是利用 Protel 99 SE 提供的绘图工具，按照实际的尺寸绘制出该元器件封装。

一般，手动创建新的元器件封装需要首先设置封装参数，再放置图形对象，最后还需要设置插入参考点。下面分别结合实例进行讲解。

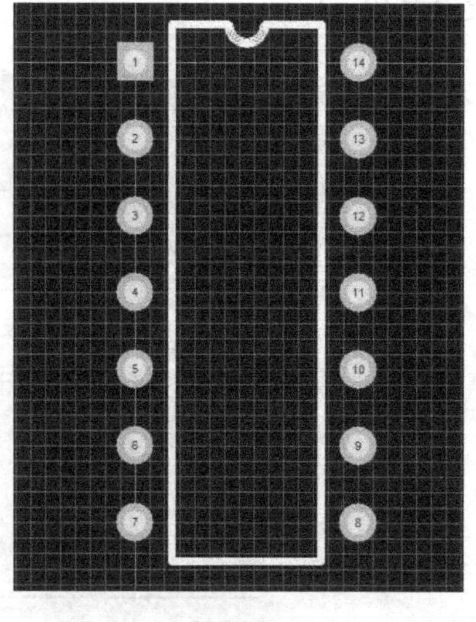

图 10-3　手动创建元器件封装实例

10.3.1　元器件封装参数设置

当新建一个 PCB 元器件封装库文件后，一般需要先设置一些基本参数，例如度量单位、过孔的内孔层、鼠标移动的最小间距等，但是创建元器件封装不需要设置布局区域，因为系统会自动开辟一个区域供用户使用。

1. 板面参数设置

设置板面参数的操作步骤如下。

1）执行“Tools”→“Library Options”命令，系统将弹出图 10-4 所示的“Document Options”对话框，用户可以进行板面参数设置。

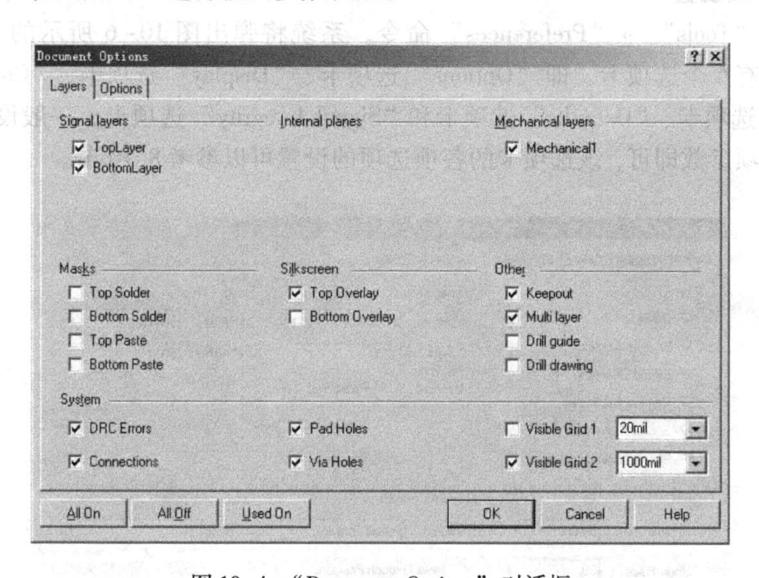

图 10-4　“Document Options”对话框

2）在图 10-4 所示的“Layers”选项卡中，可以设置元器件封装的层参数，一般情况下，用户可以选中“Pad Holes”（焊盘内孔）和“Via Holes”（过孔）两个复选框，其他则保持默认设置。该选项卡中各选项的功能可参考 8.9 节的相关介绍。

3）单击“Options”标签，进入“Options”选项卡，如图 10-5 所示。在该选项卡中可设置格点（Snap）、电气栅格（Electrical Grid）、计量单位等。该选项卡中各选项的功能可参考 8.9 节的相关介绍，在这里“Snap X”“Snap Y”“Component X”和“Component”均设置为 10 mil。

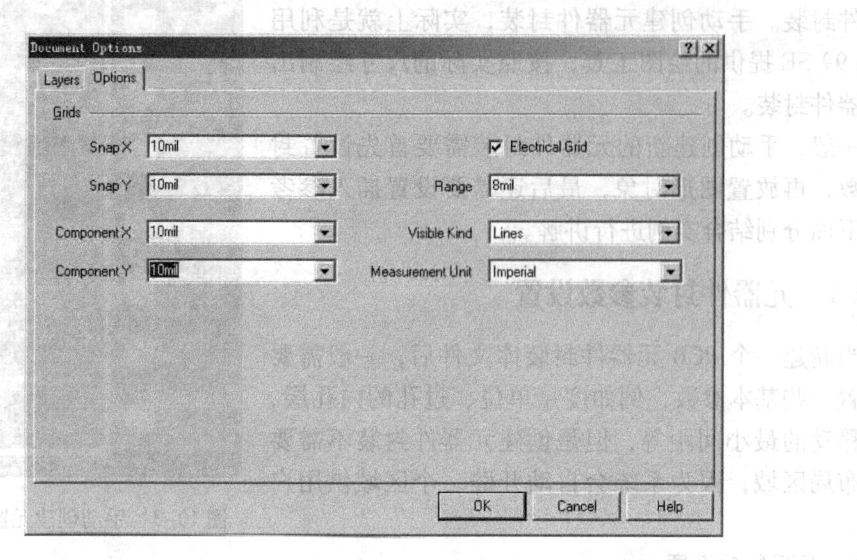

图 10-5 “Options”选项卡

4）设置结束后，单击“OK”按钮。

2. 系统参数设置

首先执行“Tools”→“Preferences”命令，系统将弹出图 10-6 所示的“Preferences”对话框。它共有 6 个选项卡，即“Options”选项卡、“Display”选项卡、“Colors”选项卡、“Show/Hide”选项卡、“Defaults”选项卡和“Signal Integrity”选项卡。一般设置“Options”选项卡中的各项参数即可，该选项卡的各项选项的设置可以参考 8. 10 节。

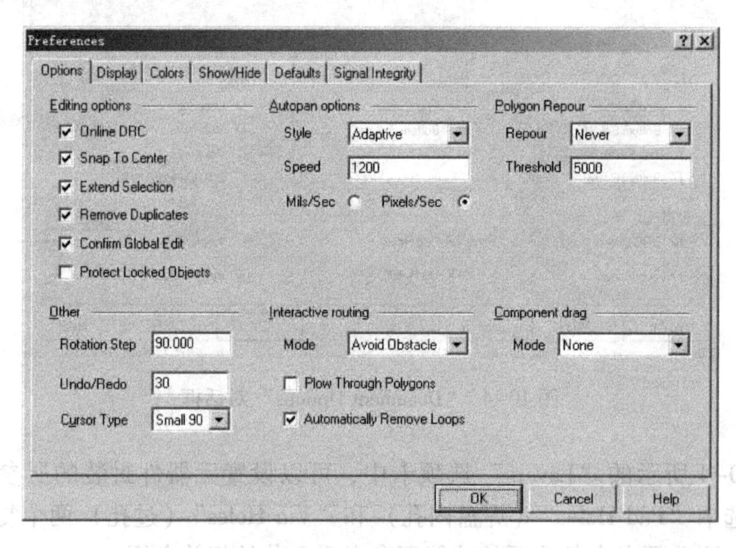

图 10-6 “Preferences”对话框

当设置元器件颜色时，通常顶层丝印层（Top OverLayer）颜色为深绿色，Pad Holes 颜色设置为白色（White），颜色设置可以通过“Display”选项卡实现。

10.3.2 手动创建元器件封装

下面通过一个实例来讲述手动创建元器件封装的具体过程。

1）执行“Place”→“Pad”命令，如图 10-7 所示，也可以单击绘图工具栏中相应的按钮。

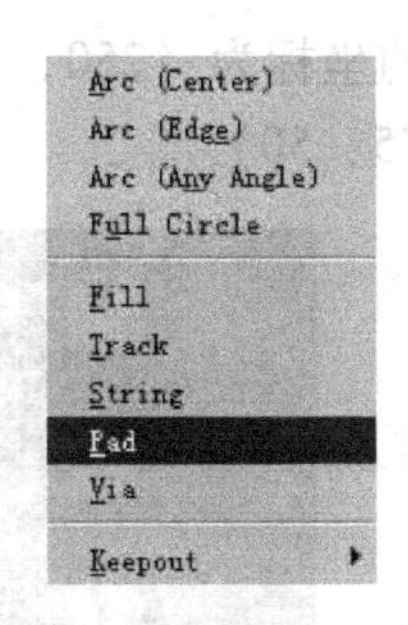

图 10-7 “Place”菜单

2）执行该命令后，光标变为十字形状，中间带有一个焊盘，如图 10-8 所示。随着光标的移动，焊盘跟着移动，移动到适当的位置后，单击将其定位。

在放置焊盘时，先按〈Tab〉键进入“Pad”对话框，设置焊盘的属性。本实例中焊盘的属性设置如图 10-9 所示。方形焊盘和圆形焊盘可以在“Shape”下拉列表框中选定。其他选项卡中的参数取默认值。

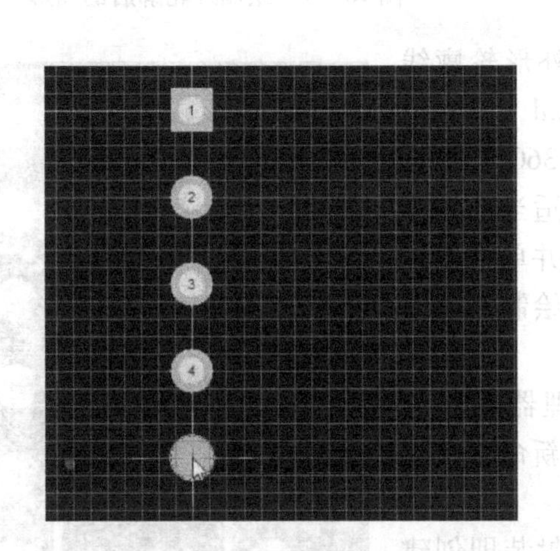

图 10-8 在图纸上放置焊盘

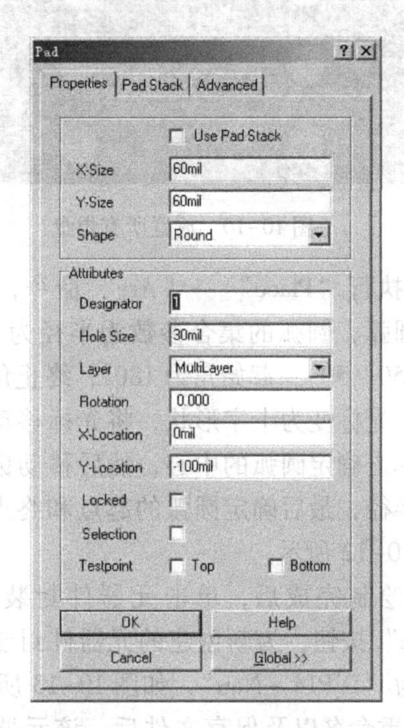

图 10-9 “Pad”对话框

3）按照同样的方法，再根据元器件引脚之间的实际间距将其垂直距离设置为100 mil，水平距离设置为 300 mil，1 号焊盘放置于（0,0）点，并相应放置其他焊盘，如图 10-10 所示。

4）根据实际需要，设置焊盘的实际参数。假设将焊盘的直径设置为 60 mil，焊盘的孔径设置为 30 mil。如果用户想编辑焊盘，则可以将光标移动到焊盘上双击，即会弹出图 10-9 所示的对话框，设置焊盘的参数。

5）将工作层面切换到顶层丝印层，即 TopOverlay 层，然后执行“Place”→“Track”命令。

6）执行该命令后，光标变为十字形状，将光标移动到适当的位置后，单击确定元器件封装外形轮廓线的起点，随之绘制元器件的外形轮廓，左上角坐标为（50，50），右下角的坐标为（250，-650），如图10-11所示。上端开口的坐标分别为（125，50）和（175，50）。

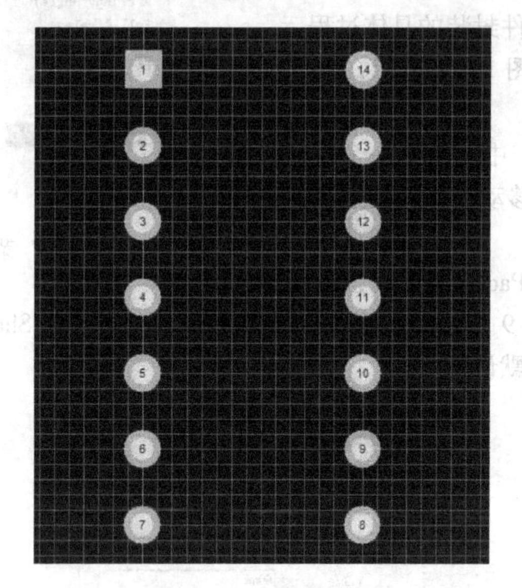

图10-10　放置所有焊盘

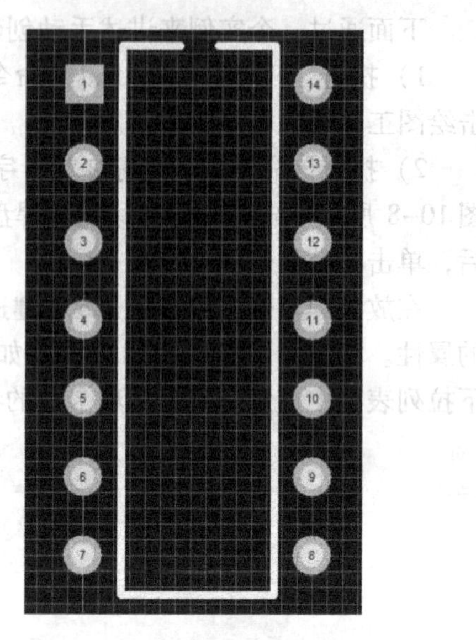

图10-11　绘制外轮廓后的图形

7）执行“Place”→“Arc”命令，在外形轮廓线上绘制圆弧，圆弧的集合参数为半径为25 mil，圆心位置为（150，50），起始角为180°，终止角为360°。执行命令后，光标变为十字形状，将光标移动到适当的位置后，先单击确定圆弧的中心，然后移动鼠标并单击确定圆弧的半径，最后确定圆弧的起点和终点。绘制完的图形如图10-12所示。

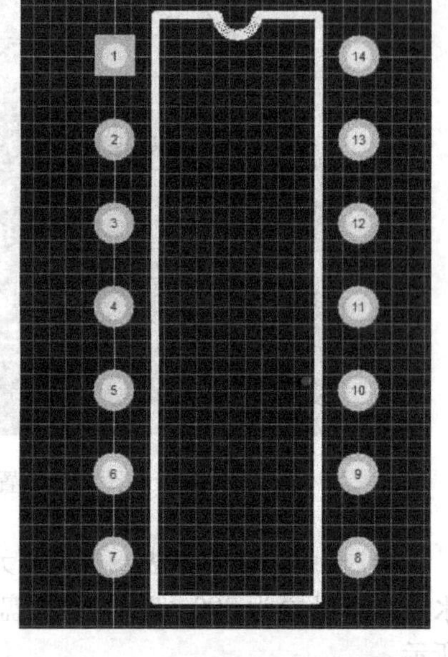

图10-12　绘制元器件的外形轮廓

8）绘制完成后，单击元器件封装管理器左边的“Rename”按钮，为新创建的元器件封装重新命名，这里命名为“DIP14-New”，如图10-13所示。

9）重命名以及保存文件后，该元器件封装即创建成功，以后调用时可以作为一个块。

输入元器件封装的名称后，可以看到元器件封装管理器中的元器件名称也相应改变了。

10）执行“File”→“Save”命令，将新建的元器件库保存。

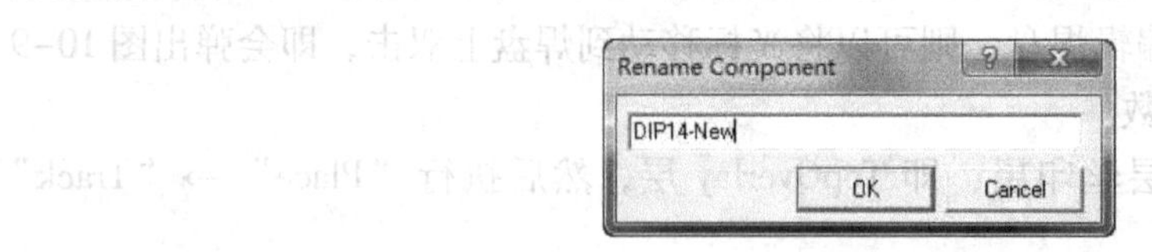

图10-13　输入元器件封装的名称

10.3.3 设置元器件封装的参考点

为了标记一个 PCB 元器件，用作元器件封装，需要设置元器件的参考坐标，通常设置 Pin1（即元器件的引脚 1）为参考坐标。

设置元器件封装的参考点可以执行“Edit”→“Set Reference”子菜单中的相关命令。其中有“Pin1”“Center”和“Location”三条命令。如果执行“Pin1”命令，则设置引脚 1 为元器件的参考点；如果执行“Center”命令，则表示将元器件的几何中心作为元器件的参考点；如果执行“Location”命令，则表示由用户选择一个位置作为元器件的参考点。

10.4 使用向导创建元器件封装

Protel 99 SE 提供的元器件向导是电子设计领域里的新概念，它允许用户预先定义设计规则，在这些设计规则定义结束后，元器件封装库编辑器会自动生成相应的新元器件封装。

下面以图 10-14 所示的实例，来介绍利用向导创建元器件封装的基本步骤。

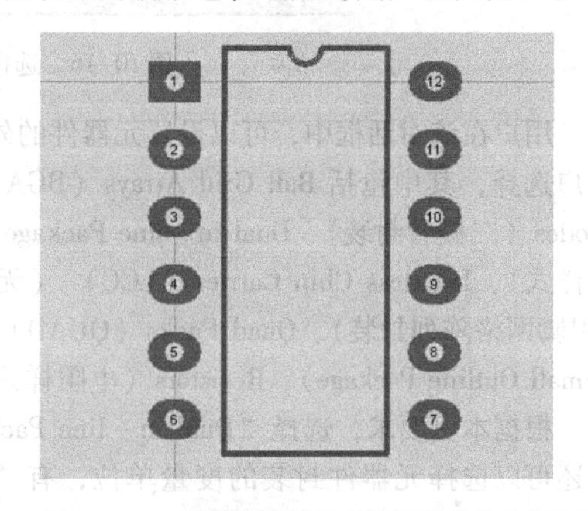

图 10-14 利用向导创建元器件封装的实例

1）启动并进入元器件封装编辑服务器。

2）执行“Tools”→“New Component”命令。

3）执行该命令后，系统会弹出图 10-15 所示的“Component Wizard”对话框。这就进入了元器件封装创建向导，接着可以选择封装形式，并定义设计规则。

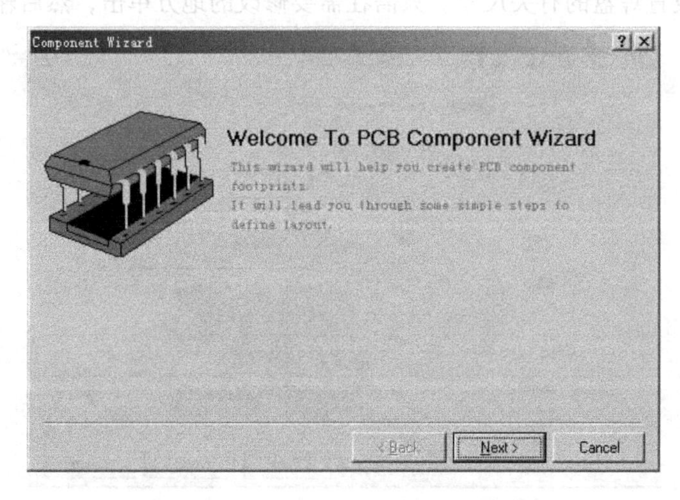

图 10-15 “Component Wizard”对话框

4）单击图 10-15 中的“Next”按钮，系统将进入图 10-16 所示的界面，用户可以选择元器件封装样式。

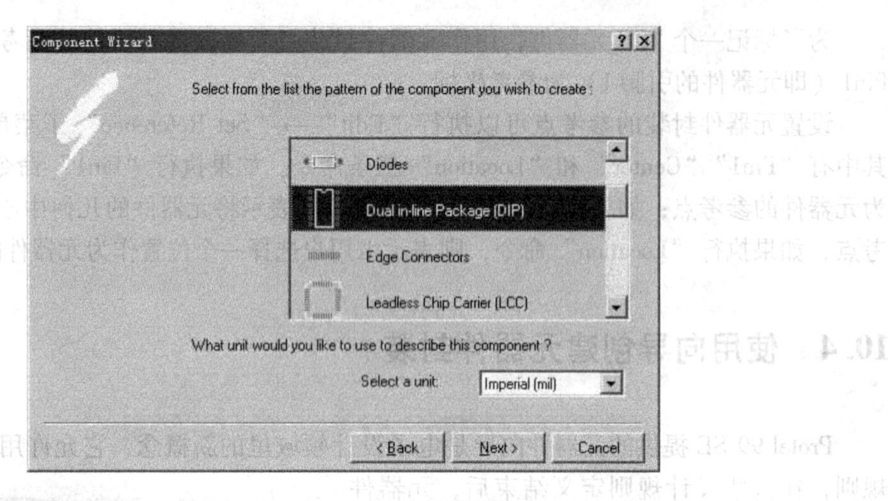

图 10-16　选择元器件封装样式

用户在该对话框中，可以设置元器件的外形。Protel 99 SE 提供了 11 种元器件的外形供用户选择，其中包括 Ball Grid Arrays（BGA）（球栅阵列封装）、Capacitors（电容封装）、Diodes（二极管封装）、Dual in - line Package（DIP 双列直插封装）、Edge Connectors（边连接样式）、Leadless Chip Carrier（LCC）（无引线芯片载体封装）、Pin Grid Arrays（PGA）（引脚网格阵列封装）、Quad Packs（QUAD）（四边引出扁平封装 PQFP）、小尺寸封装 SOP（Small Outline Package）、Resistors（电阻样式）等。

根据本例要求，选择“Dual in - line Package（DIP）”封装外形。另外，在对话框的下方还可以选择元器件封装的度量单位，有“Metric（mm）”（米制）和“Imperial（mil）”（英制）两种选项供选择。

5）单击图 10-16 中的“Next”按钮，系统将会弹出图 10-17 所示的对话框。用户在该对话框中，可以设置焊盘的有关尺寸。只需在需要修改的地方单击，然后输入尺寸即可。

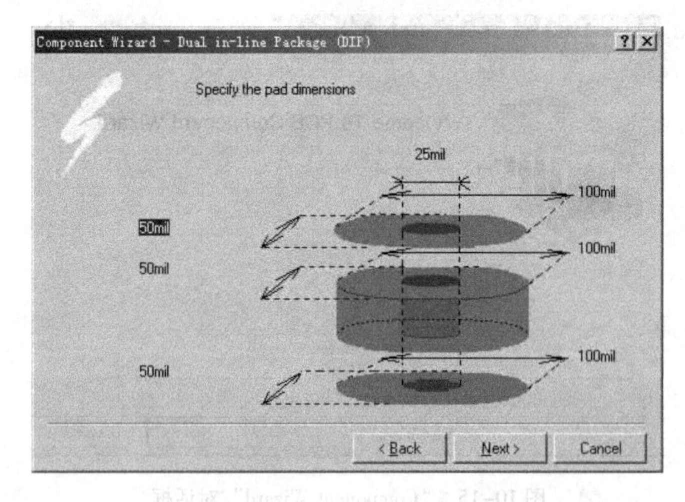

图 10-17　设置焊盘尺寸

6）单击图 10-17 中的“Next”按钮，系统将会进入图 10-18 所示的界面。用户在该对话框中，可以设置引脚的水平间距、垂直间距和尺寸，设置方法同上一步。

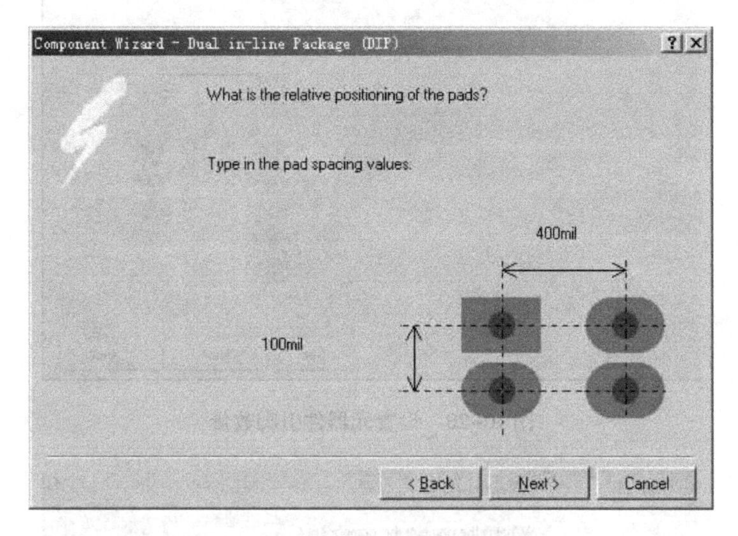

图 10-18　设置引脚的位置和尺寸

7）单击图 10-18 中的“Next”按钮，系统将会进入图 10-19 所示的界面。用户在该对话框中，可以设置元器件的轮廓线宽，设置方法同上一步。

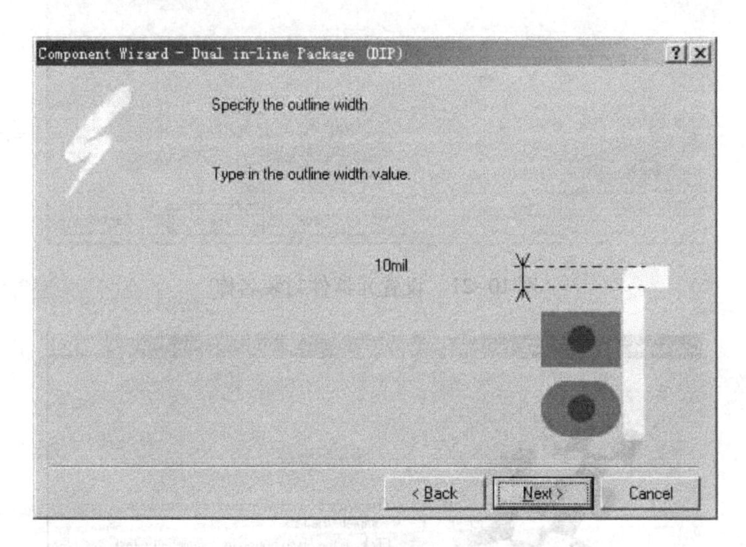

图 10-19　设置元器件的轮廓线宽

8）单击图 10-19 中的“Next”按钮，系统将会进入图 10-20 所示的界面。用户在该对话框中，可以设置元器件引脚数量。只需在对话框中的指定位置输入元器件引脚数量即可。

9）单击“Next”按钮，系统将会进入图 10-21 所示的界面。在该对话框中，用户可以设置元器件的名称，在此设置为“JDIP12”。

10）单击“Next”按钮，系统将会进入图 10-22 所示的完成界面。

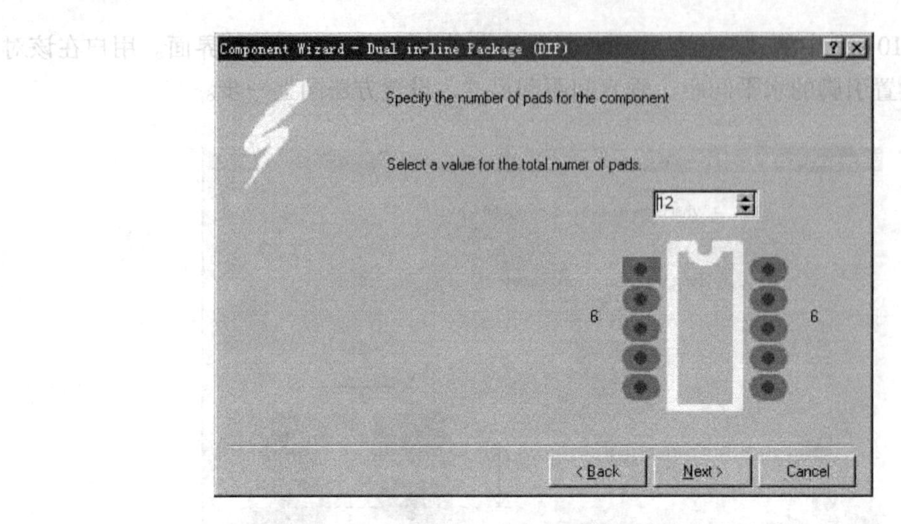

图 10-20　设置元器件引脚数量

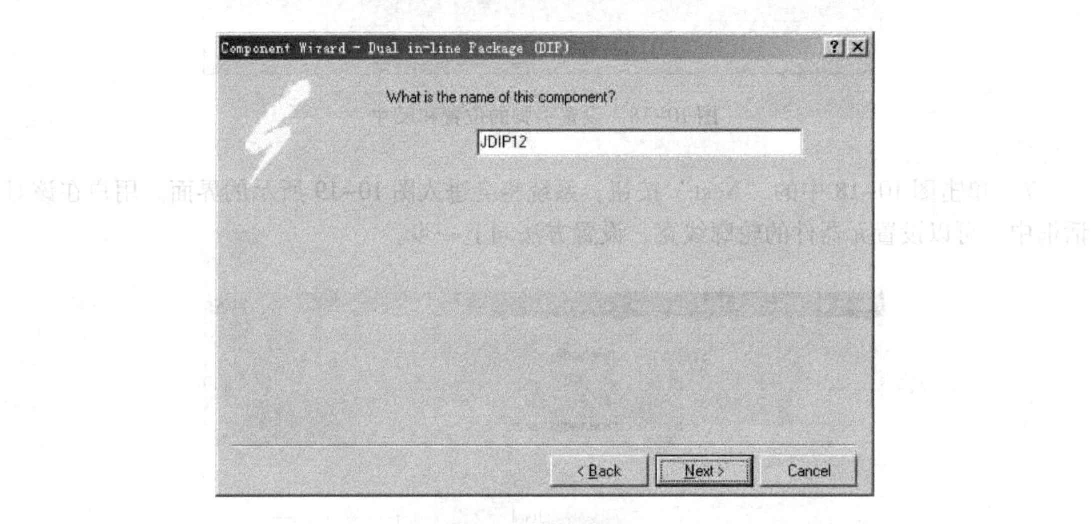

图 10-21　设置元器件封装名称

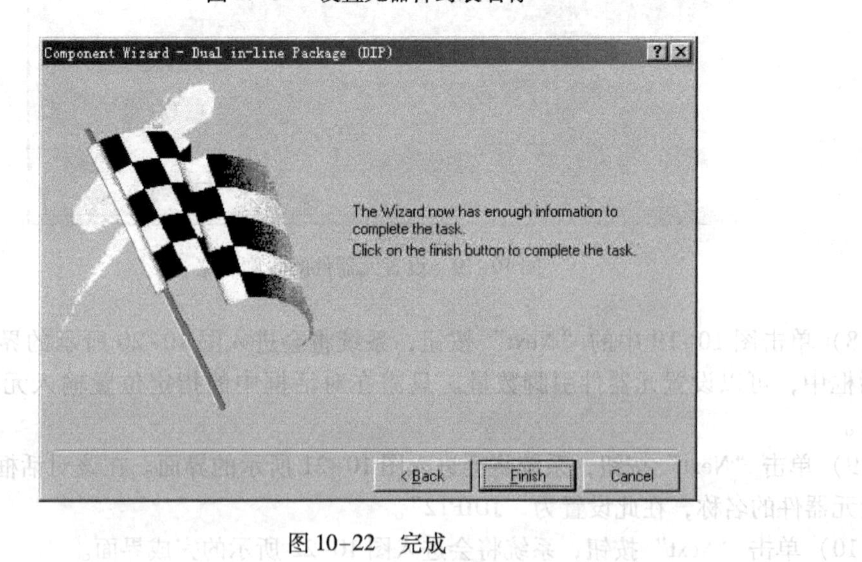

图 10-22　完成

单击图 10-22 中的“Finish”按钮，即可完成对新元器件封装设计规则的定义，同时程序按设计规则生成了新元器件封装。完成后的元器件封装如图 10-23 所示。

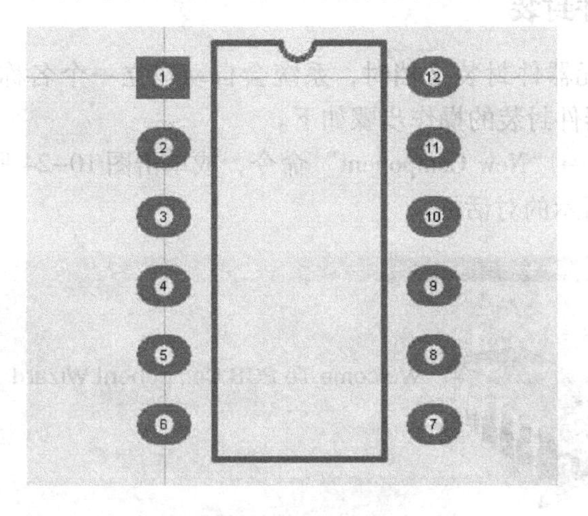

图 10-23　完成后的元器件封装

使用向导创建元器件封装结束后，系统将会自动打开生成的新元器件封装，以供用户进一步修改，其操作与设计 PCB 图的过程类似。

10.5　元器件封装管理

当创建了新的元器件封装后，可以使用元器件封装管理器进行管理，包括元器件封装的浏览、添加、删除等操作，下面进行具体讲解。

10.5.1　浏览元器件封装

当用户创建元器件封装时，可以单击“Browse PCBLib”标签进入元器件封装浏览管理器，如图 10-24 所示。

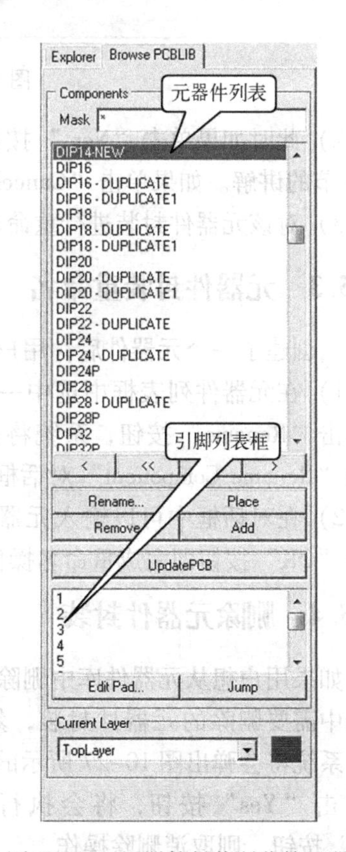

图 10-24　元器件封装浏览管理器

在元器件封装浏览管理器中，元器件过滤框（“Mask”文本框）用于过滤当前 PCB 元器件封装库中的元器件，满足过滤框中条件的所有元器件将会显示在元器件列表框中。例如，在“Mask”文本框中输入“J＊”，则在元器件列表框中将会显示所有以“J”开头的元器件封装。

当用户在元器件封装列表框中选中一个元器件封装时，该元器件封装的引脚将会显示在元器件引脚列表框中，如图 10-24 所示。

在该对话框中，用户可以单击 < 、 << 、 >> 和 > 按钮选择元器件列表框中的元器件。

另外，用户也可以执行“Tools”菜单下的相关命令来选择元器件列表框中的元器件。

10.5.2　添加元器件封装

当新建一个 PCB 元器件封装文档时，系统会自动建立一个名称为 PCBCOMPONENT_1 的空文件。添加新元器件封装的操作步骤如下。

1）执行“Tools”→“New Component”命令，或单击图 10-24 所示中的“Add”按钮，系统将弹出图 10-25 所示的对话框。

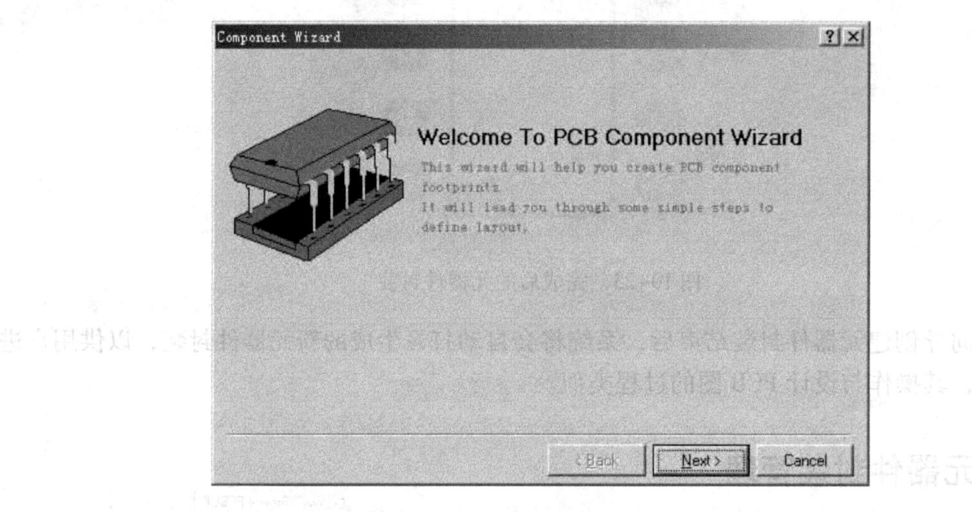

图 10-25　创建新元器件封装向导

2）此时如果单击“Next”按钮，将会按照向导提示创建新元器件封装，这可以参考 10.4 节的讲解。如果单击“Cancel”按钮，系统将会生成一个 PCBCOMPONENT_1 空文件。

3）对该元器件封装进行重命名，并进行绘图操作，生成一个元器件封装。

10.5.3　元器件封装重命名

当创建了一个元器件后，用户还可以对该元器件进行重命名，具体操作如下。

1）在元器件列表框中选中一个元器件封装，然后单击“Rename”按钮，系统将会弹出图 10-26 所示的“Rename Component”对话框。

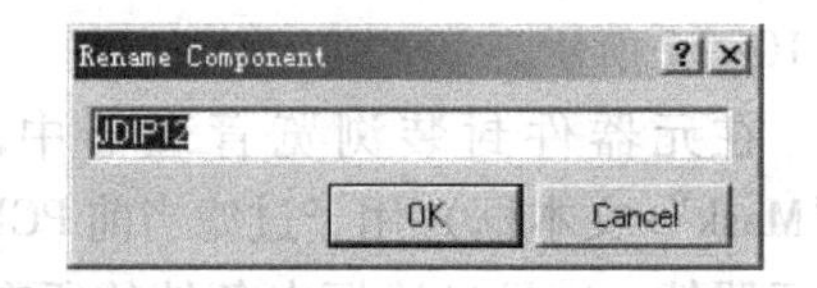

图 10-26　“Rename Component”对话框

2）在对话框中可以输入元器件的新名称，然后单击“OK”按钮即完成重命名操作。

10.5.4　删除元器件封装

如果用户想从元器件库中删除一个元器件封装，可以先选中需要删除的元器件封装，然后单击“Remove”按钮，系统将会弹出图 10-27 所示的提示框。此时，如果用户单击“Yes”按钮，将会执行删除操作；如果单击“No”按钮，则取消删除操作。

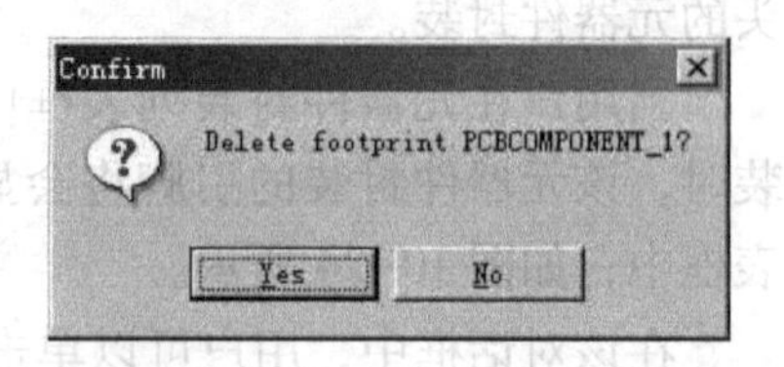

图 10-27　“Confirm”对话框

10.5.5 放置元器件封装

通过元器件封装浏览管理器，还可以进行放置元器件封装的操作。用户也可以使用第 9 章讲述的方法放置元器件封装。

如果用户想通过元器件封装浏览管理器放置元器件封装，可以先选中需要放置的元器件封装，然后单击“Place”按钮，系统将会切换到当前打开的 PCB 设计管理器中，用户可以将该元器件封装放置在适当位置。

10.5.6 编辑元器件封装引脚焊盘

用户还可以使用 PCBLIB 元器件封装浏览管理器编辑封装引脚焊盘的属性，具体操作过程如下。

1）在元器件列表框中选中元器件封装，然后在引脚列表框选中需要编辑的焊盘。

2）双击所选中的对象，或单击“Edit Pad”按钮，系统将弹出“Pad”对话框，如图 10-28 所示，在该对话框中可以实现焊盘属性的编辑，也可以双击焊盘进入“Pad”对话框。

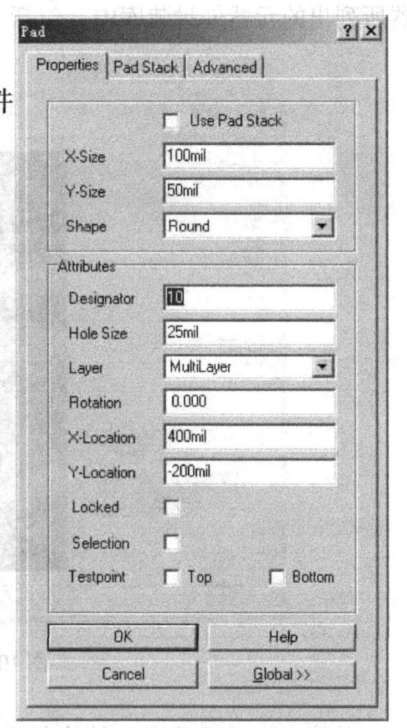

图 10-28 “Pad”对话框

如果用户想快速定位到某个元器件引脚焊盘，可以单击“Jump”按钮，系统将会亮显并放大所选焊盘。

10.5.7 设置信号层的颜色

在“Current Layer”下拉列表框中，用户可以修改或设置元器件封装的各层的颜色，具体操作如下。

1）在“Current Layer”下拉列表框中选中需要修改或设置颜色的层。

2）双击右边的颜色框，此时系统将会弹出对话框，通过该对话框可以设置元器件封装的各层颜色。

10.6 创建项目元器件封装库

项目元器件封装库是按照本项目电路图上的元器件生成的一个元器件封装库。项目元器件封装库实际上就是把整个项目中所用到的元器件整理并存入一个元器件库文件中。

下面以第 9 章创建的 Power Regulator. pcb 板为例，讲述创建项目元器件库的步骤。

1）执行“File”→“Open”命令，打开 Power Regulator. pcb 所属的设计数据库，如前面创建 Power Regulator. pcb 文件所属的“MyDesign. ddb”数据库，装入该项目文件。

2）在 MyDesign. ddb 项目中，打开 Power Regulator. pcb 文件。

3）执行“Tools”→“Make Library”命令后，程序会自动切换到元器件封装库编辑服务器，生成相应的项目文件库 Power Regulator. lib。在图 10-29 所示的元器件封装浏览管理器所列出的元器件封装库中，包括 10UF、SO－14 和 SOJ－16 等。

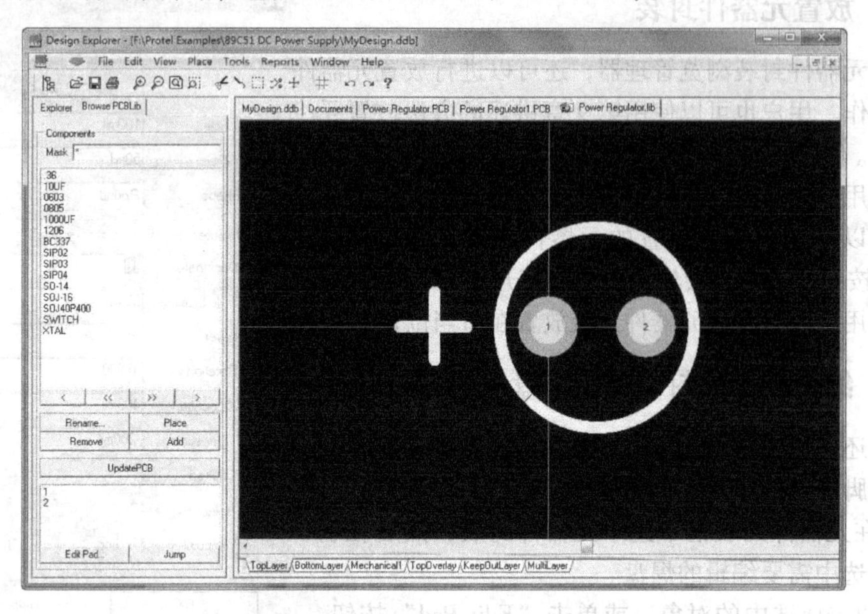

图 10-29　生成新的元器件封装库

注意：如果需要自己制作新的元器件封装，一定要事先仔细阅读元器件的产品信息，了解该元器件的尺寸大小、封装类型，然后才进行元器件封装的绘制和定义。当绘制了一个自定义元器件封装后，还应该使用打印机按 1:1 的比例打印出来，并与产品信息中元器件实际尺寸进行比较，如果正确，则可以使用。

习题

1. 请简述元器件封装在印制电路板设计过程中的作用。
2. 请制作图 10-30 所示的元器件封装，分别命名为 SOP－16 和 7SEG_DISPLAY。

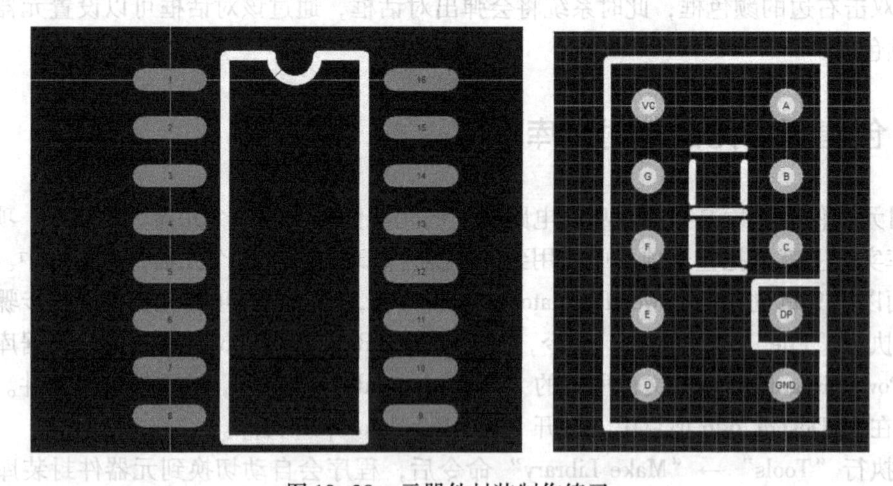

图 10-30　元器件封装制作练习

第 11 章　生成 PCB 报表和打印电路板

Protel 99 SE 的印制电路板设计系统提供了生成各种报表的功能，它可以给用户提供有关设计过程及设计内容的详细资料。这些资料主要包括设计过程中的电路板状态信息、引脚信息、元器件封装信息、网络信息以及布线信息等。完成了电路板的设计后，还需要打印输出图形，以备焊接元器件和存档。下面介绍各个报表的生成方法以及 PCB 的打印。

11.1　生成引脚报表

引脚报表能够提供电路板上选取的引脚信息，用户可以选取若干个引脚，通过报表功能生成这些引脚的相关信息。这些信息会生成一个名为“ *. DMP”的报表文件，这可以让用户比较方便地检验网络上的连线。下面以第 9 章的 Power Regulator. pcb 实例为例，讲述如何生成引脚报表。

1）在电路板上选取需要生成报表的引脚，然后执行“Reports”→“Selected Pins”命令，如图 11-1 所示。

2）执行此命令后，系统会弹出图 11-2 所示的“Selected Pins”对话框。在该对话框中，系统将用户选择的引脚全部列在其中，用户可以拖动滚动条进行查看。

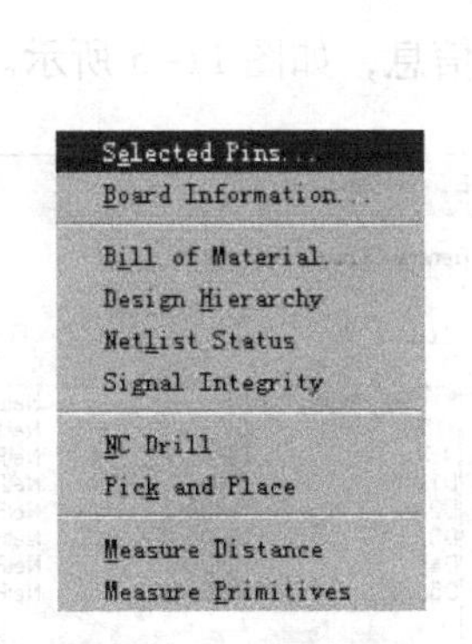

图 11-1　“Reports”菜单

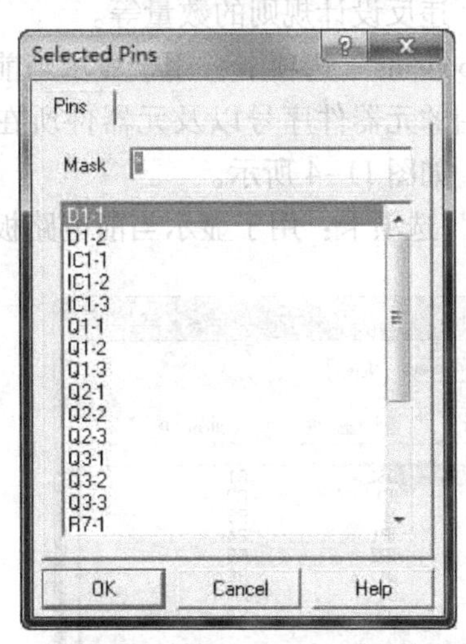

图 11-2　“Selected Pins”对话框

3）选取引脚后，单击“OK”按钮，系统会切换到文本编辑器中，并生成引脚报表文件“ *. DMP”，下面为报表文件的部分内容。

D1 - 1　　　　D1 - 2　　　　IC1 - 1

IC1 -2　　IC1 -3　　Q1 -1
Q1 -2　　Q1 -3　　Q2 -1
Q2 -2　　Q2 -3　　Q3 -1
Q3 -2　　Q3 -3　　R7 -1
R7 -2　　R8 -1　　R8 -2
R10 -1　　R10 -2　　R12 -1
R12 -2　　R13 -1　　R13 -2

11.2 生成电路板信息报表

电路板信息报表的作用在于给用户提供一个电路板的完整信息，包括电路板尺寸、电路板上的焊点、导孔的数量以及电路板上的元器件标号等。下面讲述如何生成电路板的有关信息报表。

1）执行“Reports”→“Board Information”命令。

2）执行此命令后，系统会弹出图 11-3 所示的“PCB Information”对话框。

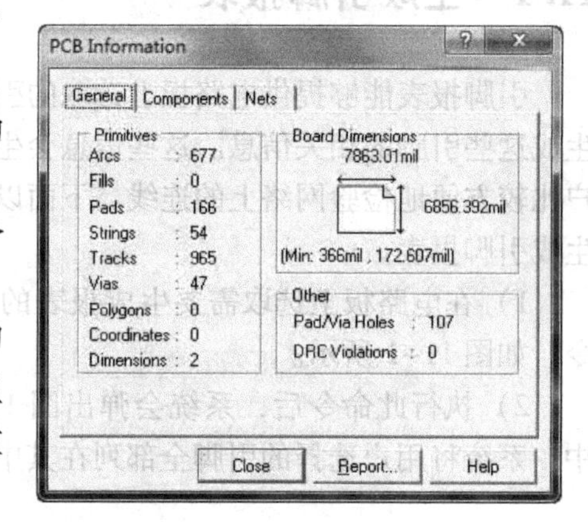

图 11-3 “PCB Information”对话框

图 11-3 所示的对话框中包含 3 个选项卡，分别说明如下。

- “General”选项卡：主要用于显示电路板的一般信息，如电路板大小，电路板上各个组件的数量，如导线数、焊点数、导孔数、敷铜数、违反设计规则的数量等。
- “Components”选项卡：用于显示当前电路板上使用的元器件序号以及元器件所在的层等信息，如图 11-4 所示。
- “Nets”选项卡：用于显示当前电路板中的网络信息，如图 11-5 所示。

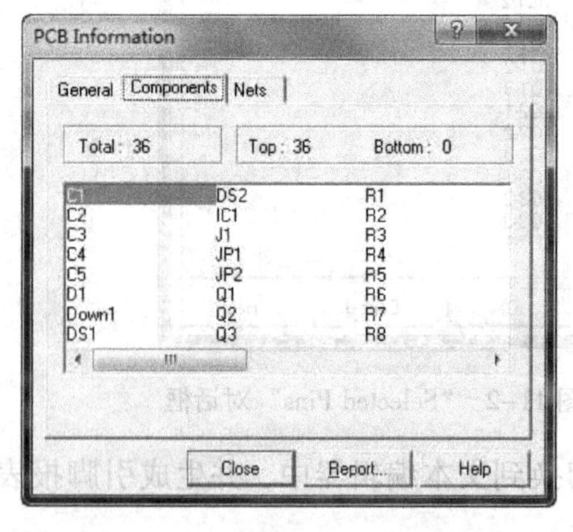

图 11-4 “Components”选项卡

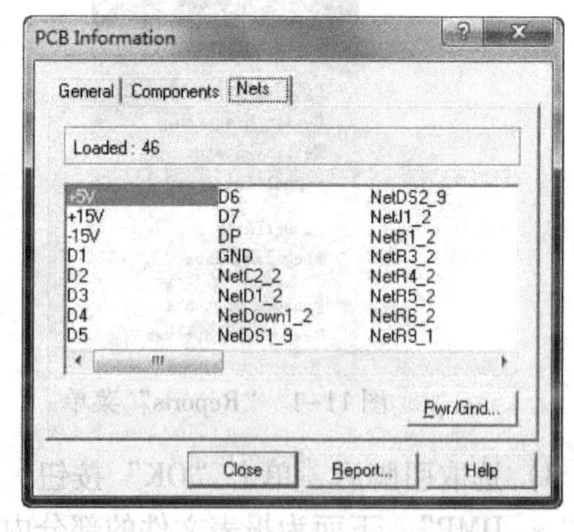

图 11-5 “Nets”选项卡

如果单击“Nets”选项卡中的“Pwr/Gnd”按钮，系统会弹出图 11-6 所示的“Internal Plane Information”对话框。该对话框列出了各个内部层所接的网络、导孔和焊点以及导孔或焊点和内部层间的连接方式。

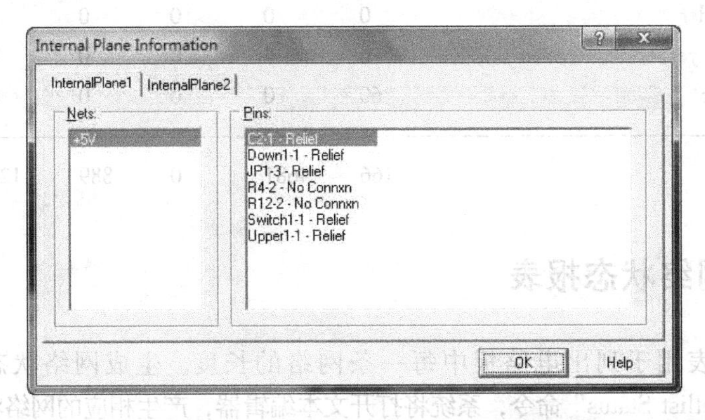

图 11-6 “Internal Plane Information”对话框

本实例的电路板没有内部层网络，所以在“Internal Plane Information”对话框中没有层信息。如果定了内部层，并且设置了内部层的电源网络，则会显示内部层信息，如图 11-6 所示。

3）单击图 11-3 所示对话框中的“Report”按钮，系统将弹出图 11-7 所示的“Board Report”对话框，用户可以选择需要产生报表的项目，单击各项目的复选框即可。用户也可以单击“All On”按钮，选择所有项目；或者单击“All Off”按钮，不选择任何项目。另外，用户也可以选中“Selected objects only”复选框，只产生所选中对象的板信息报表。

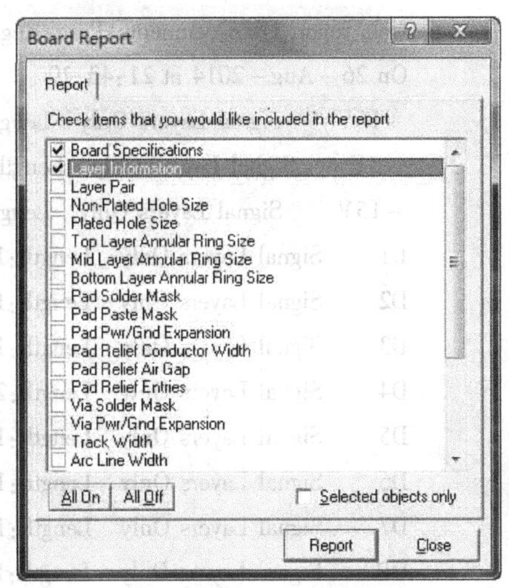

图 11-7 “Board Report”对话框

4）在任何一个选项卡中单击“Report”按钮，将电路板信息生成相应的报表文件，生成的文件以“REP”为扩展名。下面以第 9 章生成的 Power Regulator. pcb 为例，生成的电路板信息报表部分文档如下。

Specifications For Power Regulator1. PCB
On 26 - Aug - 2014 at 21:35:52

Size Of board　　7. 863 x 6. 856sq in
Equivalent 14 pin components　　4. 55sq in/14 pin component
Components on board　　36

Layer	Route	Pads	Tracks	Fills	Arcs	Text
TopLayer		106	4106	0	806	2
BottomLayer		0	112	0	0	1
Mechanical4		0	260	0	69	46
TopOverlay		0	199	0	14	73

TopPaste	0	0	0	0	1
BottomPaste	0	0	0	0	1
TopSolder	0	0	0	0	1
BottomSolder	0	0	0	0	1
KeepOutLayer	0	4	0	0	0
MultiLayer	60	0	0	0	0
Total	166	4681	0	889	126

11.3 生成网络状态报表

网络状态报表用于列出电路板中每一条网络的长度。生成网络状态报表可以执行“Reports”→“Netlist Status”命令，系统将打开文本编辑器，产生相应的网络状态报表。下面为第9章实例PWM. pcb电路板生成网络状态报表的部分内容，生成的文件以“REP”为扩展名。

```
Nets report For Documents\PowerRegulator. PCB
On 26 - Aug - 2014 at 21:43:29
+15V     Signal Layers Only   Length:5169 mils
+5V     Signal Layers Only   Length:6491 mils
-15V     Signal Layers Only   Length:6203 mils
D1     Signal Layers Only   Length:1672 mils
D2     Signal Layers Only   Length:1643 mils
D3     Signal Layers Only   Length:1624 mils
D4     Signal Layers Only   Length:2603 mils
D5     Signal Layers Only   Length:1598 mils
D6     Signal Layers Only   Length:1305 mils
D7     Signal Layers Only   Length:1710 mils
DP     Signal Layers Only   Length:1601 mils
GND     Signal Layers Only   Length:11101 mils
NetC2_2     Signal Layers Only   Length:2806 mils
NetD1_2     Signal Layers Only   Length:1496 mils
NetDS1_9     Signal Layers Only   Length:432 mils
NetDS2_9     Signal Layers Only   Length:423 mils
……
```

11.4 生成设计层次报表

Protel 99 SE可生成有关PCB文件层次的报表，该报表指出了文件系统的构成。生成设计层次报表的具体操作过程如下。

1）执行“Reports”→“Design Hierarchy”命令。

2）执行此命令后，系统将切换到文本编辑器，在其中产生PCB文件相应的设计层次报表。下面即为本实例生成的设计层次报表，文件以“REP”为扩展名。

Design Hierarchy Report for F:\Protel Examples\89C51 DC Power Supply\MyDesign. ddb

Documents
PCB1. PCB
PCBLIB1. LIB
PowerRegulator. ERC
Power Regulator. NET
PowerRegulator. PCB
PowerRegulator. REP
PowerRegulator. Sch
PowerRegulator. WAS
Power Regulator1. PCB
Power Regulator1. DMP
Power Regulator1. REP

11.5 生成 NC 钻孔报表

NC 钻孔报表用于提供制作电路板时所需的钻孔资料，该资料可直接用于数控钻孔机。生成 NC 钻孔报表的具体操作如下。

1）执行“File”→“New”命令。

2）执行该命令后，系统将弹出图 11-8 所示的“New Document”对话框，选择“CAM output configure”图标，即生成辅助制造输出文件，然后单击“OK”按钮。

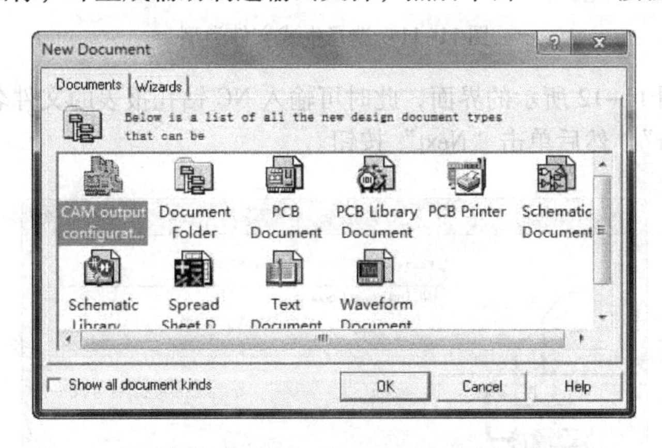

图 11-8 “New Document”对话框

3）系统将弹出图 11-9 所示的对话框，在该对话框中，用户可以选择需要产生报表的 PCB 文件，然后单击“OK”按钮。

4）系统弹出图 11-10 所示的“Output Wizard”对话框，然后单击“Next”按钮。

5）系统将进入图 11-11 所示的选择生成文件类型的界面，此时选择“NC Drill”类型，用户也可以选择 Bom（元器件报表）等类型，然后单击“Next”按钮。

图 11-9 “Choose PCB”对话框

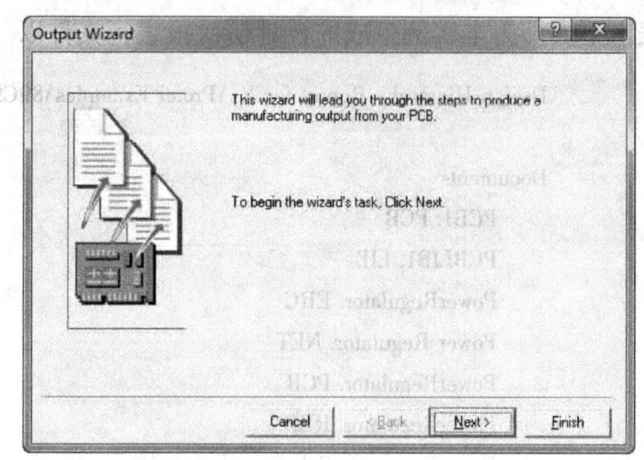

图 11-10 “Output Wizard”对话框

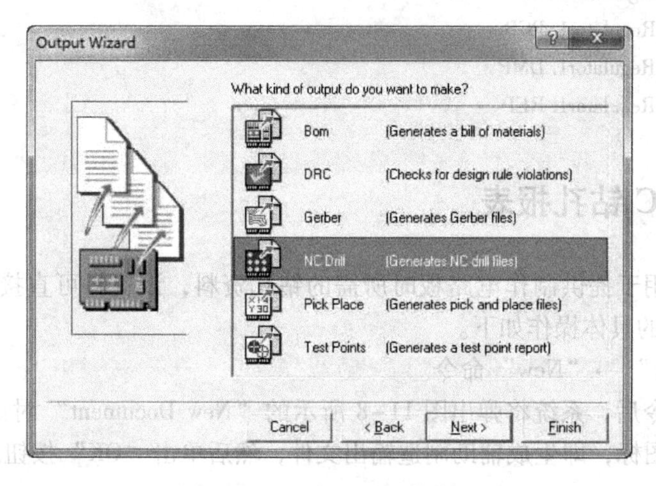

图 11-11 选择生成文件类型

6）系统进入图 11-12 所示的界面，此时可输入 NC 钻孔报表的文件名，在此输入“NC Drill Power Regulator”，然后单击“Next”按钮。

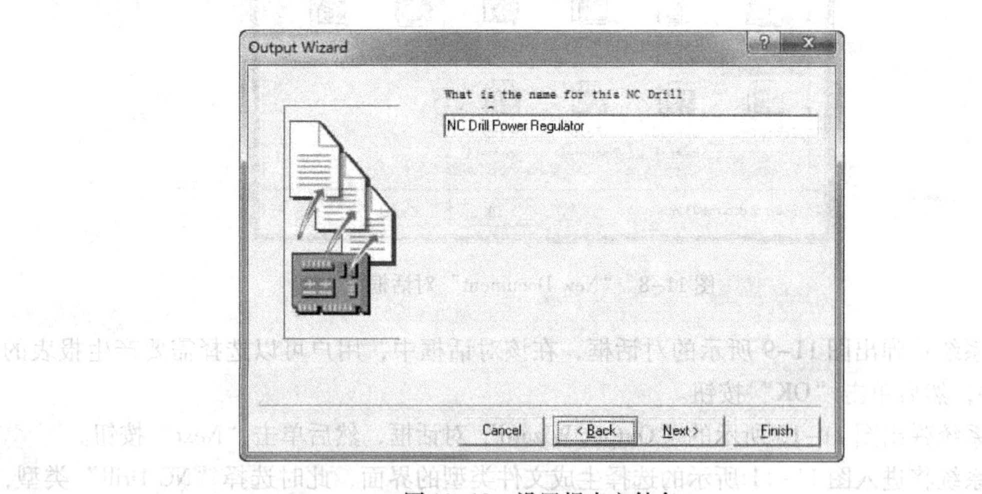

图 11-12 设置报表文件名

7）系统将进入图 11-13 所示的界面，用户可以选择单位（Inches 或 Millimeters），还可以选择单位格式（其中，2:3 格式单位的分辨率为 1 mil，2:4 格式单位的分辨率为 0.1 mil，2:5 格式单位的分辨率为 0.01 mil），然后单击“Next”按钮。

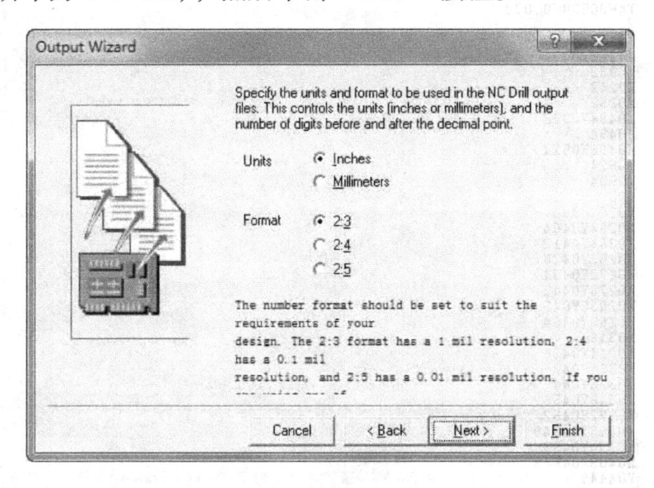

图 11-13　选择单位和单位格式

8）进入结束界面，此时单击“Finish”按钮，即可结束产生辅助制造输出文件。系统默认为 CAMManager1.cam，本实例中创建了一个 Power Regulator 的 NC 钻孔报表。不过，此时还不能查看报表的内容。

9）进入 CAMManager1.cam 文件，然后执行“Tools”→“Generate CAM Files”命令，系统将产生数控钻孔报表文件 NC Drill Power Regulator.DRR（在 Cam for Power Regulator 中）。切换到 NC Drill Power Regulator.DRR 文件，可以看到本实例的数控钻孔报表如下。

```
------------------------------------------------------------------------
NCDrill File Report For: Power Regulator.PCB    26 - Aug - 2014   22:10:06
------------------------------------------------------------------------
Layer Pair :TopLayer to BottomLayer
ASCII File :NCDrillOutput.TXT
EIA File   :NCDrillOutput.DRL
Tool        Hole Size              Hole Count Plated      Tool Travel
------------------------------------------------------------------------
T1          20 mil (0.508 mm)      9                      8.79 Inch (223.30 mm)
T2          28 mil (0.7112 mm)     76                     22.68 Inch (575.99 mm)
T3          35 mil (0.889 mm)      4                      5.35 Inch (135.96 mm)
T4          39 mil (0.9906 mm)     18                     13.17 Inch (334.59 mm)
------------------------------------------------------------------------
Totals                             107                    49.99 Inch (1269.84 mm)
Total Processing Time : 00:00:00
```

其实总共产生了 3 个文件，即 Power Regulator.TXT、Power Regulator.DRL 和 Power Regulator.DRR，真正的数控程序以文本文件的方式保存为 Power Regulator.TXT，图 11-14 为 NC 钻孔报表数控程序的部分内容。

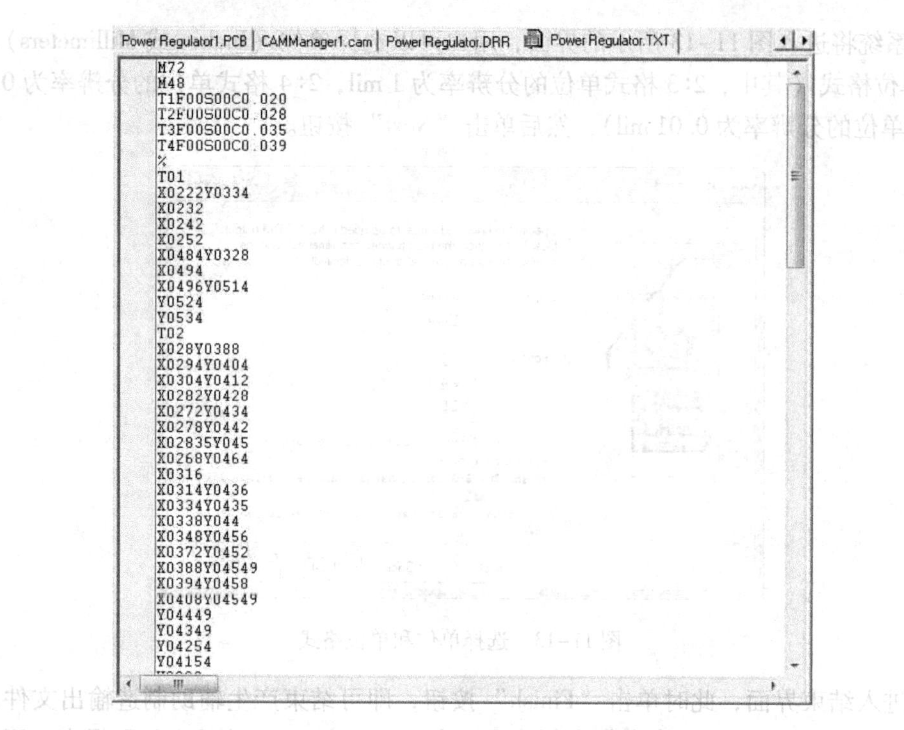

图 11-14　NC 钻孔报表数控程序

11.6　生成元器件材料表

元器件材料表是 PCB 制造中的重要文件，其中包含了 PCB 中所有的元器件以及相关的信息，可以用来整理一个电路或一个项目中的元器件，形成一个元器件列表，以供用户查询。生成元器件报表的操作过程如下。

1）同 11.5 节的 1）。

2）同 11.5 节的 2）。

3）同 11.5 节的 3）。

4）同 11.5 节的 4）。

5）系统进入图 11-11 所示的界面，用户可以选择生成文件类型，此时选择“Bom (Generates a bill of materials)”类型，然后单击“Next”按钮。

6）系统将进入图 11-15 所示的界面，用户可以输入 BOM 名称，如本实例的“Bom Power Regulator”，然后单击“Next”按钮。

7）系统将进入图 11-16 所示的界面，用户可以选择 BOM 报表的格式。其中，Spreadsheet 为展开的表格式；Text 为文本格式；CSV 为字符串形式。

8）单击“Next”按钮，系统将进入图 11-17 所示的界面，用户可以选择元器件的列表形式。系统提供了如下两种列表形式。

- List：该选项为当前电路板上所有元器件列表，每一个元器件占一行，所有元器件按顺序向下排列。
- Group：该选项将当前电路板上的具有相同元器件封装和元器件名称的元器件作为一

组，每一组占一行。

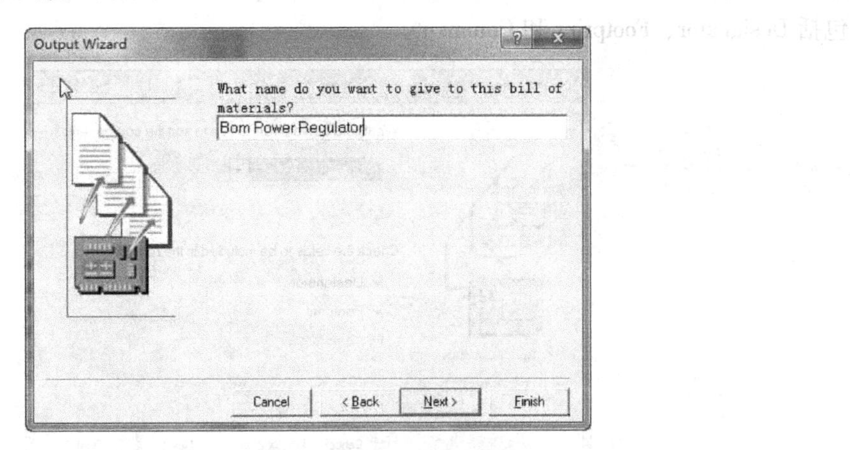

图 11-15　输入 BOM 报表名称对话框

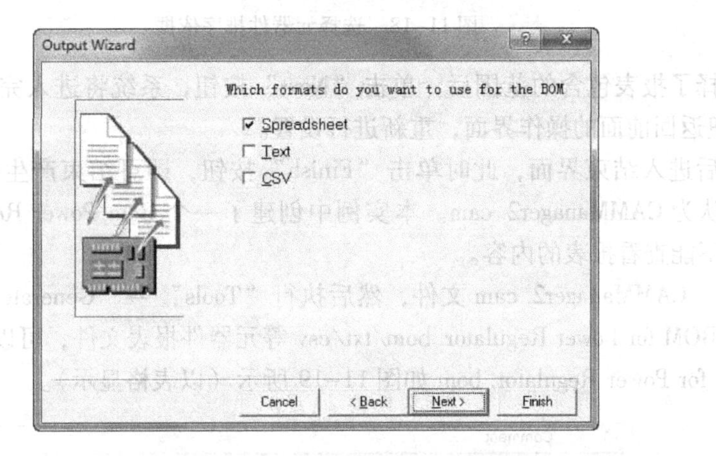

图 11-16　文件格式选择对话框

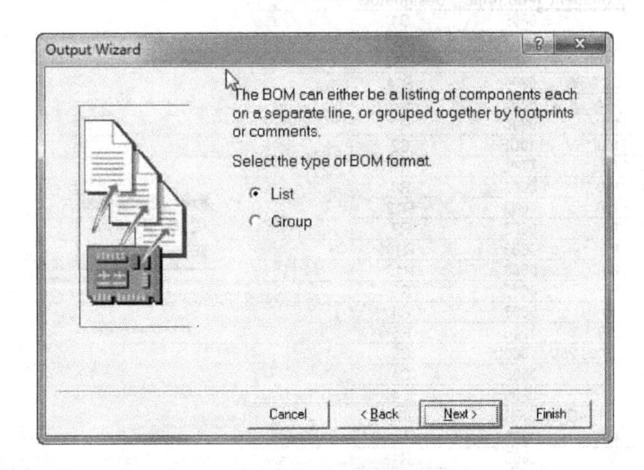

图 11-17　选择元器件的列表形式

9）选择了列表形式后，接着单击“Next”按钮，系统将进入图 11-18 所示的界面。该界面中的下拉列表框用于选择排序的依据，如选择“Comment”，则用元器件名称来对元器件报表排序；“Check the fields to included in the report”选项用于选择报表所要包含的范围，包括 Designator、Footprint 和 Comment。

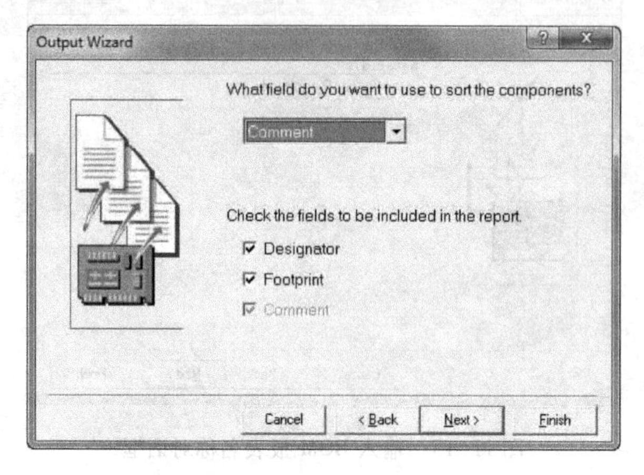

图 11-18　选择元器件排序依据

10）选择了报表包含的范围后，单击“Next”按钮，系统将进入完成界面。可以单击“Back”按钮返回前面的操作界面，重新进行设置。

11）最后进入结束界面，此时单击“Finish”按钮，即可结束产生辅助制造管理器文件，系统默认为 CAMManager2. cam。本实例中创建了一个 Bom Power Regulator 的报表，不过，此时还不能查看报表的内容。

12）进入 CAMManager2. cam 文件，然后执行“Tools”→“Generate CAM Files”命令，系统将产生 BOM for Power Regulator. bom/txt/csv 等元器件报表文件，可以看到本实例的元器件报表 BOM for Power Regulator. bom 如图 11-19 所示（以表格显示）。

A1　Comment

	A	B	C
1	Comment	Footprint	Designators
2		0805	D1
3		.36	DS1
4		.36	DS2
5	0.27/3W	0805	R14
6	104	0805	C3
7	10K	0805	R3
8	10u/16V	10UF	C2
9	12M	XTAL	X1
10	150	0603	R8
11	150	0603	R12
12	1K	0603	R7
13	1K	0603	R10
14	1K	0603	R13
15	1K	0805	R6
16	1K	0603	R4
17	200/1W	1206	R5
18	2200u/25V	1000UF	C5
19	33	0805	C1
20	33	0805	C4
21	4 HEADER	SIP04	JP1
22	47K	1206	R11
23	5K	0603	R1
24	5K	0603	R2
25	5K	0603	R9
26	89C51	SOJ40P400	U2
27	DAC0808	SOJ-16	U1
28	DC6V	SWITCH	J1

Sheet1

SpreadFormatTools

图 11-19　元器件报表

11.7 生成信号完整性报表

Protel 99 SE 为用户提供了生成电路信号完整性报表的命令。电路信号完整性报表用于提供一些有关元器件的电特性资料。生成电路信号完整性报表的操作方法如下。

1）执行“Reports”→“Signal Integrity”命令。

2）执行该命令后，系统将切换到文本编辑器，并在其中产生电路信号完整性信息。本实例生成的电路信号完整性信息为 Power Regulator. SIG，该文本部分内容如下。

```
Documents\PowerRegulator. SIG - Signal Integrity Report
------------------------------------------------------------
Designator to Component Type Specification
----------------------------------------------
Warning! No designator to component type mapping defined.
All components considered as type IC.
Power Supply Nets
------------------
Warning! No supply nets defined.  Results may be unreliable.
ICs with valid models
----------------------
ICs With No Valid Model
-----------------------
JP1         4 HEADER      Closest match in library will be used
X1          12M           Closest match in library will be used
Upper1      SW3           Closest match in library will be used
Switch1     SW1           Closest match in library will be used
R14         0. 27/3W      Closest match in library will be used
R5          200/1W        Closest match in library will be used
R11         47K           Closest match in library will be used
R3          10K           Closest match in library will be used
R12         150           Closest match in library will be used
R8          150           Closest match in library will be used
R4          1K            Closest match in library will be used
R6          1K            Closest match in library will be used
……
```

11.8 生成元器件位置报表

Protel 99 SE 为用户提供了生成元器件位置报表的命令。元器件位置报表用于提供元器件之间的距离信息，以判断元器件的位置布置是否合理。生成元器件位置报表的操作方法如下。

1）同11.5节的1）。

2）同11.5节的2）。

3）同11.5节的3）。

4）同11.5节的4）。

5）系统进入图11-11所示的界面，此时选择“Pick Place（Generates pick and place files）”类型，然后单击“Next”按钮。

6）系统将进入图11-20所示的界面。在这个界面里可以输入位置文件名称，如本实例的“Pick Place Power Regulator”，然后单击“Next”按钮。

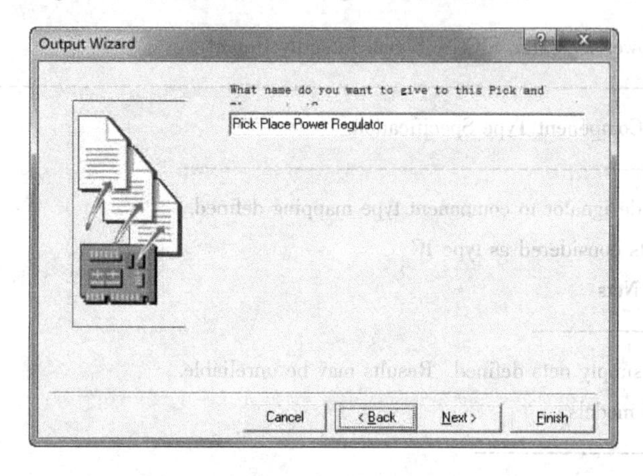

图11-20　输入元器件位置报表名称

7）系统将进入图11-21所示的界面。在这个界面里，用户可以选择BOM报表的各式，Spreadsheet为展开的表格式，Text为文本格式，CSV为字符串形式，然后单击“Next”按钮。

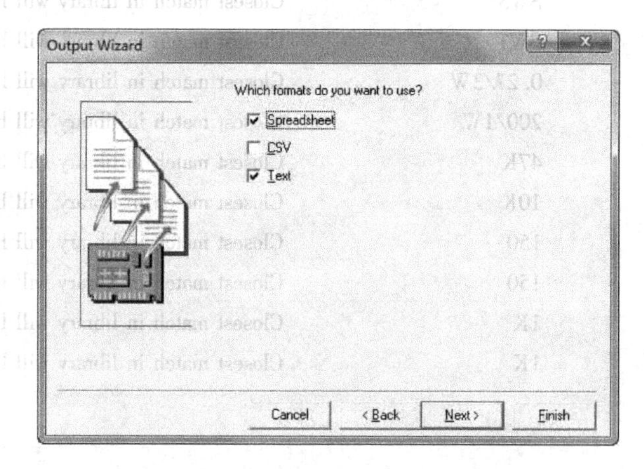

图11-21　选择文件格式

8）系统将进入图11-22所示的界面，用户可以选择单位（Inches或Millimeters），然后单击“Next”按钮。

9）选择了报表包含的范围后，单击“Next”按钮，系统将进入完成界面。用户可以单击“Back”按钮返回前面的界面，重新进行设置。

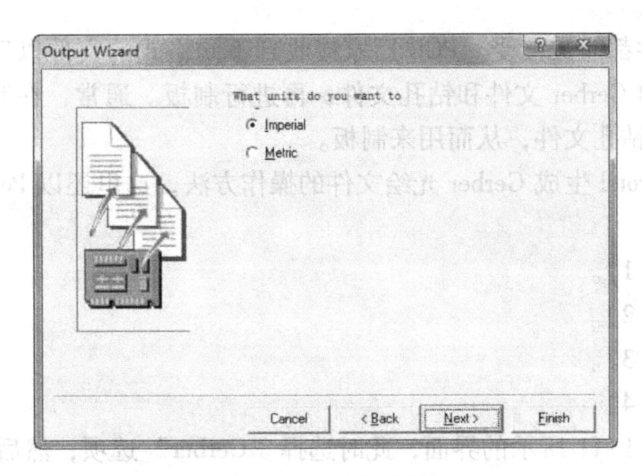

图 11-22　选择单位

10）最后进入结束界面，此时单击“Finish”按钮，即可结束产生辅助制造管理器文件，系统默认为 CAMManager3. cam。本实例创建了一个 Pick Place Power Regulator 报表，不过此时还不能查看报表的内容。

11）进入 CAMManager3. cam 文件，然后执行“Tools”→“Generate CAM Files”命令，系统将产生 Pick Place Power Regulator. pik/txt/csv 元器件位置报表文件，可以看到本实例的元器件位置报表 Pick Place Power Regulator. pik，如图 11-23 所示（以表格显示）。

A1　Designator

	A	B	C	D	E	F	G	H	I
1	Designator	Footprint	Mid X	Mid Y	Ref X	Ref Y	Pad X	Pad Y	Layer
2	Q2	BC337	4340mil	4895.788m	4340mil	5200mil	4340mil	4895.788m	T
3	U3	SO-14	4890mil	4030mil	4780mil	4180mil	4780mil	4180mil	T
4	Q3	BC337	4700mil	4899.377m	4700mil	5500mil	4700mil	4899.377m	T
5	Q1	BC337	3960mil	4885.788m	3960mil	5180mil	3960mil	4885.788m	T
6	C3	805	3045mil	5200mil	3000mil	5200mil	3000mil	5200mil	T
7	C2	10UF	2930mil	3380mil	2880mil	3380mil	2880mil	3380mil	T
8	C1	805	2925mil	3880mil	2880mil	3880mil	2880mil	3880mil	T
9	C4	805	3885mil	3880mil	3840mil	3880mil	3840mil	3880mil	T
10	C5	1000UF	4200mil	3460mil	4100mil	3460mil	4100mil	3460mil	T
11	D1	805	4965mil	4860mil	4920mil	4860mil	4920mil	4860mil	T
12	DS1	0.36	3980mil	4351.122m	4080mil	4780mil	4080mil	4548.622m	T
13	DS2	0.36	4380mil	4361.122m	4480mil	4780mil	4480mil	4558.622m	T
14	Down1	SWITCH	2367.952m	3873.386m	2240mil	3960mil	2240mil	3960mil	T
15	U1	SOJ-16	2895mil	4725mil	2760mil	4900mil	2760mil	4900mil	T
16	U2	SOJ40P40	3451.666m	4685mil	3260mil	5160mil	3260mil	5160mil	T
17	IC1	SIP03	4960mil	5240mil	4960mil	5140mil	4960mil	5140mil	T
18	J1	SWITCH	4887.953m	4473.386m	4760mil	4560mil	4760mil	4560mil	T
19	JP2	SIP02	4890mil	3280mil	4840mil	3280mil	4840mil	3280mil	T
20	R1	603	2807.5mil	5200mil	2780mil	5200mil	2780mil	5200mil	T
21	R2	603	2947.5mil	4340mil	2920mil	4340mil	2920mil	4340mil	T
22	R9	603	4167.5mil	3880mil	4140mil	3880mil	4140mil	3880mil	T
23	R7	603	3927.5mil	5260mil	3900mil	5260mil	3900mil	5260mil	T
24	R10	603	4307.5mil	5260mil	4280mil	5260mil	4280mil	5260mil	T
25	R13	603	4687.5mil	5260mil	4660mil	5260mil	4660mil	5260mil	T
26	R6	805	3745mil	3220mil	3700mil	3220mil	3700mil	3220mil	T
27	R4	603	3407.5mil	3220mil	3380mil	3220mil	3380mil	3220mil	T
28	R8	603	4127.5mil	5260mil	4100mil	5260mil	4100mil	5260mil	T

Sheet1

图 11-23　元器件位置报表

另外，用户也可以在 Pick Place Power Regulator. txt 文件中查看元器件位置报表。

11.9　生成 Gerber 光绘文件

Gerber 文件是光绘的国际标准格式，所有的光绘机都应该支持 Gerber 文件格式，但不一定所有的 PCB 文件都能被接受。PCB 厂家接收到不同格式的文件以后，多数情况下也是先从 PCB 文件中导出 Gerber 文件和钻孔文件，再进行制板。通常，在制板时需要生成光绘文件，同时生成 NC 钻孔文件，从而用来制板。

下面详细介绍 Protel 生成 Gerber 光绘文件的操作方法，这里还以 Power Regulator. pcb 文件为例来讲解。

1）同 11.5 节的 1）。

2）同 11.5 节的 2）。

3）同 11.5 节的 3）。

4）同 11.5 节的 4）。

5）系统进入图 11-11 所示的界面，此时选择“Gerber”选项，然后单击“Next”按钮。系统会进入图 11-24 所示的界面，在该界面中，可输入 Gerber 文件名，如“Gerber Power Regulator”，然后单击“Next”按钮，进入下一步操作。

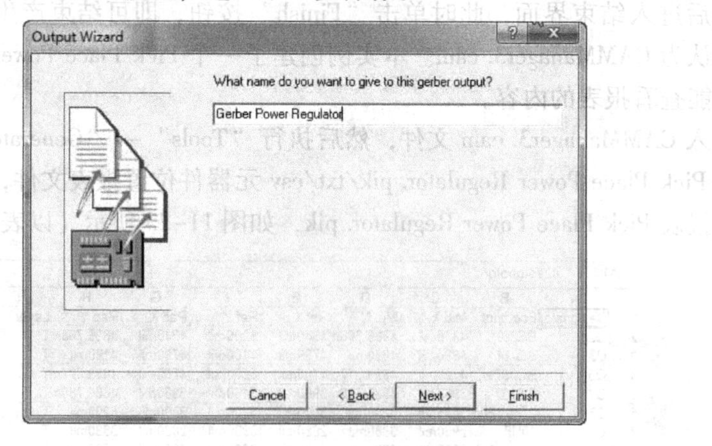

图 11-24　设置 Gerber 文件名

6）此时系统会进入图 11-25 所示的界面，在该界面中，可以设置单位和比例格式，这和前面介绍的 NC 钻孔设置类似。此处分别选中英制单位（Inches）及 2∶5 比例格式（PCB 生产商的光绘机大多采用 2∶5 的默认比例及英制，为了减少误差，建议选择上述单位及比例格式）。

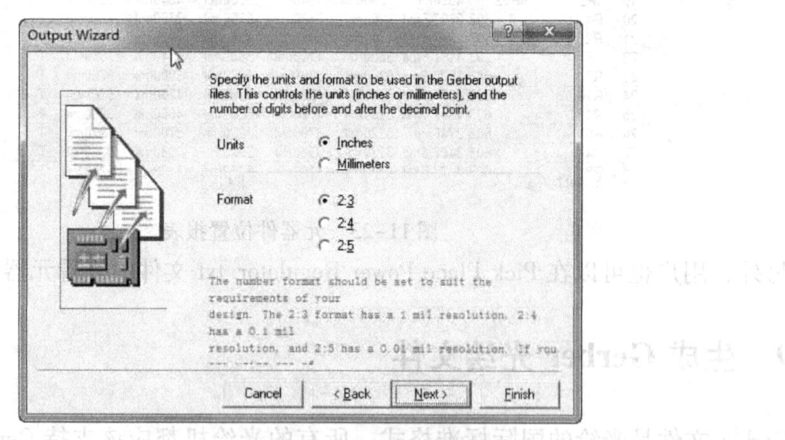

图 11-25　选择单位和设置格式

7）单击“Next”按钮，此时会进入图11-26所示的界面，在该对话框中可以选择要输出的层，建议所有层都输出（注意：不要选择Mirror复选框，因为若选中该复选框，则板子会被镜像处理）。

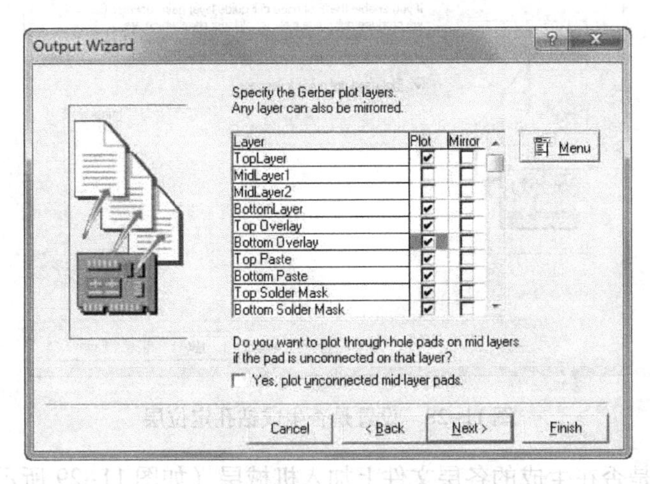

图11-26　选择输出的层

8）单击“Next”按钮，此时可以选择是否生成DRILL DRAWNING（钻孔描述层）、DRILL GUIDE（钻孔定位层），通常保持默认设置即可。然后单击“Next”按钮，系统会进入图11-27所示的界面，在该界面中有3个单选按钮需要注意，即“Graphic symbols”“Characters”和“Size of hole string”。

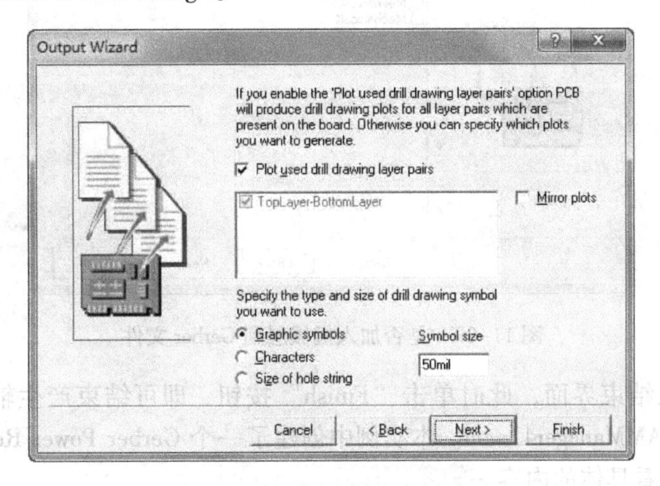

图11-27　设置钻孔图的类型和大小

- Graphic symbols：指钻孔图以图形符号表示。
- Characters：指钻孔图中以字符表示。
- Size of hole string：指钻孔图中以孔径大小表示。

在本实例中选择“Characters”单选按钮，即钻孔图以字符表示。同时可以在“Symbol Size”文本框中设置孔径的大小。

9）单击“Next”按钮，系统进入图11-28所示的界面，在此可以设置是否生成钻孔定位层，通常保持默认设置。

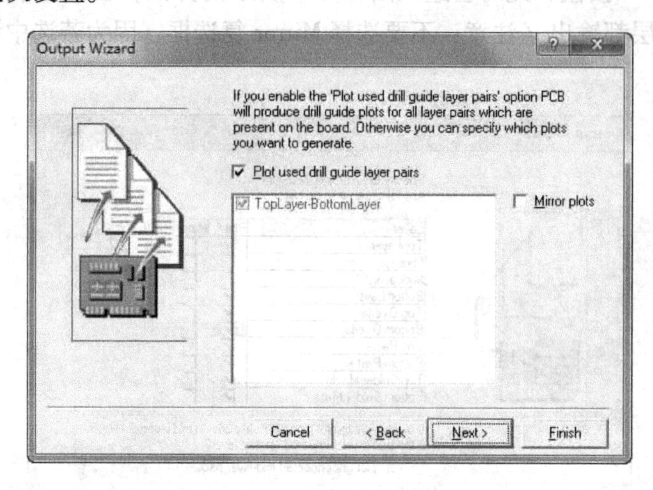

图 11-28　设置是否生成钻孔定位层

10）系统提示是否在生成的各层文件上加入机械层（如图 11-29 所示），可以根据设计需要和制板需要来选择。

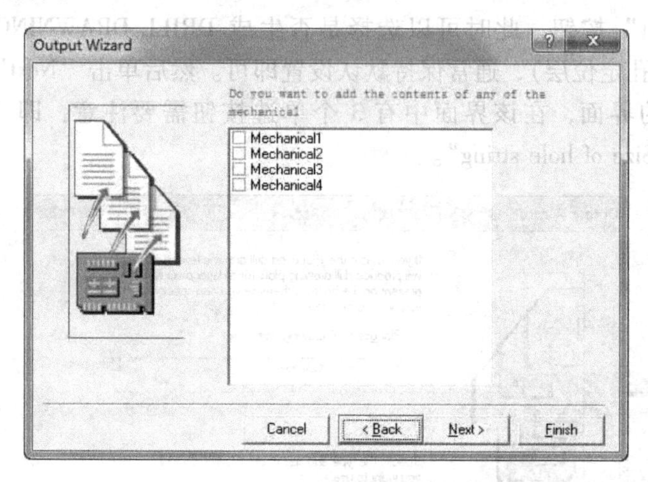

图 11-29　是否加入机械层到 Gerber 文件

11）最后进入结束界面，此时单击“Finish”按钮，即可结束产生辅助制造管理器文件，系统默认为 CAMManager4. cam。本实例中创建了一个 Gerber Power Regulator 的光绘制，不过此时还不能查看具体的内容。

12）进入 CAMManager4. cam 文件，然后执行“Tools”→“Generate CAM Files”命令，系统将产生一系列的 Gerber 文件，通常包括如下类型。

- GBL BOTTOM LAYER（底层布线图）。
- GBO BOTTOM OVERLAYER（底层丝印层）。
- GBP BOTTOM PASTE LAYER（底层锡膏层）。
- GBS BOTTOM SOLDER MASK LAYER（底层阻焊油墨开窗层/底层阻焊层）。
- GD1 DRILL DRAWING（钻孔描述层）。

- GG1 DRILL GUIDE（钻孔定位层）。
- GM1 MECHANICAL1 LAYER（机械外形层）。
- GM2 MECHANICAL2 LAYER（机械外形标注尺寸层）。
- GM3 MECHANICAL3 LAYER（碳膜层）。
- GPB BOTTOM PAD MASTER LAYER（底层焊盘层）。
- GPT TOP PAD MASTER LAYER（顶层焊盘层）。
- GTL TOP LAYER（顶层布线层）。

一般来说，制板厂家有了这些文件和 NC 钻孔文件，就可以进行 PCB 制板了。

11.10　PCB 的打印输出

完成了 PCB 的设计后，就需要打印输出，以生成印刷板和焊接元器件。使用打印机打印输出电路板，首先要对打印机进行设置，包括打印机的类型设置、纸张大小的设置、电路图纸的设置等内容，然后进行打印输出。

1. 打印机设置

打印输出前，首先应该设置打印机，打印机设置的操作过程如下。

1）执行“File”→“Printer”→“Preview”命令。

2）执行此命令后，系统将会生成 Preview Power Regulator. PRC 文件。

3）进入 Preview Power Regulator. PRC 文件，然后执行“File”→“Setup Printer”命令，系统将弹出图 11-30 所示的“PCB Print Options”对话框，此时可以设置打印机的类型。

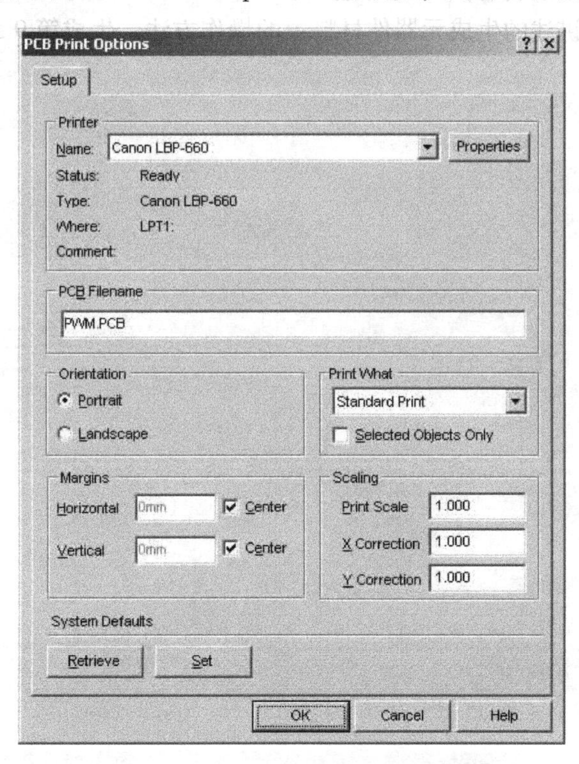

图 11-30　“PCB Print Options”对话框

4）在“Printer”选项组中可选择打印机名。在“PCB Filename”选项组中显示了所要打印的文件名。

在“Orientation”选项组中可选择打印方向：Portrait（纵向）和 Landscape（横向）。

在“Print What”选项组中可选择打印的对象，包括“Standard Prnit”（标准打印）、“Whole Board on Page”（整块板打印在一页上）和“PCB Screen Region”（PCB 区域）。

其他选项为边界和打印比例设置。

5）设置完毕后单击“OK”按钮，完成打印设置操作。

2. 打印输出

设置了打印机后，执行“File”→“Print”命令进行打印。打印 PCB 图形的命令有以下几种。

1）“Print”→“All”：该命令为打印所有图形。

2）“Print”→“Job”：该命令为打印操作对象。

3）“Print”→“Page”：该命令为打印给定的页面，执行该命令后，系统将弹出对话框，用户可以输入需要打印的页码。

4）“Print”→“Current”：该命令为打印当前页。

习题

1. 请简述生成 NC 钻孔文件的意义。

2. 请将前面实例中绘制的 PCB 打印输出。

3. 请按照本章所讲述的生成元器件材料表的操作方法，生成第 9 章制作的 PCB 的所有元器件材料表。